中国水利教育协会
高等学校水利类专业教学指导委员会　　共同组织

 　全国水利行业"十三五"规划教材（普通高等教育）
"十三五"江苏省高等学校重点教材（编号：2018-1-123）

水生态保护与修复
（第2版）

朱永华　任立良　吕海深　张永玲　编著

中国水利水电出版社
www.waterpub.com.cn
·北京·

内 容 提 要

人类在开发利用生态系统的过程中，由于认识的滞后性，人为与自然双重因素使得生态系统产生各种退化现象，结果生态系统的正常功能得不到应有的发挥，阻碍了社会经济及人类的可持续发展。另外，当前水问题是区域各种生态系统退化的一大原因。因此为了保持和发挥我国生态系统的正常功能，以水为主线，从应用的角度进行生态保护与修复成为了必然。本书共分7章，包括绪论、生态系统的功能及退化的生态系统、生态系统退化程度的判断、生态保护、生态修复、流域生态修复及水生态系统的修复。

本书适合生态学、水文学、环境科学、资源科学及其他相关学科的老师、学生及科研工作者阅读，也适合致力于生态保护与修复及可持续发展的相关部门工作人员参考。

图书在版编目（CIP）数据

水生态保护与修复 / 朱永华等编著. -- 2版. -- 北京：中国水利水电出版社，2020.10（2023.1重印）
全国水利行业"十三五"规划教材（普通高等教育）
"十三五"江苏省高等学校重点教材
ISBN 978-7-5170-9001-4

Ⅰ. ①水… Ⅱ. ①朱… Ⅲ. ①水环境－生态环境－环境保护－高等学校－教材 Ⅳ. ①X143

中国版本图书馆CIP数据核字（2020）第206172号

书　名	全国水利行业"十三五"规划教材（普通高等教育） "十三五"江苏省高等学校重点教材 **水生态保护与修复（第2版）** SHUISHENGTAI BAOHU YU XIUFU
作　者	朱永华　任立良　吕海深　张永玲　编著
出版发行	中国水利水电出版社 （北京市海淀区玉渊潭南路1号D座　100038） 网址：www.waterpub.com.cn E-mail：sales@mwr.gov.cn 电话：（010）68545888（营销中心）
经　售	北京科水图书销售有限公司 电话：（010）68545874、63202643 全国各地新华书店和相关出版物销售网点
排　版	中国水利水电出版社微机排版中心
印　刷	清淞永业（天津）印刷有限公司
规　格	184mm×260mm　16开本　20.5印张　499千字
版　次	2012年11月第1版第1次印刷 2020年10月第2版　2023年1月第2次印刷
印　数	3001—6000册
定　价	60.00元

凡购买我社图书，如有缺页、倒页、脱页的，本社营销中心负责调换
版权所有·侵权必究

第 2 版前言

本书第 1 版于 2012 年 11 月出版至今的近 8 年中,水生态保护与修复领域发展异常迅速。水生态保护与修复的对象不仅仅是区域、流域,也有可能只是一条河流,一个湖泊,或者是它们的一部分。对象不同,退化程度的判定方法就有可能不同;保护与修复的关注角度不同,退化程度的判定方法也会可能不同。为满足不同需求,生态系统退化程度的判定方法出现多样化。每个生态修复方案在大的区域或流域推广之前,为了保证生态修复方案的可行性和其在修复过程中可能出现的问题采取合理的应对对策,有必要进行示范性实验,这样生态示范区必不可少。生态保护与修复中最推崇的措施就是生物方法,那么就不能回避生物入侵问题。还有随着我国水生态保护与修复的进程,森林覆盖面积、自然保护区的个数及面积、水生生态系统的修复案例等也在随之更新。

另外,本书于 2018 年入选江苏省高等学校立项重点教材(修订)名单。目的就是要根据我国水生态保护与修复进程的推进及相关研究的发展进行修订。另外,考虑到水生态保护与修复的真正实现要靠全民参与。本书修订后既要适应高校师生应用的方便,还要适应互联网时代广大自学者学习的方便。

鉴于上述情况和几年的教学实践及科研积累,该书修订版(第 2 版)应运而生。包括全新内容和原有案例的更新。

全新内容有 3.2.6 生态环境承载力法在太湖流域长兴县的应用;3.3 土地利用变化指数法;3.4 水量水质联合评价法;3.5 服务功能判定法;3.6 指示生物判定法;5.1.4 生态修复效果的判定;5.1.5 生态示范区;5.2.5 生物入侵。原版中生态环境承载力法的应用实例是在水量型缺水的海河流域,强调承载力的预估调控研究;这次增补了在水质型缺水的太湖流域的实例,强调现状的评价研究。二者具有互补作用。3.3 至 3.6 是另外四种与水相关的生态系统退化程度的判定方法,都是理论与实例相结合。"3.3 土地利用变化指数法"是根据研究区的土地利用类型及其覆盖面积来判定生态系统退化程度的方法。"3.4 水量水质联合评价法"强调水生生态系统中水资源属性。"3.5 服务功能判定法"是根据生态系统的服务功能的定性和定量方法来判定其退化程度的方法,直接明了,可用于各种生态系统。"3.6 指示生物判定法"是根据系统中的优势种或建群种,或对环境变化及其敏感的物种的变化来判定生态系统退化状况的方法。每种方法都有它的特点和适用性。生态示范区是某一生态修复方案在进行广泛推行之前必经的一步;在生物修复中都存在生物配置的问题,必须注意"生物入侵"。因此需要加上"5.1.5 生态示范区"和"5.2.5 生物入侵"。

原有案例的更新内容有"4.2.1 森林生态系统的保护;4.4 自然保护区及7.6.4 实例——南京市玄武湖的生态修复"中部分案例,都是随着我国生态保护与修复的进程而更新的。

第2版中还补充了第1至第5章的习题和主要知识点的PPT(见"行水云课"微信公众号)。

第2版撰写过程中,李国芳教授、黄振平教授给了很好的意见与帮助,在此致谢。张豪强、刘勇、许海婷和刘梦茹等人帮助查阅及整理资料,在此也表示感谢。第2版的顺利出版,既离不开河海大学水文水资源学院的领导们的支持,更与出版社编辑同志的辛苦工作分不开,谢谢他们。

作者

2020年6月

第1版前言

本书包括7章内容，第1章是绪论部分，讲述生态保护与修复的意义、研究对象、方法及内容等。第2章是生态系统的功能及退化的生态系统，讲述生态系统的基本功能和服务功能，退化的生态系统的概念及生态系统退化的原因。第3章是生态系统退化程度的判断，讲述只从生态环境角度的生态环境质量评价法和从可持续发展及人类生态系统角度的生态环境承载力法。第4章是生态保护，讲述各种主要自然生态系统的特征、主要功能、现存在的退化问题及保护对策。第5章是生态修复，从生态修复的概念、分类出发，重点放在研究比较成熟的生物修复及针对当前面临的主要的生态环境问题——水土侵蚀及污染的水土保持生态修复及环境污染的生态修复。第6章是流域生态修复，从流域角度讲述其生态修复，分别讲述缺水的内陆河流域和多水的外流河流域及其当前面临的主要生态问题及其成因，生态修复方法及生态修复步骤及过程，也讲述了国际河流域的生态修复。第7章是水生生态系统的修复，从针对具有代表性的水生生态系统的实际问题出发，讲述其修复方法及步骤，并用实例说明。希望通过对本书的学习促进生态保护及修复，使我们生存的地球上的各种生态系统在未来能比过去相比处于一个更好的状态。为可持续发展有所贡献是本书的最终目的。

生态保护与修复要做好，离不开生态监测工作及生态标准的制定，生态监测工作要贯穿其中。在生态保护与修复开始之前，通过监测掌握其现状，通过各个指标与生态标准值的对比，掌握生态系统退化的程度，并了解修复的力度。通过与当地的社会经济技术状况的了解，掌握修复的投入（包括资金、技术及劳动力）力度及可能性。现有的生态标准见中国环境标准网（www.es.org.cn）。没有的要进行研究和补充，通过查阅历史文献、借鉴国外的类似标准、利用自然保护区的实地调查、并请教当地经验丰富的居民及对有关方面颇有研究的专家及学者进行制定。

退化的生态系统的修复即是合理地采取书中所述的所有措施，短期内要达到显著的修复成果是不容易的，因为生态系统对于修复的措施要进行消化，做出反应，得花时间，另外，大气污染的干湿沉降带来的非点源污染是无法短期内彻底消除的，只有每个国家、每个流域、每个产业，每个人，都认识到环保的重要性，均采取节能、节材的生产方式，进行水土保持，不乱砍乱伐，不随意排污，才有可能保持整个生态修复的良性发展，最终达到生态修复的目的。因此，生态修复不是靠个人的努力，或靠某个专门部门，而是要靠全世界所有的人，所有的部门，同时为有一个健康良性发展的生态型地球而努力才行，因此说"生态保护与修复不是一个人或一个部门或一个国家的挑战，而是全世界共同的挑战"。

本书是编者根据多年科研工作及5年教学总结所写。第2章中生态系统的基础功能主要以曹凑贵先生主编的《生态学概论》为参考，第3章第1节生态环境质量评价法以万本太、张建辉的《中国生态环境质量评价研究》为基础编写，第4章中生态保护主要以孔繁德先生主编的《生态保护概论》为参考，第5章的生态修复部分主要以中国科学院水利部水土保持研究所中国科学院计算机网络信息中心在网上公布的内容为参考，这些部分没有一一列出参考文献出处，在这一并注出。本书中也许有些部分由于是在过去多年点滴的积累中没有记住或忽视了作者，这里无法注解，敬请谅解。本书的其他主要编写人员还有任立良教授及吕海深教授，另外新疆塔里木大学的张永玲老师也参与了第4章第1~3节的编写工作，在此一并致谢。

在撰写本书的过程中，姜翠玲教授、张其成主任给了很好的意见与帮助，在此致谢。龚浩哲、侯婷、王黎及徐敏等人帮助查阅及整理资料，对此也表示感谢。本书的顺利出版，既离不开河海大学水文水资源学院的领导们的支持，更与出版社的各位编辑及其他相关人员的工作分不开，谢谢他们。

编者

2012年8月

目 录

第 2 版前言
第 1 版前言

第 1 章　绪论 …………………………………………………………………………… 1
1.1　研究意义 ………………………………………………………………………… 1
1.2　几个基本概念 …………………………………………………………………… 2
1.3　研究对象、内容及方法 ………………………………………………………… 2
1.4　学科基础 ………………………………………………………………………… 3

第 2 章　生态系统的功能及退化的生态系统 ………………………………………… 4
2.1　生态系统的功能 ………………………………………………………………… 4
2.2　退化的生态系统 ………………………………………………………………… 11
参考文献 ………………………………………………………………………………… 17

第 3 章　生态系统退化程度的判断 …………………………………………………… 19
3.1　生态环境质量评价法 …………………………………………………………… 19
3.2　生态环境承载力方法 …………………………………………………………… 27
3.3　土地利用变化指数法 …………………………………………………………… 89
3.4　水量水质联合评价法 …………………………………………………………… 97
3.5　服务功能判定法 ………………………………………………………………… 108
3.6　指示生物判定法 ………………………………………………………………… 114
参考文献 ………………………………………………………………………………… 118

第 4 章　生态保护 ……………………………………………………………………… 125
4.1　生态保护的含义、对象及手段 ………………………………………………… 125
4.2　自然生态系统的保护 …………………………………………………………… 126
4.3　生物多样性的保护 ……………………………………………………………… 150
4.4　自然保护区 ……………………………………………………………………… 162
4.5　生态环境管理 …………………………………………………………………… 174
参考文献 ………………………………………………………………………………… 190

第 5 章　生态修复 … 191
5.1　生态修复的含义、意义及类型 … 191
5.2　生物修复 … 201
5.3　水土保持生态修复 … 225
5.4　环境污染的生态修复 … 232
参考文献 … 240

第 6 章　流域生态修复 … 243
6.1　内流区的流域生态修复 … 243
6.2　外流区的流域生态修复 … 251
参考文献 … 254

第 7 章　水生生态系统的修复 … 256
7.1　陆地湿地的生态修复 … 256
7.2　陆地湖泊的生态修复 … 262
7.3　滨海湿地的生态修复 … 270
7.4　平原区小河沟的生态修复 … 293
7.5　城市河流的生态修复 … 296
7.6　城市湖泊的生态修复 … 305
参考文献 … 311

第1章 绪　　论

1.1 研　究　意　义

　　水生态保护及修复指以水为主线，从应用的角度研究和探讨生态系统的保护与修复的一门学科，或者说是一门从生态水文学的角度研究生态系统的保护与修复的学科。原因有两个：一是随着人口的增加和经济的发展，人类对自然生态系统的影响越来越深刻，把生态系统中当前可用的变为资源进行利用，同时通过各种活动影响其环境，建立各种人工生态系统和半人工生态系统，但在利用、管理这些生态系统的过程中，由于认识的滞后性，人类的各种活动再加上自然环境的演化结果使得生态系统产生各种各样的退化现象，生物多样性锐减，生物量下降，环境污染，土地荒漠化等，其正常功能得不到应有的发挥，结果阻碍了社会经济及人类的可持续发展；二是由于当前水问题是区域发展的一大问题，在中国，北方主要表现为水量短缺，南方主要表现为水质污染。因此为了保持和发挥我国的生态系统的正常功能，实现可持续发展，以水为主线，从应用的角度进行现状各种生态系统的保护并对退化的生态系统进行修复成为了必然。

　　20世纪60年代末70年代初，人口的过快增长和社会经济的大发展使得人类活动对各种生态系统过度的开发和利用的同时忽视了生态系统的保护，再加上认知的滞后性，结果产生了各种各样的环境污染及生态破坏问题，具体表现为污染日趋严重、植被覆盖度降低、荒漠化面积增加、生物多样性锐减等，致使许多生态系统退化，自然生态系统的正常功能，无论是基本功能，还是服务功能，都得不到正常发挥，因此阻碍了社会经济及人类的可持续发展。我国北方由于水分短缺，是受水分控制的生态系统，而南方基本就是一个巨大的水生生态系统。北方由于缺水再加上人口增长及社会经济的发展，造成了各种各样的生态问题：直接产生的问题有水土流失、天然河道断流甚至干涸、天然湖泊萎缩、城市河流湖泊面积不足、地下水过量开采及入海水量减少等，间接产生的问题有水质污染、天然植被覆盖率低、生物多样性下降、沙尘天气增多等；南方虽然水多，但由于人口密度大，社会经济发展速度快，污染防治不力及处理率不高等造成环境污染、生物多样性下降、天然植被覆盖率低等。水生态保护与修复（简称"生态保护与修复"）应运而生，目的是以水为主线，从应用的角度研究现存的生态系统保护及退化的生态系统修复，具体而言就是在解决中国的水问题的基础上进行生态系统的保护与修复。以各种生态系统为研究对象，解决这些系统中主要由于人类活动所造成的生态破坏或环境污染问题并防止其再次发生，研究这些系统的保护方法与措施，同时对这些系统进行科学的生态评价，并在此基础上研究退化的那些生态系统的修复理论与方法。

　　生态保护与修复是针对人类活动产生的生态破坏与环境污染问题而言的。生态保护是防止生态问题再次发生和巩固生态恢复及修复成果的有力途径。生态修复是在人为参与下有计划有步骤地解决生态破坏与环境污染问题的有力途径。

1.2 几个基本概念

生态保护与修复涉及生态破坏、环境污染及自然灾害，简述如下。

生态破坏：指由于人为的原因，人为的活动给自然生态环境带来直接或间接的破坏。是非污染性的。例如乱砍滥伐森林造成水土流失；过度放牧造成草原退化沙化；过度捕捞造成鱼类资源枯竭；超采地下水造成地下水位下降、水质变坏、地面塌陷等。

环境污染：是由于人类活动排放出的物质和能量进入环境造成的环境质量下降和恶化现象。例如大气污染、水污染、噪声等。

自然灾害：指地球表层自然生态环境由于自然界本身的变化带来的不良影响。例如火山喷发、地震、海啸、台风、洪水、干旱等。

在本书中，前两个主要都是由于人类活动所产生的，第三个是由于自然原因所产生的。因此生态保护与修复主要针对人类活动产生的生态破坏及环境污染而进行。

1.3 研究对象、内容及方法

研究对象：《水生态保护与修复》的研究目的就是防止当前我国的以水问题为其主要影响因子的生态系统进一步退化和修复当前主要由于人类活动引起退化的生态系统，因此本书的研究对象就是我国的各种生态系统。

研究内容：《水生态保护与修复》的研究内容包括六部分内容。第一部分是生态系统的功能及退化的生态系统；第二部分是生态系统退化程度的判断；第三部分是生态保护；第四部分是生态修复；第五部分是流域生态修复；第六部分是水生生态系统的修复。

研究方法：生态保护及修复的研究对象是生态系统，保护与修复的实施者是人类，最终生态保护及修复的目标是保护好当前的系统不再退化，逐步或完全修复退化的生态系统，实现退化的生态系统的完全恢复，或使其向良好循环的方向发展，使其不但可发挥基本功能，同时能够充分发挥服务功能，因此生态保护及修复的研究对象不但是一个变化着的巨系统，而且涉及自然、社会经济及环境三大方面，因此系统分析法是最合适的研究方法。

系统分析即从系统的观点出发，对事物进行分析综合，找出各种可行方案供决策者选择，是一种有目的、有步骤的探索分析过程。系统分析的基本方法是定量与定性分析相结合的方法。

系统分析应当遵循以下5个步骤：

（1）确定研究对象。首先确定生态保护及修复的对象，比如是某一个退化的湖泊生态系统或某个行政区域的水生生态系统。

（2）提出解决问题的方案。在这一步骤要通过查询历史及现状资料，了解该湖泊生态系统的具体情况，包括自然属性、演化过程、退化的具体原因，针对具体退化的原因，提出各种解决该问题的方案。

（3）建立模型。建立合理的模型，比如多目标优化时序分析模型，以要解决的问题为目标，既考虑当地的自然生态系统的状况，也考虑当地的社会经济状况及当地的发展模式，也要考虑步骤（2）的各种方案，在合理的方案情景下求解模型。

（4）评价。进行模型结果的判定与评价，选出当前最适合研究区的方案。

（5）方案实施。进行经过前四个步骤所选择的方案的实施。方案实施时，要靠管理部门的协调，靠技术部门的指导。在方案的实施过程中要进行方案实施进度及效果的监控，及时发现问题及时解决。方案实施完成后也要进行监控，进行方案实施结果的巩固。

生态保护及修复的新技术手段：遥感技术及地理信息系统是进行生态保护及修复研究的新技术手段。

地理信息系统（Geographic Information System，GIS）指在计算机软、硬件支持下，把各种地理信息按照空间分布及属性，以一定格式输入、存储、检索、更新、显示、制图、综合分析和应用的技术系统。

遥感技术（Remote Sensing Technology，RST）是在一定距离以外不直接接触物体而通过该物体所发射和反射的电磁波来感知和探测其性质、状态和数量的技术。

简单地说，通过遥感技术可以获得各种要进行保护及修复的自然生态系统的各种生态要素的数据，而通过地理信息系统把这些数据进行输入、存储、加工，然后以我们所想要的图和数据显示出来。对各种自然生态系统的现状及对其实施保护及修复策略后的演化都需要借助这种新技术手段来监控。

1.4 学科基础

生态保护及修复的学科基础是生态学、地理学和恢复生态学。

生态保护及修复的研究对象主要是各种生态系统。各种生态系统的组成、属性及功能都是生态学研究的主要内容。因此生态保护及修复的学科基础是生态学。

各种自然生态系统中的环境要素也属于地理学的地理环境要素，因此它们的时间空间分布规律遵守地理学的相应规律的约束。因此生态保护及修复的另一学科基础是地理学。

恢复生态学是生态保护及修复，尤其是生态修复的指导学科。因此生态保护及修复的学科基础还有恢复生态学。

第2章 生态系统的功能及退化的生态系统

2.1 生态系统的功能

生态系统的功能有基本功能和服务功能。基本功能指生态系统的过程或性质，是生态系统本身具有的属性（Odum，1971；冯剑丰 等，2009）。服务功能指生态系统对人类和社会经济系统直接或间接的服务或者人类从生态系统中间接或直接获得的收益。

2.1.1 基本功能

从基础生态学的角度来讲，生态系统的基本功能包括物质循环、能量流动、信息传递。生态系统的基本功能也是其本身的属性。

2.1.1.1 物质循环

1. 概念

（1）概念。物质循环即生物地球化学循环，指各种化学元素和化合物在不同层次、不同大小的生态系统中，沿着特定的途径从环境到生物体，再从生物体到环境，不断地进行着反复循环变化的过程。

（2）参加物质循环的物质。生态系统中参加物质循环的物质指生态系统中生命所依赖的各种营养物质。这些营养物质包括能量元素、大量元素和微量元素。

能量元素指占生物总重量的95%左右，需要量最大、最为重要的C、H、O。

大量元素指N、P、Ca、K、Mg、S、Fe、Na。

微量元素指生物需要量很小的B、Cu、Zn、Mn、Mo、Co、I、Si、Se、Al、F等。

2. 物质循环的类型

按物质循环的范围不同，分为地球化学循环和生物循环两种类型。

地球化学循环（geological cycles）是指化合物或元素经生物体的吸收作用，从环境进入生物有机体内，然后生物有机体以死体、残体或排泄物形式将物质或元素返回环境，经过大气圈、水圈、岩石圈、土壤圈和生物圈五大自然圈循环后，再被生物利用的过程。地球化学循环的时间长、范围广、是闭合式的循环。

生物循环（biological cycles）是指环境中的元素经生物体吸收，在生态系统中被相继利用，然后经过分解者的作用，再为生产者吸收、利用。生物循环的时间短、范围小、是开放式的循环。

根据物质循环的路径不同，从整个生物圈的观点出发，可分为气相型循环和沉积型循环两种类型。

气相型循环（gaseous cycles）的储存库主要是大气圈和水圈。氧、二氧化碳、水、氮肥、氯、溴、氟等都属于气相型循环类型。气相型循环把大气和水密切地联结起来，具有明显的全球性循环特点，因此是一种比较完善的循环类型，它们在生态系统中分布较均衡，局部短缺现象相对较少，局部短缺发生后，也会依靠完善的循环功能而得到补充。

沉积型循环（sedimentary cycles）的储存库主要是岩石圈和土壤圈。磷、钙、钾、钠、镁、铁、锰、碘、硅等都属于沉积型循环。沉积型循环主要是经过岩石的风化作用和沉积物的分解作用，将储存库中的物质转变成生态系统的生物成分可以利用的营养物质，这种转变过程是相当缓慢的，可能在较长时间内不参与各库之间的循环。因此，它具有非全球的循环特点，是一个不完善的循环类型，局部短缺现象时有发生，一旦发生短缺也难以在短期内得到补充。

3. 物质循环的特点

(1) 物质不灭，周而复始。即物质和能量在转化过程中都只会改变形态而不会消灭，但物质循环不同于能量流动，能量衰变为热能的过程是不可逆的，它会最终以热能的形式离开生态系统，而物质是循环往复的。

(2) 物质循环与能量流动不可分割，相辅相成。即能量是生态系统中一切过程的驱动力，也是物质循环进行的驱动力。物质循环的过程中总伴随着能量流动，能量流动的同时物质循环也在发生着。

(3) 生物是物质循环的关键。即生物在物质循环中是物质存在的最生动形式。没有生物的光合固定和吸收同化，物质便不能从大气库、水体库及土壤岩石库中转移出来；没有生物的呼吸、分解释放，物质也不能再回到原来的库中。由于生物的生命活动，物质便由静止变为运动，从而使地球有了生气和活力。

(4) 各物质循环过程相互联系，相互制约。生态系统中各种循环过程都是相互联系，相互制约的，如水循环对其他物质的循环运动非常重要。没有水循环，其他物质便不能溶解运动，更不能被生物利用而实现其在各物质库间的运动。反过来其他物质的循环状况对水循环也会产生影响。再如碳循环局部失衡导致的大气中的 CO_2 浓度升高引起的"温室效应"，影响了水循环的过程。

(5) 物质循环的生物富集。即一些物质在食物链流动中随营养级上升浓度不断增加，这些物质有化学性质比较稳定的物质和生物的结构物质。化学性质比较稳定的物质，在食物链流动过程中，被生物吸收固定后可沿食物链积累，如DDT、六六六等；生物的结构物质指一些物质或元素，它们作为生物结构的组成部分，在食物链流动中也可沿食物链积累，如氮、钙等。

(6) 物质循环受生态系统的调节作用约束。生态系统的物质循环受稳态机制的控制，有一定自我调节能力。这表现在多方面，如物质循环与能量流动的相互调节与限制；非生物库对外来干扰的缓冲作用；各元素之间的相互制约，各种生物成分对物流变化的反馈调节等。

4. 物质循环的途径

物质循环的途径是食物链及食物网。

5. 非良性物质循环的后果

物质良性循环时，输入生态系统的物质应刚好等于生态系统输出的物质，而且一定时期内输入的物质刚好够用，不会残留，且对生态系统无毒害作用，这样才算良性循环。反之,则为非良性循环,它会产生各种不良后果,可以表现为生物放大作用、温室效应、环境污染、病虫害增多及生物多样性锐减等。

(1) 生物放大作用。物质循环只有在良性无机环境下才能进行良性循环。如人为活动使环境中的物质和能量增多,将致使环境质量下降,一旦超过生态系统中无机环境的自我调节能力,将会产生生物放大作用。生物放大作用即食物链的富集作用,是指有毒物质沿食物链各营养级传递时,在生物体内的残留浓度不断升高,愈是上面的营养级,生物体内有毒物质的残留浓度愈高的现象。由于有毒物质的生物放大作用,在动物和人体的浓度比环境及初级生产者高出许多倍,造成了严重的污染,带来了灾难。如:有机农药使用的历史虽不长,但它的污染已发展为世界性的环境污染。就是由于有机农药这种有毒物质因为生物放大作用,在物质循环中随着食物链的富集作用,不仅使食物链上各个营养级受到不同程度的毒害作用,而且致使处于食物链顶端的人类,受到最大的毒害作用。

(2) 温室效应。指大气中的水汽、二氧化碳及甲烷、氧化亚氮、氟氯烃等气体的大量聚集,可以吸收某些从地球表面向外辐射的长波辐射,并将其反射回地面,对地面起到增温作用。

温室气体主要来自以下三个途径(IPCC,2007):①化石燃料的燃烧(58%);②农业、森林(包括砍伐森林)及水资源管理(34%);③城市化(8%)。化石燃料的燃烧会直接引起空气中的污染气体增多。农业,森林及水资源管理的不当,会导致植被面积锐减,或常年覆盖度不高,会引起光合作用减弱,造成大气中CO_2浓度变大,也会由于土地方退化,沙尘天气增多,造成大气污染。城市化将会引起生物栖息地消失,进而引起物种锐减。不仅不会净化大气,还会产生光化学污染及"热岛效应"等,增加温室气体。

温室效应的后果很大。据科学家估计,按照目前的速率,到2030—2050年,大气中CO_2的含量将比工业革命之前增加1倍,高达$550\mu g/g$以上,全球气候将变暖,带来全球性的环境灾难:将导致海水变暖和膨胀,加速极地冰川和冻土的融化,进而导致海平面上升,沿海城市陷于沉入水中的危险。

(3) 环境污染。由于人类活动排放出的物质和能量进入环境造成的环境质量下降和恶化现象。例如大气污染、水污染、噪声等。人类在农业活动中,过多地施用化肥、农药等,不被农作物施用的残留在土壤中会使土壤污染;或通过光、热解作用等进入大气造成大气污染;下渗进入地下水造成地下水污染;随径流进入河流造成河流污染,人类处于食物链的最高营养级,这些污染的环境下生产的食品将是污染的,最终这种污染对人类会造成危害。人类在工业活动及生活中产生的污染物,虽被回收处理,但常由于处理不彻底也会进入环境中造成土壤、水体、大气污染,最终这种污染也会对人类产生危害。

(4) 病虫害增多。由于全球气候变暖及人类活动的影响,稳定的食物链被打断,某些昆虫由于原有食物源太多而大量滋生,或自己的天敌数量大大减少或消失,这样将造成些昆虫大量滋生而导致虫害。由于全球气候变暖,中国已经历18年暖冬,昆虫的生长期增长因此导致病虫害增多;人类的过度采伐、挖掘及捕捞,过度滥用化学药剂(如化肥、农药——杀虫剂、加速生长剂、催熟剂及除草剂等),这些过度行为将超出生态系统本身的同化能力及生物生态系统自我调节中本能的反应,从而表现为各种病虫害;由于天然植被大大被破坏,当前人工植被多是纯种的或简单的类型组合,导致生态系统的自我调控能力不高也是引起病虫害增多的原因；对外交往的增多，外来生物的有意或无意引进产生的生物入侵也会引起病虫害增多；另外，还有由于资金、技术水平等的制约，病虫害治理不及时不彻底也会导致病虫害更严重。

（5）生物多样性锐减。生物多样性即为生物及其生存环境的多样性，表现为三个层次上的多样性，包括物种多样性、基因多样性及生态系统多样性，只要生态系统非良性物质循环，生物的质量便会受到影响，轻则只影响到某一或某些生物个体减少导致的基因多样性的减少，程度依次加深，将会造成基因多样性锐减，物种多样性锐减，甚至生态系统多样性的锐减。

2.1.1.2 能量流动

1. 概念

生态系统中的各组分的存在、变化及其发展都与能量息息相关，都遵循一定的能量变化规律。能量流动指生态系统中进行物质循环中伴随着的能量变化。生态系统中的能量流动遵循热力学第一、第二定律的约束。

2. 生态系统中的能量来源

（1）太阳辐射能是生态系统中的能量的最主要来源。太阳辐射中的红外线的主要作用是产生热效应，形成生物的热环境；紫外线具有消毒灭菌和促进维生素D生成的生物学效应；可见光为大部分植物、藻类及光合细菌光合作用提供能源，大部分植物、藻类及光合细菌通过光合作用把太阳能转化为有机化学能储存在植物等生产者体内，供给生态系统物质循环及信息传递中的能量所需。

（2）辅助能指除太阳辐射外，对生态系统发生作用的一切其他形式的能量。辅助能不能直接转换为生物化学潜能，但可以促进辐射能的转化，对生态系统中光合产物的形成、物质循环、生物的生存和繁殖起着极大的辅助作用。辅助能分为自然辅助能（如潮汐作用、风力作用、降水和蒸发作用）和人工辅助能（如施肥、灌溉等）。

3. 能量流动遵循的规律

生态系统中能量流动遵循的规律是热力学第一定律和热力学第二定律，如图2-1所示。

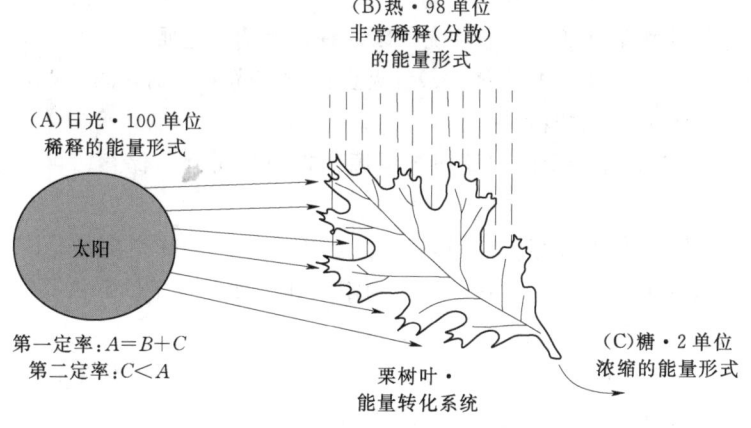

图2-1 热力学第一、第二定律的示意图（曹凑贵，2002）

热力学第一定律即能量守恒定律（Energy Conservation Law），指能量既不能创生，也不会消灭，只能按严格的当量比例由一种形式转变为另一种形式。

热力学第二定律即熵定律（Entropy Law），在能量传递和转化过程中，除了一部分传递和做功，总有一部分以热的形式消散，因此，任何系统的能量转换过程，其效率不可能是100%。任何生产过程中产生的优质能，均少于其输入能。能量在生态系统中的流动是单向衰变的。

4. 能量流动的途径

能量流动的途径和物质循环的途径一样，都是食物链和食物网。

2.1.1.3 信息传递

1. 信息的概念

信息指生态系统中能引起生物生理、生化和行为变化的信号。信息使生态系统各要素各居其位，各司其职，使生态系统有条不紊，维持生态平衡。如候鸟的迁飞、鱼类的洄游、生物间关系的协调等都离不开信息。

2. 信息的主要特征

（1）传扩性。信息通过传输可沟通发送者和接受者双方间的联系。经过传输将不确定性消息转化为确定性信息。信息的传扩可通过多种途径和方式，从一个地方传播到另一个地方。

（2）永续性。永续性即信息是一种资源，取之不尽，用之不竭，可以永远持续下去。

（3）时效性。信息具有时效性，即信息的效力具有时间性，不是一成不变的，而是随实践不断产生新信息。不能因为有了某些信息而一劳永逸，而是应当经常实践，不断捕捉新的信息。

（4）分享性。分享性即信息可以通过双方交换，相互补充。由于信息可以被传播，所以不但不会失去原有的信息，而且还会增加新的信息，被更多的人所共享。

（5）转化性。信息是一种不可缺少的资源。有效地利用信息可以节约时间、人力和财力，这就等于把信息转化成了人力和财力。

3. 信息的类型

生态系统中的信息通常分为4类：物理信息、化学信息、行为信息和营养信息。

（1）物理信息。物理信息指生态系统中以物理过程为传递形式的信息，如，生态系统中的各种光、颜色、声、热、电、磁等。萤火虫通过闪光来识别它的同伴，植物通过花的五颜六色吸引昆虫前来传花授粉。

1）光信息。太阳是光信息的主要初级信源，它通过折射，储存、再释放等过程，构成大量初级信源。

2）声信息。声信息对于动物似乎具有更大的重要性。动物更多的是靠声信息确定食物的位置或发现敌害的存在。生活在陆地上的蝙蝠和生活在水中的鲸类其活动环境不是光线暗弱就是光线传播距离短，主要是靠声呐定位。

3）电信息。在自然界中有许多放电现象，生物中存在较多的是生物放电现象，特别是鱼类大约有300多种能产生$0.2\sim 2V$的微弱电压。

4）磁信息。由于生物生活在太阳和地球的磁场内，少不了要受到磁力的影响。生物对磁有不同的感受能力，称为生物的第六感觉。南北长途往返飞行都能准确到达目的地，特别是信鸽千里传书而不误。在这些行为中动物主要是凭着自己身上带的电磁场，与地球磁场相互作用确定方向和方位。

植物对磁场也有反应。据研究，在磁异常地区播种小麦、黑麦、玉米、向日葵及一年生牧草，其产量会比磁正常地区低。

（2）化学信息。生物产生的各种次生代谢产物，如生物碱、萜烯类物质、黄酮等，是生物传递信息的化学物质，即生态系统中的各种化学信息。进行生物之间以及生物和非生物环境之间化学联系的研究的学科即化学生态学。

化学信息是生态系统中信息流的重要组成部分。在个体内，通过激素或神经体液系统协调各器官的活动。在种群内部，通过种内信息素（又称"外激素"）协调个体之间的活动，以调节动物的发育、繁殖、行为，并可提供某些情报储存在记忆中。

（3）行为信息。行为信息，指植物通过异常表现和动物通过异常行动传递的信息。如，蜜蜂发现蜜源时，就有舞蹈动作的表现。

（4）营养信息。营养信息是指环境中的食物及营养状况。在生态系统中，环境中的食物及营养状况会引起生物的生理、生化及行为的变化，如食物短缺会引起生物迁徙；植物叶色是草食动物取食的信息；被捕食者的体重、肥瘦、数量是捕食者取食的依据。食物链就是一个生物的营养信息系统，各种生物通过营养信息关系联系成一个互相依存和相互制约的整体。食物链中的各级生物要求一定的比例关系，即生态金字塔规律。

2.1.2 服务功能

从人类生态学的角度来讲，生态系统的服务功能指生态系统为人类及社会经济系统直接或间接地提供的好处和服务。主要表现有以下几类。

1. 调节功能

调节功能指生态系统在调节与保持地球生态过程与生命支持系统中发挥的重要作用。包括大气组成、气象与气候调节、水分调节及营养物质循环调节等。生态系统通过光合作用和呼吸作用与大气交换 CO_2 和 O_2，维持大气中的 CO_2 和 O_2 的动态平衡以调节大气成分有着不可替代的作用。稳定可持续的高生物量的生态系统（如森林）在地方水平上可以起到防风、增湿、调温，产生区域气候效应，调节当地气象和气候的作用，也可通过在全球水平上全球温度、降水及其他生物作为媒介的气候过程的调节进行气候调节；生态系统的营养物质通过复杂的食物网循环再生，成为全球生物循环不可缺少的环节。生态系统也具有水分调节功能。如，发育良好的植被具有调节降雨和径流的作用，植物根系深入土壤，使土壤对雨水更具有渗透性，有植被的地段比裸地的径流缓慢而均匀。一般在森林覆盖地区的雨季，植被可减弱洪水；在其旱季，由于良好的植被环境的涵养水源能力，在河流中仍有流水。湿地植被减缓地上的水流速，从而降低下游洪峰与规模强度（凌青根，2001）。

2. 促进土壤的形成与保持

土壤的形成过程离不开生物，比如岩石的侵蚀风化及有机物的积累都需要生物的参与。肥土的固定离不开植物根系，土壤的多孔性形成、腐质化、水分的保持都需要生物。植被可以减少雨水对土壤的直接冲击，保护土壤免受侵蚀，保持土地生产力，减轻泥沙淤积，减少风沙等灾害。土壤中的生物分解过程使死去的有机物质和垃圾转化为碎屑,或生物可利用的养分形式,使有害或有毒物质化解为无害无毒物质,改善土壤肥力(凌青根,2001)。

3. 净化环境

生态系统可以通过废物处理、污染控制及消除放射性污染来净化环境。人类在生产、生活中产生的大量的垃圾和废物,有些被生物作为营养物质所利用,有些被生态系统的分解作用所分解,使得人类生活环境从整体上保持了清洁、舒适的状态。而微生物的分解作用在废物处理中是不可缺的。要是没有微生物,降解率将会很低。在废物处理方面,人类社会尚无法通过改进技术来摆脱对微生物的依赖,发达地区亦不例外。污水处理厂的设计目的就是努力使生态系统中的水环境中的污染物分解及降解这项生态系统服务达到最大化。即使工艺设备再复杂,最后阶段的处理还是要在生态系统(如河流、湖泊、海洋及湿地等)中完成。由于难以降解的污染物及放射性污染物往往通过固化进行深埋或填海,最终将在自然生态系统中得到处理。因此说,这些自然生态系统被用作废物处理系统在技术上的延伸,承担了最终的处理过程。

绿色植物对保持空气清洁和净化大气污染物方面具有独特作用,表现在:抑尘滞尘、吸收有毒气体、杀菌、减少噪声和释放有益健康的空气负离子等。

4. 维持生物多样性

一个区域,如果生态系统越稳定,越处于良性循环状态和平衡状态,说明其物种越复杂,食物链和食物网越复杂,那么其无论是生物个体、物种还是生态系统肯定处于多样化的状态。因此说良性生态系统具有维持生物多样性的功能。

5. 传播花粉和种子

大多数显花植物需要动物传粉才得以繁衍。据研究,在全世界已记载的 24 万种显花植物中,有 22 万种需要动物传粉。动物(主要是野生动物)为农田、院落、草场、菜园和森林的植物传粉,保证了这些植物的传宗接代。如果没有动物的传粉,不仅会导致农作物大幅度减产,还会导致一些物种的绝灭(Buchmann 和 Nabhan,1996;欧阳志云 等,1999)。据记载,已发现传粉动物约 10 万种,包括鸟类、蝙蝠与昆虫(欧阳志云 等,1999)。约 70% 的农作物需要动物授粉。有些种类的植物还需要动物传播和散布种子。如北美的白皮松(Pinusalbicanbis)依赖星鸦(Nucfragacobumbiana)把种子从松果中嗑出来,然后埋到别处。没有这种过程,白皮松的松子就只能保留在松果里,落到母树旁的土地上,繁殖成功率极低(董全,1999)。

6. 防灾减灾

生态系统的防灾减灾功能体现为具有:蓄洪削弱洪灾旱灾的作用;防风固沙,防止土地沙漠化的作用;减少病虫害的作用;海滨地区的防风挡浪,固定海岸,防止海水入侵、削弱台风、风暴潮带来的损失的作用;防止近海赤潮发生的作用。

自然生态系统具有良好的蓄水保水功能,尤其森林生态系统这种功能最强,可以蓄洪降低洪灾,也可以蓄水用于干旱时期利用,降低旱情。

稳定平衡的生态系统具有密集的地上层,可以挡风阻沙。有很好的根系层,固定土壤和水分,防止根系土壤层水土流失。即使是很脆弱的生态系统,如果是长期形成的稳定的生态系统,它同样有这种功能,形成固结的稳定结皮层,起到固定沙土的作用。从加利福尼亚州的河滨市到内华达州的拉斯维加斯，有 400 多千米的沙漠，植被只有稀疏的沙生蓬蒿，很少的小灌木，但没有任何浮土，也没听说有沙尘暴在这里频繁发生。可是从甘肃河西地区的酒泉市到内蒙古自治区西部的额济纳旗，也要经过 400 多千米的沙漠，沿河有高大的胡杨林带，也有外面的柽柳林带，再外有小灌木、草本分布，但却是沙暴的源地，为什么，就是由于没植被分布处，由于人类的影响，上面的结皮层已破坏，表土层完全没有结皮固定，因而形成沙暴的源地。因此形成良好的生态系统，它才会有挡风阻沙功能。

稳定平衡的生态系统通过食物链、食物网形成完美的相互影响、相互制约的关系，任何一种生物肯定存在天敌，而且遵循"能量金字塔"形成完美的数量关系，一旦这种关系被打破，病虫害将爆发，生态系统将会出现不平衡。据估计，每年有 25%～50% 的农作物生产损失于有害生物（董全，1999）。在自然生态系统中，这些有害生物受到天敌的控制，包括捕食者、寄生者和致病因子，如鸟类、蝙蝠、蜘蛛、寄生蜂、寄生蝇、真菌、病毒等，自然系统的多种生态过程维持供养了这些天敌，限制了潜在有害生物的数量，保障和提高了农业生产的稳定性，保证了食物生产供应和农业经济收入。

中国的海滨地区，多台风及风暴潮，良好的生态系统将在台风及风暴潮向陆上行进过程中起到削弱其威力的作用，减轻对人民财产的破坏。另外，良好的生态系统将起到固结海岸的作用，削弱海浪的侵蚀，让海岸顺向发展，防止海水倒灌，造成海水入侵。海滨地区生态系统中的生物可以利用和分解外流河带来的营养物质和有机物，这样减少它们入海的数量，减少近海赤潮发生的可能性。

7. 栖息功能

栖息功能是指生态系统为植物、动物提供适宜的生存环境，从而对保存生物和基因及进化过程贡献力量，对维持生物多样性起到重要的作用。栖息功能包括避难所功能与保育功能（彭少麟，2007；赵晟，2008）。

8. 生产功能

生产功能指生态系统通过初级生产与次级生产，提供人类生存所必需的所有基本产品的功能。这里所说的生产功能主要是指那些可以更新的自然资源，如食物资源、原材料资源、遗传资源、药用资源和观赏资源等（彭少麟，2007；赵晟，2008）。

9. 文化娱乐功能

文化娱乐功能是指生态系统形成美好的景观，为人们提供娱乐活动的机会（Francisco，2010）的功能，供人们从事生态旅游、运动垂钓以及其他户外娱乐活动；或者生态系统的美学的、艺术的、教育的、精神的或科学的价值为人们提供非商业运用的机会（Francisco，2010）的功能，供学生进行野外实习，供摄影爱好者进行摄影；供画家进行写生；供学者进行野外考察和从事科学研究等。

2.2 退化的生态系统

2.2.1 退化生态系统的概念

退化生态系统是指生态系统的正常状态在自然或人为干扰的作用下平衡状态被打破，

相应的功能也比原正常生态系统下低,其稳定性和生产力也随之降低,退化生态系统可以说是受了损伤的正常生态系统,因此又称为受害生态系统(彭少麟,2007;任海,彭少麟,2001;赵晓英 等,2001)。

2.2.2 生态系统退化的原因

当生态系统的结构变化引起功能减弱或丧失时,生态系统处于退化状态。引起生态系统结构和功能变化而导致生态系统退化的原因可分为两部分:一是来自生态系统内部,即土壤—生物—大气之间的相互作用;二是来自外部因子即外部干扰的作用,如侵蚀、火烧、垦荒、放牧、毁林等,外部干扰作用是主要的原因。按干扰动因可分为人为干扰和自然干扰。

生态系统退化的直接原因是人类活动,部分原因是自然灾害,有时是两者共同造成的。生态系统退化的过程由干扰的强度、持续时间和规模所决定。Daily 在 1995 年对造成生态系统退化的人类活动进行了排序:过度开发(含直接破坏和环境污染等)占 35%,毁林占 30%,农业活动占 28%,过度收获薪柴占 7%,生物工业占 1%。这说明人类活动中过度开发、毁林及农业活动是造成生态系统退化的主要原因,过度收获薪柴及生物工业也会造成生态系统退化。自然干扰中外来种入侵(包括因人为引种后泛滥成灾的入侵)、火灾及水灾是最重要的因素。

总的来说,生态系统退化的原因(彭少麟,2007)有以下几个方面。

1. 植被的减少与破坏

植被在维持生态系统平衡中有极为重要的意义,自然植被,尤其是森林植被的破坏与减少是陆地生态系统退化的主要原因之一。植被是生态系统中的生产者,它的存在将把生态系统的无机环境与有机环境结合起来,并且开始进行生态系统的基本功能——物质循环、能量运动及信息传递,同时以此为人类社会提供资源、调节环境等服务功能。植被的破坏意味着生态系统的退化。森林植被在所有自然生态系统中结构最复杂,功能最大,不仅生物量最大,生物多样性最丰富,由于丰富复杂的食物链和食物网,完全处于生态平衡的状态,而且具有涵养水源、阻风挡浪、调节当地和全球气候、调节当地和全球物质循环方面起着巨大的作用。

为了满足人口的增长和社会经济的发展,天然植被被过度利用和破坏。

无论中国还是世界的天然森林的面积正在不断减少。尽管世界人工林面积有所增加,世界总森林面积仍在减少,但近年来已经放慢了减少的速度。

如表 2-1 所列,全球无论是原始森林面积还是总林地面积都在下降。历史上世界陆地 1/2 曾为森林覆盖(陈永文,2002)。到 1995 年,全世界森林(包括天然林、半天然林及人工林)的覆盖面积 34.54%,占世界总土地面积的 26.6%(彭少麟,2007)。到 1998 年,全世界原始森林减少速度为 1600 万 hm^2/a,已减少总面积的 2/3(彭少麟,2007)。据联合国、欧洲、芬兰有关机构联合调查,1990—2025 年,全球森林以每年 1600 万~2000 万 hm^2 的速率消失,与最后一次冰川期结束后相比,亚太地区原始森林覆盖面积减少了 88%;欧洲、非洲、拉丁美洲、北美洲分别减少了 62%、45%、41% 和 39%。当前全世界森林面积每年都会减少 1300 万 hm^2。森林消失不仅影响生物多样性,还会影响水源和土壤，对温室气体减排也会产生不利影响（张小军，高寒青，2007）。

表 2-1 全世界森林覆盖面积的变化

	天然林、半天然林及人工林*		原始森林#	
	覆盖面积/%	占世界总土地面积的比例/%	减少速度/(万 hm²/a)	减少量
1995	34.54	26.6		
1980—1995			1.8	
迄今为止			1600	2/3

* 来自联合国粮农组织（FAO）发表的《1997年世界森林状况》。

\# 转引自《世界观察研究所最新报告指出：世界森林在以惊人速度消失》。见《参考消息》，1998-04-27，A1版。

据我国林业和草原局政府网（2019）公布的数据，截至2018年年底，全国森林面积为2.20亿 hm²，森林覆盖率为22.96%，森林蓄积为175.60亿 m³。截至2013年年底，人工林保存面积为0.69亿 hm²，蓄积为24.83亿 m³。

全国第六次森林资源清查（1999—2003年）结果显示：我国森林覆盖率虽然较此前上升了1.66%，达到18.21%，但是仍然仅相当于世界平均水平的61.52%，居世界第130位；人均森林面积0.132hm²，不到世界平均水平的1/4，居世界第134位；我国人工林保存面积达到7.95亿亩，居世界首位。

另外，我国森林资源分布不均：东部地区森林覆盖率为34.27%，中部地区为27.12%，西部地区12.54%，而占国土面积32.19%的西北五省（自治区）森林覆盖率只有5.86%。

全国第五次全国森林资源清查（1994—1998年）结果显示：森林面积为1.5894亿 hm²；森林覆盖率为16.55%；活立木蓄积量为124.88亿 m³；森林蓄积量为112.67亿 m³。

两次清查间隔期内，我国森林资源呈现六大变化：

（1）森林面积持续增长。森林面积增加1596.83万 hm²，森林覆盖率由16.55%增加到18.21%，增长了1.66%。

（2）森林蓄积稳步增加。继续呈现长大于消的趋势。森林蓄积量净增8.89亿 m³，年均净增1.78亿 m³。

（3）森林质量有所改善。每公顷株数增加了72株，蓄积量增加了2.59m³，林木平均生长速度加快。阔叶林和针阔混交林面积比例增加了3%。龄组结构、树种结构发生了可喜的变化。

（4）林种结构渐趋合理。防护林和特种用途林面积比例上升了21%，以生态建设为主的林业发展战略已初见成效。

（5）林业所有制形式和投资结构趋向多元化。森林面积中，非公有制林业达20.32%，未成林造林地中，非公有制林业达41.14%。

（6）林业发展后劲较大。未成林造林地呈现逐年增加的趋势，据统计，2001年以来每年增长造林面积800万 hm² 以上。中幼林比例已达67.85%。

中国草地面积 3.55 亿 hm², 占国土总面积的 41.7%, 占世界草地总面积的 6%~8%, 居世界第三 (胡中民 等, 2005)。

据估算, 全球草地总面积约为 32 亿 hm², 占陆地总面积的 20%, 比耕地面积约大一倍, 但在各大洲的分布极不均衡 (佚名, 2003)。

无论是在中国还是世界其他国家, 草地均有退化的现象。草地退化将引起生物多样性减少、草地产草量下降、草地质量下降、草地载畜量降低、家畜生产性能下降、草原灾害发生频繁、农牧收入减少及居民的生存受到威胁等 (王庆锁 等, 2004)。

植被面积的缩小导致降水减少, 而降水时又容易发生洪灾和水土流失, 使土地日益贫瘠退化。生态系统的各种退化原因, 如侵蚀化退化、荒漠化退化、土壤贫瘠化退化和污染退化等, 均直接或间接地与植被的破坏及减少有关。

2. 侵蚀

土壤侵蚀指土壤及其母质在水力、风力、冻融、重力等在外营力作用下, 被破坏、剥蚀、搬运和沉积的过程 (见《中国大百科全书 水利卷》)。土壤侵蚀是土地退化的主要原因, 也是导致生态环境恶化的最严重的问题, 联合国粮农组织 (FAO) 将其列为世界土地退化的首要原因。我国多数人把土壤侵蚀称为水土流失, 而我国也是世界上水土流失最为严重的国家之一, 几乎所有的大流域都存在严重的水土流失问题。

全世界每年因土壤侵蚀而损失的土地面积为 700 万 hm², 全球每年流失的表土为 750 亿 t, 每年为此多支出 4000 亿美元。失去的土壤无法补偿, 1cm 厚的土壤要花 500 年甚至更长的时间才能形成, 但却会在 1 年内流失。

在非洲和南美洲, 由于农民耕作不当或其他原因, 土地损失表土的速率为 30~40t/(hm²·a), 其中一部分扬入空中, 另一部分进了排水沟; 在欧洲和美国土地损失表土的速率只有 17t/(hm²·a)。美国土地损失表土的速率只有 17t/(hm²·a), 但也意味着每年每公顷土地损失 40 亿 t 土壤和 13000 亿 t 水。所损失的营养素、水和产量加起来总价值约为 270 亿美元。美国农业部资料表明, 因侵蚀而造成的土壤损失威胁着美国 1/3 的农田生产力。而用于美国农业的所有肥料中有 10% 是用来弥补因土壤侵蚀而造成的损失。水土流失进入河流造成的损失更大, 1hm² 土壤在一场风暴中损失 15t 土壤, 即减少表土 1mm, 每秒钟大约有 1000t 泥沙从密西西比河流入墨西哥湾。1993 年, 由于密西西比、密苏里等河流的泛滥, 美国大约蒙受了 200 亿美元的损失。

我国是世界上水土流失最为严重的国家之一, 几乎所有的大流域都存在严重的水土流失问题。北方的黄土, 南方的花岗岩风化壳红土, 是中国境内侵蚀最严重的地质—地貌单元。华南的丘陵红壤区、北方的土石山区、东北的黑土区和西部的黄土区, 都是水土流失较为强烈的地区。

中华人民共和国成立初期, 水土流失面积为 116 万 km², 50 多年来虽经不断治理, 但随着人口的快速增加和经济高速增长, 资源过度利用, 原生植被大量丧失, 水土流失面积仍在继续扩大。赵其国于 2004 年研究表明: 我国目前的水土流失面积近 369 万 km², 约占我国陆地国土总面积的 38%, 而且还在以 1 万 km²·a^{-1} 的速度递增。黄土高原水土流失面积近 34 万 km², 占黄土高原总面积的 54%。年土壤流失量达 23 亿 t; 长江流域水土流失面积也已达 56.2 万 km², 占该流域总面积的 31%, 年土壤流失量达 22 亿 t; 南方

2.2 退化的生态系统

红壤区水土流失面积达 79.9 万 km^2，其中严重侵蚀的面积有 16.5 万 km^2。水土流失还会造成水库、湖泊和河道淤塞，增加下游平原的洪涝威胁。由于水土流失严重，黄河下游河床平均每年抬高达 10cm，长江的河床也不断抬高，导致黄河和长江两流域的旱涝灾害发生频率增大。

3. 荒漠化

荒漠化指由于自然干扰或人为干扰，致使植被及地表结皮破坏后严重的水土流失引起土地荒芜化的过程或现象，包括沙漠化、砾漠化和石漠化，土壤退化程度依次加深。如果只是由于风或水的作用或人为作用，只是土粒中的黏粒失去，将使表土层砂粒和较细砾石相对增多，土壤质地逐渐砂化。如地上所有的黏粒全部失去，只有较粗的砾石存在，将是砾质化；如地上细粒荡然无存，只有大片基岩裸露，这将造成石质化，是土壤退化的最后阶段。引起石漠化的自然干扰往往是特别重大的灾害事件，而人为干扰可以是重大的破坏或是反复的干扰。

全球荒漠化土地面积达 3600 万 km^2，占全球陆地面积的 1/4，现在全球荒漠化土地正以 15 万 $km^2 \cdot a^{-1}$ 的惊人速率在扩展（一年所增加的面积比整个美国纽约州还大）。全球 100 多个国家和地区的 12 多亿人口受到荒漠化的威胁，36 亿 hm^2 土地受到荒漠化的影响。目前，全球每年因进行荒漠化生态恢复而投入的经费达 100 亿～224 亿美元。

中国荒漠化土地面积 33.4 万 km^2。其中，正在发展中的荒漠化土地占 24.2%，强烈发展中的荒漠化土地占 18.3 万 km^2，严重荒漠化土地占 10.2%，三者合计占 52.7%，约 17.6 万 km^2，其中属人类史前形成的沙漠化土地约为 12 万 km^2，近半个世纪形成的荒漠化土地面积约 5 万 km^2；存在潜在沙漠化危险的土地面积为 15.8 万 km^2，占 47.3%（任海，彭少麟，2001；苏志珠 等，2006；彭少麟，2007）。

植被破坏后会引起水土流失，近而引起荒漠化。植被破坏后，表土层变得松散，土壤中黏粒随着地表径流流入河道或低洼处，或随风飘扬进入空中，表土层中砂粒和砾石相对增多，久而久之，土壤开始沙漠化。由于人为的滥樵（无计划性及掠夺式地砍伐林地，在草原区挖野菜、采药等）、滥垦（如把坡度在 25°以上的土地开垦为耕地，在内陆河下游可以施行灌溉的沙漠区域，开地种 3 年，然后由于肥力下降就废弃掉又在别处再开地）、滥牧（如过牧）、滥建，破坏天然植被，造成荒漠化土地面积持续扩大。还有在中国西北干旱半干旱区及青藏高原高寒区由于是极其脆弱的自然环境，但经过漫长的历史年代形成稳定的结皮层，这种稳定的结皮层能起到很好的保护表土的作用，一旦被破坏，这些地区由于位于多大风的地区，极易使表土黏粒细砂粒流失而使其荒漠化面积扩大。

造成植被破坏而使土地荒漠化的途径很多，而且各种途径造成荒漠化的土地面积占总荒漠化土地面积的比例各有不同。其中，因樵柴、滥伐引起的荒漠化土地占 27.8%；因樵垦引起的荒漠化土地占 24.5%；因过牧引起的占 19.6%；因开垦后水系改变引起的荒漠化土地占 15.9%；因工矿、交通建设用地引起的荒漠化土地占 8.9%；固定和半固定沙丘前移引起的荒漠化土地占 3.3%。以上数据表明，96% 以上的荒漠化是由于人类对土地的不合理利用等人为因素造成的。

引起石漠化的自然干扰往往是特别重大的灾害事件，而引起石漠化的人为干扰可以是重大的破坏或者是反复的干扰。在我国许多石质地区，尤其是南方山丘地区，由于地表土壤层特别薄，植被破坏后，表土很快流失，很容易形成石漠化。

我国石漠化主要分布在以下3个区域：①喀斯特强烈发育的区域，如贵州的水城和惠水、广西的大化等；②构造活动强烈的河流上游及河谷地带，如乌江流域的纳雍、织金、黔西等；红水河流域的贵州省兴义、兴仁、广西的南丹等；③经济较为落后、人口增长过快、森林植被覆盖率较低的区域，如湖南的湘西，贵州的黔西、黔南等，广西的大化、凤山等。我国严重石漠化面积达4.63万km^2，短期内有潜在石漠化趋势的土地面积达8.76万km^2（喻更生，2003）。

在石漠化地区，岩石裸露，岩层漏水性强，储水能力低或无储水能力，降雨时水无阻挡地顺坡而下，极易发生山洪、滑坡和泥石流，给人民生命财产带来严重灾害。雨过天晴则立即出现缺水干旱，水旱灾害频繁发生，几乎连年旱涝相伴，是我国山洪、泥石流多发地带。此外，这些地区位于江河的上游，严重的土壤侵蚀还导致河床淤高、中道淤塞，危及江河沿岸及下游人民群众生命财产安全（王世杰，2003）。

可见，无论是多发生在北方干旱半干旱地区的沙漠化及砾漠化，还是多发生在南方石质山区的石漠化，都会由于表土肥土流失，致使生态系统中的生产者——绿色植被无法生存，而使当地的生态系统极其脆弱、敏感性极强，自然灾害频繁、耕地面积会不断减少，土地生产力会逐渐枯竭、井泉干涸，从而部分人口完全丧失最基本的生存条件，成为生态难民，同时也影响当地的经济发展。

截至2009年年底，全国荒漠化土地面积为262.37万km^2，沙化土地面积为173.11万km^2，占国土总面积的18.03%。全国具有明显沙化趋势的土地面积为31.10万km^2，占国土总面积的3.24%。沙化扩展速度趋缓。《第四次中国荒漠化和沙化状况公报》显示，通过实施京津风沙源治理工程，5年间河北省沙化土地减少2782km^2，位居全国第一；荒漠化土地减少1802km^2，减少面积位居全国第二。在与内蒙古自治区交界处形成了200多万亩的防风固沙林带，初步形成了内蒙古自治区风沙南侵的第一道生态屏障，使1156万亩农田和1650万亩草场得到有效保护（刘晓星，2011）。

4. 土壤贫瘠化

土壤贫瘠化即指土壤肥力减退，是土地退化的又一种方式。引起土壤贫瘠化的因素不少，但主要是水土流失、土地的过度利用和不合理利用。

严重水土流失是加剧土壤贫瘠化的主要原因，土壤中表层松散肥沃的熟化的土壤随着流水、风吹逐渐消失殆尽，随着表土的流失，含在其中大量的营养元素氮、磷、钾等也随之流失，往往流失量大于每年通过施肥进入土壤的量，致使生态系统中的营养物质循环得不偿失，从而造成土壤严重贫瘠化。另外随着表土中松散的物质流失，生长植被的能力大大减弱，涵养水源、蓄水的能力大大减弱，水分也大大流失，更加重了土壤的贫瘠化。

对土壤的过度利用也会导致土壤贫瘠化。有些地区重用轻养，农田一般要三年一轮作或者要歇地，但如果在同块土地上持续种植同种植物，而且施入化肥量不变，有机肥投入量不足，时间一长，这种植物需要的一些营养物质、矿物质将会大大减少，就会使这块土壤贫瘠化。在中国内陆河流域中、下游，只要有灌溉条件，当地就可开垦出肥沃高产的土地，但当地农民往往只种三年就废弃掉原有的土地，再在周围开出新的土地进行耕种。为什么呢？就是由于当地农民发现，三年后再继续种植，原土地的产量会由于肥力下降而导致产量大大下降。甘肃河西地区民勤县许多原有肥田就是由于对土壤的过度利用而变成荒地。在极端干旱地区，土壤肥力下降废弃后，土壤不但贫瘠化，而且马上沙化，因为其外缘是沙漠，土壤基土也是沙土，弃耕后，强烈的大风很快使其地上的黏粒被吹走，然后就沙化。

还有就是对耕地的管理利用不当也会造成贫瘠化。对耕地进行用护相长，这样才是可持续的利用管理方式。即耕地利用要按科学的方式，采用合理的施肥制度、轮作制度及灌溉制度等，耕地在被利用的同时也得到相应的保护，这样才不会出现地力下降而贫瘠化。但现实中，往往施肥者具有盲目性，今年每亩施了20kg氮肥，取得了好收成，明年每亩再施20kg氮肥，结果同样取得了好收成，第三年，同样每亩再施20kg氮肥，结果收成减少，到第四年，往往肯定还会加大施肥量，这样收成会增加吗？往往会减产。施肥量加大，怎么还减产了呢？因为每年施的肥料作物不会被全部吸收，往往会有部分遗留在土壤中，应该下一年减少施肥量，而不是加大施肥量。灌溉不在适时、不用适量肯定也只会造成地力下降。轮作的植物最好具有互补性，如果轮作没有互补性的作物，同样也会使地力下降而导致其贫瘠化。中国黄淮海地区的砂姜黑土区，占其平原面积的近60%。由于土质本身在50～70cm有钙质结核层存在，有时浅至20～40cm土层，此土层往往垂直节理发育，易水分下渗，但不易使下部水分以毛管水上升水渗入上部土层，结果导致当地易涝易旱，再加上施肥不当，土壤肥力严重受损。当前，有近半数以上的土壤缺乏有机质，有1/3的土地缺钾，还有不少土地缺少农作物生长所需的微量元素锌、锰、硼等。

5. 污染

污染是造成生态系统退化的一大原因。污染物质主要来源于工业和城市的废弃物（废水、废气和固体废弃物，也称"三废"）、农药和化肥，以及放射性物质等。未经处理的"三废"不但破坏了环境，也造成了严重的土地污染、水域污染和大气污染。其恶果之一就是导致生态系统的退化（彭少麟，2007；李洪远，鞠美庭，2004；赵晓英 等，2001）。

参 考 文 献

[1] 曹凑贵. 生态学概论 [M]. 北京：高等教育出版社，2002.
[2] 陈永文. 自然资源学 [M]. 上海：华东师大出版社，2002.
[3] 董全. 生态功益：自然生态过程对人类的贡献 [J]. 应用生态学报，1999，10 (2)：233-240.
[4] 冯剑丰，李宇，朱琳. 生态系统功能与生态系统服务的概念辨析 [J]. 生态环境学报，2009，18 (4)：1599-1603.
[5] 胡中民，樊江文，钟华平，等. 中国草地地下生物量研究进展 [J]. 生态学杂志，2005，24 (9)：1095-1101.
[6] 孔繁德. 生态保护概论 [M]. 北京：中国环境科学出版社，2001.
[7] 李洪远，鞠美庭. 生态恢复的原理与实践 [M]. 北京：化学工业出版社，2004.
[8] 凌青根. 生态系统健康与服务功能 [J]. 华南热带农业大学学报，2001，7 (4)：67-74.
[9] 刘晓星. 我国土地荒漠化、沙化整体初步遏制，局部仍在扩展是谁放出了吞食土地的老虎？[EB/OL]. http://www.zhb.gov.cn/zhxx/hjyw/201106/t20110615_212534.htm，2011，06，15.

[10] 欧阳志云,王如松,赵景柱.生态系统服务功能及其生态经济价值评价[J].应用生态学报,1999,10(5):635-640.

[11] 彭少麟.恢复生态学[M].北京:气象出版社,2007.

[12] 任海,彭少麟.恢复生态学导论[M].北京:科学出版社,2001.

[13] 苏志珠,卢琦,吴波,等.气候变化和人类活动对我国荒漠化的可能影响[J].中国沙漠,2006,26(3):329-335.

[14] 孙刚,盛连喜,冯江.生态系统服务的功能分类与价值分类[J].环境科学动态,2000,1:19-22.

[15] 王庆锁,李梦先,李春和.我国草地退化及治理对策[J].中国农业气象,2004,25(3):41-48.

[16] 王世杰.喀斯特石漠化——中国西南最严重的生态地质问题[J].矿物岩石地球化学通报,2003,22(2):120-126.

[17] 佚名.世界草地面积有多大?[J]中国科普博览,2003.11.15.

[18] 喻更生.中国石漠化分布现状与特点[J].中国林业调查规划,2003,22(2):53-55.

[19] 张小军,高寒青.全球森林面积年减1300万公顷[EB/OL].

[20] 国家林业和草原局政府网.中国森林覆盖率22.96%[EB/OL].
http://www.forestry.gov.cn/2019-06-17.

[21] 国家林业和草原局政府网.我国人工林现状分析[EB/OL].
http://www.forestry.gov.cn/2019-08-06.

[22] 赵其国.土地资源 大地母亲——必须高度重视我国土地资源的保护、建设与可持续利用问题[J].土壤,2004,36(4):337-339.

[23] 赵晟.海岸带生态系统服务价值评估:厦门湾围填海生态影响评价.超星图书,2008.

[24] 赵晓英,陈怀顺,孙成权.恢复生态学——生态恢复的原理与方法[J].北京:中国环境科学出版社,2001.

[25] Buchmann, S. L., Nabhan, G. P. 1996. The Forgotten Pollinators. Washington D C: Island Press. Daily, G. C. 1995. Restoring value to the worlds degraded lands. Science. 269, 350-354.

[26] IPCC-Intergovernmental Panel on Climate Change (2007). Climate Change 2007: Synthesis Report. Contribution of Working Groups Ⅰ, Ⅱ and Ⅲ to the Fourth Assessment. Report of the Intergovernmental Panel on Climate Change [Core Writing Team, Pachauri, R. K. and Reisinger, A. (eds)]. Geneva: IPCC.

[27] Francisco A. C. 2010 Ecological Restoration: A Global Challenge. Cambridge, Cambridge University Press. 291pp.

[28] Odum, E. Fundamentals of Ecology. Philadelphia: Saunders, 1971.

第 3 章　生态系统退化程度的判断

3.1　生态环境质量评价法

　　一个生态系统，生态环境质量越好，说明该系统退化的可能性越弱，生态环境质量越差，说明该系统的退化程度越强，从此角度可以通过生态环境质量评价得到的结果进行研究区域的生态系统有无退化，如有，其退化程度如何及退化的主要原因是什么，可以进行分析和判断。

3.1.1　生态环境及生态环境质量的含义

　　1. 生态环境的定义
　　定义一：生态环境指所有生态因子综合作用构成的整体。生态因子指生物生存环境中所有对生物的生长、发育、生殖、行为和分布有直接或间接影响的因子。包括气候因子、土壤因子、地形因子、生物因子及人为因子。气候因子，如光、温度、降水量和大气运动等。土壤因子指土壤物理、化学性质，营养状况，深度、质地、母质、容重、孔隙度、pH 值、盐碱度、肥力等。地形因子指地表特征，如地形起伏、海拔、山脉、坡度、坡向、高度等。生物因子指同种或异种生物之间的相互关系，如种群结构、密度、竞争、捕食、共生、寄生等。人为因子即指人类活动对生物和环境的影响（曹凑贵，2002）。
　　定义二：生态环境即是自然环境系统和社会经济系统形成的总体。此定义是从人类生态学角度上讲的。人类生态学的研究对象为人类生态系统。人类生态系统为人类与生态环境相互作用形成的整体。人类生态系统概念中的生态环境就是自然环境系统和社会经济系统形成的总体。
　　其他几种生态环境的定义如下：①生态环境指生态系统中除人类以外不同层次的生物组成的生命系统；②生态环境指由各种自然要素构成的自然系统，具有环境与资源的双重属性；③生态环境指生境（habitat），即物种的生活环境，主要包括地理位置、地形地貌、水热条件等；④生态环境在环境科学中，指以人类为中心的生态系统；⑤生态环境包括生物属性和非生物属性，人类是生态环境的主体，人类周围的自然界是客体，主体与客体相互联系、相互作用、相互影响；⑥在环境科学的研究范畴内，可将生态环境定义为：以人类为中心的各种自然要素（生物要素、非生物要素）和社会要素的综合体，其中的自然要素在人类活动的影响下，不再是原始的、纯粹的自然，而是人化的自然，其中的社会要素因受自然环境的影响，无不打上自然的深深烙印而成为自然化的社会。
　　2. 生态环境质量的含义
　　生态环境质量：指生态环境的优劣程度，它以生态学理论为基础，在特定的时间和空间范围内，从生态系统层次上，反映生态环境对人类生存及社会经济持续发展的适宜程度，是根据人类的具体要求对生态环境的性质及变化状态的结果进行评定。

生态环境质量评价：根据特定的目的，选择具有代表性、可比性、可操作性的评价指标和方法，对生态环境质量的优劣程度进行定性和定量的分析和判别。

3.1.2 生态环境质量评价法

3.1.2.1 生态环境质量评价指标的选择

1. 选择指标的原则

（1）代表性原则。生态环境的组成因子众多，各因子之间相互作用相互联系构成一个复杂的综合体。评价指标体系不可能包括生态环境的全部因子，只能从中选择最具有代表性、最能反映生态环境本质特征的指标。

（2）全面性原则。生态环境是一个由多种因素组成的复杂综合体，包括大气、水、岩石、土壤、生物、社会经济等各个方面，因此，选取指标要尽可能地反映生态系统各个方面的特征。

（3）综合性原则。生态环境是自然、生物和社会构成的复合系统，各组成因子之间相互联系、相互制约，每个状态或过程都是各种因素共同作用的结果。因此，评价指标体系中的每个指标都应是反映本质特征的综合信息因子，能反映生态环境的整体性和综合性特征。

（4）简明性原则。指标选取以能说明问题为目的，要有针对性地选择有用的指标，指标繁多反而容易顾此失彼，重点不突出，掩盖了问题的实质。因此，评价指标要尽可能地少，评价方法尽可能地简单。

（5）方便性原则。指标的定量化数据要易于获得和更新。虽然有些指标对环境质量有极佳的表征作用，但数据缺失或不全，就无法进行计算和纳入评价指标体系。因此，选择指标必须实用可行，可操作性强。

（6）适用性原则。易于推广应用。从空间尺度来讲，选择的评价指标具有广泛的空间适用性，对省市县等不同的区域而言，都能运用所选择的指标对其区域的生态环境质量作出客观的评价。

2. 选择的指标及其涵义

（1）生物丰度指数。指评价区域内生物多样性的丰贫程度。生物多样性是生态系统最显著特征之一，是地球上生命经过几十亿年发展、进化的结果。正如 Lovelock 所指出的那样，今日地球的稳定状态得益于生物与环境长期相互作用的结果。生物多样性是人类社会赖以生存和发展的基础，生物丰度决定着生态系统的面貌，是反映生态环境质量最本质的特征之一。

（2）植被覆盖指数。指评价区域林地、草地及农田三种类型面积占评价区域面积的综合比。在地表生态环境的众多组成因子中，土地利用与土地覆被状况是最直观的。因此，通过专家打分法将不同土地利用覆被类型赋以不同的权重，得出地表覆被状态值，作为生态环境状态的重要表征之一。

（3）水网密度指数。指评价区域内河流总长度、水域面积和水资源量与评价区域的面积比。水在生态系统中具有重要作用，是生态系统物质与能量流的重要载体，也是人类社会生活不可缺少的物质,尤其在西部干旱、半干旱生态系统中,水是生态系统的决定因素。

(4) 土地退化指数。指评价区域内风蚀、水蚀、重力侵蚀、冻融侵蚀和工程侵蚀的面积占评价区域总面积的比重。人类不合理利用土地资源,对生态系统产生的压力超过了生态系统的承载能力,生态系统功能不断衰退,土地退化是生态系统退化的重要表征之一。

(5) 污染负荷指数。指单位面积上承担的污染物量的强度。随着工业化和城市化的进程,大量的工业"三废"和生活源、农业面源,造成了土地资源和水资源的污染,而且问题日趋严重。生态系统对这种胁迫已从不同的侧面对人类进行了报复。

3.1.2.2 生态环境质量指数的确定

1. 分指标的权重及计算方法

(1) 生物丰度指数的权重及计算方法。

1) 生物丰度指数分权重,见表3-1。

表3-1 生物丰度指数分权重

生态系统	森 林				水 域			草 地			其他
权重	0.5				0.3			0.15			0.05
结构类型	雨林	常绿阔叶林	常绿落叶阔叶混交林	落叶阔叶林	针叶林	河流	湖泊	湿地	高覆盖草地	中覆盖草地	低覆盖草地	农田、沙漠等其他类型
分权重	1	0.6	0.5	0.3	0.2	0.1	0.3	0.6	0.6	0.3	0.1	0.05

2) 计算方法:

生物丰度指数=(0.5×森林面积+0.3×水域面积+0.15×草地面积+0.05×其他)/区域面积

(2) 植被覆盖指数的权重及计算方法。

1) 植物覆盖指数分权重,见表3-2。

表3-2 植物覆盖指数分权重

植被类型	林地面积			草地面积			农田面积	
权重	0.5			0.3			0.2	
结构类型	有林地	灌林地	疏林地	高覆盖	中覆盖	低覆盖	水田	旱田*
分权重	0.6	0.25	0.15	0.6	0.3	0.1	0.7	0.3

* 干旱/半干旱地区旱田的权重为0.15。

2) 计算方法:

植被覆盖指数=(0.5×林地面积+0.3×草地面积+0.2×农田面积)/区域面积

(3) 水网密度指数计算方法。

水网密度指数=0.25×(河流长度/区域面积)+0.25×[湖库(近海)面积/区域面积]
　　　　　　+0.5×(水资源量/区域面积)

(4) 土地退化指数的权重及计算方法。

1) 土地退化指数分权重,见表3-3。

2) 计算方法：

$$\text{土地退化指数} = (0.05 \times \text{轻度侵蚀面积} + 0.25 \times \text{中度侵蚀面积} + 0.70 \times \text{重度侵蚀面积}) / \text{区域面积}$$

(5) 污染负荷指数的权重及计算方法。

1) 污染负荷指数分权重，见表3-4。

表3-3　　土地退化指数分权重

土地退化类型	轻度侵蚀	中度侵蚀	重度侵蚀
权重	0.05	0.25	0.7

表3-4　　污染负荷指数分权重

污染指标	二氧化硫(SO_2)	化学需氧量(COD)	固体废物
权重	0.4	0.4	0.2

2) 计算方法：

$$\text{污染负荷指数} = (0.4 \times \text{二氧化硫排放量} + 0.2 \times \text{固体废物排放量}) / \text{区域面积} + 0.4 \times \text{COD排放量} / \text{区域降水量}$$

2. 生态环境质量指数计算方法及评价分级

(1) 各项评价指标权重。见表3-5。

表3-5　　各项评价指标权重

指标	生物丰度指数	水网密度指数	植被覆盖指数	土地退化指数	污染负荷指数
权重	0.3	0.25	0.2	0.15	0.1

(2) 生态环境质量指数计算方法。

$$\text{生态环境质量指数} = 0.3 \times \text{生物丰度指数} + 0.25 \times \text{水网密度指数} + 0.2 \times \text{植被覆盖指数} + 0.15 \times (1 - \text{土地退化指数}) + 0.1 \times (1 - \text{污染负荷指数})$$

3.1.2.3　生态环境质量分级及生态系统退化程度的判定标准

生态环境质量越好，说明生态系统状况越好，生态环境质量越差，说明生态系统退化程度越强。根据生态环境质量指数，将生态环境质量分为五级，即优、良、一般、较差和差，对应的生态系统退化程度也分为五级，即无退化、略有退化、一般、退化程度较强和完全退化，见表3-6。

表3-6　　生态环境质量及生态系统退化程度分级

级别	优	良	一般	较差	差
指数	≥75	55~75	35~55	20~35	<20
生态环境质量状态	植被覆盖度好，生物多样性好，生态系统稳定，最适合人类生存	植被覆盖度较好，生物多样性较好，适合人类生存	植被覆盖度处于中等水平，生物多样性一般水平，较适合人类生存，但偶尔有不适合人类生存的制约性因子出现	植被覆盖较差，严重干旱少雨，物种较少，存在明显限制人类生存的因素	条件较恶劣，多属戈壁、沙漠、盐碱地、秃山或高寒山区。人类生存环境恶劣
生态系统退化程度	无退化	略有退化	一般	退化程度较强	完全退化

3.1.2.4　生态系统退化程度判定及原因分析

第一，通过研究区的文献资料和实际调查，得出度量生态环境质量的各指标值；第二,根据前述方法得出生态环境质量指数值;第三,与生态环境质量及生态系统退化程度分级表进行对比得出所研究的区域的退化程度的判定。若该区域退化程度处于一般或更糟的状况,就需要根据计算的生态环境质量的各指标值,来判断该区域生态系统退化的主要原因。

3.1.2.5 指标术语注解

1. 雨林

雨林由热带物种组成,结构层次不明显,层外植物丰富的高大茂密而终年常绿的森林植被。其生物循环强烈,是世界上发育最为繁茂的植被类型。

中国的雨林主要分布于台湾南部、海南省、广西和云南南部及西藏东部的部分地区。数据来源于遥感、统计数据。可据植被类型图与土地利用图套合计算求得,各地可根据当地植被数据的详细程度具体确定。单位:km^2。

2. 常绿阔叶林

常绿阔叶林生长于亚热带地区大陆东岸湿润季风气候下的森林植被。主要由樟科、壳斗科、山茶科、木兰科、金缕梅科等常绿阔叶树组成,林相较整齐,林冠微波起伏,林下都有明显的灌木层和草本层。中国的常绿阔叶林分布面积较广,典型的常绿阔叶林主要分布在长江以南至福建、广东、广西、云南北部之间的山地丘陵及西藏喜马拉雅山南翼。

数据来源于遥感、统计数据。可据植被类型图与土地利用图套合计算求得,各地可根据当地植被数据的详细程度具体确定。单位:km^2。

3. 常绿落叶阔叶混交林

常绿落叶阔叶混交林生长于暖温带向亚热带过渡地区的森林植被。数据来源于遥感、统计数据。可据植被类型图与土地利用图套合计算求得,各地可根据当地植被数据的详细程度具体确定。单位:km^2。

4. 落叶阔叶林

落叶阔叶林生长于温带海洋性或温带季风气候条件下,由夏绿型乔木树种组成的森林植被类型。有明显的季相变化,夏季鲜绿,质地较薄,无革质硬叶现象,通常无茸毛,林冠郁闭;冬季完全无叶,春季复出新叶。主要分布东北和华北地区。

数据来源于遥感、统计数据。可据植被类型图与土地利用图套合计算求得,各地可根据当地植被数据的详细程度具体确定。单位:km^2。

5. 针叶林

针叶林以针叶树为建群种的各种森林群落的总称。具有明显的外貌特征,群落的层次分化较明显,包括乔木层、乔木亚层、灌木层、草本层及苔藓层。建群种都是由多年生裸子植物质,并且具有针形、条形或鳞形叶的乔木树种组成,生物生产力较高。针叶林的类型复杂,分布广泛。从寒温带到热带、亚热带的广大地域都有分布,凡最热月平均气温不小于10℃、年干燥度小于1.0的地区都有分布。中国主要分布在东北的大、小兴安岭和长白山,青藏高原东南部及阿尔泰山、天山、祁连山、秦岭、江南丘陵等山地。

数据来源于遥感、统计数据。可据植被类型图与土地利用图套合计算求得,各地可根据当地植被数据的详细程度具体确定。单位:km^2。

6. 河流长度

河流指天然形成或人工开挖的河流及主干渠常年水位以下的土地,其中,人工渠包括堤岸。数据来源于中国国家基础地理信息中心1:25万基础数据。单位:km,生物丰度指数中的"河流"单位为km^2。

7. 湖泊水库面积

湖泊水库面积包括天然湖泊和人工水库两类。湖泊指天然形成的积水区常年水位以下的土地。水库坑塘指人工修建的蓄水区常年水位以下的土地。数据来源于遥感数据。单位:km^2。

8. 湿地

湿地包括海涂型湿地和滩地型湿地两类。海涂型湿地:指沿海大潮高潮位与低潮位之间的潮浸地带。滩地型湿地:指河、湖水域平水期水位与洪水期水位之间的土地。数据来源于遥感数据。单位:km^2。

9. 高覆盖草地

高覆盖草地指覆盖度大于50%的天然草地、改良草地和割草地。此类草地一般水分条件较好,草被生长茂密。数据来源于遥感数据。单位:km^2。

10. 中覆盖草地

中覆盖草地指覆盖度在20%~50%的天然草地、改良草地。此类草地一般水分不足,草被较稀疏。数据来源于遥感数据。单位:km^2。

11. 低覆盖草地

低覆盖草地指覆盖度在5%~20%的天然草地。此类草地一般水分缺乏,草被较稀疏,牧业利用条件差。数据来源于遥感数据。单位:km^2。

12. 林地

林地指生长乔木、灌木、竹类以及沿海红树林地等林业用地。数据来源于遥感数据。单位:km^2。

13. 有林地

有林地指郁闭度大于30%的天然林和人工林。包括用材林、经济林、防护林等片林地。数据来源于遥感数据。单位:km^2。

14. 灌林地

灌林地指郁闭度大于40%、高度在2m以下的矮林地和灌丛林地。数据来源于遥感数据。单位:km^2。

15. 疏林地

疏林地指郁闭度10%~30%的稀疏林地,也包括未成林造林地、迹地、苗圃及各类园地(果园、桑园、茶园、热作林园等)。数据来源于遥感数据。单位:km^2。

16. 水田

水田指有水源保证和灌溉设施,在一般年景能正常灌溉,用以种植水稻、莲藕等水生农作物的耕地,包括实行水稻和旱地作物轮种的耕地。数据来源于遥感数据。单位:km^2。

17. 旱田

旱田指无灌溉水源及设施，靠天然降水生长作物的耕地；有水源保证和浇灌设施，在一般年景能正常灌溉的旱作物耕地；正常轮作的休闲地和轮歇地。数据来源于遥感数据。单位：km^2。

18. 近岸海域面积

近岸海域面积是指海岸线以外 2km 的海洋区域。数据来源于遥感数据。单位：km^2。

19. 水资源量

水资源量指区域内地表水资源量和地下水资源量的总量。数据来源：统计数据。单位：$\times 10^6 m^3$。

20. 土地轻度侵蚀面积

土地轻度侵蚀面积指受风力作用、水力作用和冻融作用影响比较小，侵蚀模数比较小的区域。在《全国土壤侵蚀遥感调查技术方案》（中国科学院与水利部）中风蚀、水蚀和冻融侵蚀等土壤侵蚀类型中属于微度、轻度侵蚀的面积之和。数据来源：全国土壤侵蚀数据。单位：km^2。

21. 土地中度侵蚀面积

土地中度侵蚀面积指由于受风力作用、水力作用和冻融作用影响，土壤侵蚀十分明显的区域。坡度 8°～15°的坡耕地；或者坡度 8°～15°且植被覆盖度小于 30%的坡地；或者坡度 15°～35°且植被覆盖度 45%～60%的坡地；坡度大于 25°且植被覆盖度 60%～75%的坡地。南方以石灰岩、紫色页岩、变质岩及花岗岩等为主的高—低丘山地及北方丘岗农业开发活动活跃的地区以及黄土高原中南部植被生长较好的地区。数据来源于全国土壤侵蚀数据。单位：km^2。

22. 土地重度侵蚀面积

土地重度侵蚀面积指由于受风力作用、水力作用和冻融作用影响，土壤侵蚀强烈的区域。分布区地形特征：坡度大于 35°且植被覆盖度 45%～60%的坡地；或者坡度 25°～35°且植被覆盖度为 30%～45%的坡地；或者坡度 15°～25°且植被覆盖度小于 30%的坡地；或者坡度 15°～25°的坡耕地。分布在黄土高原地区的坡度大于 35°且植被覆盖度 45%～60%的坡地；或者坡度 25°～35°且植被覆盖度小于 30%的坡地；或者受重力作用和工程作用的区域。数据来源于全国土壤侵蚀数据。单位：km^2。

23. 二氧化硫年排放量

二氧化硫年排放量每年由于工业生产、居民生活和交通工具等产生的二氧化硫排放总量。数据来源于环境统计年报。单位：t。

24. COD 年排放量

COD 年排放量指每年由于工业生产、居民生活等产生的化学需氧量（COD）的排放总量。数据来源于环境统计年报。单位：t。

25. 固体废物年排放量

固体废物年排放量指每年由于工业生产产生的固体废物排放总量。数据来源于环境统计年报。单位：t。

26. 降水量

降水量用年度降水总量表示。数据来源于统计数据。单位：mm。

3.1.3 生态环境质量评价法在江苏省的应用

1. 概况

江苏省地处我国东部黄海之滨，扼长江入海门户。面积约10万 km^2，仅占全国面积的1.1%，是我国面积较小的省份之一。现辖南京、徐州、连云港等13个地级市、31个县级市和33个县。2010年全省人口达7438万人。江苏省沿海连云港—扬州—无锡—苏州一线以东6000年前还是古海，现海岸从绣针河口至长江口，多泥沙质浅海。全省平原占69%，水面占17%，低山、丘陵和岗地共占14%，是我国地势最低平的省区。按地形可分为3个区域，即长江三角洲平原、苏北平原及西南低山丘陵。长江三角洲平原，是位于镇江以东、通扬运河以南太湖周围的区域，为长江中下游平原主体部分，海拔多在10m以下，太湖东侧低至2~5m，平原上水网稠密并有孤丘点缀；苏北平原是黄淮平原的一部分，海拔在45m以下；西南低山丘陵包括宁镇丘陵、茅山、宜溧山地。

淮河、苏北灌溉总渠以北属暖温带季风气候，中、南部广大地区属于北亚热带湿润季风气候。气候温暖湿润，四季分明，具有南北气候过渡性的特征。无霜期始于4月初，长约7~8个月。年降水量800~1200mm，夏季降水占全年降水量的百分比自南而北为40%~60%，苏北灌溉总渠以南春季降水量占全年降水量的20%~30%。春夏之交约有20天的梅雨期，梅雨的迟早、夏秋台风雨的强弱与该省旱涝有密切的关系。

据遥感调查结果显示，江苏省土地利用状况见表3-7，其中耕地面积最大，占总土地面积的近一半，其次是城镇用地，占总面积的1/4还多一些，水域湿地面积为第三，占1/5。几乎所有土地都被利用，未利用土地面积只有0.20万 hm^2，占总土地面积的2%。

表3-7　　　　　　　　　　江苏省土地利用状况

土地利用类型	耕地	林地	草地	水域湿地	城镇用地	未利用地
面积/万 hm^2	507.85	36.16	15.06	213.45	261.34	0.20
占总面积的比例/%	49.11	3.5	1.46	20.64	25.27	0.02

2. 评价方法

据前面所提出的生态环境质量评价指标体系及其计算方法，以县（市）为单元进行计算。

3. 评价结果

评价结果见表3-8及表3-9，表3-8为江苏省部分县（市）生态环境质量排序。表3-9为江苏省部分县（市）生态系统退化程度排序。从表3-8及表3-9可看出，宜兴市、盐城市、连云港市和宿迁市生态系统计算年同属于略有退化状态，但退化原因各有不同，退化程度不一样。退化程度依次加强。宜兴市生态系统略有退化主要原因是土地退化，水网密度略小，再加上一定程度的污染。盐城市生态系统虽有中国麋鹿自然保护区，但物种丰度指数太低，还加上一定程度的污染和土地退化。连云港市生态系统是新型的港口城市，生态退化的主要原因是污染严重，土地退化现象也比较严重，再加上较低的生物丰度指数和植被覆盖指数。宿迁市生态系统略有退化的主要原因是物种丰度指数低且植被覆盖度较高,土地退化程度一般。

表 3-8 江苏省部分县(市)生态环境质量排序(万本太,张建辉,2004)

位次	级别	名称	EQI	生物丰度指数	植被覆盖指数	水网密度指数	土地退化指数	污染负荷指数
801	良	宜兴市	61.13	30.28	42.29	79.53	7.46	1.73
899		盐城市	58.10	4.67	40.39	100.00	7.32	2.80
930		连云港市	57.48	20.24	28.00	89.27	7.61	3.74
953		宿迁市	56.60	6.42	29.14	100.00	7.32	0.53
1016	一般	泰州市	54.97	2.99	31.63	96.42	7.32	2.58
1028		淮阴市	54.47	2.81	25.95	100.00	7.32	4.62
1041		无锡市	54.08	32.08	17.17	70.46	7.59	4.57
1095		苏州市	52.17	8.12	15.14	100.00	7.32	21.93
1168		镇江市	49.91	21.22	31.38	57.83	7.32	10.96
1278		南京市	47.38	13.21	26.64	60.80	7.41	10.02
1353		常州市	45.82	2.83	18.66	71.26	7.32	4.80
1370		南通市	45.11	6.24	14.19	69.70	7.322	9.28
1415		扬州市	44.26	2.30	23.38	64.17	7.32	10.47
1530		徐州市	41.65	13.31	18.30	43.45	7.48	7.42

表 3-9 江苏省部分县(市)生态系统退化程度排序

位次	级别	名称	EQI	生物丰度指数	植被覆盖指数	水网密度指数	土地退化指数	污染负荷指数
801	略有退化	宜兴市	61.13	30.28	42.29	79.53	7.46	1.73
899		盐城市	58.10	4.67	40.39	100.00	7.32	2.80
930		连云港市	57.48	20.24	28.00	89.27	7.61	3.74
953		宿迁市	56.60	6.42	29.14	100.00	7.32	0.53
1016	一般	泰州市	54.97	2.99	31.63	96.42	7.32	2.58
1041		无锡市	54.08	32.08	17.17	70.46	7.59	4.57
1278		南京市	47.38	13.21	26.64	60.80	7.41	10.02
1530		徐州市	41.65	13.31	18.30	43.45	7.48	7.42

3.2 生态环境承载力方法

人类生态系统就是生态环境和人类相互作用、相互影响形成的综合系统,人类作为这个生态系统的核心,通过各种社会经济活动开发着各种环境要素让其变为资源,其余的形成影响人类所从事的社会经济活动的环境质量,生态环境承载力就是在可持续发展的情况下生态环境对社会经济系统的支持能力,具体地说就是在可持续条件下,生态环境对处在一定福利水平和一定技术水平条件下的人口和社会经济规模的最大支撑力。通过一个区域或一个流域的生态环境承载力的计算，可以确定当前生态环境质量处于何种状态，生态系统退化程度如何，退化原因是什么，也可以知道当地可持续发展下，生态环境要对社会经济系统可承载，从哪些方面着手才可以进行修复。本方法是从可持续角度，从整个人类生态系统来考虑的，而且考虑系统的动态变化，生态环境质量评价法只是从生态环境一方面来考虑，没有考虑社会经济系统，没有从整个人类生态系统考虑，而且不考虑动态变化。

3.2.1 生态环境承载力的概念

生态环境承载力指在满足一定的生态环境保护准则和标准下，在一定的经济、技术水平条件下，在保证一定的社会福利水平要求下，利用当地（和调入）的水资源和流域"生态—社会—经济"系统其他资源与环境条件，维系良好生态环境所能够支撑的最大人口数量及社会经济规模。

简单地说，生态环境承载力是资源与一定保护准则和标准的环境质量构成的生态环境支持系统对社会经济压力系统的支持能力，如图 3-1 所示。

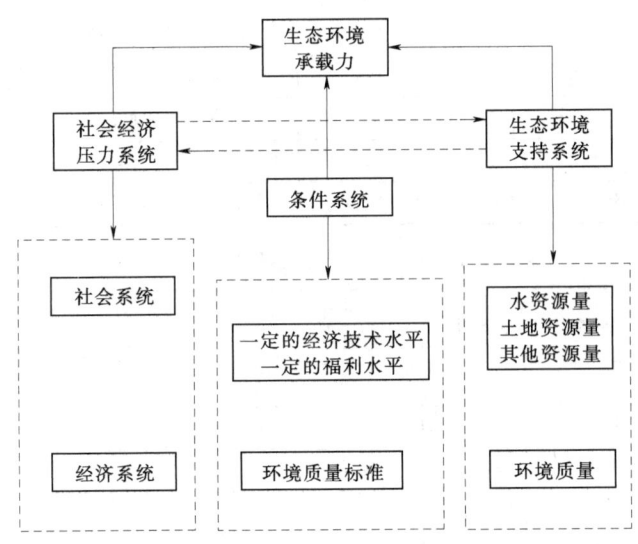

图 3-1 生态环境承载力概念示意图

对水资源短缺地区而言，其生态环境问题主要是与水相关的，相应的其生态环境承载力主要是针对与水有关的生态环境问题提出的，其生态环境承载力可称为与水相关的生态环境承载力，是水资源、土地资源和与水相关的环境质量构成的生态环境支持系统对由社会系统和经济系统在一定约束条件下的支持能力，该约束条件包括一定的经济技术水平、一定的福利水平、一定的与水有关的环境质量标准。

3.2.2 生态环境承载力的量化指标体系

与生态环境承载力有关的量化指标很多，要选择最恰当最能反映生态环境承载力的指标，需要遵循一定的原则。生态环境承载力的量化指标确定时，遵循了如下原则：

（1）有代表性，能反映该区的共有特征。

(2) 简单易于量化、易于获得数据。

(3) 覆盖面要广，能反映整个研究区的差异。

(4) 具有一个可以对照比较的目标值或标准值。

根据以上原则及生态坏境承载力的概念，生态环境承载力的量化指标体系应包括以下3个方面，具体如下。

1. 资源指标

资源包括水资源、土地资源、林草资源、动物资源、矿产资源、旅游资源等，但最基本最主要的资源是水资源和土地资源，故这里主要考虑水资源和土地资源。

水资源指标由水资源总量、水资源质量、水资源开发及水资源使用4个分指标组成，每一个分指标又有若干个下一级指标组成。

土地资源指标包括3个方面的指标：一是反映当地自然状况的指标，是生态环境承载力的支持系统的最基本的构成要素：土地面积；二是反映当地土地开发利用状况的指标：总耕地面积；三是既反映当地土地开发利用状况又反映当地社会经济发展状况的指标：城市用地面积、农业用地面积、生产生活用地面积、生态用地面积。

2. 生态环境质量指标

据影响和表征生态环境质量的主要因子，建立指标体系，这里在选取指标时，主要考虑影响和表征生态环境质量的、且与水资源密切相关的指标。它们可以大致分为以下5个部分：一是总体质量指标，如生物多样性指数，是描述生态环境总体质量状况的一个十分重要的参数，它的描述方法很多，主要由多样性指数、均匀度和优势度3个方面的表征；二是植被质量指标，可用森林覆盖率（森林分布），草场面积比（草场分布），载畜量（草场质量），植被面积变化率（变化）共同表示，或只用植被覆盖率表示；三是河湖质量指标，有河湖水体矿化度、主河长缩减率、湖泊面积缩减率、水库面积变化率；四是土地质量指标，主要考虑土地盐渍化、沙化、水土流失3个方面，均与人类开发、利用和管理水资源有密切的联系。土地盐渍化可用盐渍化面积比、盐渍化面积变化率、地下水平均矿化度表示；土地沙化可以用沙化面积比、沙化面积变化率、沙化区地下水位埋深表示；水土流失可用水土流失面积比、土壤侵蚀模数、河道输沙量表示；五是生态需用水指标，可用河道外生态需水量、河道内生态需水量、生态环境用水率、生态环境缺水率表示（夏军等，2003）。

3. 社会经济指标

社会经济指标主要由描述和表征人口、经济、社会、科技等发展的指标集组成。该类指标比较繁杂，定性的较多，可操作性不强。在生态环境承载力研究中，主要选取与水土资源开发利用紧密相关的以及能够综合衡量社会经济发展态势的可量化指标。通过这些指标能够反映出水土资源在社会经济系统中的配置状况，水土资源对社会经济发展的贡献作用，以及社会福利的增长情况。

社会经济指标一般包括人口发展指标、经济发展指标、社会发展指标、科技发展指标及水资源需求指标等方面。人口发展指标有人口密度或人口总数（现状）、人口增长率（趋势）；经济发展指标有人均GDP（现状）、GDP增长率（趋势）、工业产值模数（工业）、人均粮食产量（农业）、工业总产值占GDP比重（结构）、水利投资系数（投资）

等；社会发展指标有社会安全饮用水比例（福利）、人均耕地面积（资源占有）；科技发展指标有灌溉用水定额（农业科技）、工业用水重复利用率（工业科技）等。水资源需求指标有耕地灌溉率（农业）、城镇需水比例（结构）、需水量模数（土地）、人均需水量（人口）、单位 GDP 需水量（经济）、需水增长率（综合）、污径比（水环境）、污水处理率等（夏军 等，2003）。

3.2.3 流域生态环境承载力的计量方法——多目标优化互动模型

常见的承载力计量方法有常规趋势法、系统动力学法、综合评价分析法及多目标优化法。多目标优化互动模型是朱永华、夏军等人于 2005—2011 年发展起来的方法，其关键是加入时序，并以影响研究区域的生态社会经济系统的主控因子为主线建立互动模型，作为达到目标的约束条件。

3.2.3.1 常规趋势法

常规趋势法是主要采用统计分析的方法，选择单项和多项指标来反映地区资源承载力现状和阈值的一种方法，如施雅风、曲耀光等主要采用这种方法研究了新疆乌鲁木齐河流域水资源的承载力（施雅风 等，1992；李晓青，1996；曲耀光 等，2000）。常规趋势法考虑的是单承载因子的发展趋势，忽略各承载因子之间的相互联系，因此很难处理复杂巨系统之间的耦合关系，但其对某些承载因子的潜力估算的研究方法对复杂巨系统的协调研究仍有借鉴意义。常规趋势法常用的量是研究区域的资源需求量和供应量，对水资源承载力而言就是需水量和供水量。

3.2.3.2 系统动力学法

系统动力学法是以一种以反馈控制理论为基础，以计算机仿真技术为手段的研究复杂系统的定量方法。由于系统动力学方法可将资源—环境—经济纳入复杂巨系统从系统整体协调的角度来对区域承载力进行动态计算，在国内得到了广泛的应用（王建华 等，1999；方创琳，余丹林，1999；陈冰 等，2000；李丽娟 等，2000；迟道才 等，2001；张传国 等，2002）。此方法的优点是能定量地分析各类复杂系统的结构和功能的内在关系，能定量分析系统的各种特性，擅长处理高阶、非线性问题，比较适应宏观的动态趋势研究。缺点是系统动力学模型的建立受建模者对系统行为动态水平认识的影响，参变量不好掌握，易导致不合理的结论。

3.2.3.3 综合分析评价法

综合分析评价法是形成一套指标评价体系来进行一个区域或流域的水资源承载能力研究。主要有模糊综合评判法（王建华 等，1999；高彦春 等，1997）、向量模法（郭怀成 等，1994；魏斌 等，1995；崔凤军，1998；王淑华，1996）及主成分分析法（傅湘 等，1999）。指标体系评价方法是目前应用较为广泛的一种量化模式。向量模法是将承载力视为一个由 n 个指标构成的向量，设有 m 个发展方案或 m 个时期（地区）的发展状态，分别对应着 m 个承载力，对 m 个承载力的 n 个指标进行归一化，则归一化后向量的模的值即表示了相应方案、时期或地区的水资源承载力的大小。

3.2.3.4 多目标优化方法

多目标优化方法是目前最合适的承载力研究的定量方法（贾嵘 等，1998；徐中民，

1999；徐中民 等，2000；徐中民 等，2002；程国栋，2002；贾嵘 等，2000；蒋晓辉 等，2001）。该方法有多目标综合评价法的优点，而且它可回答承载力所涉及的支持因子、约束因子与被承载因子之间的定量关系。多目标优化法可得出真正的最优方案，真正可承载的社会经济系统的表征指标人口、社会经济规模（GDP）的最大值，这样得出的结果更有利于决策。

3.2.3.5 多目标优化互动模型

多目标优化互动模型有多目标优化法的特点，而且考虑了生态环境承载力的时间变化性。此方法是朱永华等提出来的［朱永华，2004；朱永华 等，2005（a）；朱永华 等，2005（b）；Yonghua Zhu et al.，2005；Yonghua Zhu et al.，2009；Yonghua Zhu et al.，2010；朱永华 等，2011］。多目标优化互动模型由加入时序的目标函数和约束条件及生态环境可承载的判定组成。

1. 目标函数

流域的生态环境承载能力是在某个时期内生态环境质量最好和社会经济水平同时达到最大时的最大人口和经济规模（用 GDP 表示）。因此，生态环境承载力的表示函数是一个多目标函数。在生态环境承载能力计算中，为了把多目标函数变为单目标函数，引入综合指数 ES，称为生态环境质量—社会经济水平综合测度指数，则第 N 年该流域生态环境承载能力量化模型的目标函数为

$$BTI = \max \prod_{T=1}^{N} [ES(T)]^{\frac{1}{N}} \tag{3-1}$$

式中：$ES(T)$ 为 T 时段生态环境质量-社会经济水平综合测度指数，为 T 时段生态环境质量与社会经济发展水平的综合测度指标，表示 T 时段生态环境质量—社会经济水平综合评价的量值。

ES 最大情况下的经济规模、人口数及对应的水资源配置模式、环境质量模式就是生态环境承载能力确定的目的。BTI 称为可持续发展测度指数。

从发展角度来讲，生态环境质量、社会经济水平是衡量流域可持续发展的两个重要指标，生态环境质量越好，社会经济水平越高，这样的流域发展趋势正是流域的可持续发展趋势。

$$ES(T) = EG(T)^{\beta_1} LI(T)^{\beta_2} \tag{3-2}$$

$$EG(T) = \prod_{i=1}^{m} U_i(T)^{a_i} \tag{3-3}$$

$$LI(T) = \prod_{j=1}^{n} H_j(T)^{b_j} \tag{3-4}$$

式中：$EG(T)$、$LI(T)$ 分别表示 T 时段社会经济水平、生态环境质量的综合评价的量值，分别称为社会经济水平综合测度指数、生态环境质量综合测度指数，都通过引入隶属度进行标量化，表达为 [0，1] 区间的值；β_1、β_2 分别表示社会经济水平、生态环境质量在综合测度指数中的权重；$U_i(T)$、$H_j(T)$ 分别表示第 i 个社会经济水平指标在 T 时段的隶属度值、第 j 个生态环境质量指标在 T 时段的隶属度值；m、n 分别表示社会经

济水平指标、生态环境质量指标的个数;a_i 表示第 i 个社会经济水平指标在社会经济水平综合测度指数中占的权重;b_j 表示第 j 个生态环境质量指标在生态环境质量综合测度指数中占的权重。权重均根据层次分析法确定。

2. 约束条件

(1) 资源约束。

水资源约束:

$$W_{可用} \geqslant W_{工} + W_{农} + W_{生态} + W_{生活} \tag{3-5}$$

$$W_{可用} = W_{地表} + W_{地下} + W_{入} + W_{污水回用水} + W_{微咸水} + W_{海水淡化水} \tag{3-6}$$

式中:$W_{工}$、$W_{农}$、$W_{生态}$ 及 $W_{生活}$ 分别为研究区域计算时段内的工业用水量、农业用水量、生态用水量及生活用水量;$W_{可用}$ 为研究区域计算时段内的可用水量,m^3;$W_{地表}$ 为研究区域计算时段内的地表水资源量,m^3;$W_{地下}$ 为研究区域计算时段内的地下水资源量,m^3;$W_{入}$ 为计算时段内调入或流入研究区域的水资源量,m^3;$W_{污水回用水}$ 为研究区域计算时段内的污水回用水量,m^3;$W_{微咸水}$ 为研究区域计算时段内利用的微咸水量,m^3;$W_{海水淡化水}$ 为研究区域计算时段内利用的海水淡化水量,m^3。

土地资源约束:

$$F_{生产-生活} + F_{生态} \leqslant F_{总} \tag{3-7}$$

式中:$F_{生产-生活}$、$F_{生态}$ 及 $F_{总}$ 分别为研究区域生产生活用地面积、生态用地面积及总土地面积,km^2。

(2) 与水相关的环境约束。

污水排放量:

$$W_{工污} + W_{农污} + W_{生活污} \leqslant B \tag{3-8}$$

式中:$W_{工污}$、$W_{农污}$、$W_{生活污}$ 分别为研究区域计算时段内的工业污水排放量、农业污水排放量及生活污水排放量,m^3;B 为研究区域计算时段内允许排放的污水量,m^3,等于流域污水处理量与流域径流自净量之和。

污染物:水质污染是流域与水相关的生态环境主要问题之一,所以区域计算时段内水中污染物一定得考虑,以水中化学需氧量 COD 为例。

$$Q_{工污} + Q_{农污} + Q_{生活污} \leqslant B_1 \tag{3-9}$$

式中:$Q_{工污}$、$Q_{农污}$、$Q_{生活污}$ 分别为研究区域计算时段内工业污水、农业污水、生活污水中的 COD 量,t;B_1 为允许排放的 COD 总量,t,等于研究区域水体的纳污量和当地的污染物处理量之和。

地下水开采系数约束:

$$C_3 \leqslant A_{地下水} \tag{3-10}$$

式中:C_3 为研究区域的地下水开采系数;$A_{地下水}$ 为研究区域可承受的地下水开采系数。

常年河道断流长度约束:

$$C_4 \leqslant A_{河道} \tag{3-11}$$

式中:C_4 为研究区域的常年河道断流长度,km;$A_{河道}$ 为研究区域许可的常年干枯河道长度,km。

湿地面积比约束：

$$C_5 \geqslant A_{湿地} \quad (3-12)$$

式中：C_5 为研究区域的湿地面积比；$A_{湿地}$ 为研究区域要求的湿地面积比。

城市河湖面积比约束：

$$C_6 \geqslant A_{城湖} \quad (3-13)$$

式中：C_6 为研究区域的城市河湖面积比；$A_{城湖}$ 为研究区域要求的城市河湖面积比。

(3) 社会经济方面约束。

人均 GDP 约束：

$$GDP_{rj} \geqslant A_{GDP_{rj}} \quad (3-14)$$

式中：GDP_{rj} 为研究区域的人均 GDP，元；$A_{GDP_{rj}}$ 为研究区域人均 GDP 的最小值，元。

人均粮食约束：

$$D_4 \geqslant A_{粮食} \quad (3-15)$$

式中：D_4 为研究区域的人均粮食产量，kg；$A_{粮食}$ 为研究区域人均粮食的最小值，kg。

(4) 流域水土资源-环境-社会经济互动关系约束。

$$MOD(RESE) \quad (3-16)$$

(5) 可持续发展约束。

$$ES(T) \geqslant ES(T-1) \quad (3-17)$$

针对具体情况，可能还需要增加一些其他约束条件。比如，水资源最大开采量、湖泊最低水位等。

由目标函数和约束条件组合在一起就构成了生态环境承载力的确定模型（也称为"规划模型"）。该模型是一个十分复杂的多阶段优化模型，而由于该模型 k 时段的以后过程受其以前的演变过程所影响，显然不符合运筹学中动态规划的重要性质——无后效性，因此该模型是一个多阶段优化模型。

3. 生态环境可承载的判定

流域生态环境系统对社会经济系统可承载的判定决定于生态环境质量测度 LI 和自然预测人口（指自然增长和机械迁移人口）。当 $LI \geqslant 0.8$ 且可承载人口大于自然预测人口时生态环境系统对社会经济系统可承载，见表 3-10。

表 3-10　　生态环境可承载的判定

LI 的值	$\geqslant 0.8$	其他情况
可承载人口	$\geqslant$ 自然预测人口	
类型	可承载	不承载

4. 流域水土资源-环境-社会经济互动关系模型

(1) 建立的思路。根据流域的实际情况，把流域山区和平原看成是相互独立的系统，分别建立模型。然后山区与平原之间通过水量联系起来。流域任一区域水资源、土地资源（耕地面积）、与水相关的环境、社会经济（GDP）四者之间的关系，如图 3-2 所示，可以以某一资源（如水资源）联系起来建立互动模型。

(2) 互动模型的构成。互动模型包括水量平衡模型、社会经济水量间关系模型、环境水量间关系模型及社会经济预测模型。

1) 以水量平衡原理为基础的水量平衡模型。

a. 社会经济—水量间关系的模型。通过社会经济指标——工业产值、农业产值、国

第 3 章 生态系统退化程度的判断

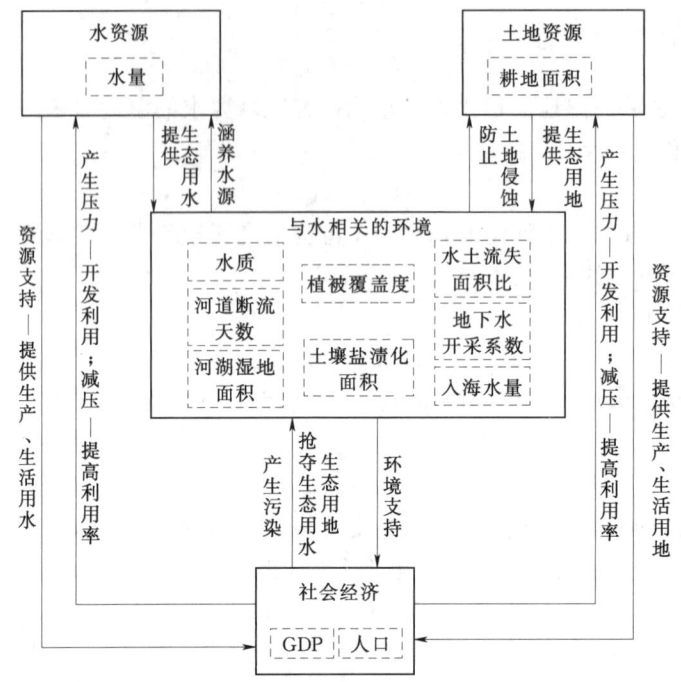

图 3-2 流域水资源、土地资源以及与水相关的"环境、社会经济"互动关系

内生产总值、粮食产量及人口与水量平衡方程中的工业用水量、农业用水量、生活用水量之间的关系来建立。

b. 环境—水量间关系模型。通过与水相关的环境指标—各生态用水量间关系建立模型：①水土流失面积比∝水土保持生态用水量；②地下水开采系数∝地下水回补水量；③河道断流长度∝河道生态用水量；④湿地面积比∝湿地生态用水量；⑤城市河湖面积比∝城市河湖水量；⑥COD 排放量-水量间关系，分别为：工业 COD 排放量∝工业用水量；生活 COD 排放量∝生活用水量间关系。

2) 社会经济预测模型。此模型用以预测未来流域各区域的经济发展状况，用于与可承载人口作比较。

3.2.4 研究流域或区域生态系统退化程度的判定

据生态环境承载力研究结果，如研究流域或区域生态环境质量测度不小于 0.8，并且同时当地可承载人口不小于自然预测人口，说明当地生态系统完全处于良好状态，生态系统应处于无退化状态，只要进行生态保护就行，反之，当地生态系统应处于退化状态，应进行生态修复，见表 3-11。

表 3-11　　　　　流域或区域生态系统退化程度的判定依据

LI 的值	≥0.8	其他情况
可承载人口	≥自然预测人口	
生态环境对社会经济可承载类型	可承载	不承载
生态系统退化程度	无退化	退化

3.2.5 生态环境承载力法在海河流域的应用

海河流域属于华北地区，水资源短缺是其生态退化的主要原因。由于水资源短缺引起的严重的生态环境问题已阻碍了其可持续发展，归根到底，是由于海河流域社会经济发展太快而当地可用水资源已不足以同时满足社会经济发展与生态环境需求，同时污水处理技术没跟上，人们环保意识淡薄，社会经济发展产生的工业废水和生活污水直接排入河流和地下，已造成严重的与水相关的生态环境问题。为了解决海河流域与水相关的生态环境问题，了解其生态系统的退化程度，掌握其生态修复的原因及途径，使其社会经济可持续发展，最根本的办法就是进行海河流域的与水相关的生态环境承载力研究，确定海河流域与水相关的生态环境承载力，掌握当前的生态状况，在生态环境承载力的约束下，进行生态保护及修复，同时进行社会经济发展，才是可持续的发展。

3.2.5.1 海河流域基本概况及主要生态环境问题

1. 基本概况

海河流域位于东经112°~120°、北纬35°~43°之间，东临渤海，北依内蒙古高原。地跨8省（自治区、直辖市），包括北京、天津两市全部，河北省绝大部分，山西省东部，河南、山东省北部，以及内蒙古自治区和辽宁省各一小部分，总面积31.8万km^2，其中山丘和高原面积18.9万km^2，占60%；平原面积12.9万km^2，占40%。海河流域位于温带半湿润和半干旱大陆性季风气候区，平均年降水量为539mm，平均年水面蒸发量为1100mm。1998年，总人口是1.22亿人，近似为中国当时总人口的10%。其中城市人口为3365万人，占总人口的28%。山区的人口密度为384人/km^2，平原区的人口密度为608人/km^2。海河流域面积23.18万km^2，包括海河、滦河、徒骇马颊河三大水系。全流域根据水系和地形分为7个生态环境区。7个生态环境区中与水相关的生态环境问题是不同的。

2. 主要生态环境问题

海河流域社会经济的发展和水土资源大规模开发利用已经引起了较为严重的与水有关的生态环境问题（王志民，2000；王志民，2003；水利部海河水利委员会，2000；水利部海河水利委员会，2002；朱永华 等，2005）。具体体现在：

（1）河道断流、地下水位下降、湖泊干涸、湿地萎缩、入海水量减少、河口淤积。20世纪60年代末70年代初，河道断流长度不到1000km，地下水埋深仅为3~10m，湖泊湿地面积有1500km^2，而现在河道断流长度已超过4000km，地下水埋深变为5~35m，湖泊湿地面积已缩减为122km^2。20世纪70年代入海水量每年平均为116亿m^3，而现状每年为69亿m^3；20世纪70年代枯水年入海水量为25亿m^3（1972年），而现状枯水年入海水量仅12亿m^3。

（2）水体污染，包括地表水、地下水。20世纪60年代末70年代初，海河流域的水体水质基本为Ⅰ~Ⅲ级，而现状75%的河长水体水质不符合Ⅲ级标准；2/3井中的地下水达不到饮用水要求。海河流域水污染形势十分严峻。

（3）水土流失持续恶化造成耕地减少、河道水库淤积、沙尘暴肆虐。水土流失是海河流域自然灾害之一。海河流域与水相关的生态环境问题在山区和平原区表现不同，山区主要是水土流失问题,平原区生态环境问题最为严重,有水质污染、地下水超采、河道断流、湿地萎缩、入海水量减少等。

3. 生态环境问题的成因

直接从生态环境问题来看,河道断流、地下水超采、湖泊湿地面积缩小、入海水量减少主要是由于经济用水过多占用了生态用水造成的;水体污染是由于经济发展产生了大量的污染物,而污水处理率不高造成的;水土流失是由于经济用地过多,乱砍滥伐,变林草地为耕地以及人为引水造成的。从海河流域的社会经济发展和人均水资源来看:20世纪50年代初,流域人口只有5500万人,而现状有1.26亿,20世纪50年代初,流域城市化率只有16%,而现状达30%;GDP只有300亿元,而现在为10000亿元;人均水资源量为750m³,而现在只有300m³。可得出,海河流域生态环境问题是由于社会经济发展超过了生态环境承载能力产生的。

整个海河流域有以上三个大的方面与水相关的生态环境问题,具体到各个地区以及水资源分区有其各自不同的特点(表3-12),主要表现是:山区主要是严重的水土流失问题,平原区生态环境问题最为严重,主要有水质污染、地下水超采、河道断流、湿地萎缩、入海水量减少等。

3.2.5.2 海河流域生态环境承载力的量化指标体系的建立

参照文献(Meyer,Auubel,1999;Seidl I,Tisdell,1999;Simonovic,1995;贾绍凤 等,2003;贾绍凤 等,2002,2003;朱永华 等,2005)中指标体系的建立方法,并经过多次专家研讨,首先定出海河流域生态环境承载力的量化的一般指标体系,如图3-3所示(朱永华 等,2005)。然后又根据海河流域生态环境承载力要解决的实际问题,最后定出海河流域承载力量化时具体的指标体系(图3-4)。

表3-12　　　　　海河流域各分区与水相关的主要生态环境问题

区域名称	与水相关的主要生态环境问题
滦河冀东沿海山区	水土流失、污水排放
滦河冀东沿海平原	地下水超采、水质污染、河道断流、入海水量减少
海河北系山区	水土流失、污水排放
海河北系平原	水质污染、地下水超采、河道断流、湿地萎缩、入海水量减少
海河南系山区	水土流失、污水排放
海河南系平原	地下水严重超采、水质污染、湿地萎缩、入海水量减少、河道断流
徒骇马颊河平原	水质污染、湿地萎缩、入海水量减少、地下水超采、河道断流

3.2.5.3 海河流域生态环境承载力的计量

海河流域生态环境承载力的计量包括4部分:第一部分是流域多目标优化互动模型,第二部分是海河流域水土资源—环境—社会经济互动模型,第三部分是海河流域最小生态环境需水量的确定,第四部分是流域生态环境承载力的计算方案设计。其中第一部分是量化方法的核心部分,另外三部分都是附属部分和进行海河流域生态环境承载力计量的先决条件,缺一不可。第二部分水土资源—环境—社会经济互动模型是流域多目标优化互动模

3.2 生态环境承载力方法

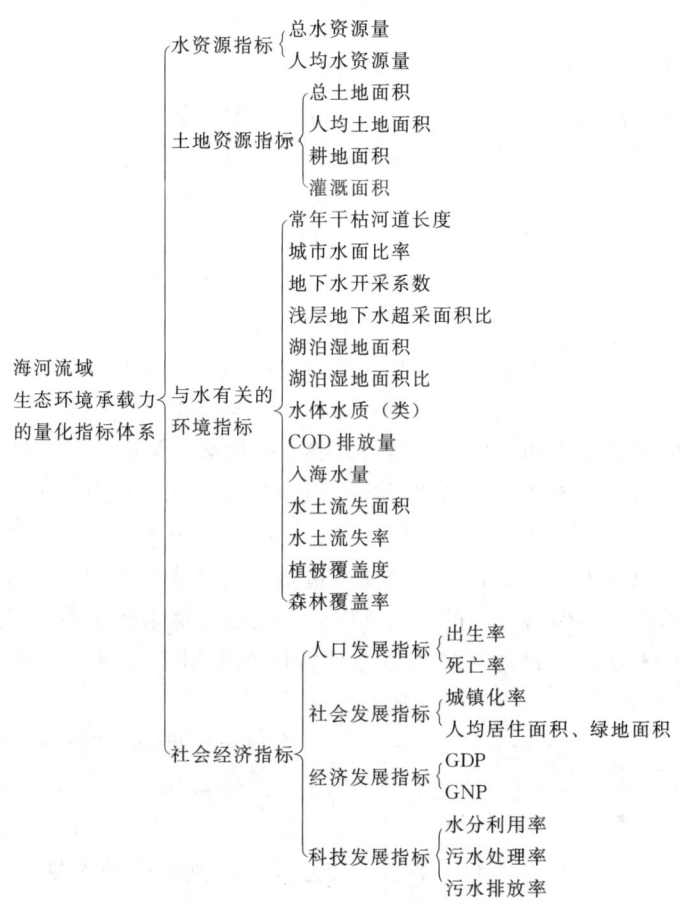

图3-3 与水相关的生态环境承载力的量化指标体系

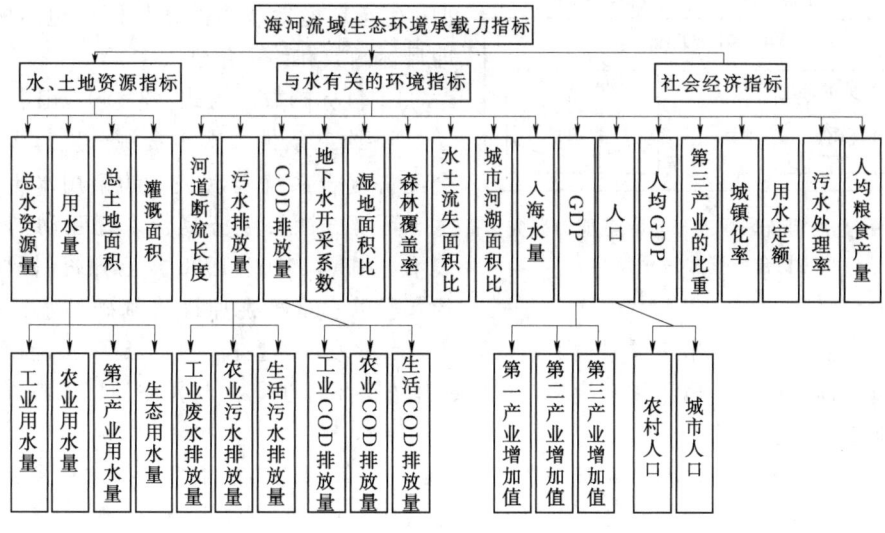

图3-4 海河流域生态环境承载力具体量化的指标体系

型中的一个极其重要的约束条件。第三部分流域最小生态环境需水量的确定是此量化方法的一个必不可少的部分,它的准确确定意味着生态用水的准确分配和可承载年限的准确估计。第四部分是海河流域生态环境承载力的计算的依据和前提条件。

1. 海河流域生态环境承载力的计量模型——流域多目标优化互动模型

(1) 海河流域与水相关的生态环境承载力研究的复合系统。人类为了基本生存需要从生态环境系统中获取水、土资源,同时向环境排污。为了生活得更好,还需要不断发展社会、经济,提高社会福利和生活质量。经济的发展,带来了人口、资源消耗和污染的同步增长,给生态环境系统造成了巨大的压力。由于生态环境系统中的各项资源(包括可再生的水资源、可以长期利用的土地资源以及环境的纳污、自净能力)在一定时空条件下都具有一个可承载的上限,如果区域经济发展的规模和人口总数超过区域生态环境承载能力,特别是水土资源的承载能力和环境纳污能力,必然会破坏区域生态环境质量,导致可以利用的资源减少(如河道断流、地下水位下降、土地沙化、植被破坏、环境污染等),最终将使区域经济发展迟缓甚至倒退。为了使社会、经济、生态环境可持续地协调发展,势必使得不同时期下区域的人口总数和经济规模(包括经济结构)与区域的水土资源相适应,同区域生态环境承载能力保持动态的一致。因此,生态环境承载能力是制约区域社会经济可持续发展的关键因素,也是海河流域生态环境恢复规划工作中一个难度比较大的热点问题。

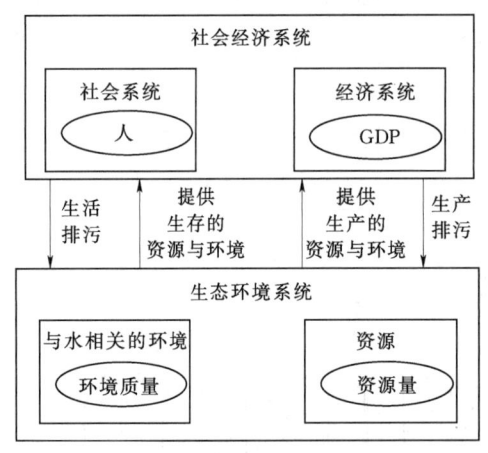

图 3-5 海河流域生态环境承载能力研究的复合系统关系示意

海河流域复合系统如图 3-5 所示,它说明了生态环境承载能力研究的压力与响应关系。前面提出海河流域水土资源—环境—社会经济互动模型就是该复合系统的一个具体描述。

(2) 海河流域生态环境承载力的计量模型。生态环境承载力的计量模型包括两部分,即目标函数和约束条件。

a. 目标函数。与式(3-1)相同。

b. 约束条件。水土资源—生态环境—社会经济复合系统互动关系约束用水土资源—生态环境—社会经济复合系统互动耦合模型表示,根据 1990—1998 年已知资料建立,包括:①以水量平衡原理为基础的水量平衡模拟模型;②社会经济—水量关系模型;③环境—水量关系模型;④社会经济预测模型。其中社会经济预测模型不属于耦合模型,但它的建立必不可少,为与预测的可承载人口做比较,详细建模方法如下:

(a) 水量平衡模拟模型。对于一个天然流域,计算时段内的水量平衡方程式为

$$P + W_入 = R + E + W_出 + \Delta W \quad (3-18)$$

式中:P、R、E 为计算时段内流域降水量、径流量和蒸发量;$W_入$ 为计算时段内从外流域流入或调入本流域的水量;$W_出$ 为计算时段内从本流域流到外流域的水量;ΔW 是流域

地面及地下蓄水量的变化量，增为正。

对于有人类经济活动的区域，式（3-18）中的径流量与蒸发量，即是区域计算时段内的生产、生活、生态用水量之和，则有人类经济活动的区域的总水量平衡方程式可表示为

$$\frac{\Delta W}{\Delta t} = P + W_\text{入} - (W_\text{生产} + W_\text{生活} + W_\text{生态}) - W_\text{出} \tag{3-19}$$

其中
$$W_\text{入} = W_\text{调入} + W_\text{流入} \tag{3-20}$$
$$W_\text{生产} = W_\text{工} + W_\text{农} \tag{3-21}$$

式中：$W_\text{调入}$为计算时段内从外区域调入本区域的水量，万 m^3/a；$W_\text{流入}$为计算时段内从外区域自然流入本区域的水量，万 m^3/a；$W_\text{生产}$为计算时段内本区域生产的用水量，万 m^3/a；$W_\text{工}$为计算时段内本区域工业的用水量，万 m^3/a；$W_\text{农}$为计算时段内本区域农业的用水量，万 m^3/a；$W_\text{生活}$为计算时段内本区域生活用水量，万 m^3/a；$W_\text{生态}$为生态用水量。

(b) 社会经济—水量关系模型。水土资源—环境—社会经济互动关系模型中，社会经济指标中考虑工业增加值$GDP_\text{工}$、农业增加值$GDP_\text{农}$、国内生产总值$GDP_\text{总}$及粮食产量LC。

工业增加值与工业用水量、农业增加值与农业用水量、国内生产总值与生活用水量、粮食产量与农业用水量之间有必然的联系，根据它们之间的关系构造社会经济—水量间关系模型，见式（3-22）～式（3-25）。

$$GDP_\text{工} = f_1(W_\text{工}, 工业用水定额) \tag{3-22}$$
$$GDP_\text{农} = f_2(W_\text{农}) \tag{3-23}$$
$$GDP_\text{总} = f_3(单位生活用水产生的GDP, W_\text{生活}, 人口) \tag{3-24}$$
$$LC = f(农业用水量, 农业灌溉定额) \tag{3-25}$$

(c) 环境—水量关系模型。

水土资源—环境—社会经济互动关系模型中，环境指标中考虑与水相关的环境指标有水土流失面积比C_1、COD排放量C_2（万 t/a）、地下水开采系数C_3、河道断流长度C_4（km）、湿地面积比C_5、城市河湖面积比C_6、入海水量C_7（亿 t）。

水土流失面积比、地下水开采系数、河道断流长度、湿地面积比、城市河湖面积比分别与之相对应的生态用水量之间有必然的联系。根据它们之间的关系建立环境—水量间关系模型，见式（3-26）～式（3-31）。COD排放量与工业用水量、农业用水量、生活用水量有必然的联系。通过它们之间关系建立模型，见式（3-32）～式（3-35）。入海水量通过其与总生态用水量之间的关系建立模型见式（3-36）。

$$W_\text{生态} = W_\text{水土保持} + W_\text{地下水回补} + W_\text{河道} + W_\text{湿地} + W_\text{城市河湖} + W_\text{入海} \tag{3-26}$$
$$W_\text{水土保持} = f(c_1, c_{01}, k_{01}) \tag{3-27}$$
$$W_\text{地下水回补} = f(c_3, c_{03}, k_{03}) \tag{3-28}$$
$$W_\text{河道} = f(c_4, c_{04}, k_{04}) \tag{3-29}$$
$$W_\text{湿地} = f(c_5, c_{05}, k_{05}) \tag{3-30}$$
$$W_\text{城市河湖} = f(c_6, c_{06}, k_{06}) \tag{3-31}$$

式（3-26）表示了生态用水量的基本组成，它由水土保持用水量$W_\text{水土保持}$、地下水回

补水量 $W_{地下水回补}$、河道生态用水量 $W_{河道}$、湿地生态用水 $W_{湿地}$、城市河湖生态用水 $W_{城市河湖}$ 及入海水量 $W_{入海}$ 组成。

用式（3-27）表示水土保持水量与基准年区域水土保持水量没补充前水土流失率 c_{01}、单位区域面积水土保持用水量 k_{01}、基准年水土保持水量补充后的水土流失率 c_1 之间的关系。

用式（3-28）表示地下水回补水量与基准年区域地下水回补水量没补充前地下水开采系数 c_{03}、区域可采地下水资源量 k_{03}、基准年与地下水回补水量相等的水量禁采后的地下水开采系数 c_3 之间的关系。

用式（3-29）表示河道生态用水量与基准年20世纪60年代末70年代初河道环境良好时断流长度 c_{04} 及对应的河道最小生态用水量 k_{04}、现状河道生态用水补充后的河道长度 c_4 之间的关系。

用式（3-30）表示湿地生态水量与基准年区域湿地生态用水量没补充前湿地面积比 c_{05}、单位湿地面积生态用水量 k_{05}、基准年区域湿地生态用水量补充后湿地面积比 c_5 之间的关系。

用式（3-31）表示城市河湖生态水量与基准年区域城市生态用水量没补充前城市河湖面积比 c_{06}、单位河湖面积年生态用水量 k_{06}、基准年区域城市生态用水量补充后城市区河湖面积比 c_6 之间的关系。

COD 排放量 c_2、水量间关系模型描述的是污染物 COD 排放量 c_2 与水资源间的关系。

$$c_2 = c_{2工} + c_{2农} + c_{2生活} \tag{3-32}$$

$$c_{2工} = f(W_{工}) \tag{3-33}$$

$$c_{2农} = f(W_{农}) \tag{3-34}$$

$$c_{2生活} = f(W_{生活}) \tag{3-35}$$

以上公式中：$c_{2工}$、$c_{2农}$、$c_{2生活}$ 分别为工业COD排放量、农业COD排放量、生活COD排放量，分别表示成工业用水量、农业用水量、生活用水量的函数。

入海水量通过与生态用水量之间的关系建立，用式（3-36）表示：

$$W_{入海} = k_{入海} W_{生态} \tag{3-36}$$

式中：$k_{入海}$ 为入海水量占总生态用水量的比例系数，通过层次分析法得到。

这样以水量为主线，海河流域水土资源—环境—社会经济之间的互动关系建成了。

(d) 社会经济预测模型。社会经济方面主要指人口和GDP，用它们的增长率来表示。

$$P_t = P_{t-1}(1 + k_P) \tag{3-37}$$

$$GDP_t = GDP_{t-1}(1 + k_{GDP}) \tag{3-38}$$

式中：P_t、GDP_t 分别为第 t 年的人口数和GDP；P_{t-1}、GDP_{t-1} 分别为第 $t-1$ 年的人口数和GDP，k_P、k_{GDP} 分别为人口和GDP的增长率。

水量约束：

$$W_{可供} \geqslant W_{生产} + W_{生态} + W_{生活} \tag{3-39}$$

式中：$W_{可供}$ 为研究区域计算时段内的可供水量；$W_{生产}$ 为研究区域计算时段内的生产用水量，用工业用水量与农业用水量之和来表示。

$$W_{生产} = W_{工} + W_{农} \tag{3-40}$$

式中:$W_工$ 为研究区域计算时段内的工业用水量;$W_农$ 为研究区域计算时段内的农业用水量。

$$W_{可供}=W_{地表}+W_{地下}+W_{人}+W_{污水回用水}+W_{微咸水}+W_{海水淡化水} \quad (3-41)$$

式中:$W_{地表}$ 为研究区域计算时段内的地表水资源量;$W_{地下}$ 为研究区域计算时段内的地下水资源量;$W_人$ 为计算时段内调入或流入研究区域的水资源量;$W_{污水回用水}$ 为研究区域计算时段内的污水经处理达标的回用水量;$W_{微咸水}$ 为研究区域计算时段内利用的微咸水量;$W_{海水淡化水}$ 指研究区域计算时段内利用的海水淡化水量。

在实际应用中,可供水量并不都被利用,由于渗漏等以外消耗,可供水量计算中,数值等于总可用水资源量。

与水相关的环境约束:

污水排放量:

$$W_{工污}+W_{农污}+W_{生活污}=W_{总污}\leqslant B \quad (3-42)$$

式中:$W_{工污}$ 为研究区域计算时段内的工业污水排放量;$W_{农污}$ 为研究区域计算时段内的农业污水排放量;$W_{生活污}$ 为研究区域计算时段内的生活污水排放量;$W_{总污}$ 为研究区域计算时段内的总污水排放量;B 为研究区域计算时段内的允许排放的污水量,为流域污水处理量 $B_{处理}$ 与流域径流自净量 $B_{自净}$ 之和。

$$B=B_{处理}+B_{自净} \quad (3-43)$$

污染物:水质污染是海河流域与水相关的生态环境主要问题之一,研究区域计算时段中水中污染物一定得考虑,以水中化学需氧量 COD 为例,用下式表示:

$$Q_{工污}+Q_{农污}+Q_{生活污}=Q_{总污}\leqslant B_1 \quad (3-44)$$

式中:$Q_{工污}$、$Q_{农污}$、$Q_{生活污}$ 分别为研究区域计算时段中工业污水、农业污水、生活污水中的 COD 量;B_1 为允许排放的 COD 总量,为本区水体的纳污量 $B_{1纳}$ 和当地的污染物处理量 $B_{1处}$ 之和表示。

式(3-44)也可以用下式表示:

$$COD_工+COD_农+COD_{生活}\leqslant B_{1纳}+B_{1处} \quad (3-45)$$

地下水开采系数约束:

$$C_3\leqslant A_{地下水} \quad (3-46)$$

式中:C_3 为地下水开采系数;$A_{地下水}$ 为要求的地下水开采系数。

常年河道断流长度约束:

$$C_4\leqslant A_{河道} \quad (3-47)$$

式中:C_4 为常年河道断流长度;$A_{河道}$ 为许可的常年干枯的河道长度。

湿地面积比约束:

$$C_5=A_{湿地} \quad (3-48)$$

式中:C_5 为湿地面积比;$A_{湿地}$ 为要求的湿地面积比。

城市河湖面积比约束:

$$C_6=A_{城市河湖} \quad (3-49)$$

式中:C_6 为城市河湖面积比;$A_{城市河湖}$ 为要求的城市河湖面积比。

入海水量约束:

$$C_7\geqslant A_{入海} \quad (3-50)$$

式中：C_7 为入海水量；$A_{入海}$ 为要求的入海水量。

森林覆盖率约束：
$$C_8 = A_{森林} \quad (3-51)$$

式中：C_8 为森林覆盖率；$A_{森林}$ 为要求的森林覆盖率。

最小生态用水量约束：
$$W_{生态} \geqslant A_{生态} \quad (3-52)$$

式中：$W_{生态}$ 为最小生态用水量；$A_{生态}$ 为要求的生态用水量。

社会经济方面约束：

承载人口约束：
$$P_t \geqslant P_{t-1}(1+A_{pc}) \quad (3-53)$$

式中：P_t 为第 t 年承载人口数；P_{t-1} 为第 ($t-1$) 年人口数；A_{pc} 为人口增长率。

人均 GDP 约束：
$$GDP - P \cdot GDP_{rj} \geqslant 0 \quad (3-54)$$

式中：GDP 为国民生产总值；P 为可承载人口；GDP_{rj} 为人均 GDP。

人均粮食约束：
$$D_4 \geqslant A_{粮食} \quad (3-55)$$

式中：D_4 为人均粮食产量；$A_{粮食}$ 为人均粮食的最小值。

土地约束：
$$F_{生产-生活} + F_{生态} \leqslant F_{总} \quad (3-56)$$

式中：$F_{生产-生活}$ 为生产生活用地面积；$F_{总}$ 为总土地面积；$F_{生态}$ 为生态用地面积。

生态用地面积=原有林草地面积+城市新增林草地面积+山区针对水土流失的生态治理区面积+河湖湿地生态用地面积。

可持续发展约束：
$$ES(T) \geqslant ES(T-1) \quad (3-57)$$

由于模型描述的过程将会影响 T 时段以后的过程，显然不符合运筹学中动态规划的重要性质——无后效性。

2. 海河流域生态环境可承载及生态环境退化程度的判定

海河流域生态环境对社会经济系统是否可持续承载决定于生态环境质量测度指数 LI 及预测的人口（包括自然增加的人口和移入的人口）（指自然增长和机械迁移人口）。当 $LI \geqslant 0.8$ 且可承载人口大于自然预测人口时生态环境系统对社会经济系统可承载，说明当地在可持续发展的状况下，生态系统完全处于良好状态，即处于无退化状态，只要进行生态保护就行；反之，当地生态系统处于退化状态，应进行生态修复。

3. 模型相关参数的确定

(1) 生态环境质量—社会经济水平的综合测度指数的确定。在前面提出的模型中，需要具体量化生态环境质量、社会经济水平综合测度的 [0，1] 变化，主要通过调查，总结经验，采用模糊数学的隶属函数的方法。介绍如下：

1) 社会经济与生态环境质量的量化指标。社会经济水平的量化指标定为人均国内生产总值 D_1、第三产业产值的比重 D_2、城镇化率 D_3、人均粮食产量 D_4、可承载人口 D_5，如

图 3-6 所示;生态环境质量的量化指标定为水土流失面积比 C_1、COD 排放量 C_2、地下水开采系数 C_3、河道断流长度 C_4、湿地面积比 C_5、城市河湖面积比 C_6、入海水量 C_7,如图 3-7 所示。

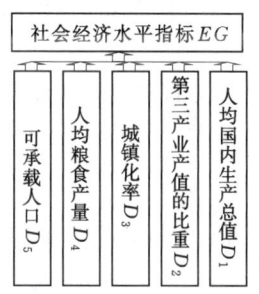
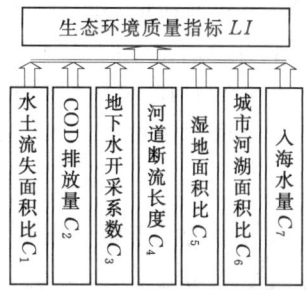

图 3-6 社会经济水平的指标体系　　图 3-7 生态环境质量的指标体系

2) 社会经济与生态环境质量隶属函数。

(a) 社会经济水平、生态环境质量指标量化的隶属函数的形式。设各种指标的实际值为 x,作如下变换:如果 x 在模型中起正作用如:人均 GDP、城镇化率等,令

$$y = \frac{x}{A} \tag{3-58}$$

如果 x 在模型中起负作用如:COD 排放量、水土流失面积比等,令

$$y = \frac{A}{x} \text{ 或 } y = \frac{A}{x} - A \tag{3-59}$$

式中:A 为具体指标的可承载状态临界值,指人类可忍受的生态环境社会经济指标的下限值,规定 A 对应的隶属度值为 0.8。

另外规定 A_1 为具体指标的完全承载状态临界值,认为是指标的实际值 $x \leqslant A_1$ 时(实际值越小,复合系统越好,如 COD 排放量)或 $x \geqslant A_1$ 时(实际值越大,复合系统越好,如人均 GDP,城市河湖面积比),生态环境社会经济复合系统处于完全良好状态的值,对应的隶属度值为 1。令 $a_1 = \frac{A}{A_1}$,当指标值越大,可持续发展测度越小时用此式,如 COD 排放量;或 $a_1 = \frac{A_1}{A}$,当指标值越大,可持续发展测度越大时用此式,如城市河湖面积比;或 $a_1 = \frac{A}{A_1} - A$,当指标值越大,可持续测度越小,且指标值为 1 时,其对应的隶属度值为 0,此情况下用此式。指标如水土流失面积比。

然后构造出以下形式隶属函数:

$$\mu = \begin{cases} 1 & y \in [a_1, +\infty) \\ \frac{0.2}{a_1 - 1}(y-1) + 0.8 & y \in [1, a_1) \\ 0.8 y^{\gamma} & y \in [0, 1) \end{cases} \tag{3-60}$$

其中 γ 取值见表 3-16。γ 为一修正系数,$\gamma > 1$,反映的是具体指标的在临界下限之后的恢复度以及修正具体指标在系统隶属度中的贡献。具体来讲,γ 值是个相对值,表示

第3章 生态系统退化程度的判断

具体指标在系统不可承载后要恢复到可承载临界值的难易程度。比如，用水土流失、河道断流做个比较：假若要保持 $1m^2$ 大小的地方水土不流失1年需要 $10m^3$ 水，如果这 $1m^2$ 大小的地方全部发生了水土流失，要恢复这里的生态环境，将需要比 $10m^3$ 多的水才可恢复；而假若要保持 $1m$ 长的河道不断流，1年只要保持河中有 $10m^3$ 的水就行，如果这 $1m$ 长的河道断流，只要补充同样多的水即可。

可见水土流失治理比河道断流治理要难。因此水土流失面积比隶属度函数中，γ 值大一些，河道断流长度比隶属度函数中，γ 值等于1。γ 从某种意义上说是各指标"权重"的反映。

其中 $y=\dfrac{A}{x}-A$ 主要应用于水土流失面积比的隶属度计算，是为了让水土流失面积比为1时，其对应的隶属度值为0。

式（3-60）的图像如图3-8所示。

另外人均GDP、可承载人口的隶属函数形式采用夏军、左其亭、邵民诚提出的（夏军 等，2003）的形式如下：

$$u=\frac{y-\beta}{y+\beta} \quad (3-61)$$

其中 $y=\dfrac{x}{A}$

式中：β 为引入参数。规定人均GDP、可承载人口实际值 $x=A$ 时，其对应的隶属度为0.8。

可承载人口以1980年的人口数作为可承载状态临界值，原因是1980年与水相关的生态环境问题不是太严重，而且实际人口也较多。用以确定 β。

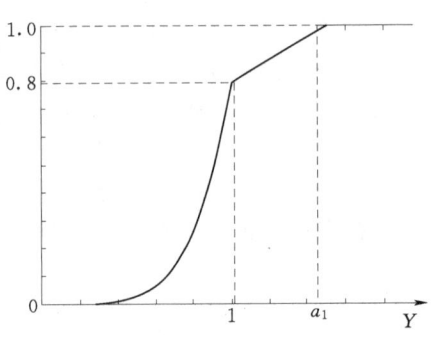

图3-8 生态环境、社会经济指标的隶属函数图像

（b）生态环境质量、社会经济水平指标的可承载状态临界值 A、完全承载状态临界值 A_1 的确定。社会经济水平指标的可承载状态临界值、完全承载状态临界值取值确定根据"西北水资源承载力的研究报告"并结合海河流域的实际定出，见表3-13。

表3-13 社会经济水平指标的可承载状态临界值 A、完全承载状态临界值 A_1

指　　标	可承载状态临界值 A	完全承载状态临界值 A_1
人均GDP/(元/人)	3280	
可承载人口/万人	9800	
第三产业占GDP比重/%	0.3	0.6
人均粮食占有量/(kg/人)	300	590
城镇化率/%	20	70

为确定生态环境质量指标的可承载状态临界值 A、完全承载状态临界值 A_1，引入生态环境指标的不可承载临界状态值 A_0。不可承载临界状态值 A_0，即认为生态环境指标

$x \geqslant A_0$ 或 $x \leqslant A_0$ 时，生态环境系统完全崩溃，其对应的隶属度为 0。承载力计算中不可承载临界状态值 A_0（表 3-14 和表 3-15）不直接参与计算，它只用来与完全承载状态临界值 A_1 确定可承载状态临界值 A。生态环境质量指标分为两大类：一类是指标值越大，生态环境—社会经济复合系统状态越好，这类生态环境质量指标称为对可持续测度起正作用的指标；另一类是指标值越大，生态环境—社会经济复合系统状态越差，这类生态环境质量指标称为对可持续测度起负作用的指标。

海河全流域及 7 个分区的生态环境质量指标可承载状态临界值、完全承载状态临界值取值见表 3-14 和表 3-15。生态环境指标的确定依据如下：

入海水量：入海水量的可承载状态临界值 A、完全承载状态临界值 A_1 分别取区域最小生态环境需水量的 80% 和最小生态环境需水量时对应的值。入海水量的可承载状态临界值 A、完全承载状态临界值 A_1 在全流域和各个区域的确定方法相同。据专家认为，现状枯水年全流域入海水量只有 12 亿 m^3，在这种情况下海河流域入海口生态环境十分恶劣，计算中，认为以海河流域现状枯水年入海水量（据海河流域水生态恢复研究初步报告中表 3-1）为其全流域不可承载状态值，海河流域 4 个生态环境平原区的入海水量的不可承载状态值分配比例与其最小生态环境入海水量的分配比例一致。

COD 排放量：从污水处理率考虑。中等发达国家的污水处理水平为 70%，世界发达国家大城市的先进水平污水处理率则为 90%。到 2000 年年底，全国已建设城市污水处理二级处理率约为 15%。按照国家有关规划要求，2005 年，我国城市污水处理率将达 45%。到 2010 年，所有城市的污水处理率不得低于 60%。因此，低水平可采用 15%、45%、70% 分别作为 A_0、A、A_1。高水平则可采用 15%、60%、90% 分别作为 A_0、A、A_1。考虑海河流域经济社会两极分化的情况和有关水污染防治规划实施情况滞后的情况，计算选取低水平。即完全承载状态临界值为污水处理率为 70% 对应的 COD 排放量。不可承载状态值为污水处理率为 15% 对应的 COD 排放量。可承载状态临界值为污水处理率为 45% 对应 COD 的排放量。

地下水开采系数：为地下水实际开采量与地下水可采量之比。由于统计数字中地下水可采量不包括深层可采量，计算数值偏大，据专家建议，以 0.85 为承载状态良好值。根据地下水位变化情况，20 世纪 80 年代以前是平稳变化略有下降，80 年代则是急剧下降，90 年代则是快速下降。现状水位认为已是最差的水位，不允许继续恶化。可见，地下水生态环境变化在近 20 年，地下水开采系数的不可承载状态值按 20 年的平均值来取。海河流域地下水资源量为 150 亿 m^3，目前浅层累计超采约 400 亿 m^3。按照 20 年计算，平均每年超采 20 亿 m^3。加上深层的地下水，约为 900 亿 m^3。按照 20 年计算，年超采 45 亿 m^3，开采系数为 (150+45)/150=1.3。即地下水开采系数的不可承载状态值为 1.3。把不可承载状态值与完全承载状态临界值分为 5 个等级，由差到好的第 4 个等级为可承载状态临界值。7 个分区的各个值与全流域的相同。

山区水土流失面积比：水土流失的触发因素很多，不仅与地形、坡度有关，而且与植被覆盖度也存在某种联系。良好的植被能够覆盖地面、拦截雨滴、调节地面径流、减缓流速、过滤淤泥和固结土壤，从而起到增加土壤渗透性、增加蓄水能力、涵养水源、防止水土流失、提高土壤肥力和改善生态环境等功能。一般来说，林草覆被率小于 30%，对应强度侵蚀区；30%～50%，对应中度侵蚀区；50%～70%，对应轻度侵蚀区；当植被覆盖度大于70%时，不论土质或石质山区，不论何种地形，土壤侵蚀均极轻微。据此，可以将轻度侵蚀作为临界状态，取其下限定为50%。优良状态取70%，最次定为30%。这是低标准的；高标准则可取60%、80%、30%。以此换算成对应的水土流失面积。以低标准来确定海河流域山区水土流失面积比的不可承载状态值和完全承载状态临界值及可承载状态临界值。

河道断流长度比：按三级河流计算，照丰平枯考虑。枯水年作为临界值。丰水年作为最优值。相对应的年份，50年代是丰水年，80年代是枯水年。河道断流，50年代是丰水年，通航里程达到3523km；1965年是特旱年，干河长度1391km，1960—1969年平均干河长度是718km；1972年干旱，干河长度2465km；1970—1979年干河长度为1574km。80年代是1980年、1981年、1982年、1983年、1984年连续5年干旱，干河长度达到1668km。2000年，29条河流全年平均干涸时间为274d，河道干涸总长度达3171km，占统计河道总长4010km的79%。因此，选取1000（1500）、1500（2000）、3000分别对应好、临界、最差3种状态的高、低两种标准，也分别对应60、70、2000和70、80、2000两种年份。采用低标准作为计算值，则河道断流长度比的可承载状态临界值为0.375；不可承载状态值为0.75和完全承载状态临界值为0.25。

平原湿地面积比：50年代湿地约1万km^2，现报告主要湿地水面约3000km^2；60年代为2200多km^2；70年代至今，在700～900km^2左右。因此，这可以作为最差的状态；70年代可作为临界状态，60年代为最优状态。2000km^2、1000km^2、700km^2分别作为海河流域完全承载状态良好、可承载临界状态、不可承载状态时的湿地面积，则平原湿地面积比的完全承载状态临界值、可承载状态临界值及不可承载状态值为1.5%、0.76%及0.53%。

城市河湖面积比：按环境用水研究提出的数据，10%～15%为优，考虑绿地等因素以及规划区面积普遍较建成区扩大较多，故取5%为优；现状流域多数城市均在1%左右，以此为最差。说明不能侵占水面搞建设；考虑流域平均值以3%为临界。可见城市河湖面积比的完全承载状态临界值、可承载状态临界值及不可承载状态值分别为5%、3%及1%。

(c) 生态环境质量、社会经济水平指标的隶属函数确定。根据式（3-60）、式（3-61）及表3-14～表3-16确定生态环境质量、社会经济水平指标的隶属函数。

表3-14 　　　　　对可持续测度 *BTI* 起负作用的生态环境指标

区 域	指 标 及 算 法	不可承载状态值 A_0	可承载状态临界值 A	完全承载状态临界值 A_1
海河流域	山区水土流失面积比（流域水土流失面积/总流域面积）	0.55	0.1928	0.0785
	COD排放量/万 t	118.87	80.36	48.35
	地下水开采系数（实际开采量/可开采量）	1.3	0.94	0.85
	河道断流长度比（流域河道断流的长度/流域总河长）	0.75	0.375	0.25

3.2 生态环境承载力方法

续表

区 域	指 标 及 算 法	不可承载状态值 A_0	可承载状态临界值 A	完全承载状态临界值 A_1
滦河冀东沿海山区	山区水土流失面积比	0.6446	0.1928	0.0785
	COD 排放量/万 t	5.24	3.54	2.21
	地下水开采系数	1.3	0.94	0.85
滦河冀东沿海平原	COD 排放量/万 t	8.29	5.71	3.56
	地下水开采系数	1.3	0.94	0.85
	河道断流长度比	0.75	0.375	0.25
海河北系山区	水土流失面积比	0.5687	0.1928	0.0785
	COD 排放量/万 t	6.5	4.37	2.59
	地下水开采系数	1.3	0.94	0.85
海河北系平原	COD 排放量/万 t	17.21	11.56	6.85
	地下水开采系数	1.3	0.94	0.85
	河道断流长度比	0.75	0.375	0.25
海河南系山区	水土流失面积比	0.5633	0.1928	0.0785
	COD 排放量/万 t	6.54	4.5	2.79
	地下水开采系数	1.3	0.94	0.85
海河南系平原	COD 排放量/万 t	45.43	31.23	19.4
	地下水开采系数	1.3	0.94	0.85
	河道断流长度比	0.75	0.375	0.25
徒骇马颊河平原	COD 排放量/万 t	29.66	19.45	10.95
	地下水开采系数	1.3	0.94	0.85
	河道断流长度比	0.75	0.375	0.25

表 3-15　　　　对可持续综合测度起正作用的生态环境指标

区 域	指 标 及 算 法	不可承载状态值 A_0	可承载状态临界值 A	完全承载状态临界值 A_1
海河流域	湿地面积比（＝流域湿地面积/总流域面积）	0.0053	0.0076	0.015
	城市河湖面积比（＝城市河湖面积/总城市面积）	0.01	0.03	0.05
	入海水量/亿 m³	12	24	30
滦河冀东沿海山区	城市河湖面积比	0.01	0.03	0.05
滦河冀东沿海平原	城市河湖面积比	0.01	0.03	0.05
	入海水量/亿 m³	4	8	10
海河北系山区	城市河湖面积比	0.01	0.03	0.05
海河北系平原	湿地面积比	0.0053	0.0076	0.015
	城市河湖面积比	0.01	0.03	0.05
	入海水量/亿 m³	3	6	7.5

续表

区域	指标及算法	不可承载状态值 A_0	可承载状态临界值 A	完全承载状态临界值 A_1
海河南系山区	城市河湖面积比	0.01	0.03	0.05
海河南系平原	湿地面积比	0.0053	0.0076	0.015
	城市河湖面积比	0.01	0.03	0.05
	入海水量/亿 m³	3	6	7.5
徒骇马颊河平原	湿地面积比	0.0053	0.0076	0.015
	城市河湖面积比	0.01	0.03	0.05
	入海水量/亿 m³	2	4	5

表 3-16　　各个指标隶属函数式中修正系数 γ 的值

指标	修正系数 γ	指标	修正系数 γ
山区水土流失面积比	2	人均粮食占有量/(kg/人)	3
COD 排放量/(万 t/a)	2	城镇化率/%	2
地下水开采系数	2	城市河湖面积比	1
河道断流长度	1	湿地面积比	2
第三产业占 GDP 比重/%	2	入海水量	1

(2) 海河流域生态需水量估算。海河流域生态需水是计算流域生态环境承载力最重要的变量之一。

以现状为准，海河流域生态环境良好时的最小用水量称为其现状最小生态环境需水量。为河道最小环境用水量、城市河湖用水量、湿地用水量、地下水恢复水量、水土保持生态用水量及入海水量之和。

(a) 河道最小环境用水量的确定。生态环境良好情况下：河道最小环境用水量要满足，用 Tennant 法的 10% 即多年平均径流量的 10% 计算，海河流域各水系河道最小径流量见表 3-17。

表 3-17　　Tennant 法河道最小径流量　　单位：亿 m³

区域		河道最小径流量
滦河及冀东沿海	山区	4.977
	平原	5.504
海河北系	山区	4.784
	平原	6.19
海河南系	山区	9.895
	平原	13.15
徒骇马颊河系	平原	1.52
全流域		26.36

(b) 城市河湖用水量的确定。根据北京、天津和石家庄市的城市河湖建设情况推算,为满足城市景观和娱乐休闲的需要,城市河湖环境年用水的下限为人均 20m³。则河湖环境用水用下式计算:

$$W_{河湖环境} = P_{人口} \times 20$$

式中:$P_{人口}$ 为计算年的城市人口。

按 1998 年计算:海河流域 1998 年城市人口为 3365 万人。以此推算,流域内城市河湖用水每年需 6.7 亿 m³。

(c) 湿地用水量的确定。以水资源规划报告中海河流域湿地最低生态环境用水指标表为准。具体确定办法为:确定出保证湿地养鱼、植苇、水生植物、旅游业及维持生态平衡所需的最低水位,然后确定这一水位对应的水深 h,水面面积是 s (km²),水面蒸发量 e 取值为 1100mm/a,渗漏率 r 按 0.15 计,则湿地总的生态环境用水量(表 3-18)$W_{湿地}$ 为湿地最低生态水量 W_{wp} 再加上补充湿地蒸发 W_{we}、渗漏损失所需的水量 W_{ws} 分别用下式计算:

$$W_{湿地} = W_{wp} + W_{we} + W_{ws} = hs + se + hsr \tag{3-62}$$

则海河流域湿地恢复良好生态,每年的最小生态环境用水量为湿地蒸发水量和渗漏水量之和,为 12.53 亿 m³ 水。

(d) 地下水恢复水量。通过年禁采量来实现,把多年平均超采量作为地下水的年禁采量,海河流域评价分区的多年平均禁采量见表 3-19。

表 3-18　　　　　　　　　流域湿地所需的最低生态环境用水指标

评价分区	水系名称	湿地名称	面积/km²	最低生态环境用水指标/亿 m³			
				生态水量	蒸发水量	渗漏水量	年补水量
海河北系平原	北三河	青甸洼	61.00	0.32	0.67	0.05	0.72
	北三河	大黄浦洼	103.00	0.32	1.13	0.05	1.18
	永定河	东七里海	10.00	0.05	0.11	0.01	0.12
	永定河	西七里海	50.00	0.50	0.55	0.08	0.63
海河南系平原	大清河	白洋淀	122.00	1.20	1.34	0.18	1.52
	大清河	团泊洼	262.90	1.96	2.89	0.29	3.19
	大清河	东淀	86.80	0.55	0.95	0.12	1.04
	子牙河	千顷洼	37.00	0.22	0.41	0.03	0.44
	子牙河	宁晋泊	151.16	1.06	1.66	0.16	1.82
	黑龙港	大浪淀	49.00	0.52	0.54	0.08	0.62
徒马平原	徒马河	恩县洼	106.75	0.59	1.17	0.09	1.26
合计			1039.61	7.29	11.44	1.09	12.53

* 渗漏率按 0.15 计。

从表 3-19 可看出,海河流域地下水超采主要发生在平原区,总流域地下水回补量定为 30 亿 m³/a。各分区域以表 3-19 为准。

第3章 生态系统退化程度的判断

表3-19　　　　　　　　海河流域超采现状与多年平均超采量　　　　　　单位：亿 m³/a

二级分区	评价区域	面积/km²	现状年超采量			1985—1998年平均超采量		
			浅层	深层	合计	浅层	深层	合计
滦河冀东沿海区	山区	38460	-1.68	0	-1.68	-0.69	0	-0.69
	平原	7410	0.27	-2.14	-1.87	-4.63	-0.59	-5.22
	总计	45870	-1.41	-2.14	-3.55	-5.32	-0.59	-5.91
海河北系	山区	61183	6.76	0	6.76	5.52	0	5.52
	平原	16310	1.34	-4.17	-2.83	1.51	-2.74	-1.23
	总计	77493	7.10	-4.17	2.93	7.03	-2.74	4.29
海河南系	山区	75216	10.91	0	10.91	11.96	0	11.96
	平原	73453	-29.65	-29.07	-58.72	-20.44	-20.09	-40.53
	总计	148669	-18.74	-29.07	-47.81	-8.48	-20.09	-28.57
徒马平原	平原	31843	3.86	-5.73	-1.87	4.94	-4.32	0.62
海河流域	山区	174859	15.99		15.99	16.78		16.78
	平原	129016	-24.18	-41.11	-65.29	-18.62	-27.74	-46.36
	总计	303875	-8.19	-41.11	-49.30	-1.84	-27.74	-29.58

（e）水土保持生态用水量的确定。水土保持所需的生态用水（耗水），也属于生态环境用水的范围。据有关资料介绍，黄河生态用水定额为 1.8 万 m³/km²。海河流域西部和北部的自然条件与黄河流域差不多，降雨在 380～500mm，生态用水定额也应相近。燕山、太行山区降雨大一些，为 550～700mm，但多石质山区，坡度大，土层薄，降雨集中，坡面生物耗水受到限制，生态用水定额也不会很大。另有资料介绍，海河流域山区每治理 1km² 消耗水资源 1.2 万 m³。计算中，海河流域土壤侵蚀强度为中度及中度以上的地区每治理 1km² 消耗水资源量采用以上两个值的平均值，取为 1.5 万 m³。土壤侵蚀强度轻度的地区每治理 1km² 消耗水资源量就采用 1.2 万 m³。土壤侵蚀强度微度的地区还没发生水土流失，不考虑其生态用水。

海河流域现有水土流失面积为 11.0605 万 km²，若要实现全部治理，相应的水资源消耗量为 15.207 亿 m³（指生物措施需水量，未包括工程措施需水量）。海河流域水土保持生态用水见表 3-20。

（f）入海水量的确定。据水资源规划报告和张广录等人的研究，全年最小入海水量有 30 亿 m³，枯水年入海水量有 23 亿 m³。

海河流域入海河口大致分为三个海区：即滦河、海河、漳卫新河（含徒骇马颊河），以此推算全年需要的入海水量：从历史上看，50 年代本流域河口生态并未出现大的生态问题。该时段内最小年入海水量为 30 亿 m³（1951 年），采用 30 亿 m³ 作为最小入海流量控制指标。各海区最小入海水量为：滦河口 10 亿 m³，海河口 10 亿 m³（永定新河 5 亿 m³、海河干流 5 亿 m³），漳卫新河口 5 亿 m³，徒骇马颊河口 5 亿 m³。

3.2 生态环境承载力方法

表 3-20 海河流域各河系的土壤侵蚀强度及治理水土流失生态用水情况

河系	面积/km²		土壤侵蚀强度分级面积/km²					生态用水量面积/万 m³
	山区	流失	微度	轻度	中度	强度	极强度	
滦河	46990	30293	16696	14221	13205	2515	354	41176.2
北三河	22115	11891	10224	5851	4435	1604	—	16079.7
永定河	45063	26261	18802	11389	4594	8136	2141	35973.3
大清河	18659	9627	9032	3083	5814	730	—	13515.6
子牙河	31126	16904	14222	6626	6244	4034		23368.2
漳卫河	25436	15629	9806	4960	4334	4882	1454	21957
合计	189389	110605	78784	46131	38626	21900	3949	152070

（g）稀释水量的确定。根据《海河流域水污染防治规划》的要求，除饮用水源地外，海河流域大部分水体的水质功能要求为Ⅳ类和Ⅴ类水。按照现行的《污水综合排放标准》（GB 8978—88）的 COD 三级标准（500mg/L），若仅按稀释作用考虑，要达到规划的水质最低功能标准（COD Ⅴ类，40mg/L），约需要 12 倍的清水稀释。海河流域各行业污水排放量经处理后，年平均废污水入河量在 40 亿 t 以上。考虑水体自净因素（污染物衰减率按 30% 计），稀释水量约需要 144 亿 m³，约占当年用水量（424 亿 m³）的 34%。显然对于海河流域的水资源状况而言，不宜考虑用清洁水稀释的办法来改善水质。改善水质必须靠推广清洁生产技术、控制污染源以及提高污水处理率来实现。在海河流域最小生态需水量计算中不考虑稀释水量。河道最小生态需水量、入海水量以及稀释水量间是否重复，在这里没有考虑，因为是利用海河流域水资源规划报告进行推算，可能数字有点大。

综上所述，海河流域各个区域现状最小生态环境需水总量见表 3-21。

表 3-21 海河流域最小生态环境用水总量 单位：亿 m³

二级分区	评价区域	河道用水	湿地用水	城市河湖用水	地下水回补	水土保持用水	入海水量
滦河冀东沿海区	山区	4.977		0.204	−0.69	4.11762	
	平原	0.527		0.358	−5.22		10
海河北系	山区	4.784		0.618	5.52	5.2053	
	平原	1.406	2.65	1.506	−1.23		7.5
海河南系	山区	9.895		0.7	11.96	5.8841	
	平原	3.255	8.63	2.76	−40.53		7.5
徒马平原	平原	1.52	1.25	0.584	0.62		5
海河流域	山区	19.656		1.522	16.78	15.207	
	平原	6.708	12.53	5.208	−46.36		30
	总计	26.364	12.53	6.73	29.58	15.207	30

注 —表示地下水超采量。

从以上的生态用水量确定中，稀释水不考虑时，城市河湖生态用水按 1998 年城市人口算，可得出海河流域现状条件下维系良好生态环境需要保证的最小生态环境需水量为水土保持需水量、地下水回补需水量、河道需水量、湿地需水量及河口泥沙入海需水量之和，初步估计的全流域最小生态环境需水量为 120 亿 m^3。

（3）现状生态耗水量的确定。根据现状水量平衡方程确定：

流域总可用水资源量＋污水回用水量＝生产用水量＋生活用水量＋生态用水量

现状情况下，污水回用水中只指达到可用水标准的一部分，回用率按污水处理率计，流域总可用水资源量为流域水资源量与调入流域的水量之和。水资源量采用 1956—1998 年长系列评价结果，海河流域水资源总量 372 亿 m^3。可调用黄河水按国务院分配方案，鲁北 33.8 亿 m^3（城市 2.8 亿 m^3，农村 31 亿 m^3），豫北 4.4 亿 m^3（城市 0.8 亿 m^3，农村 3.6 亿 m^3），天津市、河北省多年平均分配指标为 20 亿 m^3，山西省引黄入晋工程 2010 年建成，2010 年、2030 年进入海河流域大同、朔州等城市的水量分别为 1.65 亿和 3.74 亿 m^3，可引黄总量为约 60 亿 m^3。所以流域可用的水资源总量为 432 亿 m^3。污水回用水量用 1998 年污水排放量与污水处理率之积得到，生产用水量、生活用水量按水资源规划总报告附表 3 为准来计算。最后得到 1998 年海河流域生态用水量只有 8.2 亿 m^3。

（4）生态用地的确定。本次计算中，生态用地指城市有植被覆盖的地区，河流生态用地面积［多年平均径流量的 30% 对应的河宽加河岸带（100～150m）所占的面积］、城市湖泊面积、湿地面积、山区水土保持用地。

限于资料，本次计算中，只考虑城市绿化地区，据全国生态城市的绿化标准。即城市绿化覆盖率达到 40%，绿地率达到 35%，人均公共绿地达到 $10m^2$。以此为据，本次计算中，城市植被覆盖率（城市植被面积与城市总面积 S_{city} 之比）最大定为 35%，人均植被覆盖面积以 $10m^2$ 计算。

则城市生态用地约束用式（3-63）表示：

$$P_{人口} \times 10 \leqslant S_{city} \times 35\% \tag{3-63}$$

式中：$P_{人口}$ 为计算年的城市人口，全流域城市面积按 1999 年计算，为 3180km^2。

4. 海河流域生态环境承载力计算的方案设计

按照海河流域生态环境承载力计量的概念与方法，首先需要依据实际和未来流域水资源规划、社会经济发展以及生态环境变化的主要情景，分析确定全流域及 7 个分区的承载力分析情景方案。主要考虑的方面有：

（1）水资源变化的情景。水资源方面主要考虑总水资源量（指除污水回用水以外的可用水资源量）变化，主要指有无南水北调工程供水，用 L_1 表示现状条件下无南水北调输水的情况；L_2 表示 2010 年中线调水 57.96 亿 m^3，东线调水 16.3 亿 m^3 即总调水量 74.2 亿 m^3 的情况；L_3 表示 2030 年中线调水 78.8 亿 m^3，东线调水 29.7 亿 m^3 即总调水量 108.5 亿 m^3 的情况。此调水量为实际到达海河流域的实际水量值（表 3-22）。

（2）社会经济发展变化的情景。社会经济方面主要考虑由于调整产业结构、采用高科技、提高用水效率、节水力度提高引起经济技术水平变化的情景，用水定额、第三产业的比重、污水处理率来调控。

3.2 生态环境承载力方法

1) 低经济技术水平（情景1）：用水定额、城镇化率、污水处理率以1998年的为准；用 M_1 表示。

2) 中经济技术水平（情景2）：要求到2010年农业综合用水定额降低到现状的90%，工业综合用水定额降低到现状的50%，全流域城镇化率达到46%，全流域污水处理率达到45%，7个分区分别具体确定；用 M_2 表示。

3) 高经济技术水平（情景3）：要求到2030年农业综合用水定额降低到现状的80%，工业综合用水定额降低到现状的30%~40%。全流域城镇化率达到60%，全流域污水处理率达到60%，各个分区的具体确定（根据专家的建议）。用 M_3 表示。

（3）生态环境恢复的情景。海河流域生态环境恢复程度用生态环境质量测度 LI 表示，生态环境质量测度是各个生态环境指标的综合度量，各个生态环境指标通过生态需水量联系起来。生态需水量涉及河道断流、湿地萎缩、城市河湖用水、入海水量、地下水超采、水质污染、水土流失等7个方面。情景分析主要以生态环境质量测度作为衡量与水相关的生态环境恢复程度的度量值，分为两种情景：

1) 生态环境质量测度 $LI \geqslant 0.8$，即生态环境良好的情景，用 N_1 表示。

2) 生态环境质量测度 LI 从现状值逐年增加，即生态环境逐年改善的情景，用 N_2 表示。

考虑水资源、社会经济和生态环境三方面的不同情景，并考虑时间的变化最后设计两种计算方案（表3-22、表3-23），一种是生态环境良好时（$LI \geqslant 0.8$）的承载力计算与分析，这种方案下1998年总水资源量采用可用水量；另一种是生态环境逐步改善时的承载力计算与分析，这种方案下1998年总水资源量采用实际用水量，因为此方案下反映的是从现状实际出发生态环境逐步改善的情况。在两种情景方案下，经济方案是一致的，即现状为低社会经济技术水平，2010年达到中经济技术水平，2030年达到高经济技术水平，把此经济方案称为主经济方案。

表3-22 情景方案措施编码

考虑因素	调控变量	情景	基本措施及措施描述	编号
南水北调	总水资源量	低	现状可供水、无南水北调	L_1
		中	调水量为79.9亿 m³	L_2
		高	调水量为108.4亿 m³	L_3
经济技术水平	工业用水定额 农业用水定额 第三产业比重 污水治理率	低	维持现状	M_1
		中	调整产业结构、引进品种、采用高科技、提高用水效率、中节水力度	M_2
		高	调整产业结构、引进品种、采用高科技、提高用水效率、高节水力度	M_3
生态环境质量	生态环境质量测度 LI	1	$LI \geqslant 0.8$	N_1
		2	LI 逐渐增加	N_2

第3章 生态系统退化程度的判断

表 3-23 计 算 方 案 组 合

方案代号	情景组合			分 析 目 的
1	1998年	2010年	2030年	1998年、2010年、2030年不同供水量、社会经济水平下，生态环境质量测度逐年增加，以分析南水北调，在经济主方案下，生态环境逐步改善时的生态环境可承载的过程变化
	L_1+M_1	L_2+M_2	L_3+M_3	
	LI 逐渐增加			

5．承载力的计算过程

承载力的计算过程如下：①总可用水量按计算初始年1998年的比例分配为生产用水（包括工业用水和农业用水）、生活用水和生态用水；②在各种约束条件下运行承载力模型计算 BTI；③结果输出。

3.2.5.4 海河流域承载力及退化程度的计算结果及分析

在具体的海河流域生态环境承载力分析中，我们试图从海河流域实际水土资源和社会经济结构出发，考虑到未来40年内社会经济发展和生态环境恢复和建设的主要变化，利用承载力模型计算不同情景方案下优化结果，重点分析1998—2040年的海河流域生态环境系统可承载人口，分析比较它与自然增长人口的差距以及相应的生态环境指标、水资源指标、社会经济发展和社会福利水平指标。进一步，通过社会经济可持续发展测度（BTI）以及生态环境质量测度（LI）等综合信息，分析维系良好生态环境所必须保障的水资源供给、生态需水的要求和经济结构的调整等方案对策，提出海河流域与水相关的生态环境恢复的措施与建议。

海河流域无论从整体上还是从分区上，在两种情景方案下可承载的变化过程不同。本书中分别以滦河冀东沿海山区及整个流域为例，由于考虑的区域尺度不同，区域的生态环境问题不同，社会经济发展水平不同，各个区域的生态环境的可承载变化的过程不同，逐年的承载力不同，相应地逐年的用水配置不同，修复的方法不同。下面分别进行叙述。

1．滦河冀东沿海山区承载力的计算与分析

（1）社会经济发展状况与主要生态环境问题。

a．社会经济发展状况。滦河冀东沿海山区位于海河流域东北部，计算面积44070km^2。行政上，分布在辽宁省的朝阳市（1710km^2）、内蒙古自治区的锡林郭勒市（6950km^2）、河北省的承德市（28273km^2）、唐山市（2551km^2）、秦皇岛市（3660km^2）、张家口市（926km^2）。所分布的这些地级市中，承德市的计算面积最大，承载力分析中，可用承德市的特性及数据代替本区域的特性及数据。人口582万人，城镇人口102万人，城镇化率在海河流域7个生态环境分区中是最低的，只有17.5%。第三产业的比重为34%，在7个生态环境区中占第四，与海河南系平原区的第三产业的比重相同。人均粮食产量348.8kg/人。人均GDP高于徒骇马颊河平原地区和海河南系山区，低于其他四个地区，为6855.7元/人。工业万元产值用水量比海河南系山区小，但比其他5个区大，为182.75m^3/万元。农业万元产值用水量在7个生态环境区中是最小的，为1461.988m^3/万元。1998年的生产生活用水量16.4亿m^3，可用水量为其当地的水资源量，为24.4亿m^3。现状滦河冀东沿海山区的社会经济水平测度为0.78，在3个山区中是最低的（图3-13）。

b．主要生态环境问题。滦河冀东沿海山区与水相关的生态环境问题是山区水土流失问题和水质污染。滦河冀东沿海山区的水土流失情况在3个山区生态环境区域中是最严重的，水土流失率为0.65（图3-9）。滦河冀东山区的年污水排放量为1.1016亿 m³，COD排放量为5.33万 t，污水排放量和COD排放量在7个区中也是最小的。COD排放量在3个山区中是最小的（图3-10）。城市河湖面积比为0.008，在3个山区中略高于海河南系山区（图3-11）。滦河冀东沿海山区现状污水处理率很低，为3.5%，在3个山区中居中（图3-12），排出的污水只少量经过处理，其余都被排入河流后，污染物除自然衰减外，其余都形成水质污染。现状情况下滦河冀东沿海山区的生态环境质量测度只有0.0337，在3个山区中是最低的（图3-13）。

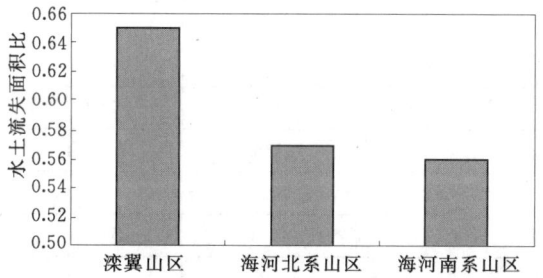

图3-9 海河流域3个生态环境山区的现状水土流失面积比

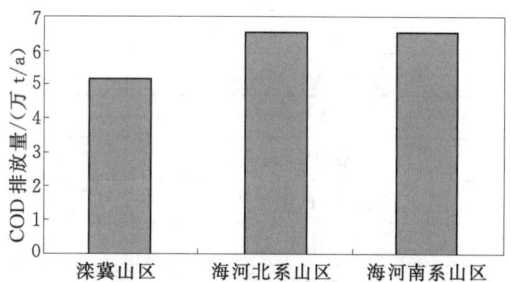

图3-10 海河流域3个生态环境山区的现状COD排放量

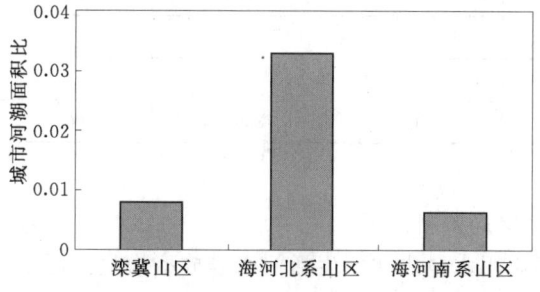

图3-11 海河流域3个生态环境山区的现状城市河湖面积比

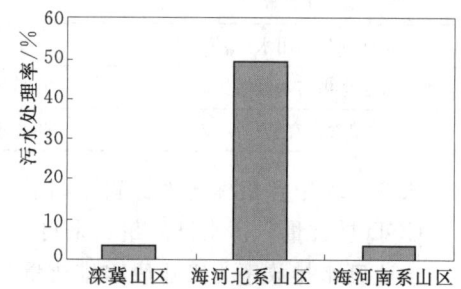

图3-12 海河流域3个生态环境山区的污水处理率

（2）承载力的计算与分析。承载力的计算分两种情景计算：一种是生态环境良好（生态环境临界可承载），经济主方案下的承载力计算；一种是生态环境逐步改善，经济主方案下的承载力的计算。

a. 承载力的计算输入参数。承载力输入参数分为两部分：一部分是进行量化可持续测度BTI的生态环境质量测度LI、社会经济水平测度EG的各个指标的不可承载状态值、可承载状态临界值、完全承载状态临界值。滦河冀东沿海山区的量化可持续测度的输入

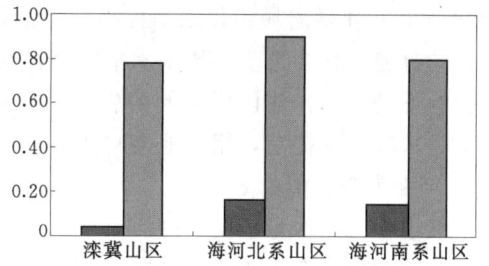

图3-13 海河流域3个生态环境山区的现状生态环境质量测度、社会经济水平测度

参数见表3-13～表3-16。另一部分是承载力模型计算中输入的参数,这里只讲计算输入参数。在1998年用实际用水量,在2010年、2030年用总水资源量(可用水量)见表3-24。

表3-24　　　　滦河冀东沿海山区生态环境承载力计算输入参数

参　数	现状 1998年	规划值(主方案)		
		2010年	2020年	2030年
总水资源量/亿 m³	24.4	24.4	24.4	24.4
实际用水量/亿 m³	16.4			
南水北调水量		0		0
工业用水定额/(m³/万元)	182.7485	91.370	77.666	63.962
农业用水定额/(m³/万元)	1461.988	1315.789	1242.690	1169.590
污水处理率/%	3.5	35.0	45.0	50.0
人均GDP/(元/人)	6855.7	12566.9	19638.2	26709.4
第三产业的比重/%	34	38	44	48
城镇化率/%	17.5	42.2	47.1	52.0
COD排放量/万 t	5.33			
污水排放量/亿 m³	1.1016			
工业废水排放率/%	81.10	72.99	68.94	64.88
生活污水排放率/%	7.6	7.6	7.6	7.6
城市河湖生态用水量/亿 m³	0			
最小生态需水量/亿 m³	9.9886			
人均粮食占有量/(kg/人)	348.8	320.0	300.0	300.0

表3-24中各指标的来源叙述如下。

COD排放量、污水排放量:来自海委水保局资料。

工业废水排放率为工业废水排放量与工业用水量之比,生活污水排放率为生活污水排放量与生活用水量之比。现状年1998年的数据根据已有数据推算,其中工业用水量、生活用水量根据《海河流域水资源规划》报告的附表3计算,工业废水排放量、生活污水排放量根据"海河流域水生态恢复研究"报告的表2-2及海河流域各区的污水排放量得到。未来不同水平年的数据来源是:生活污水排放率在1998—2030年之间认为变化不大。1998—2030年随着城市化水平提高,生活污水排放量增加,但总生活用水量也要相应增大,同时随着社会进步,技术水平提高,人们利用环保用品觉悟提高,但对生活污水排放率影响不是太大,建议用相同的生活污水排放率。工业废水排放率肯定根据技术水平提高,污水处理率提高,相应地会减小,工业污水排放率建议2010年变为现状值的90%,2030年变为现状值的80%。

最小生态需水量根据《海河流域水资源规划报告》的专题六计算。

人均粮食占有量1998年数据根据海河流域经济主方案计算。

用水定额、第三产业的比重、污水处理率表征社会经济发展以及技术水平,主要考虑由于调整产业结构、采用高科技、提高用水效率,节水力度提高引起经济技术水平变化的情景：认为1998年为低经济技术水平，则用水定额、城镇化率、污水处理率以1998年的为准；到2010年达到中经济技术水平，要求到2010年农业综合用水定额降低到现状的90%，工业综合用水定额降低到现状的50%，全流域城镇化率达到46.3%，污水处理率达到45%，但各个区域的城镇化率根据海河流域经济发展主方案给值，各个区域的污水处理率根据毛汉英教授的建议给值；到2030年达到高经济技水平，要求到2030年农业综合用水定额降低到现状的80%，工业综合用水定额降低到现状的30%~40%，全流域城镇化率达到54.4%，全流域的污水处理率达到60%，各区域的根据毛汉英教授的建议给值。污水处理率、第三产业的比重的计算依据是：

(a) 污水处理率根据各地区环保投资占GDP的比重，1998年海河流域全区约为1%，当环保投入占GDP稳定达到2%时，污水处理率可达40%~45%；当稳定达2.5%时，污水处理率可达50%左右；当稳定达到3%时，污水处理率可达60%以上（毛汉英）。

(b) 第三产业比重根据美国著名经济学家H.钱纳里提出地区经济发展各阶段所对应的产业结构关系理论，根据人均GDP所对应的各地区所处的工业化阶段而求得。国务院发展中心2001年根据中国的国情，加上相应系数进行修正。

不同水平年的人均GDP、总水资源量、实际用水量采用《海河流域水资源规划》数据。

b. 计算结果。根据表3-24的滦河冀东沿海山区的生态环境承载力计算输入参数，并根据第2章生态环境承载力的计量模型计算可得出如表3-25所示的结果。

表3-25　　　滦河冀东沿海山区生态环境逐步改善时，经济主方案下，生态环境可承载的过程变化

时间/年	可承载人口/万人	预测人口/万人	总可用水资源量/亿m³	工业用水/亿m³	农业用水/亿m³	生态用水/亿m³	生活用水/亿m³	回用水量/亿m³	生态环境质量测度LI	社会经济水平测度EG	可持续发展测度BTI	总GDP/亿元	人均GDP/元	人均粮食/kg	人均水资源量/m³
1998	545.9	582	16.6	4.46	9.85	0.0050	2.25	0.16	0.0337	0.78	0.16	374	6856	348.8	303.4
2005	561.2	611	16.7	5.08	8.83	0.3200	2.45	0.28	0.1113	0.90	0.32	507	9029	332.0	297.2
2010	663.7	635	25.1	10.56	10.53	1.0000	3.01	0.92	0.1135	0.92	0.32	1166	17567	355.4	378.2
2015	664.9	645	25.3	10.05	9.63	2.6026	3.02	0.90	0.1916	0.92	0.42	1307	19655	342.5	380.5
2020	668.8	654	25.5	9.45	8.86	4.2053	3.04	1.15	0.2891	0.93	0.52	1454	21742	330.0	382.0
2025	675.2	664	25.8	8.79	8.19	5.8079	3.06	1.45	0.4246	0.94	0.63	1609	23830	317.5	382.9
2030	686.9	702	26.3	8.44	7.63	7.0900	3.12	1.87	0.5874	0.95	0.75	1842	26809	305.0	382.5
2036	742.2	702	27.0	8.07	7.73	7.8092	3.37	2.58	0.7853	0.96	0.87	2197	29600	302.0	363.5
2037	753.1	702	27.1	8.01	7.77	7.9290	3.42	2.72	0.8001	0.96	0.88	2264	30065	301.5	360.1
2038	764.5	702	27.3	7.95	7.80	8.0489	3.47	2.87	0.8040	0.96	0.88	2334	30531	301.0	356.7
2040	789.0	702	27.6	7.83	7.89	8.2886	3.58	3.19	0.8198	0.97	0.89	2482	31461	300.0	349.7

c. 结果分析。在生态环境逐步改善时即生态环境逐步修复时，经济发展主方案下，滦河冀东沿海山区生态环境可承载的过程变化的计量结果分析如下（图3-14~图3-17）：

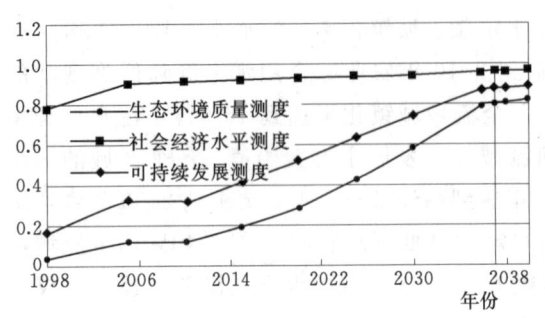
图 3-14 滦河冀东沿海山区生态环境逐步修复时，经济主方案下各测度的变化

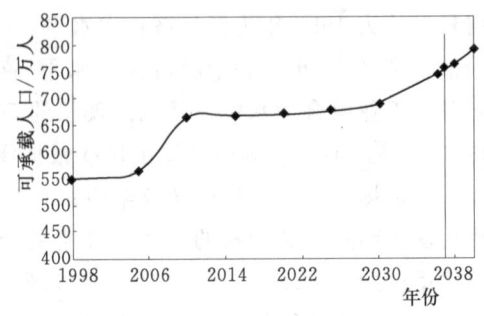
图 3-15 滦河冀东沿海山区生态环境逐步修复时，经济主方案下可承载人口的变化

(a) 滦河冀东沿海山区现状处在不可承载的状态。生态环境质量测度为 0.0302。

(b) 滦河冀东沿海山区从现在起逐步改善生态环境，让生态系统逐步修复，社会经济可持续发展，从 2003 年算起，到 2037 年达到可承载。即滦河冀东沿海山区的生态环境系统从现在开始还需 35 年达到可承载。

(c) 滦河冀东沿海山区可持续发展情况下，生态环境逐步修复时，2010 年人均 GDP 为 17567 元时，可承载人口将为 663.7 万人，GDP 将达到 1166 亿元，2030 年人均 GDP 为 26809 元时，可承载人口将为 686.9 万人，GDP 将为 1842 亿元。可承载年 2037 年人均 GDP 将达到 30065 元，可承载人口将为 753.1 万，GDP 将为 2264 亿元。不同水平年及可承载年的用水量配置见图 3-17。

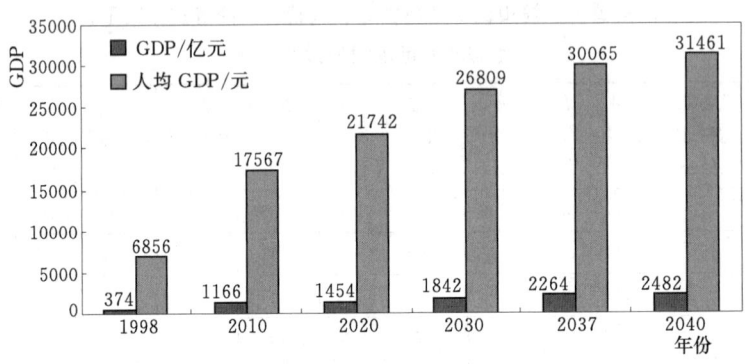
图 3-16 滦河冀东沿海山区生态环境逐步修复时，经济主方案下 GDP 的变化

2. 海河流域整体承载力的计算与分析

表 3-26 中各指标的来源与表 3-24 中各指标的来源相同。

(1) 承载力的计算输入参数。承载力输入参数分为两部分：一部分是进行量化可持续测度 BTI 的生态环境质量测度 LI、社会经济水平测度 EG 的各个指标的不可承载状态值、可承载状态临界值、完全承载状态临界值。徒骇马颊河平原的量化可持续测度的输入参数见表 3-13～表 3-16。另一部分是承载力模型计算中输入的参数，这里只讲计算输入参数。在生态环境逐步改善的情景下，1998 年都用实际用水量，见表 3-26。

(2) 计算结果。根据表 3-26 的海河流域的生态环境承载力计算输入参数，并根据生态环境承载力的计量模型计算可得出表 3-27 所示的结果。

3.2 生态环境承载力方法

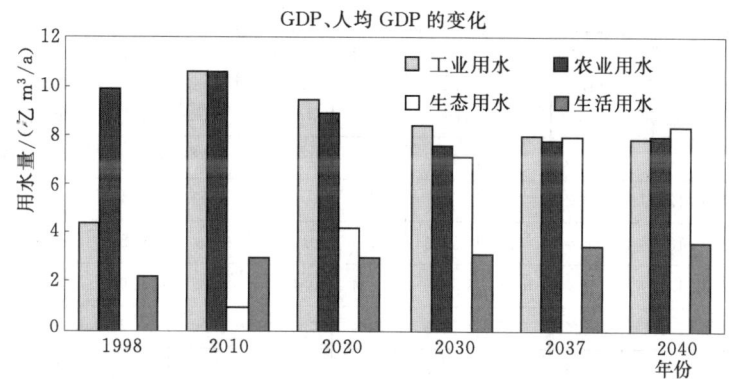

图3-17 滦河冀东沿海山区生态环境逐步修复时，经济主方案下用水量的变化

表3-26 海河流域生态环境承载力计算输入参数

参 数	现状	规划值（主方案）		
	1998年	2010年	2020年	2030年
总水资源量/亿 m^3	427.3	503.8	503.8	537.0
实际用水量/亿 m^3	432.3			
南水北调水量/亿 m^3		79.9		108.4
工业用水定额/(m^3/万元)	143.74	71.87	61.09	50.31
农业用水定额/(m^3/万元)	2377.51	2139.76	2020.88	1902.01
污水处理率/%	13	45	55	60
人均GDP/(元/人)	7921.72	17962.78	30451.73	42940.67
第三产业的比重/%	33	46	49.5	53
城市化水平/%	27.6	46.3	50.35	54.4
COD排放量/万 t	128.052			
污水排放量/亿 m^3	60.3			
工业废水排放率/%	56.66	50.99	48.16	45.33
生活污水排放率/%	16.66	16.66	16.66	16.66
城市河湖生态用水量/亿 m^3	1.4			
最小生态需水量/亿 m^3	121.3			
最低人均粮食占有量/(kg/人)	438	400	370	350

表3-27 海河流域生态环境逐步改善时，经济主方案下，生态环境可承载的过程变化

年份	可承载人口/万人	总可用水资源量/亿 m^3	工业用水/亿 m^3	农业用水/亿 m^3	生态用水/亿 m^3	生活用水/亿 m^3	回用用水/亿 m^3	生态环境质量测度 LI	社会经济水平测度 EG	可持续发展测度 BTI	总GDP/亿元	人均GDP/元	人均粮食/kg	人均水资源量/m^3
1998	12305	439.9	71.2	312.8	8.0	48.0	7.6	0.0772	0.91	0.26	9748	7922	438.0	357.5
2000	12393	440.9	76.1	308.1	8.4	48.3	8.6	0.0804	0.91	0.27	10888	8786	431.7	355.7

第3章 生态系统退化程度的判断

续表

年份	可承载人口/万人	总可用水资源量/亿 m³	工业用水/亿 m³	农业用水/亿 m³	生态用水/亿 m³	生活用水/亿 m³	回用水/亿 m³	生态环境质量测度 LI	社会经济水平测度 EG	可持续发展测度 BTI	总GDP/亿元	人均GDP/元	人均粮食/kg	人均水资源量/m³
2005	12619	443.6	88.5	296.6	9.3	49.2	11.3	0.0887	0.92	0.29	14362	11382	415.8	351.5
2010	13620	521.2	125.9	302.3	40.0	53.1	17.4	0.2469	0.93	0.48	23153	17000	400.0	382.7
2015	13751	525.2	133.8	284.7	53.2	53.6	21.4	0.3298	0.94	0.56	28989	21082	380.0	382.0
2020	13855	530.2	142.9	267.0	66.3	54.0	26.4	0.4276	0.95	0.64	36816	26572	360.0	382.7
2025	14011	536.2	151.5	250.6	79.5	54.6	32.4	0.5499	0.96	0.73	46892	33469	340.0	382.7
2030	15325	579.2	170.9	253.6	95.0	59.7	42.2	0.7193	0.97	0.83	64274	41940	320.0	377.9
2033	15730	581.8	161.5	256.4	102.5	61.3	44.8	0.7988	0.97	0.88	69022	43878	318.5	369.8
2035	16014	583.5	155.1	258.5	107.5	62.4	46.5	0.8518	0.98	0.91	72336	45170	317.5	364.4
2040	16769	588.0	138.5	264.1	120.0	65.4	51.0	0.9739	0.98	0.98	81160	48400	315.0	350.6

(3) 结果分析。在生态环境逐步改善时即生态环境逐步修复时，经济发展主方案下，海河流域生态环境可承载的过程变化的计量结果分析如下（图 3-18～图 3-21）：

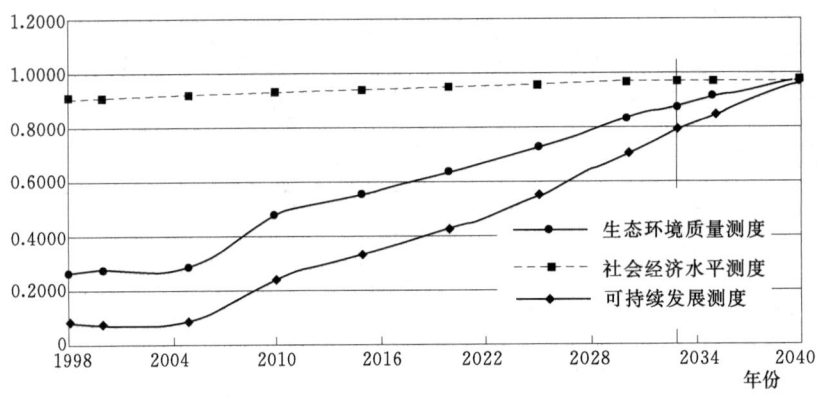

图 3-18 海河流域生态环境逐步改善时，经济主方案下各测度的变化

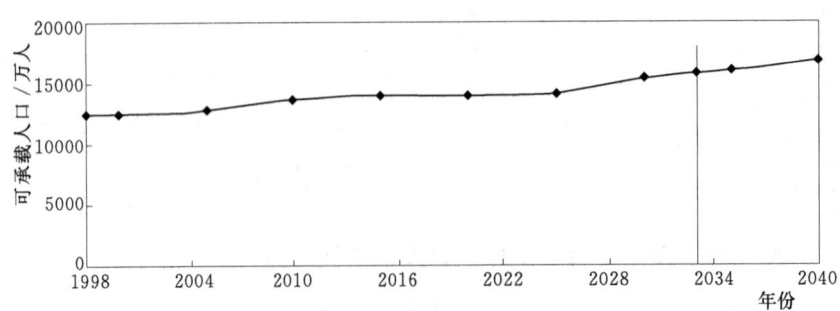

图 3-19 海河流域生态环境逐步改善时，经济主方案下可承载人口的变化

(a) 海河流域现状处在不可承载的状态。生态环境质量测度为 0.0772。

(b) 海河流域从现在起逐步改善生态环境，让生态需水保障的逐步提高（2040 年达

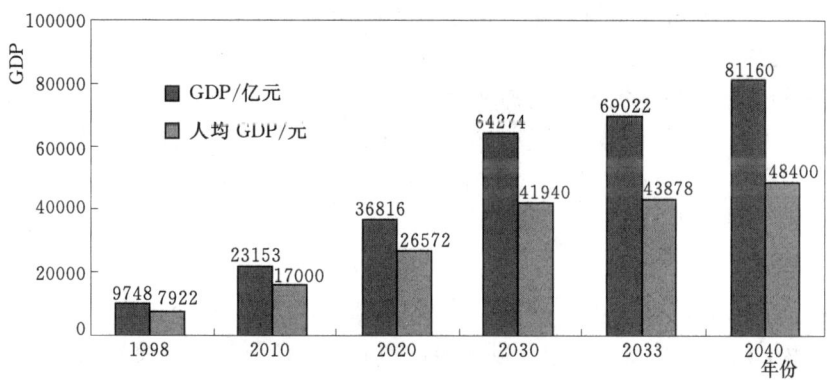

图 3-20 海河流域生态环境逐步改善时，经济主方案下 GDP、人均 GDP 的变化

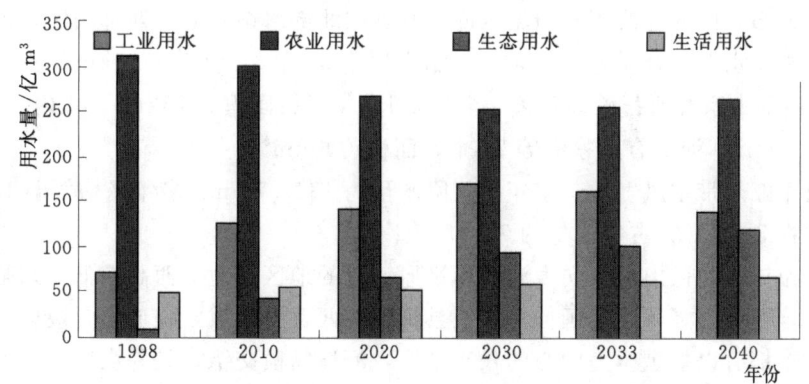

图 3-21 海河流域生态环境逐步改善时，经济主方案下用水量的变化

120 亿 m³），南水北调工程实施（2010 年调水 79.9 亿 m³，2030 年达 108.4 亿 m³），生态环境逐步修复，社会经济技术水平提高和产业结构的调整，社会经济可持续发展。海河流域的生态环境修复需要一个比较长的时间，任务十分艰巨。生态环境逐步修复时，从 2003 年算起，到 2033 年达到可承载。即海河流域的生态环境系统从现在开始还需 31 年达到可承载。

（c）海河流域可持续发展情况下，生态系统逐步修复时，2010 年人均 GDP 为 17000 元时，可承载人口将为 13620 万人，GDP 将达到 23153 亿元，2030 年人均 GDP 为 41940 元时，可承载人口将为 15325 万人，GDP 将为 64274 亿元。可承载年 2033 年人均 GDP 将达到 43878 元，可承载人口将为 15730 万人，GDP 将为 69022 亿元。2040 年人均 GDP 是 48400 元，可承载人口将为 16769 元，GDP 将为 81160 亿元。不同水平年及可承载年的用水量配置见图 3-21。

3.2.6 生态环境承载力法在太湖流域长兴县的应用

3.2.5 节中的生态环境承载力法在海河流域的应用是针对水量型缺水地区，从流域的角度来考虑。3.2.6 节这部分内容是针对水质型缺水地区的应用，从行政区的角度来考虑。生态环境承载力法在太湖流域长兴县应用时只以 2014 年为例进行生态环境承载能力

第3章 生态系统退化程度的判断

评价,因为2014年是历史年份,与水相关的生态环境系统对社会经济系统的承载能力如何,是已经发生的,真实存在的,只要进行评价就行。

3.2.6.1 太湖流域长兴县概况及生态环境问题

与水相关的生态环境承载力涉及水资源、社会经济及与水相关的生态环境三个方面,下面主要从这三个方面介绍长兴县的概况。与水相关的生态环境主要介绍与水相关的生态环境问题及其成因。

1. 基本概况

长兴县(东经119°33′~120°06′,北纬30°43′~31°11′)位于中国东部浙江省的湖州市。是湖州市下辖的三县之一,位于湖州市的西北部。江浙皖三省交界处,太湖西岸。下辖雉城镇、洪桥镇、林城镇。

长兴县总面积1431km²。降雨产水面积1428.35km²。长兴县属太湖流域,平原河港交织,荡漾密布,山区为溪涧及山塘水库。县域内北部水系发源于西部山区,由西向东入太湖。北部干流水系有合溪港、长兴港、泗安塘等31条,全长417.4km,流域面积约为1735km²;南部水系有西苕溪等5条,全长59km,流域面积2275km²。境内的20条河能通航,全长59km,河泊有盛家漾等20个,面积约6km²。

气候属于亚热带季风气候。多年平均降水量为1347.7mm。多年平均气温15.6℃。全年降水集中在3—9月,占年雨量的75%以上。

长兴县位居浙北低山丘陵向太湖西岸平原过渡的地区,地势西高东低。东临太湖,山丘分布较广,主要为天目山的延伸。长兴县南部属西苕溪流域,是低山丘陵区。西部为黄土丘陵区。中部有以虹星桥为中心的长兴平原,河道纵横交错,是易洪区。北部为低山丘陵区,山峰高大多在300~500m。东部为诸水系的下游,濒临太湖,地势低洼,河网密布,受太湖洪水顶托,是易涝区。

长兴县在水资源五级分区中大部分(1263km²)属于长兴平原,还有一小部分(166km²)属于西苕溪。三级流域分区中属于湖西及湖区。水资源量计算面积为1428.4km²。

2. 水资源状况

长兴县降水量多但水资源总量不多。长兴县多年平均降水量19.25亿m³,但水资源总量只有8.84亿m³。水资源总量与地表水资源量相同。不同年份也是同样的情况(表3-28)。

表3-28 长兴县水资源量及降水量

项 目	2011	2012	2013	2014	多年平均
地表水资源量/亿 m³	6.62	12.3	4.75	8.12	8.84
地下水资源量/亿 m³	1.91	2.49	1.72	2.06	
地表水及地下水重复计算量/亿 m³	1.91	2.49	1.72	2.06	
水资源总量/亿 m³	6.62	12.30	4.75	8.12	8.84
人均水资源量/m³	1057	1908	735	1248	1237
降水量/亿 m³	17.19	22.44	15.54	20.61	19.25

注 来自《湖州市统计年鉴》。

降水量及水资源总量年际变化大（表3-28）。降水量在2011—2014年的变化范围是15.54亿~22.44亿 m³，同期水资源总量的变化范围是4.75亿~12.30亿 m³。

供水量低于水资源总量。人均水资源量低。从2011—2014年数据看，长兴县供用水量平衡，但均低于当地水资源总量。人均水资源量低（表3-28）为1237m³，低于我国2012年的平均水平（2100m³），为全国人均水资源量的58.91%，仅为世界人均水平的17%。

水资源开发利用系数低。水资源总的开发利用系数低，但在极端枯水年水资源开发利用系数会达到95%以上（表3-29）。长兴县水资源开发利用率不稳定，其在43.1%~95.4%之间变动。原因是用水量稳中有降，但当地水资源量是河川径流量，随天气和气候变化而变化，在极端枯水年存在供水风险，开发利用系数会大大提高。

表3-29　　　　　　　　　　长兴县水资源开发利用状况

年　份	当地水资源量/亿 m³	用水总量/亿 m³	水资源开发利用率/%
2005	6.47	4.7268	73.1
2006	6.49	5.0429	77.7
2007	7.65	4.7122	61.6
2008	9.36	4.739	50.6
2009	10.33	4.4558	43.1
2010	9.83	4.4753	45.5
2011	6.62	4.4679	67.5
2012*	12.3	4.5100	36.7
2013*	4.75	4.5300	95.4
2014*	8.12	4.3700	53.8

注　*来自《湖州市统计年鉴》，其余来自长兴县人民政府办公室（2014）。

供用水量平衡，农业用水偏多。供用水量平衡，见表3-30。2011—2014年均在4.75亿~12.3亿 m³间变化。农业用水偏多，生态环境用水较少。当前用水量结构（表3-31）中，农田灌溉用水量最大，其次是工业用水量，第三是林牧渔畜业用水，第四是居民生活用水，第五是城镇公共用水（包括建筑业和服务业，表3-33），第六是生态环境补水。农业用水量（包括农田灌溉用水量和林牧渔畜用水，表3-32）占69%~74%；工业用水占14%~16%；生活用水占6%~8%；城镇公共用水占3%~5%；生态环境用水包括城镇环境和农村生态两部分（表3-33）只占1%~4%。农村生态环境补水在2001年才开始考虑。

表3-30　　　　　长兴县2011—2014年的供水总量及用水总量　　　　　单位：亿 m³

项　目	2011	2012	2013	2014
供水总量	4.46	4.54	4.53	4.37
用水总量	4.46	4.54	4.53	4.37

注　来自《湖州市统计年鉴》。

第3章 生态系统退化程度的判断

表3-31　　　　　　　　长兴县2011—2013年各项用水量　　　　　　　　单位：亿 m³

用水量项目	2011	2012	2013	2014
农田灌溉	2.7983	2.896	2.4449	2.3681
林牧渔畜	0.5197	0.4661	0.6766	0.6572
工业	0.6298	0.6881	0.705	0.6433
居民生活	0.3330	0.2935	0.3145	0.316
城镇公共用水	0.1451	0.1461	0.2063	0.2039
生态环境补水	0.0346	0.0479	0.1793	0.1812

注　来自《湖州市统计年鉴》。

表3-32　　　　　　长兴县2011—2014年用水各项占总用水量的比例

占总用水量的比例/%	2011年	2012年	2013年	2014年
农业用水	74.40	74.06	68.91	69.23
工业用水	14.12	15.16	15.56	14.72
居民生活用水	7.47	6.47	6.94	7.23
城镇公共用水	3.25	3.22	4.55	4.67
生态环境补水	0.78	1.06	3.96	4.15

注　来自《湖州市统计年鉴》。

表3-33　　　　　2010—2011年城镇公共用水量及生态环境用水量分配　　　　　单位：亿 m³

年份	生态环境用水量			城镇公共用水量		
	城镇环境	农村生态	小计	建筑业	服务业	小计
2010	0.0230	0	0.0230	0.0194	0.1028	0.1222
2011	0.0260	0.0086	0.0346	0.0492	0.0959	0.1451

注　来自2010年、2011年《湖州市水资源公报》（湖州市水利局，2011和2012）。

供水量与用水量的对比。长兴县的供水量包括地表水和地下水和非常规水源见表3-34，其中地下水只用于工业用水量（湖州市水利局，2011和2012）。供水量中地表水供水量和地下水变化基本稳定，但非常规水源量自2009年开始有，并逐年增加。用水量中生态环境用水量逐年增加。供水量主要靠地表水，用水量主要是农业。

用水量和耗水量的对比。由表3-34和表3-35及图3-22可看出，长兴县的供水量远大于实际耗水量，农业、工业、生活用水及城镇公共用水及生态环境用水方面都有节水空间，其中农业节水空间最大，工业节水空间次之。

表3-34　　　　　　　　2005—2011年供水量和用水量　　　　　　　　单位：亿 m³

年份	供水量				用水量					
	地表水	地下水	非常规水源	合计	农业	工业	生活	城镇公共	生态环境	合计
2005	4.6885	0.0383	0	4.7268	3.3475	0.976	0.2661	0.1205	0.0167	4.7268
2006	5.0077	0.0352	0	5.0429	3.6524	0.993	0.2428	0.138	0.0167	5.0429
2007	4.6772	0.035	0	4.7122	3.3949	0.954	0.2502	0.096	0.0171	4.7122

3.2 生态环境承载力方法

续表

年份	供水量				用水量					
	地表水	地下水	非常规水源	合计	农业	工业	生活	城镇公共	生态环境	合计
2008	4.704	0.035	0	4.739	3.2996	1.066	0.2551	0.1012	0.0171	4.739
2009	4.3668	0.035	0.054	4.4558	3.5654	0.4847	0.2814	0.1063	0.018	4.4558
2010	4.4663	0.04	0.069	4.5753	3.5832	0.5526	0.2943	0.1222	0.023	4.5753
2011	4.3387	0.036	0.0932	4.4679	3.318	0.6372	0.333	0.1451	0.0346	4.4679

注 来自长兴县人民政府办公室（2014）。

表 3-35　　　　　　　　2005—2011 年耗、排水量　　　　　　　　单位：亿 m³

年份	耗水量						排水量	
	农业	工业	生活	城镇公共	生态环境	合计	废污水年排放量	年入河污水量
2005	2.0503	0.212	0.1848	0.0392	0.0150	2.5013	0.4234	0.3599
2006	2.237	0.2169	0.1722	0.0466	0.0150	2.6877	0.4329	0.3679
2007	2.1108	0.2364	0.1784	0.0376	0.0154	2.5786	0.4559	0.3875
2008	2.0501	0.5859	0.1819	0.0383	0.0154	2.8716	0.5050	0.3000
2009	2.2044	0.2485	0.1903	0.0386	0.0018	2.6836	0.3240	0.1942
2010	2.2182	0.2452	0.1994	0.0444	0.0023	2.7095	0.4033	0.2420
2011	2.0516	0.2757	0.1559	0.0632	0.0251	2.5715	0.5234	0.3140

注 来自长兴县人民政府办公室（2014）。

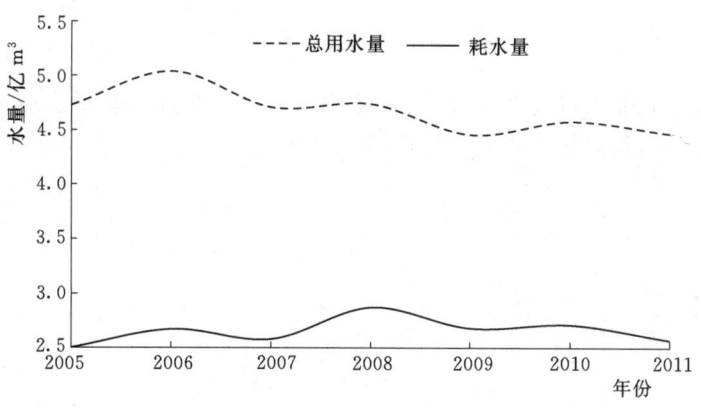

图 3-22　总用水量及耗水量的变化

3. 社会经济状况

长兴县 GDP 经历了 1990 年前的低速增长期，1990—2003 年的中速增长期，2003 年至今的高速增长期。人口在 1986 年前增长率较快，1986 年后有所变慢（图 3-23）。经济发展主要在于第二产业（工业）和第三产业的发展，第一产业发展缓慢（图 3-24）。

长兴县城市化水平（图 3-25）在 2003 年 40%；2014 年是 58.5%，已经高于我国 2014 年的平均城镇化率 56.1%。说明长兴县的城市化速度发展很快。但从图 3-26 中可

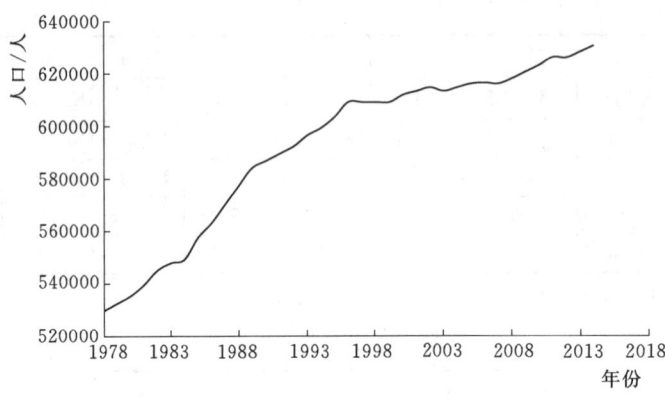

图 3-23　长兴县人口的变化

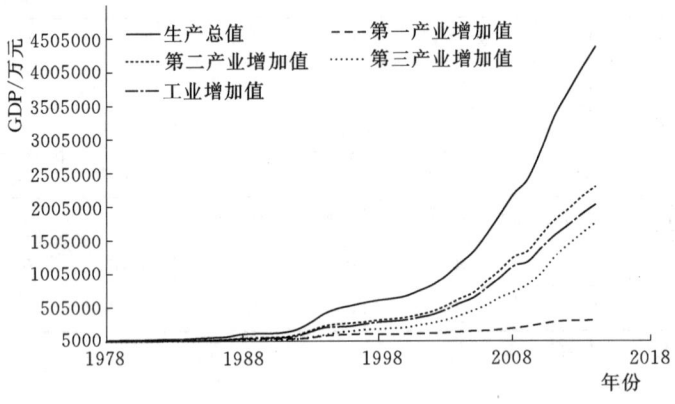

图 3-24　长兴县 GDP 的变化

反映出，长兴县非农业人口自 2005 年以来没增加多少，而且比较低。城镇化率及非农业人口比的变化反映出长兴县从事农业生产的人口在大大降低。

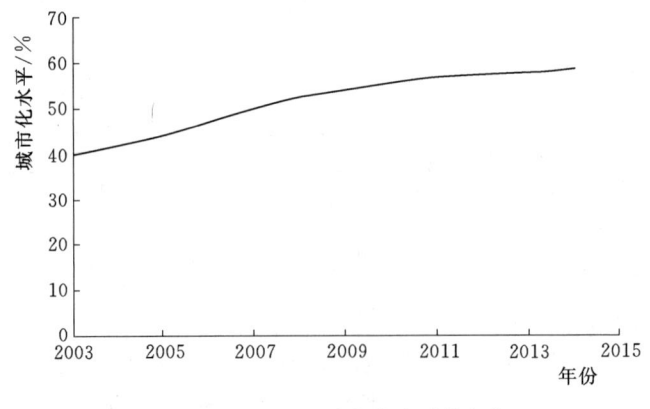

图 3-25　长兴县城市化水平的变化

4. 与水相关的生态环境问题及其原因

长兴县属于太湖流域，由于水质型缺水引起的严重的生态环境问题已阻碍了其可持续

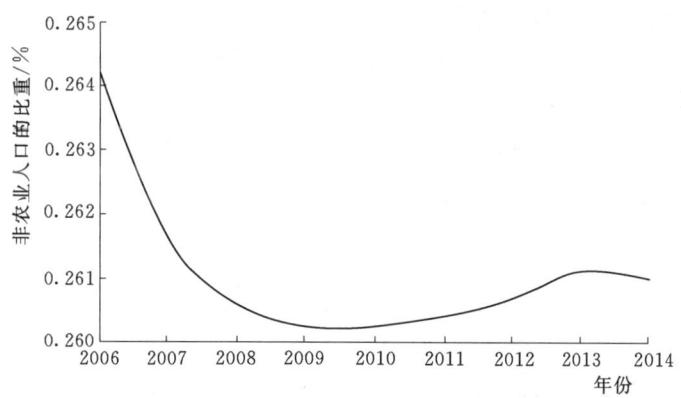

图 3-26　长兴县非农业人口占总人口的比重的变化

发展，归根到底，是由于长兴县经济发展太快而当地可用水资源已不足以同时满足社会经济发展与生态环境需求，同时污水处理技术没跟上，人们环保意识淡薄，社会经济发展产生的少部分工业废水、生活污水、面源污水直接排入或渗入河流和地下，已造成严重的与水相关的生态环境问题。为了解决长兴县与水相关的生态环境问题，使其社会经济可持续发展，最根本的办法就是进行长兴县的与水相关的生态环境承载力研究，确定长兴县与水相关的生态环境承载力，在生态环境承载力的约束下，进行社会经济发展，才是可持续的发展。

根据《湖州市全国水生态文明城市建设试点实施方案》《湖州市水资源保护规划报告》及《湖州市统计年鉴》等资料可以发现，太湖流域试点地区长兴县由于人类活动通过农业活动排污、通航、水利工程的建设、采砂、开矿、城市化发展速度快、城市化水平高，结果产生严重的与水相关的生态环境问题。具体问题及其原因如下。

(1) 与水相关的生态环境问题。

1) 水体污染。长兴县水体污染主要表现为河流污染、水库污染和浅层地下水污染。

2) 河流污染。长兴县的水功能区有 21 个，进行水功能区水质评价时总河长193.1km。评价的总河长中，无Ⅰ类水质河长；Ⅱ类水质河长 38.5km，占评价河长的19.9%；Ⅲ类水质河长 124.8km，占评价河长的 64.6%；Ⅳ类水质河长 16.7km，占评价河长的 8.6%；Ⅴ类水质河长 7.5km，占评价河长的 3.9%；劣Ⅴ类水质河长 5.6km，占评价河长的 2.9%。Ⅳ类及其以上河长 29.8 km，占评价河长的 15.43%，见表 3-36。

表 3-36　　　　　　　　　　长兴县水质评价表

水质类别	河长/km	比例/%	水质类别	河长/km	比例/%
Ⅰ类	0	0	Ⅴ类	7.5	3.9
Ⅱ类	38.5	19.9	劣Ⅴ类	5.6	2.9
Ⅲ类	124.8	64.6	小计	193.1	100
Ⅳ类	16.7	8.6			

注　数据来自浙江中水工程技术有限公司，水利部太湖流域管理局水利发展研究中心 (2015)。

长兴县有 12 个重点水功能区，对重点水功能区进行水质评价时总河长占 120.6km，其中无Ⅰ类水质河长；Ⅱ类水质河长 26.5km，占评价河长为 22.0%；Ⅲ类水质河长 88.5km，占评价河长为 73.4%；无Ⅳ类和Ⅴ类水质河长；劣Ⅴ类水质河长 5.6km，占评价河长的 4.6%，见表 3-37。

表 3-37 长兴县重点水功能区河水水质评价表

水质类别	河长/km	比例/%	水质类别	河长/km	比例/%
Ⅰ类	0	0	Ⅴ类	0	0
Ⅱ类	26.5	22.0	劣Ⅴ类	5.6	4.6
Ⅲ类	88.5	73.4	小计	120.6	100
Ⅳ类	0	0			

注 数据来自浙江中水工程技术有限公司，水利部太湖流域管理局水利发展研究中心（2015）。

长兴县全年期水质评价 21 个水功能区，评价河长 193.1km，水质达到Ⅲ类及以上的水功能区 17 个、河长 163.3km，分别占参评水功能区的 81.0%、84.6%。按照全指标评价，水质达标水功能区 12 个，达标率 57.1%；按照双指标评价，水质达标水功能区 14 个，达标率 66.7%（表 3-38）。12 个重点功能区中，按照全指标评价，水质达标水功能区 8 个，达标率 66.7%；按照双指标评价，水质达标水功能区 8 个，达标率 66.7%。见表 3-39。

表 3-38 长兴县水功能区达标率统计表

总数/个	河长/km	全指标			双指标		
		达标功能区/个	达标功能区河长/km	功能区个数达标率/%	达标功能区/个	达标功能区河长/km	功能区个数达标率/%
21	193.1	12	134.3	57.1	14	151	66.7

注 数据来自浙江中水工程技术有限公司，水利部太湖流域管理局水利发展研究中心（2015）。

表 3-39 长兴县重点水功能区达标率统计表

总数/个	河长/km	全指标			双指标		
		达标功能区/个	达标功能区河长/km	功能区个数达标率/%	达标功能区/个	达标功能区河长/km	功能区个数达标率/%
12	120.6	8	100	66.7	8	100	66.7

注 数据来自浙江中水工程技术有限公司，水利部太湖流域管理局水利发展研究中心（2015）。

长兴县入河排污口 11 个。入河排污量中，废污水量 2680.8 万 t/a，其中 COD、氨氮、总氮、总磷入河量分别为 1340.4t/a、134.4t/a、402.1t/a、13.4t/a。见表 3-40。

表 3-40 长兴县从排污染口入河的排污类型及数量

类型	废污水量/(万 t/a)	COD/(t/a)	氨氮/(t/a)	TN/(t/a)	TP/(t/a)
数量	2680.8	1340.4	134.4	402.1	13.4

注 数据来自浙江中水工程技术有限公司，水利部太湖流域管理局水利发展研究中心（2015）。

河流污染主要是外源污染，也有内源污染。外源污染主要来自工业废水、生活污水及农业面源污染。内源污染包括底泥污染、水产养殖污染、航运污染三项。但目前还缺内源污染的数据。入河、湖、库的面源污染包括农村生活污水与固体废弃物、化肥农药使用情况、畜禽养殖和工业企业污染（张敏 等，2010）。

3）水库污染。既包括内源污染——底泥污染，也包括进入水库的面源污染。长兴县现有35座水库。其中大中型水库4座。其中长兴县进入合溪水库的面源污染型有农村生活、农业、畜禽养殖和城镇地表污染型。年进入合溪水库区域主要面源污染物负荷量COD、氨氮、总氮、总磷分别为3438.62t/a、360.98t/a、1228.00t/a、327.04t/a，见表3-41。还有渔业养殖中产生的清塘水也是面源污染的一个来源。

发生水库水体污染的根本原因是进入河湖的污染物量超过了河湖纳污能力（表3-42）、生活污水处理率不高以及面源污染难以控制。面源污染已对长兴县水源地合溪水库产生影响，控制面源污染刻不容缓。

表3-41　　　　　长兴县合溪水库受到的面源污染物排放量统计表　　　　　单位：t/a

类型	COD	氨氮	TN	TP
农村生活	949.42	108.99	200.52	47.59
农业	189.03	69.73	697.31	205.94
畜禽养殖	2281.14	181.73	329.52	73.51
城镇地表	19.02	0.53	0.65	0
小计	3438.62	360.98	1228.00	327.04

注　数据来自浙江中水工程技术有限公司，水利部太湖流域管理局水利发展研究中心（2015）。

表3-42　　　　　　长兴县2010年污染物总量控制成果表　　　　　　单位：t/a

污染物	入河湖污染物量（2010年）	纳污能力	污染物	入河湖污染物量（2010年）	纳污能力
COD	11998	8004	TP	192	41
氨氮	736	334	TN	3253	657

注　数据来自湖州市人民政府（2014）。

4）浅层地下水污染。长兴县地下水埋藏较浅，平均埋深1~3m，开采较为容易。因此，长兴县大量开采使用浅层地下水。虽然近年来随着基础设施的加强，全县大部分地区居民生活饮水已改为自来水，但是其他生活用水仍以浅层地下水为主。长兴县的浅层地下水已受到三氮（氨氮、硝酸盐和亚硝酸盐）污染。三氮污染最严重的地区主要为农业活动集中区，即夹浦镇、小浦镇、洪桥镇和虹星桥镇等，其中虹星桥镇硝酸盐污染最为严重，高达22mg/L（潘田 等，2013）。这四个镇都是水稻-小麦（油菜）轮作区，施肥量大，人口密集，使用河水灌溉，相当一部分污水排入河中再通过灌溉渗入到地下水。另外当地井水也受到农村生活污水和动物排泄物氮的直接影响。因此浅层地下水污染主要是由于农田渗滤和被污染的井水扩散所造成的。

长兴县地表水（河、湖、库）污染严重的直接原因是排污量加大超过纳污量，但与河湖口门不通畅、河道纵向连通性不好、河岸弯曲度降低、河岸硬化、河岸带变窄、河岸植被覆盖率降低、生物多样性锐减造成水生生态系统自组织、自我调节能力降低的关系也分不开。浅层地下水污染主要发生在农业活动集中区。原因是农田渗滤和被污染的井水扩散。

5）水生生物多样性降低。见表3-43。在长兴县所在西苕溪水系由于通航、挖沙、开矿等人类活动,造成河道形态改变、水体含沙量大、水流速度不稳定、水体热污染、水体透明度低等,结果水中水生生物多样锐减,浮游植物、浮游动物、底栖动物、水生维管束植物及沉水植物及鱼类均大幅度减少,完全不能通过发挥水生生物对环境的修复功能。

表 3-43　　长兴县所在的西苕溪水系的水生生物多样性的变化及其原因

	浮游植物	浮游动物	底栖动物	水生维管束植物	鱼类
历史	7门68属种	68属种	101种	52种	84种
现状	大幅减少	偏少	15种	大幅减少（沉水植物少）	大幅减少不可捕捞
原因	通航；水体含沙量大、透明度低；形态变迁	水体含沙量、大浮游植物减少	挖沙、开矿、通航	通航	水质污染、采沙、开矿泥沙含量偏高

注　来自湖州市人民政府（2014）。

6）水面率较低。据《长兴县节水型社会建设工作方案》(长兴县人民政府办公室,2014）可知长兴县全县 2011 年总水域面积 87.787km²,全县水域容积 24946.5 万 m³,水域面积率 6.14%,还达不到基本实现区域河网水体有序流动,河湖生态水量得到基本保证,生物多样性逐步恢复;更谈不上水域水面率保持稳定态势,流域河网水体有序流动状况进一步改善,河湖生态水量得到全面保证;水生态系统转向良性循环（浙江中水工程技术有限公司,水利部太湖流域管理局水利发展研究中心,2015）。

7）河道淤塞,纵向联通性差。主要是由于航运、采砂、开矿、河滨水利设施建设及垃圾堆积等造成的。乡村河流的垃圾堆积比较严重。长兴水系原有 37 条溇港排入太湖,由于受淤积影响和修建环湖大堤封堵小溇港等原因,目前尚有上周港、金村港、夹浦港、沉渎港、双港、合溪新港、长兴港、杨家浦港和南横港等 9 条入湖河道（湖州市人民政府,2014）。

8）城市洪涝。长兴县所在的长兴平原的防洪标准还未达到规划防御标准,平原圩区建设后,防洪排涝能力不足,洪水风险仍旧存在。原因是:①由于处于城市上游属于山区丘陵地带,山区天然植被生物多样性锐减、覆盖率不高的人工植被代替造成洪水洪峰集中、洪量大。当入湖水量过大时会抬高湖水位,加大城市防洪压力（白炳书,2014）。②由于河道、水库的淤塞,排洪能力、有效库容的减少,对于洪水的消纳能力减弱。③由于长兴县面源污染严重,洪水期径流中携带大量污染物一方面影响太湖,另一方面影响长兴城市河道。④由于长兴县下辖县城缺乏相应的洪水非工程措施,造成了不必要的损失。⑤城市化发展速度快,城市化水平高。城市硬化面积增加而排洪口分布不合理或城市蓄洪空间不足都会造成城市洪涝。⑥气候变化也是城市洪涝发生的原因。

9）山区 25 度以上地区水土流失。长兴县位于以水力侵蚀为主的南方红壤丘陵区,水土流失主要为坡面面蚀,土壤侵蚀模数背景值为 250t/(km²·a),小于容许土壤流失量 500t/(km²·a),属微度侵蚀区。土地利用类型主要为耕地和林地,林草植被覆盖度为 32%,并以人工植被为主。山地水土流失的原因主要是生物多样性丰富的灌木山坡被不断扩大的茶树种植面积所代替（白炳书,2014）。结果植物单一化且植被覆盖度低,水土流失加大。

目前,水土保持工作相对滞后造成的植被破坏依然存在,开矿弃土弃渣直接裸露于地表并随雨水进入河道的现象较为普遍,少数地区在山林开发建设中未及时采取相应措施甚至违规开发坡度 25°以上区域,造成较为严重的水土流失。长兴县的水土流失面积有 38.2km² (湖州市人民政府,2014)。

(2) 与水相关的生态环境问题的成因

长兴县有以上严重的与水相关的生态环境问题,根本原因主要是社会经济(尤其是工业)发展速度过快(图 3-23、图 3-24 和图 3-26),排污量大而纳污量不大。产水量大,但水资源量不大。

长兴县的城市化速度发展很快。但长兴县非农业人口自 2005 年以来没增加多少,而且比较低,但由于随着城市化水平的提高,城镇生活人口在增加,实际农业从业人数的减少,将会增加化肥、农药的使用,种植结构单一,这些都是导致面源污染严重、城市排洪压力加大、山区水土流失可能性加大、地表水及浅层地下水污染产生的原因。

总的来说,长兴县与水相关的生态环境问题根据成因归结以下三大类。

1) 由于达不到水质标准的生态水量不足产生水体污染。
2) 由于生态用地不足造成山区水土流失。
3) 水体污染及山区水土流失等导致城市洪水及生物多样性降低。

3.2.6.2 与水相关的生态环境承载状态的计量方案

1. 计量模型

与水相关的生态环境承载力是以水资源为纽带,以与水相关的生态环境问题为出发点和落脚点,将社会经济与生态环境联系起来,它是水土资源、与水相关的生态环境构成的生态环境支持系统对社会经济压力系统在一定的经济技术水平、社会福利水平及环境质量标准约束下的支持能力。与水相关的生态环境承载状态用来描述某一具体时段的与水相关的生态环境承载力。

依据上述说明,与水相关的生态环境承载状态应包含两个方面,与水相关的生态环境系统(支持系统)及社会经济系统(压力系统)。与水相关的生态环境系统由水资源和与水相关的生态环境质量构成。T 时段与水相关的生态环境系统对社会经济系统的承载状态表示为 $CSI(T)$,具体表达式(3-64)~式(3-68)。

$$CSI(T)=WEE(T)^{\beta_1} \cdot SE(T)^{\beta_2} \qquad (3-64)$$

$$WEE(T)=WI(T)^{\alpha_1} \cdot EE(T)^{\alpha_2} \qquad (3-65)$$

$$WI(T)=\prod_{i=1}^{l} U_i(T)^{a_i} \qquad (3-66)$$

$$EE(T)=\prod_{j=1}^{m} V_j(T)^{b_j} \qquad (3-67)$$

$$SE(T)=\prod_{k=1}^{n} H_k(T)^{c_k} \qquad (3-68)$$

上面各式中:$CSI(T)$ 为 T 时段与水相关的生态环境系统对社会经济系统的承载状态的综合测度值;$WEE(T)$ 为 T 时段生态环境质量的测度值,由水资源余缺水平 $WI(T)$ 和与水相关的生态环境质量 $EE(T)$ 表示。$WI(T)$、$EE(T)$、$SE(T)$ 分别为 T 时段水资源余缺水平、与水相关的生态环境质量、社会经济水平的测度值;β_1、β_2 分别为生态环境系统、社会经济系统在综合测度中的权重;α_1、α_2 分别为水资源余缺水平、与水相关的生态环境质量在生态环境系统测度中的权重。$U_i(T)$、$V_j(T)$、$H_k(T)$ 分别为第 i 个水资源余缺水平指标,第 j 个与水相关的生态环境质量指标、第 k 个社会经济水平指标在 T 时段的隶属度值;l、m、n 分别为水资源余缺水平指标、与水相关的生态环境质量指标及社会经济水平指标的个数;a_i 为第 i 个水资源余缺水平指标在水资源余缺水平测度中占的权重,b_j 分别为第 j 个与水相关的生态环境质量指标在与水相关的生态环境质量测度中占的权重,c_k 分别为第 k 个社会经济水平指标在社会经济水平测度中占的权重。

2. 计量指标的界定

参考太湖流域与水相关的生态环境承载力的计量指标体系(朱永华 等,2020),基于 3.2.6.1 小节分析的长兴县实际的水资源特点、与水相关的生态环境问题及社会经济特点和指标选择遵循的原则(3.2.6.2.1),长兴县生态环境承载力的量化指标体系见(2)~(4)。

(1) 选择指标遵循的原则

1) 代表性原则。与水相关的生态环境承载力的组成因子众多,各因子之间相互作用、相互联系构成一个复杂的综合体。评价指标体系不可能包括全部因子,只能从中选择最具有代表性、最能反映承载力本质特征的指标。

2) 全面性原则。与水相关的生态环境承载力描述的人类生态系统是一个由多种因素组成的复杂综合体,包括水(土)资源、与水相关的生态环境、社会经济三个方面,因此,选取指标要尽可能地反映生态系统各个方面的特征。

3) 综合性原则。人类生态环境是水(土)资源、与水相关的生态环境、社会经济构成的复合系统,各组成因子之间相互联系、相互制约,每个状态或过程都是各种因素共同作用的结果。因此,评价指标体系中的每个指标都应是反映本质特征的综合信息因子,都能反映整个系统的整体性和综合性特征。

4) 简明性原则。指标选取以能说明问题为目的,要有针对性地选择有用的指标,指标繁多反而容易顾此失彼,重点不突出,掩盖了问题的实质。因此,评价指标要尽可能的少,评价方法尽可能的简单。

5) 方便性原则。指标的定量化数据要易于获得和更新。虽然有些指标对承载力有极佳的表征作用,但数据缺失或不全,就无法进行计算和纳入评价指标体系。因此,选择指标必须实用可行,可操作性强。

6) 适用性原则。易于推广应用。从空间尺度来讲,选择的评价指标具有广泛的空间适用性,对不同的区域而言,都能运用所选择的指标对其区域的生态环境质量做出客观的评价。

(2) 长兴县水资源短缺问题的度量指标的确定。

长兴县的水资源短缺主要表现为人均水资源量低及用水结构不合理(农田灌溉用水占用水量的比例最大及火核电用水及高用水工业用水占比大)。农田灌溉水有效利用系数不高造成农田灌溉用水量太大及工业结构不合理(高耗水工业占比大),其分别产生:①农田灌溉用水占用水量的比例最大,②火核电用水及高用水工业用水占比大,再加上农田排污、火核电用水及高用水工业的废污水排污水量大。虽当地河川径流量大，但由于水体污染且可供水量少，致使人均水资源低，水资源短缺。因此，建立表征长兴县水资源短缺的指标体系，见表3-44。

表3-44　　　　　　　　表征长兴县水资源短缺的指标体系

水资源短缺问题		一级度量指标	二级度量指标
人均水资源量低		水量余缺指数	人均水资源量
用水结构不合理	农田灌溉用水量占用水量的比例最大		农田灌溉水有效利用系数
	火核电用水及高用水工业用水占比大		工业用水定额（万元工业增加值用水）

（3）长兴县与水相关的生态环境质量的度量指标的确定。

考虑到既要能够刻画长兴县与水相关的生态环境问题，又要遵循以上原则确定出长兴县与水相关的生态环境质量的度量指标体系，见表3-45。其中下划线的指标将是在建立优化互动关系模型时与水量可以联系起来的指标；一级指标是度量与水相关的生态环境系统对社会经济系统的承载状态时所用的指标。天然河湖健康指数、城市绿化指数及城市河湖健康指数合起来可称为水生态健康指数。

表3-45　　　　　　长兴县与水相关的生态环境问题及其量化指标体系

与水相关的生态环境问题		一级指标	二级度量指标	水量
水环境	水体污染	污染指数	COD排放量、氨氮排放量、TP排放量、TN排放量	工业、农业及生活用水量
水生态	天然河道淤塞	天然河湖健康指数	河流纵向联通度、河湖年均水深、河湖水面率及水质、河岸弯曲度	天然河道生态用水量
	水生生物多样性锐减		生物丰度指数	
	城市生物多样性简单	城市绿化指数	植被覆盖度、生物丰度指数、灌溉水量及水质	城市绿化用水量
	城市洪水	城市河湖健康指数	城市水面率、水质、河岸宽度及河岸植被覆盖度、渗滤性河岸长度比	城市河湖用水量
	山区水土流失	山区水土保持指数	水土流失面积比及山区面源污染负荷指数	山区水土保持用水量

其中生物丰度指数的确定包括生物丰度指数分权重、计算方法，所涉及指标术语的注解均见万本太和张建辉（2004）的《中国生态环境质量评价研究》一书。

（4）长兴县社会经济水平的度量指标的确定。

长兴县的社会经济水平指标是参照太湖流域的社会经济指标体系（朱永华 等，2020）并根据所要考虑的实际问题定为表3-46所示的7个指标。

基于（2）～（4）的内容，再根据数据的可得性，计量承载状态的各个指标的界定如下：

水资源余缺水平用水量余缺指数表示，水量余缺指数用人均水资源量、水资源开发利用率及农田灌溉水有效利用系数表示。

表 3-46　　　　　　　　　　长兴县社会经济水平指标体系

指　标	指标计算公式及含义	单　位
人均 GDP	元/人	GDP/总人口
可承载人口	万人	预测年的生活用水量/预测年的人均生活用水定额
第三产业的比重	%	第三产业的产值与总产值之比
单方水农业 GDP	元/m³	农业产值增加值/农业用水量
人均粮食占有量	kg/人	粮食产量与总人口之比
城镇化率	%	基准年城市人口/总人口
工业用水定额	m³/万元	

注　人均粮食占有量指在当前社会经济水平下人的营养水平满足程度。

与水相关的环境质量用水生态指标及水环境指标表示。水环境指标表示为水污染指数；水生态指标表示为水生态健康指数。水污染指数用 COD 入河量、氨氮入河量、总磷入河量和总氮入河量表示；水生态健康指数用天然河湖健康指数、区域绿化指数、城市河湖健康指数及水土保持指数表示。天然河湖健康指数由河流纵向联通度、河湖年均水深（计量中用河流生态需水保证率代替）、水质等于或优于Ⅲ类的河长比及河岸弯曲度表示；区域绿化指数由植被覆盖率及生物丰度指数表示；城市河湖健康指数由水面率、城市河湖水质表示；水土保持指数由水土流失面积比表示。

社会经济水平用人均 GDP、可承载人口、工业用水定额、第三产业的比重、单方水农业 GDP、人均粮食占有量、城镇化率表示。

3. 计量指标在综合测度中的权重的确定

水资源余缺水平指标、与水相关的生态环境质量指标、社会经济水平指标在综合测度中的权重可采用层次分析法确定，但由于涉及指标过多，难以克服层次分析法的主观性，因此实际计算中按熵权法确定权重。熵权法是一种在综合考虑各因素提供信息量的基础上计算一个结构性指标的数学方法（马宇翔 等，2015）。作为客观综合定权法，其主要根据各指标之间的关联程度及其传递给决策者的信息量大小来确定权重（贾艳红 等，2006；吴玉鸣 等，2011）。作为一种客观赋权法，熵权法在一定程度上减少主观因素带来的偏差，其确定权重的基本原理和实施步骤如下。假设由 n 个样本、m 个指标构成的矩阵为

$$R' = (r'_{ij})_{m \times n} \quad (i=1,2,\cdots,m; j=1,2,\cdots,n) \tag{3-69}$$

式中：r'_{ij} 为第 j 个样本在第 i 个指标上的统计值。为消除指标间不同单位的影响，对 R' 进行标准化，得到各指标标准化矩阵

$$R = (r_{ij})_{m \times n} \tag{3-70}$$

采用极值法对统计数据进行标准化。标准化公式有以下两种情形：

①对与计算目标成正相关的指标

$$r_{ij} = \frac{r'_{ij} - \min_j |r'_{ij}|}{\max_j |r'_{ij}| - \min_j |r'_{ij}|} \tag{3-71}$$

②对与计算目标成负相关的指标

$$r_{ij} = \frac{\max_j |r'_{ij}| - r'_{ij}}{\max_j |r'_{ij}| - \min_i |r'_{ij}|} \tag{3-72}$$

3.2 生态环境承载力方法

然后计算各指标的信息熵。第 i 个指标的熵 H_i 定义为

$$H_i = -k \sum_{j=1}^{n} f_{ij} \cdot \ln f_{ij} \tag{3-73}$$

$$f_{ij} = \frac{r_{ij}}{\sum_{j=1}^{n} r_{ij}}, \quad k = \frac{1}{\ln n} （当 f_{ij} = 0 时, f_{ij} \cdot \ln f_{ij} = 0） \tag{3-74}$$

则第 i 个指标的熵权 ω_i 为

$$\omega_i = \frac{1 - H_i}{m - \sum_{i=1}^{m} H_i} \tag{3-75}$$

值得注意的是：各评价对象在指标上的值相差越大，其熵值越小；而熵权越大，说明该指标向决策者提供的有用信息越多。它并不表示某评价研究中某指标在实际意义上的重要性，而是在给定被评价对象集后各种评价指标值确定的情况下，各指标在竞争意义上的相对激烈程度系数。从信息角度考虑，它代表该指标在该问题中提供有用信息量的多寡。

4. 计量指标的标量化

承载状态的计量指标的标量化将通过各指标的临界承载状态值及完全承载状态值的确定及隶属度函数的构建来实现。

(1) 计量指标的承载特征值确定及其依据。

1) 水资源余缺水平指标的承载特征值（表 3-47）的确定依据。

表 3-47 水资源余缺水平指标的承载特征值

指标	不可承载状态值 A_0	可承载状态临界值 A	完全承载状态临界值 A_1
人均水资源量/(m³/人)	400	550	4000
水资源开发利用率/%	60	40	20
农田灌溉水有效利用系数	0.5	0.6	0.7

(a) 人均水资源量。根据联合国教科文组织有关水资源研究的参考标准，从社会经济发展需求来看，国家或地区的人均水资源量大于 3000m³ 为相对丰水，2000~3000m³ 为轻度缺水，1000~2000m³ 为中度缺水，1000m³ 以下为重度缺水（钟世坚，2013）。人均水资源量根据联合国教科文组织有关水资源研究的参考标准并借鉴朱一中等（2003）的"西北地区水资源承载力分析预测与评价"和任黎等（2015）的"江苏沿海地区水资源承载力研究——以盐城市为例"，并结合当地的实际来确定。这里的水资源量指地表水量和地下水量之和减去二者的重复量。

(b) 水资源开发利用率。水资源开发利用率（等于用水量/水资源量）属于水资源供需指标。一定程度上表征了水资源利用潜力，但是没有考虑客水资源。指除生态环境用水之外的用水量/当地平均水资源量。

水资源开发利用率不可承载状态值、可承载状态临界值及完全承载状态临界值的取值可参考《河流健康评估指南》（水利部水资源司，2017）中水资源开发利用程度赋分表，见表 3-48，最后分别定为 60%、40% 和 20%。

第3章 生态系统退化程度的判断

表 3-48　　　　　　　　　　水资源开发利用程度赋分表

开发利用率	南方	≤20%	30%	40%	50%	≥60%
	北方	≤40%	50%	67%	75%	≥90%
计算分值		100	80	50	20	0

注　来自水利部水资源司（2017）。

（c）农田灌溉水有效利用系数的承载特征值。参考《水生态文明城市建设评价导则》（中华人民共和国水利部，2016）上的农田灌溉有效利用系数规定（表3-49），并以太湖流域部分地区及其他类似地区的值（表3-50）作为参考依据，最后农田灌溉水有效利用系数不可承载状态值、可承载状态临界值及完全承载状态临界值取值分别取为0.5、0.6及0.7。

表 3-49　　　　　　　　　农田灌溉有效利用系数的等级划分

农田灌溉有效利用系数	1～0.7	0.7～0.6	0.6～0.5	0.5～0.45	0.45～0
计算分值	100	80	50	20	0

表 3-50　　　　太湖流域部分地区及其他类似地区的农田灌溉水有效利用系数

年份	地点	系数	来源
2014	宜兴市	0.639	李斌，万利军，2015
2015	江苏全省平均	0.598	吉玉高，张健，2016
2012	昆山市	0.659	王乙江 等，2017
2013	昆山市	0.660	
2014	昆山市	0.728	
2015	昆山市	0.706	
2013	南京溧水区	0.600	沈乐，龚来存，2016
2015	南京溧水区	0.620	
2012	宿迁市	0.551	戴鹏程，2014

2）与水相关的生态环境质量指标的承载特征值（表3-51）的确定依据。

表 3-51　　　　　　与水相关的生态环境质量指标的承载特征值

指　　标		不可承载状态值 A_0	可承载状态临界值 A	完全承载状态临界值 A_1
水环境	COD入河量/t	4811	4009	3957
	氨氮入河量/t	322	268	267
	总氮入河量/t	—	—	—
	总磷入河量/t			

3.2 生态环境承载力方法

续表

指　　标			不可承载状态值 A_0	可承载状态临界值 A	完全承载状态临界值 A_1
水生态	天然河湖	河流纵向联通度	1.2	0.5	0.3
		河流生态需水保证率/%	30	70	90
		水质等于或优于Ⅲ类的河长比/%	40	70	90
		河岸弯曲度	<1.2	2	3.5
	区域绿化	植被覆盖率/%	25	45	60
		生物丰度指数	5	40	75
	城市河湖	水面率/%	3.5	6	7.5
		城市河湖水质	Ⅴ	Ⅳ	Ⅲ
	山区水土保持	水土流失面积比/%	6	5	2

注 "—"表示缺资料。

（a）水环境分指标（COD 入河量、氨氮入河量）的承载特征值的确定依据。

COD 和氨氮的入河量按照湖州水保规划（浙江中水工程技术有限公司，水利部太湖流域管理局水利发展研究中心，2015），COD 和氨氮的排放量及承载特征值由入河量、限排量进行反推，入河系数约为 0.7～0.8。COD、氨氮的完全承载状态临界值根据行政功能区污染物总量分年度控制方案成果表中的长兴部分（表 3-52）确定，可承载状态临界值是 90% 纳污能力，完全可承载状态临界值是 2030 年控制入河量。

表 3-52　　　　　　长兴县污染物总量分年度控制方案成果表　　　　　　单位：t/a

污染物名称	现状值	90%纳污能力	2015 年			2020 年			2030 年		
			控制入河量	削减量	削减率	控制入河量	削减量	削减率	控制入河量	削减量	削减率
COD	3989.64	4009.16	4375.76	−388.12	−9.7%	3990.56	−2.92	−0.07%	3957.38	30.26	0.76%
NH$_3$-N	309.46	268.03	300	9.46	3.1%	267.67	41.79	13.50%	267.09	42.37	13.69%

注 来自浙江中水工程技术有限公司，水利部太湖流域管理局水利发展研究中心（2015）。

（b）水生态分指标的承载特征值的确定依据。

a）河流纵向联通度（＝河道淤塞河长/总河长）。根据"湖州市水资源保护规划（报批稿）"（浙江中水工程技术有限公司，水利部太湖流域管理局水利发展研究中心，2015），纵向连通性是指在河流系统内生态元素在空间结构上的纵向联系，用每 100km 建闸（坝）数来表示，赋分标准见表 3-53。

表 3-53　　　　　　　　河流纵向连通性指数赋分表

河流纵向连通性指数	≥1.2	1	0.5	0.25	0.2	0
赋分	0	20	40	60	80	100

结合长兴县实际，最后确定 1.2 个、0.5 个及 0.3 个分别为不可承载状态值，可承载

状态临界值，完全承载状态临界值。

b) 河流生态需水保证率。即河流生态需水的满足程度。根据"湖州市水资源保护规划（报批稿）"（浙江中水工程技术有限公司，水利部太湖流域管理局水利发展研究中心，2015），河流生态需水用生态基流表示，取年平均流量10%、90%最枯月平均流量，近10年最枯月平均流量中的最大者。据秦鹏等对京杭大运河杭州段的健康评估中提出的（秦鹏等，2011），生态基流的30%、70%及90%分别为不可承载状态值、可承载状态临界值及完全承载状态临界值。

c) 水质等于或优于Ⅲ类的河长比。参考《河流健康评估指南》（水利部水资源司，2017）。水质优劣程度按照评价水质类别比例赋分，其中河流按照河长统计，湖泊按照湖泊水面面积统计，水库按照蓄水量统计。水质优劣程度赋分标准见表3-54。并参考"湖州市水资源保护规划（报批稿）"（浙江中水工程技术有限公司，水利部太湖流域管理局水利发展研究中心，2015），最后水质等于或优于Ⅲ类的河长比的不可承载状态值、可承载状态临界值及完全承载状态临界值分别为40%、70%及90%。

表3-54　　　　　　　　　水质优劣程度赋分表

水质优劣程度	Ⅰ~Ⅲ类水质比例≥90%	75%≤Ⅰ~Ⅲ类水质比例<90%	Ⅰ~Ⅲ类水质比例<75%，且劣Ⅴ类比例<20%	Ⅰ~Ⅲ类水质比例<75%，且20%≤劣Ⅴ类比例<30%	Ⅰ~Ⅲ类水质比例<75%，且30%≤劣Ⅴ类比例<50%	劣Ⅴ类比例≥50%
赋分	100	80	60	40	20	0

d) 河岸弯曲度。弯曲度的定义是起止点河道的实际长度与其直线距离的比值，比值的范围一般在1~5之间，顺直的河道弯曲率通常为1.0~1.2，弯曲率越大说明河道越健康。本研究中，1.2、2及3.5定为不可承载状态值、可承载状态临界值及完全承载状态临界值（吉朝晖，2016）。

e) 植被覆盖率。这里指林草覆盖率。参考《河流健康评估指南》（水利部水资源司，2017），植被覆盖率用以评价河湖岸带乔木、灌木及草本植物的垂直投影面积（包括叶、茎、枝）占河湖岸带面积比例。赋分标准见表3-55。

表3-55　　　　　　　　河岸植被覆盖率指标直接评价赋分标准

河湖岸带植被覆盖率	说明	赋分	河湖岸带植被覆盖率	说明	赋分
0	无植被	0	40%~75%	重度覆盖	75
0~10%	植被稀疏	25	>75%	极重度覆盖	100
10%~40%	中度覆盖	50			

注　来自水利部水资源司（2017）。

根据当地实际，最后确定25%、45%、60%分别为不可承载状态值、可承载状态临界值、完全承载状态临界值。

f) 生物丰度指数。据万本太和张建辉（2004）在《中国生态环境质量评价研究》中的计算办法和计量标准进行计算，并根据他们对中国生态环境质量评价研究中以我国2000年的数据为基础确定的以县为单位的值的分析并结合研究区实际确定为：生物丰度指数的完全承载状态临界值及可承载状态临界值和不可承载状态值分别为75、40及5。

g）水面率。这里指城市河湖面积比。按环境用水提出的数据，10%～15%为优，考虑绿地等因素以及规划区面积普遍较建成区扩大较多（朱永华，2004），结合长兴县实际情况取7.5%为优；根据《流域综合规划》（水利部太湖流域管理局，2013），浙西区（山丘区域）水面率为3.5%，可以作为不可承载状态的临界值。可见城市水面率的完全承载状态临界值及可承载状态临界值和不可承载状态值分别为7.5%、6%及3.5%。

h）城市河湖水质。本文根据《地表水环境质量标准（GB 3838—2002）》，采用水质综合指数法对水质进行评价。规定为：Ⅲ类水为完全承载状态临界值，Ⅴ类水为不可承载状态临界值，Ⅳ类水为可承载状态临界值。区域水质类型计算方法为

$$Q_w = \sum_{i=1}^{n} x_i \frac{V_i}{V_{total}} \tag{3-76}$$

式中：Q_w为研究城市的水质；i为任一河湖；x_i为第i个河湖的水质类型；V_i为第i个河湖的水体容积；V_{total}为研究城市河湖的水体总容积。计算中若没水体容积数据，用水体面积数据代替。

i）水土流失面积比。水土流失的触发因素很多，不仅与地形、坡度有关，而且与植被覆盖度也存在某种联系。良好的植被能够覆盖地面、拦截雨滴、调节地面径流、减缓流速、过滤淤泥和固结土壤，从而起到增加土壤渗透性、增加蓄水能力、涵养水源、防止水土流失、提高土壤肥力和改善生态环境等功能。一般来说，林草覆被率小于30%，对应强度侵蚀区；30%～50%对应中度侵蚀区；50%～70%，对应轻度侵蚀区；当植被覆盖度大于70%时，不论土质或石质山区，不论何种地形，土壤侵蚀均极轻微。据此，可以将轻度侵蚀作为临界状态，取其下限定为50%。优良状态取70%，最次定为30%。这是低标准的；高标准则可取60%、80%、30%。以此换算成对应的水土流失面积（朱永华，2004）。以高标准来确定太湖流域山区水土流失面积比的不可承载状态值和完全承载状态临界值及可承载状态临界值。即林草覆盖率分别为80%，60%和30%时的水土流失面积比为研究区完全可承载状态值和完全承载状态临界值及可承载状态临界值。长兴县当前林草覆盖率超过51.3%（湖州市统计年鉴，2015），当前水土流失面积比为5.8%，应略高于可承载状态临界值。据《太湖流域水土流失特征及防治对策》（毛兴华，韦浩，2016），太湖流域属于平原河网地区，水土流失面积仅占流域土地面积的2.89%。据《流域综合规划》（水利部太湖流域管理局，2013）2007年山丘区水土流失面积5.3%，湖州为6.4%。因此结合长兴县现状水土流失状况，水土流失面积比2%、5%、6%分别为长兴县的完全承载状态临界值及可承载状态临界值和不可承载状态值。

3）社会经济水平指标的承载特征值（表3-56）的确定依据。

(a) 人均GDP、第三产业的比重。人均GDP、第三产业的比重（第三产业GDP占总GDP的比重）的可承载状态临界值、完全承载状态临界值取值确定根据"西北水资源承载力的研究报告"（夏军等，2003）及"江苏沿江城市群城市生态系统健康评价"（金传芳，郑国璋，2010）中提出的并结合长兴县的实际定出，见表3-56。

(b) 工业用水定额。工业用水定额的可承载状态临界值、完全承载状态临界值参考张士锋和孟秀敬（2012）在"粮食增产背景下松花江区水资源承载力分析"中基于全国

第3章 生态系统退化程度的判断

表3-56 社会经济水平指标的承载特征值

指标	可承载状态临界值 A	完全承载状态临界值 A_1
人均GDP/(万元/人)	3	—
可承载人口/万人	53.54	—
工业用水定额/(m³/万元)	80	30
第三产业的比重/%	40	60
人均粮食占有量/(kg/人)	300	590
城镇化率/%	35	70
单方水农业GDP/(元/m³)	15	40

2007年的数据通过聚类分析获得的值及上海、安徽、江苏、浙江及福建部分城市2013—2016年的值（表3-57），并结合长兴县实际确定。

表3-57 上海、安徽、江苏、浙江、福建各省（县、市）的工业用水定额   单位：m³/万元

省/直辖市	市	县/县级市	2013年	2014年	2015年	2016年
上海			65.84	53		
	上海	奉贤			18.29	11.2
	上海	闵行			7.01	
安徽	全省			96.8		45
	合肥			69	52.2	
	宿州			79	69	
	宿州	埇桥县		85.96		
	滁州	全椒县			76.8	
	阜阳		85.36	72.3		
	马鞍山			34.02	31.6	
	安庆			54		
	淮南			76.29		
江苏	全省		19.3	17.5	16.5	
	连云港				21.7	
	泰州			24.53	14.47	
	扬州		11.61	11	10.43	
	徐州			11.52	14.7	
	南京市	江宁区	20			
	扬州市	江都区		12.7		
	盐城市	射阳县	22.5			
浙江	全省		35.9	33.07	29.2	
	丽江		36.2	33.6	31.36	
	兰溪		61	60.76		
	嘉兴			34.8		
福建	厦门		11.8	11.3		

注 表中数据来源于《江苏统计年鉴》（2013—2016），《上海统计年鉴》（2013—2015），《安徽统计年鉴》（2013—2016），《浙江统计年鉴》（2013—2016）和《福建统计年鉴》（2013—2016）。

(c) 城镇化率。城镇化率的可承载状态临界值、完全承载状态临界值取值是根据赵海娟等的"我国真实的城镇化率究竟是多少"(2013)和赵展慧的"我国城镇化率已达56.1%"(2016)提出的并结合长兴县的实际定出,见表3-56。

(d) 人均粮食占有量。人均粮食占有量的可承载状态临界值、完全承载状态临界值取值确定根据张利国,陈苏(2015)的"中国人均粮食占有量时空演变及驱动因素"及朱永华(2004)的"流域生态环境承载力分析的理论与方法及在海河流域的应用"中提出的并结合长兴县的实际定出,见表3-56。

(e) 可承载人口。可承载人口的可承载状态临界值、完全承载状态临界值取值确定根据"西北水资源承载力的研究报告"(夏军 等,2003),以1980年的人口数作为可承载状态临界值,原因是1980年与水相关的生态环境问题不是太严重,而且实际人口也较多,见表3-56。

(f) 单方水农业GDP。单方水农业GDP的可承载状态临界值、完全承载状态临界值取值确定根据浙江、安徽、江苏省及湖州各县、市的2011—2014年单方水农业GDP(元/m³)(表3-58)的分析,单方水农业GDP的可承载状态临界值、完全承载状态临界值最后定为15元/m³和40元/m³。

表3-58　　　　浙江、安徽、苏州及湖州各县、市的单方水农业GDP　　　　单位:元/m³

区　域		2011年	2012年	2013年	2014年
浙江	嘉兴市	14	17		
	丽水市	2	3	3	4
	金华市区	10	11	19	27
	兰溪	36	38	23	27
	义乌	37	43	40	30
	东阳	20	22	21	22
	永康	17	19	18	18
	武义	41	44	29	25
	浦江	15	17	20	21
	绍兴市	29	33	33	
湖州	德清	11	12	11	11
	长兴	11	13	12	16
	安吉	12	12	12	12
	市区	13	14	14	14
安徽	合肥	11	12	12	17
	淮北	21	23	27	29
	亳州	24	27	33	33
	宿州	40	44	43	49
	蚌埠	14	16	16	22
	阜阳	20	21	25	28

续表

区域		2011年	2012年	2013年	2014年
安徽省	淮南	9	9	10	12
	滁州	10	11	12	13
	六安	7	8	8	9
	马鞍山	8	8	9	11
	芜湖	8	8	12	11
	宣城	10	11	12	12
	铜陵	8	9	9	8
	池州	10	11	13	15
	安庆	9	10	12	15
	黄山	12	13	21	23
江苏省	连云港	8	10	17	13
	南京	8	12	8	

注 表中数据来源于《安徽统计年鉴》(2015),《湖州统计年鉴》(2011—2015),《嘉兴统计年鉴》(2006—2015),《丽水统计年鉴》(2012—2015),《金华统计年鉴》(2012—2015),《绍兴统计年鉴》(2012—2015),《2011—2013年南京市水资源公报》(2012—2014),《南京统计年鉴》(2012—2014),《2010年苏州市水资源公报》(2011),《苏州统计年鉴》(2011),《2009年盐城市水资源公报》(2010),《2011—2014年连云港水资源公报》(2012—2015)和《连云港统计年鉴》(2012—2015)。

(2) 计量指标的标量化模型（隶属度函数）的构建。

1) 水资源余缺水平的各分指标隶属度函数的构建见表3-59。

表3-59　　　　水资源余缺水平的各分指标隶属度函数的构建

实际指标 x	隶属度函数形式	转换模型	隶属度函数
人均水资源量，农田灌溉水有效利用系数	$\mu = \begin{cases} 1 & y \in [a_1, +\infty) \\ \frac{0.2}{a_1-1}(y-1)+0.8, & y \in [1, a_1) \\ 0.8y^\gamma, & y \in [0, 1) \end{cases}$	$y = \frac{x}{A}$ $a_1 = \frac{A_1}{A}$	以农田灌溉水有效利用系数为例，$\mu = \begin{cases} 1 & x \in [0.7, +\infty) \\ 2(x-0.6)+0.8, & x \in [0.6, 0.7) \\ 2.22x^2, & x \in [0, 0.6) \end{cases}$
水资源开发利用率		$y = \frac{A}{x}$ $a_1 = \frac{A}{A_1}$	$\mu = \begin{cases} 1 & x \in (0, 0.2] \\ \frac{0.08}{x}+0.6, & x \in (0.2, 0.4] \\ \frac{0.128}{x^2}, & x \in [0.4, +\infty) \end{cases}$

表3-59中水资源余缺水平的分指标的隶属度函数构建中的 A、A_1 取值见表3-47；γ 取值见表3-62。

2) 与水相关的生态环境质量的各分指标隶属度函数的构建见表3-60。

表3-60中 A、A_1 取值见表3-51；γ 取值见表3-62。

3) 社会经济水平的各分指标隶属度函数的构建，见表3-61。

表3-61中 A、A_1 取值见表3-56；γ 取值见表3-62。

3.2 生态环境承载力方法

表 3-60　　　　　与水相关的生态环境质量的各分指标隶属度函数的构建

实际指标 x	隶属度函数形式	转换模型	隶属度函数
COD 排放量，氨氮排放量，河流纵向联通度，城市河湖水质		$y=\dfrac{A}{x}$ $a_1=\dfrac{A}{A_1}$	以城市河湖水质为例， $\mu=\begin{cases}1 & x\in(0,3]\\ \dfrac{2.4}{x}+0.2, & x\in(3,4]\\ \dfrac{12.8}{x^2}, & x\in(4,+\infty)\end{cases}$
河流生态需水保证率，水质等于或优于Ⅲ类的河长比，河岸弯曲度，植被覆盖率生物丰度指数，水面率	$\mu=\begin{cases}1 & y\in[a_1,+\infty)\\ \dfrac{0.2}{a_1-1}(y-1)+0.8, & y\in[1,a_1)\\ 0.8y^\gamma, & y\in[0,1)\end{cases}$	$y=\dfrac{x}{A}$ $a_1=\dfrac{A_1}{A}$	以河流生态需水保证率为例， $\mu=\begin{cases}1 & x\in[0.9,+\infty)\\ x+0.1, & x\in[0.7,0.9)\\ \dfrac{8x}{7}, & x\in[0,0.7)\end{cases}$
水土流失面积比		$y=\dfrac{A}{x}-A$ $a_1=\dfrac{A}{A_1}-A$	$\mu=\begin{cases}1 & x\in(0,0.02]\\ \dfrac{1}{145x}-0.66, & x\in(0.02,0.05]\\ 0.8\left(\dfrac{0.05}{x}-0.05\right)^2, & x\in(0.05,1]\end{cases}$

表 3-59～表 3-61 中各个指标的隶属函数式中的值是根据朱永华等（2020）在《太湖流域与水相关的生态环境承载力研究》中关于 γ 的值的含义并结合长兴县的实际来给定的，具体取值见表 3-62。

表 3-61　　　　　社会经济水平的各分指标隶属度函数的构建

实际指标 x	隶属度函数形式	转换模型	隶属度函数
人均 GDP，可承载人口	$\mu=\dfrac{y-\beta}{y+\beta}$	$y=\dfrac{x}{A}$ $x=A$ $\mu=0.8$	以人均 GDP 为例，$\mu=\dfrac{3x-1}{3x+1}$
工业用水定额		$y=\dfrac{A}{x}$ $a_1=\dfrac{A}{A_1}$	$\mu=\begin{cases}1 & x\in(0,30]\\ \dfrac{9.6}{x}+0.68, & x\in(30,80]\\ \dfrac{5120}{x^2}, & x\in(80,+\infty)\end{cases}$
第三产业的比重，人均粮食占有量，城镇化率，单方水农业 GDP	$\mu=\begin{cases}1 & y\in[a_1,+\infty)\\ \dfrac{0.2}{a_1-1}(y-1)+0.8, & y\in[1,a_1)\\ 0.8y^\gamma, & y\in[0,1)\end{cases}$	$y=\dfrac{x}{A}$ $a_1=\dfrac{A_1}{A}$	以人均粮食占有量为例， $\mu=\begin{cases}1 & x\in[590,+\infty)\\ \dfrac{6}{29}\left(\dfrac{x}{300}-1\right)+0.8, & x\in[300,590)\\ 0.8\left(\dfrac{x}{300}\right)^3, & x\in[0,300)\end{cases}$

第3章 生态系统退化程度的判断

表3-62　　　　　　　　各个指标隶属函数式中修正系数γ的值

指　标	修正系数γ	指　标	修正系数γ
人均水资源量	2	水资源开发利用率	2
水土流失面积比	2	农田灌溉水有效利用系数	2
COD排放量	2	城市水面率	1
氨氮排放量	2	河流纵向联通度	1
河流生态需水保证率	1	单方水农业GDP	2
河岸弯曲度	2	第三产业占GDP比重	2
水质等于或优于Ⅲ类的河长比	3	人均粮食占有量	3
城市河湖水质	2	城镇化率	2
生物丰度指数	3	工业用水定额	2
植被覆盖率	2		

5. 数据及其来源

计算承载状态所需的数据分为两类：一类是计量承载状态测度值的状态变量；另一类是涉及的权重。

(1) 计量长兴县与水相关的生态环境承载状态测度值的状态变量。

计量长兴县与水相关的生态环境承载状态测度值的状态变量有：人均水资源量，水资源开发利用率，农田灌溉水有效利用系数；水土流失面积比，COD排放量，氨氮排放量，河流纵向联通度，河流生态需水保证率，河岸弯曲度，水质等于或优于Ⅲ类的河长比，城市水面率，城市河湖水质；生物丰度指数；植被覆盖率；人均GDP，城镇化率，第三产业的比重，单方水农业GDP，人均粮食占有量，工业用水定额，可承载人口。以2014年为计量年，具体输入数据见表3-63，相应的数据来源见表3-64。

表3-63　　　　　　长兴县与水相关的生态环境承载状态计量模型输入值

项　目	2014年	项　目	2014年
人均水资源量/(m³/人)	1288	城市河湖水质	3.73
水资源利用率/%	49.43	生物丰度指数	41.67
农田灌溉水有效利用系数	0.6	植被覆盖率/%	51.3
水土流失面积比/%	5.81	人均GDP/(元/人)	69611
COD排放量/t	6751	城镇化率/%	58.5
氨氮排放量/t	1187	第三产业的比重/%	40.3
河流纵向联通度	0.4	单方水农业GDP/(元/m³)	10.48
河流生态需水保证率/%	95	人均粮食占有量/(kg/人)	397.63
河岸弯曲度	2.04	工业用水定额/(m³/万元)	31.6
水质等于或优于Ⅲ类的河长比	0.9322	实际人口/万人	63.05
城市水面率/%	6.14		

3.2 生态环境承载力方法

表 3-64　　　　长兴县与水相关的生态环境承载状态计量的数据来源

项　目	来　源
人均水资源量/(m³/人)	湖州统计年鉴；长兴县节水型社会建设工作方案（终稿）、水资源公报
水资源开发利用率/%	湖州统计年鉴；长兴县节水型社会建设工作方案（终稿）
农田灌溉水有效利用系数	长兴县节水型社会建设工作方案（终稿）（2011值）
水土流失面积比/%	长兴县水土保持规划（报批稿）（值为2013）
COD排放量/t	湖州统计年鉴
氨氮排放量/t	湖州统计年鉴
河流纵向联通度	湖州市水资源保护规划（报批稿）
河流生态需水保证率	湖州市水资源保护规划（报批稿）
河岸弯曲度	长兴县水功能区水环境功能区修编（正式）
水质等于或优于Ⅲ类的河长比	湖州市水资源保护规划（报批稿）
城市水面率/%	长兴县节水型社会建设工作方案（终稿）
城市河湖水质	长兴县水域保护规划报告（报批稿）、长兴县水功能区水环境功能区修编（正式）
生物丰度指数	万本太，张建辉，2004
植被覆盖率/%	湖州统计年鉴
人均GDP/(元/人)	湖州统计年鉴、长兴县节水型社会建设工作方案
城镇化率/%	湖州统计年鉴
第三产业的比重/%	湖州统计年鉴
单方水农业GDP/(元/m³)	湖州年鉴、长兴县节水型社会建设工作方案（终稿）
人均粮食占有量/(kg/人)	湖州统计年鉴
工业用水定额/(m³/万元)	湖州统计年鉴、长兴县节水型社会建设工作方案
实际人口/万人	湖州统计年鉴

注　生物丰度指数采用2000年国家环境保护总局的生态环境遥感调查数据。

（2）模型中涉及的权重系数

在计算长兴县现状年综合测度指标 $CSI(2014)$ 时，社会经济发展水平综合测度指标 $SE(2014)$、水资源余缺水平综合指标 $WI(2014)$、与水相关的生态环境质量综合测度指标 $EE(2014)$ 的权重分别为 1/2、1/4、1/4。其他分指标的权重见表3-65～表3-67。

表 3-65　　　　　　　　　水资源余缺水平指标的权重

指　标	权重	指　标	权重
人均水资源量	0.55	农田灌溉水有效利用系数	0.42
水资源开发利用率	0.03		

第3章 生态系统退化程度的判断

表 3-66　与水相关的生态环境质量指标的权重

指　标	权重	指　标	权重
COD 入河量	0.06	植被覆盖率	0.12
氨氮入河量	0.02	生物丰度指数	0.15
河流纵向联通度	0.10	水面率	0.10
河流生态需水保证率	0.13	城市河湖水质	0.13
水质等于或优于Ⅲ类的河长比	0.11	水土流失面积比	0.03
河岸弯曲度	0.05		

表 3-67　社会经济水平指标的权重

指　标	权重	指　标	权重
人均 GDP	0.20	人均粮食占有量	0.13
承载人口	0.16	城镇化率	0.14
工业用水定额	0.15	单方水农业 GDP	0.05
第三产业的比重	0.17		

6. MATLAB 编程

采用 MATLAB 编程。与水相关的承载状态评价程序由 29 个模块组成。图 3-27 显示了输入值界面和输出值界面。

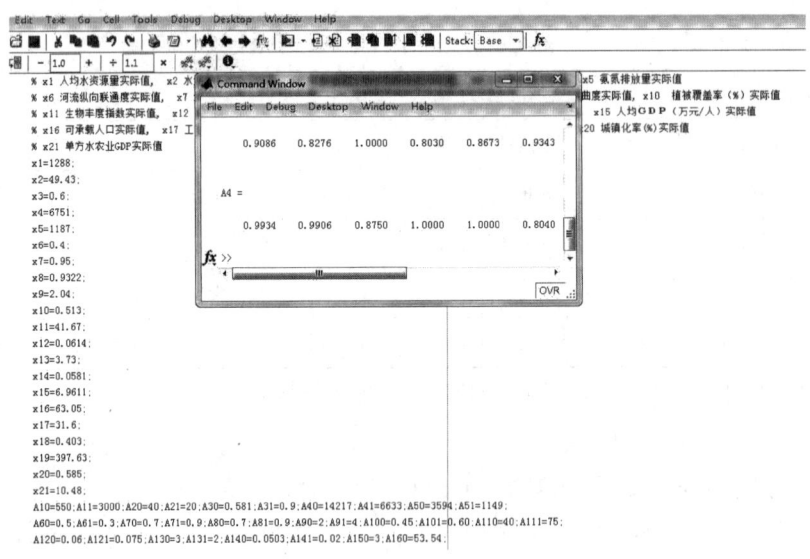

图 3-27　输入值界面和输出值界面

3.2.6.3　与水相关的生态退化程度的分析

基于 2014 年的数据，根据上述方法，经计算，水资源余缺水平的分指标的隶属度见表 3-68；与水相关的生态环境质量的分指标的隶属度，见表 3-69；社会经济水平的分指标的隶属度见表 3-70。与水相关的生态环境承载状态的测度指数见表 3-71。

3.2 生态环境承载力方法

表 3-68　水资源余缺水平的分指标的隶属度

项　目	隶　属　度	项　目	隶　属　度
人均水资源量	0.8602	农田灌溉水有效利用系数	0.8
水资源开发利用率	0.5239		

表 3-69　与水相关的生态环境质量的分指标的隶属度

项　目	隶属度	项　目	隶属度
COD 排放量	0.9934	植被覆盖率	0.8840
氨氮排放量	0.9906	生物丰度指数	0.8095
河流纵向联通度	0.875	城市水面率	0.8187
河流生态需水保证率	1	城市河湖水质	0.5175
水质等于或优于Ⅲ类的河长比	1	水土流失面积比	0.532
河岸弯曲度	0.8040		

表 3-70　社会经济水平的分指标的隶属度

项　目	隶属度	项　目	隶属度
人均 GDP	0.9086	人均粮食占有量	0.8673
可承载人口	0.8276	城镇化率	0.9343
工业用水定额	1	单方水农业 GDP	0.3905
第三产业的比重	0.803		

表 3-71　与水相关的生态环境承载状态测度指数及分指数

项　目	WI	SE	EE	CSI
2014 年测度指数	0.8168	0.8373	0.8423	0.8334

注　WI—水资源余缺水平测度指数；SE—社会经济发展水平测度指数；EE—与水相关的生态环境质量测度指数；CSI—与水相关的生态环境承载状态测度指数。

(1) 长兴县与水相关的生态环境承载状态测度值为 0.8334（表 3-71），说明长兴县当前水资源和与水相关的生态环境构成的与水相关的生态环境系统对社会经济系统的承载状态已超过临界可承载状态，处于良好承载状态。说明长兴县与水相关的生态系统处于略有退化状态。

(2) 当前长兴县与水相关的生态环境质量指数为 0.8423；社会经济水平测度指数为 0.8373；水资源余缺水平测度指数为 0.8168。与水相关的生态环境质量指数、社会经济水平测度指数及水资源余缺水平测度指数均大于临界可承载状态值 0.8（图 3-28）。可见长兴县当前水资源和与水相关的生态环境质量构成的与水相关的生态环境系统对社会经济系统的承载状态已完全超过临界可承载，处于良好状态，但还达不到优。原因是水资源水平、与水相关的生态环境质量和社会经济水平均超过临界可承载，处于良好状态，但距离优还有一定距离。具体原因是水资源开发利用率较高；氨氮入河量较大；水土流失状况较严重；农业用水效益较低。

(3) 水资源水平超过临界可承载，处于良好状态，但距离优还有一定距离（表 3-71）。主要原因（表 3-68）是水资源利用率较高。具体原因可能是水资源总量计算中：

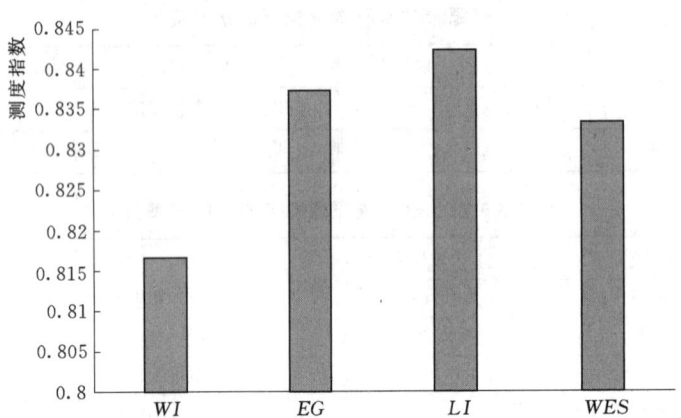

图 3-28 长兴县 2014 年与水相关的生态环境承载状态测度指数

①只考虑地表水（河川径流量）、地下水、地表水和地下水的重复量；②没有考虑进入长兴县的水和流出的水量；③没有充分考虑降水量（图 3-29）。未来研究中如何核算当地水资源总量是值得研究的问题。

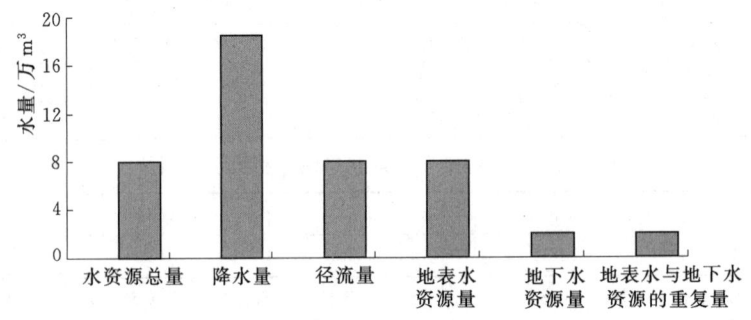

图 3-29 长兴县 2014 年水资源总量计算示意图

（4）与水相关的生态环境质量超过临界可承载，但是与完全可承载还有一定的距离（表 3-71），说明长兴县与水相关的生态环境总体上处于良好状态，但还达不到优，原因（表 3-69）如下：

1）水土流失比较严重，隶属度值为 0.532。
2）河岸弯曲度刚达到临界可承载，隶属度值为 0.8040。
3）生物多样性刚达到临界可承载，隶属度值为 0.8095。
4）植被覆盖率达到临界可承载，隶属度值为 0.8840。
5）河流纵向联通度达到临界可承载，隶属度值为 0.875。
6）城市水面率刚达到临界可承载，隶属度值为 0.8187。
7）河流生态需水保证率和水质等于或优于Ⅲ类的河长比均达到完全可承载，两者的隶属度值均为 1。
8）COD 入河量接近完全可承载，但氨氮入河量较大，达不到临界可承载，COD 入河量和氨氮入河量的隶属度分别为 0.9934 和 0.9906。

(5) 社会经济发展水平高,超过临界可承载,具体原因是:

1) 农业用水效益较低,单方水农业 GDP 的隶属度为 0.3905,与临界可承载状态值 0.8 还有一定的距离。

2) 第三产业的比重刚达到临界可承载状态,第三产业的比重的隶属度刚超过 0.803。

3) 可承载人口达到临界可承载,可承载人口的隶属度为 0.8276。

4) 人均粮食占有量超过临界可承载,其隶属度为 0.8673。

5) 城镇化率和人均 GDP 接近完全承载状态,城镇化率和人均 GDP 分别为 0.9343 和 0.986,人均 GDP 更接近完全承载状态。

(6) 工业用水定额已达到完全承载状态,其隶属度值为 1。

综合上述,从长兴县与水相关的生态环境承载状态的评价中发现,以可持续发展为原则,要实现长兴县水资源—与水相关的生态环境质量—社会经济发展水平逐步和谐,沿着可持续发展的方向,与水相关的生态环境系统对社会经济系统逐步达到完全可承载,需要:

(1) 在社会经济发展方面,提高农业用水效益;第三产业比重、人均粮食占有量、人均 GDP 和人口可适当增加;城镇化率、工业用水定额视条件保持或提升。

(2) 与水的生态环境质量提高中,主要通过:①治理城市河湖水污染;②增大水土保持力度;③保持现有河岸弯曲度的基础上增加其自然性;④保护和维持现在的生物多样性的基础上进行人为绿化。具体是选择乡土种逐步增加植被覆盖度,最主要的是增加生物群落的稳定性和弹性力;⑤河流上大坝等影响河流淤塞发生的水利工程尽量少建,即是建设也要在安全长度范围内建设;⑥城市水面率可继续增加。但是城市水体建设中最好是活水,保证水流畅通;若水体流动不畅通,那么要计算换水周期,在安全周期内进行换水。保证新建水体的生态环境质量;⑦天然河流的生态需水在现状年是保证的,未来年份生态需水是否满足要考虑当年的降水量才能确定。天然河流的水质达到水功能区划要求,但只是考虑了部分河流长度,未来可考虑全部天然河长来研究;⑧研究区现状年 COD 排放量和氨氮排放量已接近完全可承载,说明可回收的污染物处理率很高。但是该研究中没有考虑面源污染,未来需要考虑。

(3) 在水资源余缺水平方面,应聚焦于水资源水平的稳步提高,主要是降低现状的水资源开发利用率,稳步提高农田灌溉水有效利用系数。

同样,从长兴县与水相关的生态环境承载状态的评价结果中还发现,当前长兴县与水相关的生态环境系统对社会经济系统刚超过临界可承载,那么需要回答"沿着可持续发展的道路,生态环境逐步恢复,社会经济水平稳定增长下何时达到完全可承载",就需要进行承载力的预估研究,这部分内容详见《太湖流域与水相关的生态环境承载力研究》(朱永华 等,2020),方法和 3.2.5 的相似,具体区别在于研究区域不同,围绕的问题是不同的,那么所涉及的指标就会发生相应的变动。

3.3 土地利用变化指数法

由于人类的社会经济建设活动基本上都会落实到土地上,直接或间接通过土地利用来实施,所以人类活动因素而导致的生态环境问题也大多与土地利用有关。土地利用会改变土地覆被状况，进一步影响其他生态过程，引起相应地区及周围地区乃至全球土壤、水体、大气状况的改变，这些变化反过来又会影响人类的土地利用活动。土地利用活动干扰了构成生态环境的生物因素和非生物因素。土地利用/覆被变化对生态环境的影响包括改造和变异两种类型。改造是指由一种土地利用/覆被类型转变为另一种土地利用/覆被类型，如农业用地转化为非农业用地；变异是指土地覆被类型内部的变化，覆被类型没有变化，只是土地利用或覆被方式发生了变化，如粗放型的农业用地转化为集约型农业用地、工业用地转变为商业用地（钟海燕，2011）。

从生物因素考虑，土地利用对生态环境的影响主要包括：森林植被覆盖率下降；涵养水土的能力降低；生物生存的自然条件改变，生物种群数量减少；土地荒漠化形势严峻；森林、草场与湿地的退化。而从非生物因素考虑，土地利用导致水土流失日益加重，土壤肥力下降；水中泥沙含量提高，导致江河湖泊泥沙堆积速度加快；水体污染加剧，水质恶化；大量消耗能源，污染物与有害物质的排放破坏大气环境、土壤环境和水环境；温室气体的排放，导致全球升温，全球气候变化加剧等。概括来说，土地利用变化对生态环境的影响主要包括气候、土壤、水文与生态系统四个方面（钟海燕，2011）。

因此，从土地利用/覆被变化可探讨研究区域的生态状况。

3.3.1 土地利用变化指数的概念

1. 土地利用的定义

土地利用是指人类通过特定的行为，以土地为对象或手段，利用土地的特性，获得物质产品和服务，满足自身需要的经济活动过程，这一过程是人类与土地进行物质、能量、价值和信息的交流及转换的过程。土地利用途径一般分为：扩展土地利用面积，提高土地的利用率；深度挖潜，增加劳动、资本、技术投入，不断提高土地集约利用程度，提高土地产出率。《土地利用现状分类》（GB/T 21010—2007）规定中国的土地利用分为：耕地、园地、林地、草地、商服用地、工矿仓储用地、住宅用地、公共管理与公共服务用地、特殊用地、交通运输用地、水域及水利设施用地、其他土地。

2. 土地利用变化指数

基于土地利用类型，选择具有代表性、可比性、可操作性的评价指标和方法，对生态环境质量的优劣程度进行定性和定量的分析和判别的值即土地利用变化指数。研究区生态环境质量评价的结果用生态环境质量指数表示，在土地利用变化指数法中，生态环境质量评价的结果用土地利用变化指数表示。

3.3.2 土地利用变化指数法

3.3.2.1 计量指标的选择

1. 选择指标的原则

土地利用变化指数法中选择指标遵循的原则同样采用（万本太 等，2004）在生态环境质量评价法中所用的原则如下：

（1）代表性原则。选取最具有代表性、最能反映生态环境本质特征的指标。

（2）全面性原则。选取指标要尽可能地反映生态系统各个方面的特征。

(3) 综合性原则。评价指标体系中的每个指标都应是反映本质特征的综合信息因子，能反映生态环境的整体性和综合性特征。

(4) 简明性原则。评价指标要尽可能地少，评价方法尽可能地简单。

(5) 方便性原则。选择指标必须实用可行，可操作性强。

(6) 适用性原则。易于推广应用。

2. 选择的指标及其含义

(1) 净初级生产力指单位时间和单位面积上，绿色植物通过光合作用产生的全部有机物同化量，即光合总量，称为总初级生产力（gross primary productivity，GPP）；净初级生产力（net primary productivity，NPP）则是由光合作用所产生的有机质总量中扣除自养呼吸后的剩余部分。净初级生产力值能够直接反映植物群落在自然环境条件下的生产能力，可以在一定程度上表征陆地生态系统的质量状况，是判定生态系统碳源/汇和调节生态过程的主要因子。NPP 是区域生态系统结构功能协调性的重要指标，是区域生态承载力的基础。

(2) 植被覆盖度：某一地域植物冠层垂直投影面积与该地域面积之比。植被覆盖度则直接反映植被覆盖指数。

生态系统的净初级生产力和植被覆盖度不仅仅说明生物量和植被情况的好坏，生物量的多少以及植被的生长情况还可以间接反映水网密度、土壤退化和污染负荷情况。水网越密、土壤越肥沃、污染越少，植被自然更茂盛葱郁，生物量也随之增加。反之，植被覆盖度和净初级生产力会随着水网的减少、土壤的退化和污染的增加而减少。还有植被覆盖度反映不出生物多样性的情况，但净初级生产力可以反映生物多样性。两者的组合可以反映一个区域的生态环境状况。

3.3.2.2 土地利用变化指数法的计算方法

1. 生态环境质量计量模型

在土地利用变化指数法中，生态环境质量用生态环境质量指数（称为土地利用变化指数）LUI 值来表示，见式（3-77）：

$$LUI(T) = \prod_{i=1}^{n} H_i(T)^{a_i} \qquad (3-77)$$

式中：$LUI(T)$ 为 T 时段内生态环境质量的综合评价的量值，称为生态环境质量指数；$H_i(T)$ 为第 i 个生态环境质量指标在 T 时段的隶属度值；a_i 为第 i 个生态环境质量指标在生态环境质量指数中占的权重。土地利用变化指数法中生态环境质量指标为植被覆盖指数 H_1 和净初级生产力指数 H_2：

$$LUI(T) = H_1(T)^\alpha \times H_2(T)^\beta \qquad (3-78)$$

式中：α、β 分别为植被覆盖指数和净初级生产力指数在土地利用指数计算中所占的权重

植被覆盖指数和净初级生产力指数值分别由式（3-79）和式（3-80）计算：

$$H_1 = \frac{\sum_{i=1}^{7} a_i S_i}{\text{区域总面积}} \qquad (3-79)$$

$$H_2 = \frac{\sum_{i=1}^{7} b_i S_i}{\text{区域总面积}} \tag{3-80}$$

式中：a_i 为各土地利用类型对应的植被覆盖度隶属度值；S_i 为各土地利用类型面积；b_i 为各土地利用类型对应的净初级生产力 NPP 值隶属度值（Xu et al.，2015）。

2. 计量指标的隶属度的确定

（1）植被覆盖度。植被覆盖度的隶属度用黄土高原土壤侵蚀模数与植物覆盖度关系来确定。

植被覆盖度与水土流失关系密切（罗志军 等，2008），植被覆盖度会直接影响土壤的侵蚀模数。根据在黄土高原丘陵沟壑区（安塞）的研究（郭忠升，1996），在植被覆盖度达到 80% 以上，无论土质或石质山区，无论坡度情况，基本没有土壤侵蚀或是水土流失。而在 60%～80% 之间是轻度侵蚀区，而在 40%～60% 之间是中度侵蚀区，40% 以下土壤侵蚀严重。植被覆盖度的减少会使水土流失的程度增加，因此定出植被覆盖度的隶属度值见表 3-72：

表 3-72　　　　　　　　　　植被覆盖度隶属度值

植被覆盖度/%/	0	10	25	40	60	80
隶属度	0	0.2	0.4	0.6	0.8	1

（2）净初级生产力。净初级生产力的隶属度采用不同土地利用类型对应的净初级生产力与热带雨林平均净初级生产力的比值来确定。

不同专家得出的净初级生产力的观测结果不完全相同，这与观测的方法及数据的处理有关，但是得出的数据大致相同。热带雨林、季雨林具有复杂的层次结构，对太阳辐射的利用率极高，且所处区域气候全年高温多雨，植被生长茂盛，因此其平均 NPP 最高，《中国不同植被类型净初级生产力变化特征》（陈雅敏 等，2012）中指出热带雨林 NPP 值为 1602.8gC/m²。热带雨林多样性好，生态系统稳定，因此认为热带雨林 NPP 值的隶属度为 1。

$$\text{土地利用类型对应隶属度} = \frac{\text{土地利用类型对应的平均 NPP 值}}{\text{热带雨林平均 NPP 值}} \tag{3-81}$$

据此算出中国不同土地利用类型的 NPP 值隶属度。

根据《GB/T 21010—2007》，中国的土地利用现状分类：耕地、园地、林地、草地、商服用地、工矿仓储用地、住宅用地、公共管理与公共服务用地、特殊用地、交通运输用地、水域及水利设施用地、其他土地。但是由于现在对不同土地利用类型的净初级生产力的研究还没有这么详细，所以暂时分为表 3-73 中的七种土地利用类型。

净初级生产力的隶属度值见表 3-73。

表 3-73　　　　　　不同土地利用类型净初级生产力隶属度值

土地利用类型	耕地	林业用地	草地	居民地	水域	荒地	难利用地
平均 NPP 值/(gC/m²)	897.15	966.08	545.92	550.46	656.28	299.74	106.56
隶属度	0.560	0.603	0.341	0.343	0.409	0.1987	0.066

3. 计量指标权重的确定

植被覆盖度和净初级生产力的权重是结合专家打分及层次分析法确定的。由于植被覆盖度反映的是植被覆盖面积的大小,不考虑间种或是乔木、灌木和草地同时覆盖的情况,而净初级生产力不仅能反映植物种和个数的多少,还能间接说明当地的生物丰度及多度,所以 NPP 值占的权重大。在计算中将植被覆盖指数的权重定为 0.3,净初级生产力指数的权重定为 0.7。

4. 生态环境质量分级及生态系统退化程度的判定标准

据生态环境承载力法和生态环境质量评价法,制定以下判断标准:研究区域生态环境质量指数不小于 0.8,当地生态系统级别为优,生态系统处于无退化状态,否则生态系统处于退化状态,应进行生态修复。生态环境质量分级及生态系统退化程度更详细的分级判断见表 3-74(Zhang et al.,2008)。

表 3-74 生态环境质量及生态系统退化程度分级

级别	优	良	一般	较差	差
$LI(T)$	≥0.8	0.6~0.8	0.4~0.6	0.2~0.4	<0.2
生态环境质量状态	植被覆盖度好,生物多样性好,生态系统稳定,最适宜人类生存	植被覆盖度较好,生物多样性较好,适宜人类生存	植被覆盖度处于中等水平,生物多样性一般水平,较适宜人类生存,但偶尔有不适合人类生存的制约性因子出现	植被覆盖较差,严重干旱少雨,物种较少,存在明显限制人类生存的因素	条件较恶劣,多属戈壁、沙漠、盐碱地、秃山或高寒山区,人类生存环境恶劣
生态系统退化程度	无退化	略有退化	一般	退化程度较强	完全退化

5. 指标术语注解

(1) 耕地,指种植农作物的土地,包括熟地,新开发、复垦、整理地,休闲地(含轮歇地、轮作地);以种植农作物(含蔬菜)为主,间有零星果树、桑树或其他树木的土地;平均每年能保证收获一季的已垦滩地和海涂。耕地包括南方宽度小于 1.0m、北方宽度小于 2.0m 固定的沟、渠、路和地坎(埂);临时种植药材、草皮、花卉、苗木等的耕地,以及其他临时改变用途的耕地。

(2) 林地,指生长乔木、竹类、灌木的土地,及沿海生长红树林的土地。包括迹地,不包括居民点内部的绿化林木用地,铁路、公路征地范围内的林木,以及河流、沟渠的护堤林。也包括园地。

(3) 草地,指生长草本植物的土地。

(4) 居民地,居民地指人类由于生产和生活的需要而聚集定居的居住场所,包括房屋建筑物以及与居住直接相关的其他生活设施和生产设施(杨存建,周成虎,2000)。包括《土地利用现状分类》(GB/T 21010—2007)中的住宅用地、商服用地、工矿仓储用地、公共管理与公共服务用地、特殊用地及交通运输用地。

(5) 水域,指有一定用途的水体所占有的区域。

(6) 荒地,广义的荒地指可供开发利用和建设而尚未开发利用和建设的一切土地,主要包括宜农、宜林和宜牧荒地等。狭义的荒地通常指宜农荒地。即宜于耕种而尚未开垦种植的土地和虽经耕垦利用，但荒废而停止耕种不久的土地。

（7）难利用地，由于立地因子的不利因素给使用增加了难度，不适宜使用和改造的土地。

数据均来自统计年鉴。

3.3.3 在河网区城市南京的应用

1. 概况

南京，简称宁，是江苏省会，副省级市，长三角及华东地区第二大城市，中国科教第三城，中国国家区域中心城市（华东），国家重要的政治、军事、科教、文化、航运、经济和金融中心，国家交通枢纽、通信枢纽和科技创新中心，南京都市圈核心城市，长三角辐射带动中西部地区发展的重要门户城市，国家重要的综合性交通枢纽和通信枢纽城市。截至2019年1月，南京下辖11个市辖区，分别是：玄武区、秦淮区、鼓楼区、建邺区、雨花台区、栖霞区、浦口区、六合区、江宁区、溧水区和高淳区。截至2018年，全市总面积6587平方千米，建成区面积971.62km^2，常住人口843.62万人，城镇人口695.99万人，城镇化率82.5%。

南京位于长江中下游，江苏省西南部。距入海口347km，地理坐标为北纬118°22″～119°14″，东经31°14″～32°37″。南京属北亚热带湿润气候，四季分明，雨水充沛，冬、夏季长，而春、秋季略短，年降水量为800～1200mm。南京东望大海，西达荆楚，南壤皖浙，北接江淮，长江越境而过。境内山冈、平原、河流交错。南京全市湖泊、水库棋布，河流网织，水域面积达11%以上。古城既有群山环抱，又有秦淮河、金川河和玄武湖、莫愁湖等大小河流、湖泊萦绕，点缀于城中南北，与浩瀚的长江一起，组成一曲山川河湖纵横交错的交响诗。

南京属于北亚热带季风气候，生态景观多样，动植物资源丰富、种类繁多，共有维管束植物1373种，脊椎动物335种，秤锤树等8种珍稀植物和中华鲟、白暨豚、中华虎凤蝶等16种珍稀野生动物得到重点保护。已建自然保护区和具有自然保护功能的风景名胜区、森林公园等区域有17处，占全市总面积的10.11%。良好的自然生态条件与古今文明，共同构建成丰富多样的自然与人文景观类型。

南京地貌特征属宁镇扬丘陵地区。地形以低山、丘陵为骨架，以环状山、条带山、箕状盆地为主要特色，组成了一个低山丘陵、岗地和平原、洲地交错分布的地貌综合体。其中低山占土地总面积的3.5%；丘陵占土地总面积的4.3%；岗地占土地总面积的53%；平原、洼地及河流湖泊占土地总面积的39.2%。地貌类型多样，决定了全市土地利用方式的多样性、多宜性。全市湖泊棋布，河流网织，水域面积达11%以上。全市林木覆盖率26.4%，建成区绿化覆盖率45%，人均公共绿地面积13.7m^2，在全国位居前三甲，是中国四大园林城市之一。

南京全市6582.31km^{2}的土地总面积中，已有1550.27km^{2}为现状建设用地，余下4000多km^{2}的土地上，只有可耕地368.36万亩，其中基本农田保护面积中的耕地只有277.3万亩，且其中还以中低产田所占比例较大。未利用地中主要是山地、河流、湖泊等，耕地后备资源短缺。

2. 评价方法及数据来源

所用的评价方法就是前面所提出的土地利用变化指数法。以南京市为研究单元，基于1983—2012年的土地利用数据进行评价。所需的数据，来自南京统计年鉴。

3. 评价结果分析

评价结果见表3-75。从表3-75中可以看出，1983—2012年南京市生态环境质量指数都位于0.4~0.6范围内，说明南京市生态环境质量状态始终处于一般水平，即植被覆盖度处于中等水平，生物多样性为一般水平，较适宜人类生存，但偶尔有不适合人类生存的制约性因子出现。反映出生态系统退化程度为一般。南京市的生态环境质量虽为一般水平，但是明显可以看出这30年基本处于一般偏差的阶段，与达到优甚至是良还是有相当大的距离。在这30年之间南京市的生态环境质量出现多次波动，这与南京市的土地利用类型和面积变化有直接关系，土地利用反映在不同阶段的产业结构调整、城市化进程、经济发展、人口变化等多个因素，而产业结构调整和工业化进程占主要部分，并且其他因素也与产业结构调整、和工业化的不断推进有直接关系，工业化比例的增加促进经济快速发展，城市化进程加快，人口密度增加，又反过来对促进相关土地利用的变化产生推动力。2006年以后南京市的LI值基本处于平稳状态，但是仅固定在0.47左右，与级别是优的0.8甚至级别为良好的0.6仍有很大距离，若是仍保持这种状态而没有上升趋势，则南京的生态修复与重建任务将无法完成，人民的生活水平和经济建设的生态基础也得不到提高和巩固。

表 3-75　　　　南京市 1983—2012 年生态环境质量评价结果

年份	植被覆盖度隶属度值	净初级生产力隶属度值	LI	级别	生态系统退化程度
1983	0.530	0.467	0.485	一般	一般
1984	0.533	0.469	0.488	一般	一般
1985	0.539	0.474	0.492	一般	一般
1986	0.544	0.476	0.495	一般	一般
1987	0.536	0.470	0.489	一般	一般
1988	0.513	0.456	0.472	一般	一般
1989	0.517	0.459	0.475	一般	一般
1990	0.522	0.462	0.479	一般	一般
1991	0.518	0.459	0.476	一般	一般
1992	0.521	0.461	0.478	一般	一般
1993	0.511	0.454	0.470	一般	一般
1994	0.498	0.444	0.459	一般	一般
1995	0.517	0.457	0.474	一般	一般
1996	0.524	0.462	0.480	一般	一般
1997	0.522	0.461	0.479	一般	一般
1998	0.530	0.463	0.482	一般	一般

续表

年份	植被覆盖度隶属度值	净初级生产力隶属度值	LI	级别	生态系统退化程度
1999	0.528	0.461	0.480	一般	一般
2000	0.544	0.473	0.493	一般	一般
2001	0.564	0.476	0.501	一般	一般
2002	0.599	0.489	0.520	一般	一般
2003	0.583	0.478	0.507	一般	一般
2004	0.578	0.473	0.502	一般	一般
2005	0.580	0.473	0.503	一般	一般
2006	0.544	0.446	0.473	一般	一般
2007	0.541	0.443	0.470	一般	一般
2008	0.549	0.448	0.476	一般	一般
2009	0.547	0.446	0.474	一般	一般
2010	0.544	0.443	0.471	一般	一般
2011	0.547	0.444	0.473	一般	一般
2012	0.549	0.445	0.474	一般	一般

利用土地利用指数法对南京市 2000 年生态环境质量评价的结果与用生态环境质量评价法评价的结果一致（万本太等，2004），南京市生态环境系统退化程度都处于一般，说明该方法在南京市是适用的。不过这个结果是历史时期南京生态系统退化程度的反映。若能收集到最新资料，可以用这种方法进行南京当前的生态环境质量及生态环境退化状况的评价，并根据结果给出南京市当前生态保护与修复的可行方案。

3.3.4 在淮北平原的应用

1. 概况

淮北平原指地处安徽省北部、淮河干流以北的全部省境区域。该区位于东经 114°55′～118°10′，北纬 32°25′～34°35′，东接江苏，南临淮河，西与河南毗邻，北与山东接壤，包括阜阳、宿州、淮北、淮南、蚌埠、亳州 6 个市 27 个县（市），全区总面积 37437km^2，其中平原区面积 36694km^2、占总面积的 98%，山丘区面积 743km^2、占总面积的 2%；淮北平原水面面积 792km^2，耕地面积约占全省耕地面积的一半。

淮北平原地处暖温带的南缘，主要为暖温带半湿润气候，主要土壤表现为砂姜黑土＞水稻土＞棕壤＞潮棕壤＞潮土。因自然条件优越，光热水等条件较好，淮北平原四季分明，冬季寒冷、少雨，适宜落叶阔叶树种的生长。所以地带性植被类型为落叶阔叶林。

该区适于农业的综合发展，是我国重要商品粮生产基地之一，农业发展前景广阔。作物以旱作物为主，耕作制度为两年三熟，其他也有一些是一年二熟和三年五熟。淮北平原也是安徽省重要的粮、油、烟、麻、果产区。此外，该区有林地、桑园、果园等，可以用来发展林果、蚕桑生产。该区饲草、饲料资源较好，可以用来发展畜牧业。

2. 评价方法

根据上述所提出的土地利用变化指数法，以淮北平原为单元进行评价。评价的年份为

1980年、1990年、1995年及2000年。所需要的土地利用数据是利用arcgis从淮北平原的土地利用图上获取的。

3. 评价结果

评价结果见表3-76。从表中可以看出，淮北平原这四个年份的生态环境质量指数均为0.67，说明评价年份淮北平原生态环境质量状态为良，生态系统略有退化，植被覆盖度较高，比较适宜人类生存。淮北平原作为我国重要的商品粮生产基地之一，农业用地面积占全区面积很大比重，但是可以看出，植被覆盖度在评价年份略有下降，生态环境质量呈较缓慢的下降的趋势，这也是随着城市化的进程，植被总面积减少，从而使得植被覆盖度下降，净初级生产力也略有下降。

表3-76　　　　　　　　　　淮北平原生态环境质量评价结果

年份	植被覆盖度隶属度值	净初级生产力隶属度值	LI	级别	生态系统退化程度
1980	0.955	0.553	0.674	良	略有退化
1990	0.957	0.552	0.674	良	略有退化
1995	0.955	0.552	0.673	良	略有退化
2000	0.952	0.551	0.672	良	略有退化

3.4　水量水质联合评价法

3.4.1　水量水质联合评价法的意义

水是关乎人类生存的重要物质，是地球生态系统的重要组成部分。我国幅员辽阔，河流湖泊众多，大小河川总长约达42万km，湖泊总面积约为75600km^2，其中大部分为浅水型湖泊。但随着工农业的迅速发展，水污染事件不断发生，人类可利用的水资源不断减少；同时，人口大量增加，水的供需矛盾日益突出。人类活动过程中，产生了大量工业废水和生活污水，这些水大部分未经净化处理就直接排入江、河、湖泊和海洋中，导致水生生态系统结构和功能被破坏。

湖泊生态系统是水生生态系统的重要组成部分之一。但如今，人类的很多生产生活活动已经对湖泊生态系统造成了危害，引发了一系列水问题，如水面不断萎缩、水体富营养化问题不断恶化、生态系统功能不断衰退等。因此，研究湖泊生态系统的退化程度有助于我们正确认识湖泊生态系统的退化情况，为湖泊生态系统的修复提供理论支撑。

同时，水资源是量和质的有机统一。水量水质联合评价法综合考虑了水资源的量和质，是一种科学有效的评价方法。在评价湖泊生态系统的退化程度或者健康状况时，需要综合考虑水质和水量这两个因素。只有在水质符合水质标准、水量满足生态环境需水量的情况下，湖泊生态系统才是健康的。

3.4.2　水量水质联合评价法

水量水质联合评价法是针对研究湖泊生态系统的水质和水量分别计算出水质指数和水

量指数,再利用多因子综合评价法确定出联合指数,通过联合指数来反映湖泊生态系统的状况(夏星辉 等,2007)。

在水量水质联合评价法中,规定一个湖泊生态系统健康指数 EQ,即联合指数,来反映该湖泊生态系统的退化程度(肖芳 等,2004),其计算公式如下:

$$EQ = \alpha WQI + \beta WYI \tag{3-82}$$

式中:WQI 为湖泊生态系统的水质指数;WYI 为湖泊生态系统的水量指数,具体计算方法将在下面介绍;α、β 分别为 WQI 和 WYI 的权系数,确定权系数的方法有主观赋值法、熵值法、等权法等。

3.4.2.1 水质指数 WQI 的计算

水质方面采用综合污染指数评价法,根据所选取的污染物因子计算出相应的水质指数,方法的核心思想(许文杰,2009)是:针对单项水质指标,将实测值与对应的水体功能类别水质浓度限值相比,形成单项污染指数。再对所有参与综合水质评价的单项水质指标,将其单项污染指数通过算术平均、加权平均、连乘、指数等方法得到一个综合指数,来评价综合水质。

1. 单项污染指数计算

单项污染指数是污染指数法的基础,用来表示某单项指标水质是否达到规定的水域功能类别以及相对于水域功能类别的达标或超标程度(许文杰 等,2008)。

(1) 非溶解氧指标的污染指数

非溶解氧指标(不包括 pH 值)的水质指标具有最低浓度值,且对水质的损害程度随其浓度值的增加而增加。因此,其计算公式为

$$I_i = \frac{C_i}{S_{0i}} \tag{3-83}$$

式中:I_i 为水质指标 i 的污染指数;C_i 为水质指标 i 的实测浓度;S_{0i} 为与水域功能类别对应的水质指标 i 浓度限值。

(2) 溶解氧的污染指数

溶解氧具有最高浓度值,且对水质的损害程度随其浓度的增加而降低。因此,其计算公式为

$$I_{DO} = \begin{cases} 10 - 9\dfrac{C_{DO}}{S_{0,DO}}, & C_{DO} < S_{0,DO} \\[2mm] \dfrac{|C_{DO,f} - C_{DO}|}{C_{DO,f} - S_{0,DO}}, & C_{DO} \geqslant S_{0,DO} \end{cases} \tag{3-84}$$

式中:I_{DO} 为溶解氧的污染指数;C_{DO} 为溶解氧的实测浓度;$S_{0,DO}$ 为与水域功能类别相对应的溶解氧浓度限值;$C_{DO,f}$ 为饱和溶解氧浓度。

(3) pH 的污染指数

pH 有最高和最低限值,因此其计算公式为

$$I_{pH} = \begin{cases} \dfrac{pH_j - 7.0}{pH_{su} - 7.0}, & pH > 7.0 \text{ 且 } pH_{su} = 9 \\[2mm] \dfrac{7.0 - pH_j}{7.0 - pH_{sd}}, & pH \leqslant 7.0 \text{ 且 } pH_{sd} = 6 \end{cases} \tag{3-85}$$

式中：I_{pH} 为 pH 的污染指数；pH_j 为 pH 的实测值；pH_{sd} 为评价标准中 pH 的下限值；pH_{su} 为评价标准中 pH 的上限值。

2. 单项水质指标赋权（赵平 等，1998）

单项水质指标权值是指某项评价指标在所有评价指标中所占有的比重。评价指标的权重分配，直接影响到评价的结果。水质指标赋权方法较多，所依据的理论基础也较为广泛，比较典型的单项水质指标赋权方法有以下几种：

(1) 污染贡献率法

污染贡献率法又称为超标倍数法，即根据各水质指标的单项污染指数来确定权重，是目前应用最多的方法。其计算公式为

$$w_i = \frac{I_i}{\sum_{i=1}^{n} I_i} \tag{3-86}$$

式中：w_i 为第 i 项水质指标的权重。

(2) 超标—贡献率法

该方法以污染物超标倍数对河流水质的影响程度大小为依据，基于地表水环境质量标准中Ⅰ类标准和Ⅴ类标准求得水质指标的权重。

1) 对非溶解氧指标，其计算公式为

$$w_i = \frac{S_{i,1}}{S_{i,5}} \tag{3-87}$$

式中：$S_{i,1}$ 为第 i 项指标Ⅰ类水的浓度限值；$S_{i,5}$ 为第 i 项指标Ⅴ类水的浓度限值；w_i 为基于Ⅰ类水浓度限值和Ⅴ类水浓度限值得到的第 i 项指标相对权重。

2) 对溶解氧指标，其计算公式为

$$w_{DO} = \frac{S_{DO,5}}{S_{DO,1}} \tag{3-88}$$

式中：$S_{DO,5}$ 为溶解氧Ⅴ类水的浓度限值；$S_{DO,1}$ 为溶解氧Ⅰ类水的浓度限值。

进一步，基于归一化得到第 i 项指标的权重，即

$$a_i = \frac{w_i}{\sum_{i=1}^{n} w_i} \tag{3-89}$$

3. 综合污染指数基本形式（章家恩 等，1999）

(1) 简单叠加法

将 n 个单项污染指数直接进行叠加，认为环境要素的污染是各种污染物共同作用的结果，因而多种污染物作用的影响必然大于其中任一种污染物的作用和影响。用所有参数的相对污染值的综合，可以反映环境要素的综合污染程度，其计算公式为

$$WQI = \sum_{i=1}^{n} I_i \tag{3-90}$$

式中：WQI 为综合污染指数；n 为参与综合水质评价的水质指标数目。

(2) 平均值法

平均值法就是求 n 个水质指标污染指数的算术平均值。计算简便，不受参数多少的

影响，但计算结果容易掩盖高浓度的水质指标污染影响，其计算公式为

$$WQI = \frac{1}{n}\sum_{i=1}^{n} I_i \tag{3-91}$$

(3) 加权叠加法和加权均值法

对不同的水质指标，即使是同一浓度水平，其对水体使用功能的影响也不完全相同；为此，需要在适当估计各项水质指标对水体使用功能影响程度的基础上，对不同水质指标赋予一定的权重系数，以更合理地反映不同水质指标综合作用下的水体综合水质。其计算公式为

加权叠加型：
$$WQI = \sum_{i=1}^{n} I_i \cdot w_i \tag{3-92}$$

加权叠加均值型：
$$WQI = \frac{1}{n}\sum_{i=1}^{n} I_i \cdot w_i \tag{3-93}$$

式中：w_i 为水质指标 i 的权重系数。

(4) 平方根法

计算公式为

$$WQI = \sqrt{\sum_{i=1}^{n} I_i^2} \tag{3-94}$$

式中，当 $I_i > 1$ 时，I_i^2 越大；当 $I_i < 1$ 时，I_i^2 越小；因此，可充分突出大于 1 的污染指数的影响，体现了主要污染因子的单因子贡献力。

(5) 均方根法

计算公式为

$$WQI = \sqrt{\frac{1}{n}\sum_{i=1}^{n} I_i^2} \tag{3-95}$$

此法可充分反映参与综合水质评价的各水质指标的整体影响，体现了各水质指标对水质影响的整体相似性。

在上述几种常用的水质评价方法中，结合研究区具体情况，选择一种合适的水质指数及其权系数的赋值计算方法，计算得出水质指数的值。表 3-77 是对水质指数计算结果的等级划分。

表 3-77 水质指数评价表

水质指数 WQI	$WQI \leqslant \frac{n}{2}$	$\frac{n}{2} < WQI < n$	$WQI \geqslant n$
水质评语	未受污染	轻度污染	严重污染

注　来自（陈永文，2012）。

3.4.2.2 水量指数 WYI 的计算

根据生态学上的耐受性定律：每一种环境因子都有一个生态上的适应范围大小，称之为生态幅，即有一个最低和最高点，两者之间的幅度为耐性限度。因此，作为湖泊主要生态因子之一的水量，应在一个合理的范围之内，即有最高、最适合、最低三个基点（焦璀琳，2006）。其上限是湖泊最大生态需水量，超过此值，一方面，湖泊将水漫堤岸，由此

可能发生洪涝灾害，严重威胁周边地区生命财产安全；另一方面，将会影响湖泊生态系统的健康发展，如湖泊在最大水位运行期间在一定程度上因植物根系缺氧、窒息、烂根等而影响它们的生长发育（张守平 等，2012）。下限是湖泊最小生态需水量，低于此值，湖泊生态系统结构与功能将会受到一定程度的损害。只有当供水量处于最适范围内，才能保证生物有最优的生长条件，以维持湖泊系统的动态平衡（刘韬，2012）。

湖泊生态系统作为一个整体，包括湖泊水域部分和湖滨带（王潜 等，2009），在计算供需水量时要分别考虑陆域部分的供需水量和水域部分的供需水量。

水量指数 WYI 采用供需水量确定，其计算公式为

$$WYI = \frac{Q_{供}}{Q_{需}} \tag{3-96}$$

式中：$Q_{需}$ 为湖泊的生态需水量，m^3；$Q_{供}$ 为湖泊的供水量，m^3。

根据水量指数 WYI 的值，可以判断出湖泊生态系统的水量健康状况，见表 3-78。$WYI<1$，说明湖泊生态系统缺水，发生退化；当 $WYI=1$，说明湖泊生态系统的供需水量平衡；当 $WYI>1$ 时，说明湖泊生态系统的水量充足。在湖泊水量平衡和水量充足时，湖泊生态系统均处于健康状态。

表 3-78　　　　　　　　　　　水量评价结果判定表

水量指数 WYI	$WYI<1$	$WYI=1$	$WYI>1$
水量评语	缺水	平衡	水量充足

下面分别介绍湖泊生态需水量和湖泊生态供水量的计算方法，均从水域和陆域即湖滨带两方面来进行。

1. 湖泊生态需水量计算方法

(1) 湖泊水域生态需水量。

湖泊水域生态需水量是指维持湖泊一定水面面积、满足景观条件及水上航运、保护生物多样性所需的水量。由于一般城镇湖泊中的生物都是当地水域中的常见种类，基本上没有濒危和珍稀物种，没有国家和地方的保护动植物。目前，城市湖泊面临的最主要问题是水质污染，破坏了原有生态系统，造成生物种类下降，生物多样性降低。因此，只要水质达到了环境功能区的要求，在维持湖泊常水位的条件下，通过补水和水体流动，普通生物物种会很快自我恢复。由此可见，城市湖泊水域的生态需水量即为水面蒸发需水、渗漏需水、基流需水、污染物稀释净化需水量等（Boqiang Qin et al. 2013），在计算公式中把基流需水、污染物稀释净化需水量等归入城市湖泊水体年换水量。

其计算公式为

$$Q_{湖泊水域需水量} = Q_{蒸发} + Q_{渗漏} + Q_{换水量} \tag{3-97}$$

$$Q_{换水量} = \overline{V} \cdot n \tag{3-98}$$

式中：$Q_{湖泊水域需水量}$ 为城市湖泊水域需水量，万 m^3；$Q_{蒸发}$ 为城市湖泊水面蒸发量，万 m^3；$Q_{渗漏}$ 为城市湖泊渗漏水量，万 m^3；$Q_{换水量}$ 为城市湖泊换水量，万 m^3；$\overline{V}$ 为城市湖泊水体年均体积，万 m^3；n 为城市湖泊水体换水周期，次/a。

城市湖泊水面蒸发需水量 $Q_{蒸发}$ 采用杨志峰等的（2003）用于河道水面生态需水量计

算的公式为

$$Q_{蒸发} = \begin{cases} \dfrac{A}{1000}(E-P), & E > P \\ 0, & E \leqslant P \end{cases} \quad (3-99)$$

式中：$Q_{蒸发}$ 为计算时段内水体的净蒸发量，m^3；A 为计算时段内水体平均水面面积，m^2；E 为计算时段内水体水面蒸发量，mm；P 为计算时段内水体降雨量，mm。

城市湖泊渗漏需水量 $Q_{渗漏}$ 指在湖泊水位高于地下水位时，通过湖泊底部渗漏和岸边侧渗向地下水补充的水量。其计算公式为

$$Q_{渗漏} = K \times \overline{V} \quad (3-100)$$

式中：$\overline{V}$ 为城市湖泊水体年均体积，m^3；K 为渗漏损失系数经验取值。

（2）湖滨带需水量的计算，在湖滨带需水量的计算中仅考虑不同种类的植被的需水量，见式（3-101）。

$$Q_{湖滨带需水} = \sum_{i=1}^{n} S_i Q_i \quad (3-101)$$

式中：$Q_{湖滨带需水}$ 为湖滨带需水量，m^3；Q_i 为第 i 种植被的需水定额，m^3；S_i 为第 i 种植被所占的面积。

则湖泊生态系统总需水量为

$$Q_{湖泊需水} = Q_{湖泊水域需水} + Q_{湖滨带需水} \quad (3-102)$$

2. 湖泊供水量计算方法

（1）湖滨带（湖泊陆域）供水量。湖滨带（湖泊陆域）供水量包括湖滨带绿地供水量 $Q_{绿}$ 和降水量 $Q_{降水}$，如下式所示。

$$Q_{陆域} = Q_{绿} + Q_{降水} \quad (3-103)$$

湖滨带绿地供水量 $Q_{绿}$ 的确定采用面积定额法（杨志峰 等，2005）。面积定额法是根据某一类型植被的面积乘以相应的灌溉定额计算。其计算公式为

$$Q_{绿} = \sum_{i=1}^{n} S_i \times W_i \quad (3-104)$$

式中：$Q_{绿}$ 为绿地供水量，m^3；S_i 为第 i 种植被的面积，m^2；W_i 为第 i 种植被的灌溉定额，m。

（2）湖泊水域供水量。

$$Q_{水域} = A_{湖泊} \times P + Q_{补水量} \quad (3-105)$$

式中：$Q_{水域}$ 为湖泊水域供水量，m^3；$Q_{补水量}$ 为湖泊年补水量，m^3；P 为降水量，m；$A_{湖泊}$ 为湖泊水面面积，m^2。

（3）城市湖泊生态系统总供水量。

城市湖泊生态系统总供水量为湖泊陆域部分供水量和湖泊水域部分供水量之和，因此，其计算公式为

$$Q_{供} = Q_{陆域} + Q_{水域} \quad (3-106)$$

3.4.3 在南京市玄武湖的应用

3.4.3.1 玄武湖基本概况

玄武湖古名桑泊、后湖，位于南京市城中，是紫金山脚下的国家级风景区。在六朝时，其面积约为现在玄武湖面积的 4 倍，而且直接与长江相通，湖中可以成为水军训练场所。

(1) 地形地貌

玄武湖湖岸呈菱形，周长约 15km，占地面积 550hm²，水面约 378hm²；玄武湖水域分成三大块，北湖（东北湖、西北湖）、东南湖及西南湖，北湖水较浅，西南湖水最深。东南湖其次，湖内由湖堤、桥梁和道路连通，使玄武湖水系完全处于人工控制之中。

(2) 生态特征

玄武湖盛产鱼虾、菱、藕，水产资源十分丰富，作为南京的"活鱼库"，早在 20 世纪 70 年代初，就进行了大量的人工淡水养殖，鱼产量逐年上升。当前玄武湖人工养殖的鱼种有花白鲢、鲤鱼、鲫鱼、鳊鱼，其中花白鲢占 80%～90%。此外，玄武湖植荷历史悠久，六朝时已闻名天下。玄武红莲就是源于南京玄武湖的品种，最早成名是在清代中期，当时玄武湖内种植了大片的莲花。

(3) 环境问题

20 世纪 80 年代末，玄武湖水质已处于富营养化状态，90 年代死鱼现象频发。2005 年 7 月，玄武湖蓝藻暴发，之后连续几个月时间里，大片湖面被稠稠的藻类染成绿色油漆一般，这是玄武湖历史上首次出现大面积的蓝藻水华。

1995 年玄武湖水体中总磷、总氮、生化需氧量超标率为 100%，但浓度有所下降，总磷与总氮分别下降 14.3%、20.6%，全湖区的水质状况与 1994 年大体相同。1996 年，对玄武湖的地面水质产生影响的污染指标仍主要集中在化学耗氧量、石油类、大肠菌群等 8 种。玄武湖水质指标的浓度大部分上升，水体继续呈富营养化状态，且有所加重。1997 年，玄武湖持续富营养化，水质综合整治工程开始启动，工程包括清淤、入湖污水截流、引水和生态工程等 4 项。年底，清淤工程已完成 50% 以上。

1998 年完成了玄武湖综合整治工程，玄武湖水质主要污染物指标均有不同程度的下降特别是新建生态区的水质明显优于非生态区，水体质量有所改善，但仍是劣五类水质标准，达不到规划功能的要求，水质继续表现为富营养化和有机污染的特征。1998 年，玄武湖完成生态治理一期工程，其主要通过大规模水生植被的恢复，使藻型湖泊转化为草型湖泊，从而改善湖泊生态结构，提高水体自净能力。此项工程主要分布在北湖区，分别建设 100 亩沉水植物，形成水生植物景观区和 20 亩由园田化框格、植物净化带、外围软隔墙等组成的生态区。同时在生态区适度放养滤食性鱼类鲢鱼及底栖的螺、蚌等水生生物。生态工程的建成，使玄武湖生态区的水质明显优于非生态区，水体透明度达 60～70cm，主要污染指标总磷、总氮、叶绿素 a 分别下降 60%、40%、80%，水体富营养化得到明显改善。

1999 年玄武湖引水补水扩建工程基本竣工，每日补充水量由 5 万 t 增至 8 万 t。玄武湖水质中 6 种主要污染物年平均值比 1998 年有不同程度的下降，水体仍呈富营养化状态。

2000年玄武湖水质基本稳定,但水体富营养化的状态仍无明显改善。但主要污染物指标中高锰酸盐指数和石油类指标达标,但反映水体富营养化的总磷总氮指标仍超标。2001年玄武湖4项主要污染物指标比2000年明显下降,但仍处于富营养化状态。2002年玄武湖水质中总磷已达到国家标准,总氮已接近标准,时段性超标率明显下降。2003年玄武湖在引水补水工程的支持和保障下达到景观和农灌用水的标准。2004年玄武湖持续保持规划功能Ⅴ类标准,但除总氮下降7.7%外,其他4项主要指标均有不同程度的上升,其中石油类指标上升3倍之多。

(4) 主要功能

玄武湖的主要功能是旅游、景观以及生态防护。

3.4.3.2 研究方案

(1) 研究方法

采用上述的水质水量联合评价法进行玄武湖生态系统退化程度评价。

水质方面。由于玄武湖作为城市湖泊,其水体功能主要为景观旅游、城市防洪和生态保护,因此规定其水质标准值采用Ⅴ类水标准。采用非溶解氧指标的污染指数法[式(3-83)]计算单个污染因子指数;然后,利用简单叠加法[式(3-90)]算出水质指数;

水量方面。玄武湖湖泊水量指数采用式(3-96)计算。

(2) 数据及其来源

1) 玄武湖水面面积和玄武湖年均水体体积。玄武湖水面面积为378万m^2和年均水体体积498.5万m^3。根据玄武湖水生态保护与修复报告确定(玄武湖水务局,2016—2019)。

2) 南京市蒸发量大于降水量的月份及一年中需要通过补给的蒸发需水量。据南京市多年统计的月降雨和水面蒸发资料(周建康 等,2009),玄武湖每年5月、10—12月,蒸发量大于降水量,一年需要通过补给的蒸发需水量约为46mm。本书中水面蒸发量不考虑年际变化。

3) 玄武湖渗漏损失系数。玄武湖的渗漏损失系数定为0.15,根据太湖流域与水相关的生态环境承载力研究确定(朱永华 等,2020)。

4) 玄武湖换水周期。玄武湖水循环周期为五个月左右,因此换水周期$n=2.4$。(玄武湖水务局,2016—2019)。

5) 玄武湖湖滨区植被种类、面积及需水定额。玄武湖湖滨区植被主要为林地和草地,计算中就按林地和草地对待。林地最小需水定额取为0.3740m/m^2(张远,杨志峰,2002);草地需水定额定为0.6780m/m^2(蒋庭菲 等,2013)。草地面积为103.1400万m^2,林地面积为68.7600万m^2(玄武湖水务局,2016—2019)。

6) 玄武湖湖滨带草地的供水定额及供水天数。供水量计算中只考虑湖滨带草地即绿地的供水定额及供水天数,因为湖滨带的林地靠降水和自身的蓄水功能就可以满足水分需求,不需要供水。草地供水定额参照《城市给水工程规划规范》(GB 50282—98)中规定的绿地用水定额为0.10万~0.30万$m^3/(km^2 \cdot d)$和南京市的实际确定。南京市是湿润区,也是河网密集区,湿度较大,绿地用水定额采用0.20万$m^3/(km^2 \cdot d)$。供水天数即灌溉天数采用220天(朱永华 等,2020),因为只在日降水量小于10mm的天中进行

3.4 水量水质联合评价法

7) 玄武湖水体主要污染物 2000—2010 年的实测浓度值及玄武湖水体污染物评价标准分别见表 3-79 及表 3-80。分别来自南京年鉴及《地表水环境质量标准》(GB 3838—2002)。

8) 玄武湖 2000—2010 年降水量。来自《南京统计年鉴》,见表 3-81。

9) 玄武湖水域年补水量。根据玄武湖水生态保护与修复报告确定(玄武湖水务局,2016—2019)。为了改善玄武湖的水质状况,通过向湖区引入水质较好的水,提高湖泊水体的流动性,提升水体的自净能力。自 1998 年起,南京市实施引入长江水冲洗玄武湖的工程,引水量 8 万 t/d,但引水渠道过于简单,2002 年补水量为 18 万 t/d,2005 年 7 月蓝藻暴发,为有效控制蓝藻水华,增大补水量至 5000 万 t/a。本计算中,设定 2005 年之前在日降水低于 10mm 的天进行湖泊水体补水,共计 220d。

10) 玄武湖水质评价结果判定表、水质水量联合指数中权重及玄武湖生态退化结果判定等级的确定。

由于本书中考虑了 5 个水质指标,则根据表 3-77 可以得出玄武湖水质评价结果判定表见表 3-82。

由于玄武湖是湿润区城市湖泊,主要问题是水质问题,因此水质方面所占的权重更大。计算中水质指数所占的权重取 0.7;水量指数的权重取 0.3。

根据表 3-78 水量评价结果判定表及表 3-82 玄武湖水质评价结果判定表以及联合指数法中的权重可以得出玄武湖生态退化程度分级表见表 3-83。

表 3-79 玄武湖主要污染物汇总 单位:mg/L

年代	高锰酸盐指数	生化需氧量	氨氮	石油类	总磷	总氮
2000	6.78	10.71	1.88	0.15	0.36	4.78
2001	6.92	7.19	0.27	0.25	0.264	2.49
2002	7.21	7.56	0.13	0.12	0.307	2.028
2003	3.99	3.67	0.28	0.08	0.138	1.604
2004	4.46	4.37	0.27	0.32	0.16	1.48
2005	4.16	3.64	0.19	0.1	0.18	1.83
2006	2.70	2.09	0.17	0.04	0.1	2.05
2007	2.86	2.44	0.25	0.02	0.07	1.95
2008	3.50	3.73	0.39	0.036	0.104	2.246
2009	3.45	2.21	0.31	0.049	0.104	1.832
2010	3.05	3.47	0.15	0.025	0.065	1.87

表 3-80 玄武湖水质评价标准 单位:mg/L

序号		I 类	II 类	III 类	IV 类	V 类
1	高锰酸盐指数≤	2	4	6	10	15
2	化学需氧量(COD)≤	15	15	20	30	40
3	五日生化需氧量(BOD_5)≤	3	3	4	6	10

第3章 生态系统退化程度的判断

续表

序号		Ⅰ类	Ⅱ类	Ⅲ类	Ⅳ类	Ⅴ类
4	氨氮（NH$_3$-N）	0.15	0.5	1	1.5	2
5	总磷（以P计）≤	0.01	0.025	0.05	0.1	0.2
6	总氮（湖、库，以N计）≤	0.2	0.5	1	1.5	2
7	石油类≤	0.05	0.05	0.05	0.5	1

表 3-81　　　　　　　　　南京市历年降水量　　　　　　　　　单位：mm

年份	2000	2001	2002	2003	2004	2005	2006	2007	2008	2009	2010
降水	1029.6	737.3	1074.6	1658.3	975.1	992.3	1106.8	1070.9	975	1363.5	1298.4

表 3-82　　　　　　　　　玄武湖水质评价结果判定表

水质指数 WQI	≤2.5	2.5<WQI<5	≥5
水质评语	未受污染	轻度污染	严重污染

表 3-83　　　　　　　　　玄武湖生态退化程度分级表

水质水量联合指数 EQ	≤2.05	2.05<WQI<3.80	≥3.80
退化程度	未退化	轻度退化	严重退化

3.4.3.3　玄武湖生态退化评价结果与分析

（1）水质方面

玄武湖是城市湖泊，其主要水体功能为景观旅游、城市防洪和生态保护，因此本书规定其水质标准值采用Ⅴ类水标准。基于2000—2010年玄武湖五个水质指数，采用综合指数评价法得到的玄武湖水质指数见表3-84和图3-30。

表 3-84　　　　　　　　　玄武湖 2000—2010 年水质指数

年份	2000	20017	2002	2003	2004	2005	2006	2007	2008	2009	2010
水质指数	6.351	3.669	3.490	2.079	2.432	4.374	3.859	2.714	2.247	1.861	1.707

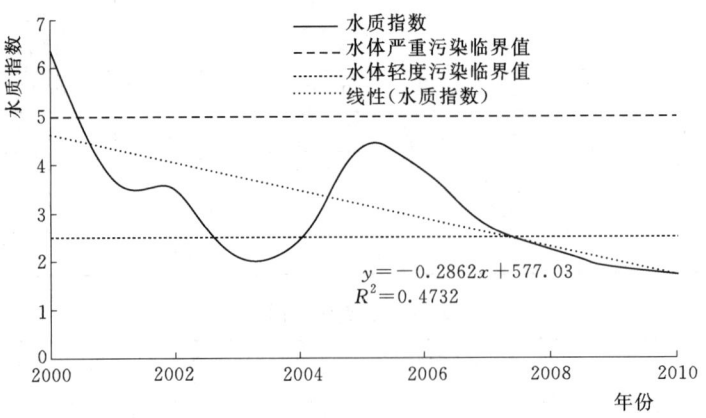

图 3-30　玄武湖水质指数的变化

3.4 水量水质联合评价法

从表3-84和图3-30可看出：①总体上，玄武湖水质指数逐年下降，但在2005年出现一个小高峰。说明玄武湖的水质状况在变好；②具体来看，2000年时玄武湖水体处于严重污染状态，然后逐年变好，2003年水体处于轻度污染状态，但2004—2007年又变差，其中2005年污染又加重了。2008年之后玄武湖水体一致处于轻度污染状态，且污染状况逐年在减轻。

（2）水量方面

采用上述方法，玄武湖生态系统的需水量为1469.54万 m^3/年；计算期内历年的供水量见表3-85。

表3-85 玄武湖历年供水量　　　　　　　　　　　　　　　单位：万 m^3

年份	供水量	年份	供水量	年份	供水量
2000	2401.95	2004	4571.97	2008	5611.92
2001	2241.18	2005	5621.43	2009	5825.59
2002	4626.7	2006	5684.41	2010	5789.79
2003	4947.73	2007	5664.66		

表3-86 玄武湖水量指数

年份	水量指数	年份	水量指数	年份	水量指数
2000	1.63	2004	3.11	2008	3.82
2001	1.53	2005	3.83	2009	3.96
2002	3.15	2006	3.87	2010	3.94
2003	3.37	2007	3.85		

从表3-86和图3-31可以看出，玄武湖2000—2010年之间，水量指数在波动上升。反映出位于亚热带季风气候区湿润地区的城市湖泊水量上不存在问题，一是由于当地降水量大；二是当地为了改善水质，在不断地从长江进行引水进行补水和换水。

（3）生态系统退化情况

根据水质水量联合评价法，玄武湖生态健康指数的变化分别见表3-87和图3-32。从表3-87和图3-32可以得出，玄武湖在2000年和2005年及2006年处于严重退化状态，其余年份处于轻度退化状态；2000—2010年，生态健康状况在逐渐变好，但出现两个波动期，2002年和2006年出现两个生态变差的峰值。总的结果完全反映出玄武湖在人为活动影响下的生态变化情况。在2000年到2010年期间，玄武湖生态系统的健康状况时好时坏，2000年生态退化问题突出，随后有所改善，直到2005年生态系统健康问题再次恶化，之后有所好转。这是因为，从20世纪80年代后，玄武湖水体的富营养化状态一

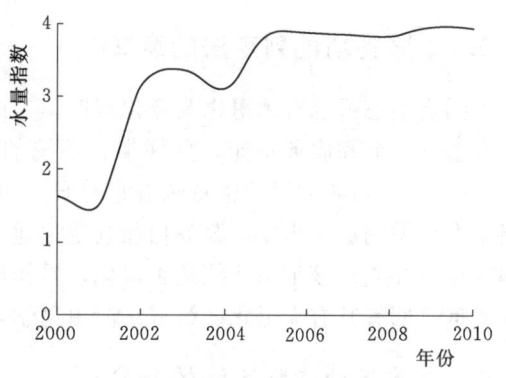

图3-31 玄武湖历年水量指数变化

直没有得到改善,直到 2000 年,玄武湖一期引水整治工程竣工,水体水质开始慢慢变好。但在 2005 年玄武湖再次暴发蓝藻,使得水质急剧恶化,生态退化指数也突然上升到 3.86,生态系统发生严重退化。之后由于加强玄武湖的治理,其生态质量也在逐年变好。

表 3-87　　　　　　　　　玄武湖历年生态健康指数

年份	2000	2001	2002	2003	2004	2005	2006	2007	2008	2009	2010
EQ	4.93	3.03	3.39	2.47	2.64	4.21	3.86	3.05	2.71	2.49	2.38

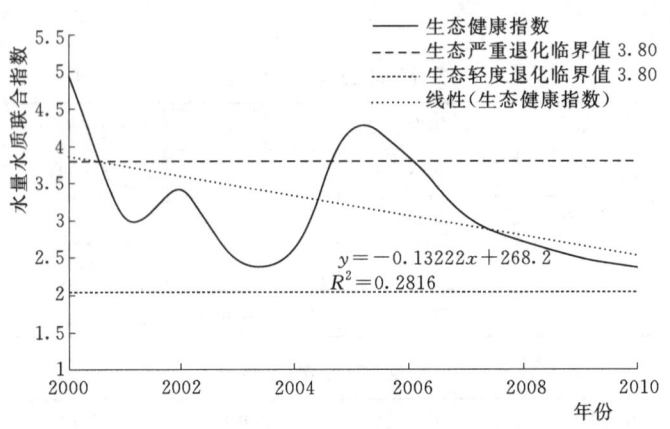

图 3-32　玄武湖历年生态健康指数的变化

3.5　服务功能判定法

3.5.1　服务功能判定法的意义

判定生态系统有无退化及退化程度,有助于生态系统保护和修复对策的制定。生态系统有基本功能和服务功能。良好生态系统的服务功能一般有九大服务功能(朱永华 等,2012)。生态系统的退化也意味着它的服务功能的退化,通过它的服务功能的变化也可判断生态系统的退化程度。服务功能判定法通过判断所研究生态系统的服务功能的缺失或强弱就可定性判定该生态系统是否退化,操作简单。若不强调具体回答所研究生态系统的退化程度只回答其有无退化。该方法简单易学,具有很重要的实际意义。

3.5.2　服务功能判定法的概念

服务功能判定法就是通过前后时段生态系统的服务功能的对比来判定生态系统的退化程度。

3.5.3　退化程度的计量

服务功能判定法有两种方法,一种是服务功能直接判定法,另一种是服务功能价值判定法。

3.5.3.1 服务功能直接判定法

服务功能直接判定法就是通过文献资料(年鉴、期刊、地方志等)及实地调查等了解过去和现在所研究生态系统的服务功能,然后给出判断结果。

3.5.3.2 服务功能价值判定法

服务功能价值判定法就是用所研究生态系统现在的服务功能价值减去过去的服务功能价值,若是正值,就是没有退化,意味着所研究的生态系统的状态在逐渐变好,反之,就是退化,值越大,说明所研究的生态系统的退化程度越大。

可用式(3-107)表示:

$$SFVV = \frac{SFV_{\text{now}} - SFV_{\text{past}}}{SFV_{\text{past}}} \qquad (3-107)$$

式中:$SFVV$ 为生态服务功能变化度;SFV_{now} 为现在的生态系统服务功能价值;SFV_{past} 为过去的生态系统服务功能价值。若 $SFVV>0$,说明生态系统质量在变好,若 $SFVV=0$,说明生态系统质量没有发生改变;若 $SFVV<0$,说明生态系统质量在变差,生态系统在退化。

3.5.4 在玄武湖的应用

3.5.4.1 采用服务功能直接判定法进行评价

玄武湖是南京的母亲湖。玄武湖当前的功能主要有蓄洪功能(即防灾减灾)功能、观赏功能(即文化娱乐功能)、养殖功能(即生产功能)、调节城市河道水沟功能及调节气候功能(即调节和净化功能)。良好情况下,应该除上述五大功能外,还应有栖息地功能、维持生物多样性功能、传播花粉和种子的功能、促进土壤的形成和维持功能。玄武湖这些功能明显都有,但是栖息地功能、净化功能、维持生物多样性功能、蓄洪功能及促进土壤的形成和维持功能明显减弱,原因在于:①硬质堤岸。虽然已有部分堤岸被改成近自然堤岸即生态驳岸,但近3/4的堤岸仍是硬质堤岸。生态驳岸可以缓解内涝,补枯,调节水位;增强水体的自净作用;增加水生生物及两栖类生物、陆生生物的栖息地以促进水陆生态系统平衡。而硬质堤岸则削弱甚至丧失这些功能;②有生物入侵(植物有水花生、水葫芦、大藻等;动物有巴西龟、鳄龟等)现象;③水流滞缓处存在污染现象;④水生优势种由原来的菹草和金鱼藻变成了现在的苦草和黑藻。这些都说明玄武湖生态系统当前处于退化状态。至于退化程度如何需要借助其他判断方法来回答。

3.5.4.2 采用服务功能价值判定法进行评价

1. 服务功能价值的计算方法

城市湖泊生态服务功能所创造的生态效益是无形的,故对于城市湖泊生态服务功能价值评估,主要任务是将城市湖泊生态系统的服务功能所产生的生态效益货币化,以直观反映城市湖泊生态服务功能的生态效益大小。对于不同的城市湖泊生态服务功能,货币化方法也不尽相同。湖泊的服务功能价值 $SFV_{总}$ 包括直接使用价值 $V_{直接使用}$、间接使用价值 $V_{间接使用}$ 及非使用价值 $V_{非使用}$。直接使用价值包括物质生产价值、涵养水源价值及休闲旅游价值。间接使用价值包括科研教育价值、生物多样性维持价值、均化洪水价值、水质净化价值、蒸腾吸热价值及固碳释氧价值。非使用价值包括选择价值、遗产价值以及存在价值。分别可采用市场价格法、成果参照法、污染防治成本法、等效替代法、旅行费用法、影子工程法以及条件价值法等生态服务功能货币化方法（表3-88）来进行评价（王凤珍等，2011）。总服务功能价值$SFV_总$用式（3-108）计算：

$$SFV_总 = V_{直接使用} + V_{间接使用} + V_{非使用} \quad (3-108)$$

$$V_{直接使用} = V_{生产} + V_{涵养水源} + V_{休闲旅游} \quad (3-109)$$

$$V_{间接使用} = V_{科研教育} + V_{生物多样性维持} + V_{均化洪水} + V_{水质净化} + V_{蒸腾吸热} + V_{固氮释氧} \quad (3-110)$$

表3-88中除固碳释氧价值外，其余价值的计算方法具体说明及应用见（王凤珍 等，2011）。

表3-88 评 价 方 法

	评 价 指 标	评 价 方 法
直接使用价值	物质生产价值	市场价格法
	涵养水源价值	影子工程法
	休闲旅游价值	旅行费用法
间接使用价值	科研教育价值	成果参照法
	生物多样性维持价值	成果参照法
	均化洪水价值	影子工程法
	水质净化价值	污染防治成本法
	蒸腾吸热价值	等效替代法
	固碳释氧价值	碳税法和造林成本法 [Simon，2000；马占东 等，2014]
非使用价值	选择价值、遗产价值、存在价值	条件价值法

这里仅在玄武湖的具体应用方法进行说明。

（1）物质生产价值——市场价格法。

市场价格法是对具有市场价值的生态系统功能以及产品进行估价的方法。玄武湖湖泊生态系统的物质生产价值可通过市场价格法进行计算，其公式为

$$V_{生产} = \sum S_i \cdot Y_i \cdot P_i \quad (3-111)$$

式中：$V_{生产}$为所研究湖泊的物质生产价值；S_i为第i类物质的生产面积；Y_i为第i类物质的单产；P_i为第i类物质的市场价格。

（2）涵养水源价值、均化洪水价值——影子工程法。

影子工程法是指将生态系统的功能替换为一个人工建造的工程，通过计算工程所需要的费用，来估算被替换的生态系统的功能价值。玄武湖湖泊的涵养水源价值、均化洪水价值属于防灾减灾功能价值，用影子工程法估算。其公式为

$$V_{防、减灾} = G = \sum X_i (i = 1, 2, \cdots, n) \quad (3-112)$$

式中：V为均化洪水或涵养水源的服务功能价值；G为所用人工工程的造价；X_i为工程中第i项项目的建设费用。

（3）休闲旅游价值（属于文化娱乐功能价值）——旅行费用法。

旅行费用法是指将生态系统服务功能价值量化为该服务功能消费者所支出的费用的方法。对于湖泊湿地生态系统，旅行费用法适用于对休闲旅游功能价值的评估。本研究中，

3.5 服务功能判定法

通过对参观者在食宿、观赏、交通等方面的旅游活动花费进行估算,以确定玄武湖湖泊生态系统的服务功能价值,其公式为

$$V_{休闲旅游} = \sum V_i = V_1 + V_2 + V_3 \tag{3-113}$$

式中:V_1 为旅行支出,主要包括景点门票的收费、旅途中产生的食宿费用以及游客从出发地至景点的直接往返交通费用等,其数值为平均每年的旅游时间乘以湖泊每天的游客人数再乘以日旅游费用;V_2 为旅游时间价值,其数值为单位时间机会成本工资乘以旅行总时间花费;V_3 为消费者剩余,此价值约为其他各项费用的 1/10。

(4) 科研教育价值(属于文化娱乐功能价值)、生物多样性维持价值——成果参照法。

成果参照法指通过参照生态系统服务功能类似的研究成果以估算研究对象的生态服务功能价值。对于玄武湖的生物多样性维持价值和科研教育价值,将用成果参照法计算。对于城市湖泊的生物多样性维持价值,Costanza 等人将其替换为城市湖泊湿地避难所的建设价值 304 美元/($hm^2 \cdot a$)。对于城市湖泊湿地的科研教育价值,可用科研投资或者科研者的实际花费进行估算,然而对于科学研究的经济效益,尤其是对城市湖泊湿地生态系统结构及功能等作用机理的基础研究,短时间内难以见效,故其经济效益也难以评估。同时,科学研究的投资常常受科研设备、人才以及地区发展水平等多方面的影响,使得科研教育价值的计量更有难度。本研究将采用全球湿地生态系统效益中科研文化价值 861 美元/hm^2,以及中国生态系统效益中科研文化价值 382 元/hm^2 的平均值 3897.8 元/hm^2(陈仲新 等,2000)。

(5) 固碳释氧价值(属于调节功能价值)——碳税法和造林成本法。

用碳税法和造林成本法估计固碳释氧价值,包括 3 个步骤:①根据光合作用方程式得出年生物量固定 CO_2 量和释放 O_2 量;②结合国际通用碳税率和我国固碳造林成本均值换算出固定纯碳的经济价值以及现有的国内工业氧现得出氧气的经济价值;③通过相加得出大气调节功能的总价值(Simon,2000;马占东 等,2014)。

(6) 水质净化价值——污染防治成本法。

用污染防治成本法估算玄武湖湖泊生态系统的水质净化价值,具体是通过计算除去玄武湖水中污染物所需的费用来进行估算,其公式为

$$V_{水质净化} = M_{污染物} \cdot P_{成本} \tag{3-114}$$

式中:$V_{水质净化}$ 为水质净化价值;$M_{污染物}$ 为水中污染物的含量;$P_{成本}$ 为单位污染物处理的成本价格。

(7) 蒸腾吸热价值(属于调节功能价值)——等效益替代法。

等效益替代法即当生态系统的某项服务功能价值无法直接求得时,可通过估算产生相同效益的功能价值,来替代该项功能价值。玄武湖湖泊生态系统的蒸腾吸热价值就可通过等效益替代法进行计算,其公式为

$$V_{蒸腾吸热} = \sum \left(\frac{CM_i \Delta T_i}{3.6} \times 106 \right) \cdot P_{市场} \tag{3-115}$$

式中:$V_{蒸腾吸热}$ 为蒸腾吸热价值;C 为水的比热容;M 为蒸发水量,其值由湖泊月蒸发量乘以水面积得到;ΔT_i 为湖泊当月水温与 100℃之差值;$P_{市场}$ 为居民用电的市场价格。

(8) 非使用价值——条件价值法。

湖泊生态系统的非使用价值指既不能直接利用又不能间接利用的价值，主要包括存在价值、遗产价值和选择价值（崔丽娟，2001；徐跃 等，2014），其实就是它的存在有没有必要性，湖泊的存在就会有栖息地功能、维持生物多样性、传播花粉和种子、促进土壤形成和保持的功能。其他的功能都是在使用中产生的，而这几种功能只要湖泊存在就有，因此非使用价值主要反映湖泊的栖息地功能、维持生物多样性、传播花粉和种子、促进土壤形成和保持的功能，用条件价值法计算。

条件价值法可用于计算市场消费者对于某一项环境质量损失的赔偿意愿或者改善环境质量的支付意愿。通过问卷调查形式来询问消费者一系列假设问题，来调查消费者对环境质量等资源服务的偏好，从而计算消费者的支付意愿及赔偿意愿。用条件价值法进行玄武湖湖泊生态系统的非使用价值的计算。本研究中，通过选择消费者的随机样本，将结果扩展到研究区域整体，即使用样本中消费者的平均支付意愿值乘以湖泊环境资源所服务范围的总人口数，以求得玄武湖湖泊生态系统环境资源的总意愿支付金额。用式（3-116）（庄大昌，2006；徐跃 等，2014）表示：

$$V_{非使用} = WTP \cdot N \tag{3-116}$$

式中：$V_{非使用}$为湖泊服务范围内市民的总支付意愿金额，即湖泊的非使用价值；WTP为调查样本中人均支付意愿金额；N为湖泊服务范围内实际愿意支付市民的人口数。

2. 数据资料来源及结果计算

玄武湖直接使用价值计算中，物质生产价值计算需要玄武湖水产品的单位面积产量以及养殖面积，来自玄武湖管理处水务所；还需要相应的水产品的平均市场价格，通过对南京市水产市场的实地调查获得。玄武湖湖泊生态系统中的物质生产产品主要包括植物和动物产品，包括莲藕、芡实、螃蟹、虾以及各类淡水鱼，等。

涵养水源价值计算中采用的湖泊水域面积、水位数据来自南京市水务局。南京市玄武湖的涵养水源价值为单位蓄水库容成本与湖泊常水位时水源涵养量之积。其中单位蓄水库容成本以每年0.67元/m³计算，即全国水库建设投资平均值（赵秋艳，2007；马占东 等，2014）。

休闲旅游价值计算中，根据地方年鉴得到南京市玄武湖的接待游客人数，并通过调查问卷估算出人均旅游消费，游客人均逗留时间为1d，按可游览天数每年300d计算生态容量。2016年江苏省人均日工资为190元左右，机会工资成本一般占工资成本的1/3，为63元/d。

玄武湖间接使用价值计算中，采用全球湿地生态系统科研文化功能价值与中国单位面积湿地生态系统的平均科研价值的平均值来计算。

生物多样性维持价值采用全球湿地生态系统单位面积自然资本价值及湿地功能价值进行推算，根据Costanza的研究成果，全球湿地生态系统中生物多样性价值量为304美元/（hm²·a）（Cosanza et al.，1998；马占东 等，2014）。

均化洪水价值可通过单位蓄水库容成本和汛期湖泊调蓄洪水量之积进行计算，其中单位蓄水量库容成本采用全国水库建设投资，即每年投入0.67元/m³（赵秋艳，2007；马占东 等，2014）。

水质净化价值由于研究的局限性，无法对玄武湖中所有污染物的去除功能及效益进行评估，本研究只对湖泊净化总磷和总氮的价值进行估算，在一定程度上反映湖泊的水质净化价值。其中单位污染物的净化价值以总磷 2.5 元/kg 计，总氮 1.5 元/kg 计（张修峰等，2007）。

蒸腾吸热价值根据玄武湖各湖泊的水面蒸发量以及平均温度计算出。通过将热能转化为电能，可采用居民用电市场价格进行玄武湖蒸腾吸热价值的估算。

固碳释氧价值采用有碳税法和造林成本法（任志远 等，2003）计算。碳税法是由各国对二氧化碳排放所征收的税款来进行固碳功能的计算，瑞典的碳税率 150 美元/t 为目前国际上较为通行的碳税标准，但由于这一价格代表发达国家的价格水平，在我国经济情况下偏高，本研究将采用这一国际标准 150 美元/t 与国内造林成本 250 元/t 的平均值作为玄武湖湖泊生态系统的固碳价值。对于释氧价值，按工业制氧法的 400 元/t（任志远 等，2004）与造林成本法的 352.93 元/t 的平均值作为玄武湖湖泊生态系统的释氧价值。

玄武湖非使用价值计算中，应用条件价值评估法（CVM）调查问卷对游客的支付意愿进行估算。本研究采用开放式问卷进行第一次预调查，以得出第二次调查的核心估值及其间隔。第二次调查将采用支付卡问卷。

本研究的问卷由以下部分组成。分别是湖泊湿地资源的非使用价值说明；回答者对南京市湖泊湿地环境效益的认识调查，具体问题包括"您认为玄武湖湖泊湿地非使用价值的重要程度如何？""您认为玄武湖湖泊湿地环境在近十年来的环境变化趋势是怎样的？"，等等；玄武湖地理环境介绍；回答者支付意愿调查，其中核心问题为"您愿意为维持玄武湖的非使用价值支付多少费用？"，第一次开放式预调查由受访者直接写出答案，第二次支付卡问卷调查则根据第一次调查结果提供不同的核心估值，若回答者不愿意支付，则需写出不愿意支付的原因，此外，对于愿意支付的价格，将分为选择价值、遗产价值以及存在价值，让回答者分别提供支付意愿；对于受访者的社会特征，如年龄、性别、居住区域、年收入、受教育程度、职业、职称等，进行记录。

本研究采用的 CVM 问卷调查第一次开放式预调查于 2018 年 3 月进行，第二次调查于 2018 年 4 月进行，调查样本涵盖南京市各群体市民，包括普通市民、企事业单位职工、高校教职员工等，范围涵盖南京市玄武湖附近的玄武区、鼓楼区、秦淮区、栖霞区以及建邺区 5 个行政区。第一次预调查发放调查问卷 100 份，有效问卷回收 91 份，有效反馈率为 91%；第二次调查发放问卷 300 份，有效问卷回收 288 份，有效反馈率为 96%。与国内外类似研究相比，本研究虽样本数相对较少，但有效反馈率相对较高。其中无效问卷的评判标准包括抗议性支付、意愿支付值高于个人年收入的 5%、对调查问卷目的认识错误、回答不完整等。

将收集到的有效问卷反馈信息录入 Excel 并建立数据库以及索引进行分析，本研究分别对回答者支付意愿、支付意愿相关性、社会特征、总意愿支付值、人均意愿支付值、WTP 值频数分布分析、非使用价值重要性程度分析、环境意识分析等进行调查。其中，对于各类非使用价值的重要性程度进行划分，包括不重要（0 分）、略微重要（1 分）、比较重要（2 分）以及非常重要（3 分），并将回答者认为的玄武湖非使用价值重要性评价的频度值乘以重要性程度分值，以得到平均重要性分值，并将各组重要性排序；对于人均支付意愿值，本研究采用线性插值法以及湖泊累计频度中位数人均支付意愿进行计算；用平均支付意愿值乘以实际愿意支付人口数（湖泊有调查样本支付率乘以南京市总人口）得到总支付值（V_{WTP}）（崔丽娟 等，2006；蒋劲妍 等，2017）。

3. 结果分析

基于 2016 和 2018 年的数据，根据以上方法获得 2016 年和 2018 年玄武湖的直接使用价值分别为 39898.60 万元/a，42294.52 万元/a；间接使用价值分别为 10015.00 万元/a，10725.91 万元/a；非使用价值分别为 55205.53 万元/a，59169.00 万元/a。那么 2016 和 2018 年玄武湖的总生态服务功能价值分别为 105119.10 万元/a，112189.40 万元/a。2018 年与 2016 年的值相比，2018 年生态服务价值大于 2016 年的，生态服务功能变化度为 0.07，说明玄武湖生态状况在缓慢变好，而不是在退化。

3.6 指示生物判定法

3.6.1 指示生物的概念及分类

20 世纪初期，德国学者 Kolkwitz 和 Marsson（1909）在调查受有机物污染的河流中生物的分布时，发现生物随河流污染程度的不同，有明显分布差异，因此提出了指示生物的概念。所谓指示生物（biological indicator），是指在一定地区范围内，能通过其特性、数量、种类或群落等变化，指示环境或某一环境因子特征的生物（李江平，李雯，2001），包括指示植物、指示动物、指示微生物等。

McGeoch（1998）将指示生物分为三类：① 环境指示生物（environmental indicator）：是指一种或一组物种，它们对环境状态的变化可以作出预测，易于观察和量化，起到早期预警效果。②生态指示生物（ecological indicator）：指那些对确定的环境胁迫因子敏感、能够显示这些因子对生物群落的作用、代表群落中其他类群对这些因子的响应的典型分类类群（taxon）或集群。生态指标显示了环境胁迫压力因子对生物群落的影响，不仅用于评估环境的变化，而且主要用于监测环境改变对生物的影响。③多样性指示生物（biodiversity indicator）：指那些其多样性变化能够反映群落中其他类群多样性变化的分类类群或功能群（functional group），主要用于监测群落中生物多样性的变化。

3.6.2 选择指示生物的要求

Whitton（1991）提出了作为指示生物需要满足如下 3 个要求：

（1）在研究区内广泛存在，生物的移动性低，有特定的栖息地，易取样观测，且物种的丰度不受生命循环周期的影响。

（2）能及时响应外界环境的变化，物种或群落结构可以揭示研究区环境不同的特性。

（3）物种容易被鉴定和量化，不用消耗大量的人力物力，分析过程简单易操作，不需要过多的生物学知识。

3.6.3 河流监测常用的指示生物

不同类群响应的环境变化类型也不同，大型底栖动物受生境的影响强烈，例如流速、糙率、坡度等；着生藻类则受水环境化学因子影响较多。且它们在反映环境变化的时间尺度上也有很大差异，大型底栖动物和着生藻类可以反映环境的短期效应，鱼类则更适合反映长期效应。目前，已被用于河流生物监测的生物类群很多，包括细菌、浮游动物、藻类、大型底栖动物、高等水生植物、鱼类等，最为常用的是大型底栖动物、着生藻类及鱼类。这些生物类群可以被单独使用（如大型底栖动物、着生藻类和鱼类），也可以被联合使用（李黎 等，2018）。

（1）着生藻类。作为初级生产者，着生藻类构成了河流生态系统食物网的重要基础。着生藻类繁殖速度快、生活周期短，可以反映环境的短期效应和瞬时变化，由于通常附着于底质上，它们的生长和繁殖能够直接而敏感地响应河段内出现的物理、化学及生物变化等。着生藻类（尤其是硅藻）已被众多学者用于河流生态系统的环境监测与评价。研究显示，着生藻类的种类丰富度及多样性、类群相似性、叶绿素 a 及生物量均可用作指示环境压力的参数（李黎 等，2018）。

（2）大型底栖动物。大型底栖动物将有机物和营养资源（如落叶层、藻类、碎屑）与较高的营养级连接起来，是河流食物网的重要组成部分。大型底栖动物多数营固着生活，可代表特定位点的生态环境，具有敏感的生活期、寿命较长，能够整合一定时期的环境效应。此外，这个类群包含的物种众多，覆盖的营养级和耐受性范围很广，可以有力地解释累积效应。如被有机物或重金属污染的河流中，群落的物种丰富度和多样性受直接和间接影响剧烈下降，摇蚊科常在敏感类群（如 EPT 种类）缺失的时候占据优势地位。大型底栖动物（尤其是水生昆虫）可用于监测河流生态系统受到的各种环境压力，包括有机污染、重金属污染、水形态退化、富营养化、酸化及整体环境压力等（李黎 等，2018）。

（3）鱼类。鱼类位于河流食物网的顶端，并被人类取食，对于污染物监测极为重要。因其寿命较长、运动能力较强，可作为长期效应和广域生境状态的优秀指示生物。另外，鱼类群落涵盖的营养级范围很宽，包括顶位捕食者占据的最高营养级，可以反映整体的环境健康状态。对周围水环境健康的敏感性是鱼类被用于监测环境退化的理论基础。鱼类与人类关系密切，对人为干扰的变化表现敏感，对不同时空尺度下自然条件的变化表现的不敏感。鱼类群落几乎对所有类型的人为干扰都有响应，包括富营养化、酸化、化学污染、流量调节、物理生境改变及破碎化、人类开发及引入种等（李黎 等，2018）。

3.6.4 指示生物用于监测环境的优缺点

李江平和李雯（2001）指出指示生物应用于环境监测的优越性以及缺陷。具体是：

优点：（1）在环境中，生物接触到的污染更大可能性是多种污染物的混合，而不是一种污染物，多种污染物的混合可能会产生协同作用，使得危害程度加深，指示生物法能较好地反映出环境污染对生物产生的综合影响。

（2）指示生物对环境污染的监测具有敏感度高、反应速度快的特点。对于一些低浓度的污染物在能直接检测或人类直接感受到以前，指示生物即已有反应并出现可见症状，因此可以及时发现污染，及时预报。

（3）理化监测具有繁琐性和局限性，生物监测更加方便、容易，所能监测的范围也比理化监测广。

缺点：(1) 需要慎重选择指示生物，现在没有标准化的监测方法，可以具体监测出生物是受污染物的影响还是受到例如气候、季节、地域、土壤以及病虫灾害等因子的影响。因此需要建立标准合理的监测方法，使得结果具有可比性。

(2) 难以对引起指示生物体反应的原因进行量化。现实中，利用指示生物对污染监测的同时，也要进行污染的性质和浓度监测，二者的结合就可以合理评价污染物引起的生物学综合效应。

(3) 生物监测参数的选择比较困难。同种生物不同生长时期对污染物的敏感度和反应不同，且同种生物不同个体也存在差异。实际当中要根据监测的环境（土壤、大气、水域）、污染物类型（重金属、杀虫剂、有毒气体、放射性元素、致癌物等）和受检环境中生物对污染物反应情况而来挑选合适的生物进行监测。

3.6.5 指示生物判定法的意义

指示生物判定法是根据生态系统中不同物种对外界干扰的响应程度不同的原理，选择对外界干扰较为敏感的物种作为指示物种，根据指示生物的变化来判定所研究的生态系统的健康状况的方法。在生态系统众多的物种中，藻类、鱼类和底栖无脊椎动物是较为典型的指示物种。常用的物种多样性指数包括马格列夫多样性指数、申农—威弗多样性指数、PFU 微型生物群落等（林俊良 等，2012）。指示物种法广泛应用于大气、土壤、水质监测及其评价，常用的水体污染指示生物有浮游生物、鱼类、底栖动物、两栖动物、水生敏感植物、软体动物等（周上博 等，2013）。生物分布的变化可以指示水质的差异，使得指示生物物种成为河流健康评估的主要工具。

3.6.6 在玄武湖的应用

玄武湖属于城市天然小型浅水湖泊，地处南京城市内河——内秦淮河、金川河上游地区，是江南三大名湖之一。玄武湖面积 3.7km^2，平均水深 1.14m。湖区由 4 个岛及堤、桥自然分隔为 3 个相对独立又相互联系的湖区，即东南湖、西南湖和西北湖。在 20 世纪 80 年代末，玄武湖的水质就已达超富营养化程度。为此，南京市政府投入了大量的人力、财力和物力进行整治。1996—1998 年依次实施了污水截流与污水整治工程、清淤疏浚工程（张哲海 等，2006）、生态工程（方东 等，2001）等手段治理玄武湖水环境，这些措施虽取得了一定效果，但并未从根本解决玄武湖水环境问题（王天阳 等，2007）。

1. 藻类

硅藻是河流生态系统中的初级生产者，分布范围广，物种多样，采样比较容易，且对环境变化反应敏感，其相对丰度和群落整体结构可以反映污水排放强度对水质的影响，最关键的是不同水体中的组分不同，因此常选用硅藻作为评价河流健康状况的指示生物之一（周上博 等，2013）。

Susanne et al. (2012) 通过比较分析大型植物、硅藻及其他底栖藻类的物种组成及其丰度，认为硅藻对环境变化的反应最快、底栖藻类次之，大型植物最慢。硅藻指数适用的范围大，并且硅藻生物指数适用于某些特殊环境条件下的河流健康评价，例如酸性并且含盐量高的河流、由于小规模的采金活动造成的环境压力的河流、间歇性河流（黎佛林，蔡德所，2015）。

硅藻可划分成低位团、高位团、运动型，在营养物含量低的情况下，低位团成为优势种；营养物含量高时，高位团成为优势种；运动型对各种环境因子最为敏感，利用硅藻生态功能团的这种生态响应可以评价河流生态状况（周上博 等，2013）。

根据任黎等（2008）在玄武湖浮游植物及水体富营养化研究中的发现，玄武湖水体处于富营养状态并有向重富营养化过渡的趋势时，其优势种为蓝藻最多，其次是绿藻，硅藻较少，因此可以选择硅藻作为评价玄武湖健康状况的指示生物。监测玄武湖中的硅藻动态变化，若硅藻的数量增多并成为优势种将意味着玄武湖的富营养化程度逐渐减弱最终达到生态健康的状态。

2. 底栖动物

一种是采用 Hilsenhoff 的 FBI 科级生物指数法（Hilsenhoff W L，1988）对水质进行评价。

$$FBI = \sum_{i}^{F} \frac{t_i n_i}{N} \tag{3-117}$$

式中：N 为总个体数；n_i 为第 i 科的个体数；t_i 为第 i 科的耐污值；F 为科数。

FBI 水质评价标准：0.00～3.75 极清洁；3.76～4.25 很清洁；4.26～5.00 清洁；5.01～5.75 一般；5.76～6.50 轻度污染；6.51～7.25 污染；7.26～10.00 严重污染。

通过在玄武湖的 3 个湖区选取多个断面进行生态考察和底栖动物的采样、鉴定和分析，对比分析各断面底栖动物的生物多样性、物种结构组成以及密度状况，然后根据 FBI 科级生物指数法进行确定。

另一种是张汲伟等（2018）提出的在全国水体可用的根据底栖生物来衡量水质的底栖动物分值指数（Chinese Macroinvertebrate Score Index，CMSI）和底栖动物平均分值指数（Average Chinese Macroinvertebrate Score Index，ACMSI）及水质评价等级体系。和上述方法类似，但是符合中国实际。同样可在玄武湖可以进行应用。

3. 鱼类

鱼类一般个体较大，捕获相对容易，种类丰富，活动能力强；鱼类与人类关系密切，对人为干扰的变化表现敏感，对不同时空尺度下自然条件的变化表现的不敏感；鱼类群落可以由几个占据不同营养级及其不同摄食功能团的物种组成；鱼类处在食物链的较高位置，能够反映生态系统的整体状况。但国内应用鱼类评价河流健康状况的研究较少且多参照国外的 IBIs 体系评价河流健康状况（周上博 等，2013）。可以在玄武湖选不同的断面应用基于鱼类设计的生物完整性指数（index of biotic integrity，IBI）进行分析研究。IBI 应用物种丰富度、生境、营养团结构、生物个体健康状况、丰度等描述鱼类群落特征的 12 个指标来反映河流生态状况，是多指标评价法的典型代表。

4. 微生物

曾巾等（2008）通过变性梯度凝胶电泳（DGGE）的方法研究了南京玄武湖底泥中的微生物群落结构分布，鉴定出玄武湖底泥中优势微生物属于变形菌（Proteobacteria）、放线菌（Actinobacteria）、疣微杆菌（Verrucomicrobia）和硝化螺旋菌（Nitrospira），它们均属于富营养化湖泊中常见的微生物类群。玄武湖沉积物的微生物群落结构与藻类密集程度也存在关联，微囊藻水华期间，变形菌（Proteobacteria）、厚壁菌（Firmicutes）和拟杆菌（Baeteroides）为主要微生物，而在水华衰退期水体内原有的氢噬胞菌（Hydrogenophaga）、藉伏氏菌（Vogesella）、鞘氨醇单胞菌（Sphingomonas）、微小杆菌（Exiguobacterium）等菌属消亡（吴飘 等，2015）。

3.6.7 在苏州河的应用

吕亚红和顾泳洁（2002）针对苏州河的北新径处柱状沉积物中的硅藻丰度、种类及其数量的变化、优势种属的相对含量的变化进行了研究，研究表明柱状沉积物中的硅藻变化能有效地反映苏州河的污染变迁趋势；苏州河的水质污染以前极其严重，近年来有所改善，其主要污染类型为有机污染；沉积物中的硅藻不仅能反映水质污染变迁情况，而且对具体的水质污染情况有很好的指示作用。

廖祖荷和顾泳洁（2003）对苏州河着生生物群落（藻类、着生微型动物）的生态学变化与水质之间的关系进行了研究，在上游、中游、下游各设置2个监测点，取样后利用光学显微镜观察，结果表明：与夏季相比，秋季的生物物种数增加，生物优势种密度和个体密度降低，多样性指数升高，重污染水质指示生物种类数下降，轻污染水质指示生物种类数上升，表明生物群落的生态学变化对水质有较好的监测和指示作用。

汪飞等（2007）在苏州河对几种重金属以及不同河段河水及底泥进行了生态影响实验，选取了两种浮游植物（斜生栅藻，羊角月牙藻）和一种浮游动物（大水蚤）为指示生物，采集了苏州河从黄渡到黄浦江河口5个采样断面的水样、上层浮泥层（约50cm）和下层黑泥层的底泥样本，进行抑制试验和急性试验，①得到了以大水蚤EC_{50}为指标的苏州河主要几种重金属生态安全阈值，并且多数重金属（Cd^{2+}、Zn^{2+}、Cr^{6+}、Hg^{2+}）的生态毒性影响随着试验时间的延长呈现增加趋势（EC_{50}值明显减小），另外根据EC_{50}指标得出各金属的生态毒性大小顺序为：$Hg>Cu>Cr(Ⅵ)>As(Ⅲ)>Zn>Cd$；②与黄渡和北新泾相比，市区段河水对这两种浮游生物都表现了明显的生态影响，某些点位出现了统计学的显著性差异。

参 考 文 献

[1] 陈冰，李丽娟，郭怀成，等.柴达木盆地水资源承载力方案系统分析［J］.环境科学，2000，3：16-21.

[2] 程国栋.承载力概念的演变及西北水资源承载力的应用框架［J］.冰川冻土，2002，24（4）：361-367.

[3] 迟道才，赵红巍，张伟华，等.盘锦市水资源承载力研究［J］.沈阳农业大学学报，2001，32（2）：137-140.

[4] 崔凤军.城市水环境承载力及其实证研究［J］.自然资源学报，1998，13（1）：58-62.

[5] 方创琳，余丹林.区域可持续发展SD规划模型的实验优控——以干旱区柴达木盆地为例［J］.生态学报，1999，19（6）：767-774.

[6] 傅湘，纪昌明.区域水资源承载能力综合评价——主成分分析法的应用［J］.长江流域资源与环境，1999，8（2）：168-172.

[7] 高彦春,刘昌明.区域水资源开发利用的阈值研究[J].水利学报,1997,(8):73-79.

[8] 郭怀成,徐云麟,洪志明,等.我国新经济开发区水环境规划研究[J].环境科学进展,1994,2(6):14-22.

[9] 贾嵘,蒋晓辉,薛惠峰,等.缺水地区水资源承载力模型研究[J].兰州大学学报(自然科学版).2000,36(2):114-121.

[10] 贾嵘,薛惠峰,解建仓,等.区域水资源承载力研究[J].西安理工大学学报,1998,14(4):382-387.

[11] 贾绍凤,张士峰,王浩.用水合理性指标探讨[J].水科学进展,2003,14(3):260-264.

[12] 贾绍凤,张军岩,张士峰.区域水资源压力指数与水资源安全评价指标体系[J].地理科学进展,2002,21(6):538-545.

[13] 蒋晓辉,黄强,惠泱河,等.陕西关中地区水环境承载力研究[J].环境科学学报,2001,21(3):312-317.

[14] 李丽娟,郭怀成,陈冰,等.柴达木盆地水资源承载力研究[J].环境科学,2000,2:20-23.

[15] 李晓青.攸县耕地资源及其承载力研究[J].湖南师范大学自然科学学报,1996,19(2):88-93.

[16] 曲耀光,樊胜岳.黑河流域水资源承载力分析计算与对策[J].中国沙漠,2000,20(1):1-8.

[17] 施雅风,曲耀光.乌鲁木齐河流域水资源承载力及其合理利用[M].北京:科学出版社,1992.

[18] 水利部海河水利委员会.海河流域水生态恢复研究(初步报告)[R].天津:水利部海河水利委员会,2002.

[19] 水利部海河水利委员会.海河流域水资源规划报告[R].天津:水利部海河水利委员会,2000.

[20] 万本太,张建辉.中国生态环境质量评价研究[M].北京:中国环境科学出版社,2004.

[21] 王建华,江东,顾定法,等.水资源承载力的概念与理论[J].甘肃科学学报,1999,11(2):1-4.

[22] 王淑华.区域水环境承载力及其可持续利用研究[D].北京:北京师范大学,1996.

[23] 王志民.面向21世纪的海河水利[M].天津:天津科学技术出版社,2000.

[24] 王志民.恢复海河流域生态环境,全面建设小康社会[J].海河水利,2003(1):1-3.

[25] 魏斌,张霞.城市水资源合理利用分析与水资源承载力研究[J].城市环境与城市生态,1995,8(4):19-24.

[26] 夏军,左其亭,邵民诚.博斯腾湖水资源可持续利用:理论·方法·实践[M].北京:科学出版社,2003.

[27] 徐中民.情景基础的水资源承载力多目标分析理论及应用[J].冰川冻土,1999,21(2):99-106.

[28] 徐中民,程国栋.运用多目标决策分析技术研究黑河流域中游水资源承载力[J].兰州大学学报(自然科学版),2000,36(2):122-132.

[29] 徐中民,程国栋.黑河流域中游水资源需求预测[J].冰川冻土,2002,22(2):139-146.

[30] 张传国,方创琳,全华.干旱区绿洲承载力的全新审视及展望[J].资源科学,2002,24(2):42-48.

[31] 朱永华.生态环境承载力的理论及应用研究.博士后研究报告.北京:中国科学院地理科学与资源研究所,2004.

[32] 朱永华,任立良,夏军,等.海河流域与水相关的生态环境承载力的研究[J].兰州大学学报(自然科学版),2005(a),41(4):11-15.

[33] 朱永华,任立良,夏军,等.海河流域与水相关的生态环境承载力的研究[J].兰州大学学报(自然科学版),2005(b),41(4):11-15.

[34] 朱永华,夏军,刘苏峡,等.海河流域生态环境承载能力计算[J].水科学进展,2005(b),16(5):649-654.

[35] 朱永华,夏军,刘苏峡,等.海河流域生态环境承载能力计算[J].水科学进展,2005(a),16(5):649-654.(EI检索号:2005459460275)

[36] 朱永华,任立良,夏军,等.缺水流域生态环境承载力的研究进展[J].干旱区研究,2011,28

(6): 990-997.

[37] Yonghua Zhu, Sam Drake, Jun Xia, et al., 2005. The study of eco-environmental carrying capacity related to water. IAHS Publication 293. 118-124.

[38] Yonghua Zhu, Liliang Ren, Jun Xia, et al. 2009. The proportion of water usable distribution for sustainable development in Haihe river basins. IAHS Publ. 335, 219-223. (EI: 20110413622393)

[39] Yonghua Zhu, Sam Drake, Haishen Lü, et al. 2010 Analysis of Temporal and Spatial Differences in Eco-environmental Carrying Capacity Related to Water in the Haihe River Basins, China. Water Resour. Manage. 24 (6): 1089-1105. (SCI: 570GX; EI: 20102012933448)

[40] Meyer P S, Auubel J H. Carrying capacity: a model with logistically varying limits. Technological Forecasting and Social Change, 1999, 61 (3): 209-214.

[41] Seidl I., Tisdell C. A. Carrying capacity reconsidered: from Malthus' population theory to cultural carrying capacity. Ecological Economics, 1999, 31: 395-348.

[42] Simonovic. A. P. (ed.). Modeling and Management of Sustainable Basin-Scale Water Resource Systems. Proceedings of IAHS Symposium 6, IAHS Publication No. 231. 1995.

[43] 白炳书. 长兴县坡地开发的水土流失防治措施 [J]. 中国水土保持, 2014, 4: 36-37.

[44] 戴鹏程. 宿迁市来龙灌区农业灌溉用水有效利用系数测定与分析 [J]. 治淮, 2014 (5): 42-43.

[45] 国家统计局. 安徽统计年鉴. 北京: 中国统计出版社, 2013—2016.

[46] 国家统计局. 安徽统计年鉴. 北京: 中国统计出版社, 2015.

[47] 国家统计局. 福建统计年鉴. 北京: 中国统计出版社, 2013—2016.

[48] 国家统计局. 湖州统计年鉴. 北京: 中国统计出版社, 2011—2015.

[49] 国家统计局. 嘉兴统计年鉴. 北京: 中国统计出版社, 2006—2015.

[50] 国家统计局. 江苏统计年鉴. 北京: 中国统计出版社, 2013—2016.

[51] 国家统计局. 金华统计年鉴. 北京: 中国统计出版社, 2012—2015.

[52] 国家统计局. 丽水统计年鉴. 北京: 中国统计出版社, 2012—2015.

[53] 国家统计局. 连云港统计年鉴. 北京: 中国统计出版社, 2012—2015.

[54] 国家统计局. 南京统计年鉴. 北京: 中国统计出版社, 2012—2014.

[55] 国家统计局. 上海统计年鉴. 北京: 中国统计出版社, 2013—2015.

[56] 国家统计局. 绍兴统计年鉴. 北京: 中国统计出版社, 2012—2015.

[57] 国家统计局. 苏州统计年鉴. 北京: 中国统计出版社, 2011.

[58] 国家统计局. 盐城统计年鉴. 北京: 中国统计出版社, 2010.

[59] 国家统计局. 浙江统计年鉴. 北京: 中国统计出版社, 2013—2016.

[60] 湖州市人民政府. 湖州市全国水生态文明城市建设试点实施方案（报批稿）. 2014.

[61] 湖州市水利局. 湖州市水资源公报, 2010—2013.

[62] 吉朝晖. 长江江苏段生态健康综合评价及保护 [D]. 南京: 河海大学, 2016.

[63] 吉玉高, 张健. 江苏省农田灌溉水有效利用系数测算分析研究 [J]. 中国水利, 2016 (11): 13-15.

[64] 贾艳红, 赵军, 南忠仁, 等. 基于熵权法的草原生态安全评价: 以甘肃牧区为例 [J]. 生态学杂志, 2006, 25 (8): 1003-1008.

[65] 金传芳, 郑国璋. 江苏沿江城市群城市生态系统健康评价 [J]. 环境与可持续发展, 2010, 6: 13-17.

[66] 李斌, 万利军. 农田灌溉水有效利用系数研究 [J]. 江苏水利, 2015 (10): 43-45.

[67] 连云港市水利局. 2011年连云港水资源公报. 连云港: 连云港市水利局, 2012.

[68] 连云港市水利局. 2012年连云港水资源公报. 连云港: 连云港市水利局, 2013.

[69] 连云港市水利局. 2013年连云港水资源公报. 连云港: 连云港市水利局, 2014.

[70] 连云港市水利局. 2014年连云港水资源公报. 连云港: 连云港市水利局, 2015.

[71] 马宇翔,彭立,苏春江,等.成都市水资源承载力评价及差异分析[J].水土保持研究,2015,22(6):159-166.

[72] 毛兴华,韦浩.太湖流域水土流失特征及防治对策[C].中国水利学会2016学术年会论文集.360-364.2016.

[73] 南京市水务局.2011年南京市水资源公报.南京:南京市水务局,2012.

[74] 南京市水务局.2012年南京市水资源公报.南京:南京市水务局,2013.

[75] 南京市水务局.2013年南京市水资源公报.南京:南京市水务局,2014.

[76] 潘田,张幼宽.太湖流域长兴县浅层地下水氮污染特征及影响因素研究[J].水文地质工程地质,2013,40(4):7-12.

[77] 秦鹏,王英华,王维汉,等.河流健康评价的模糊层次与可变模糊集耦合模型[J].浙江大学学报(工学版),2011,45(12):2169-2175.

[78] 任黎,杨金艳,相欣奕.江苏沿海地区水资源承载力研究——以盐城市为例[J].水利经济,2015,33(5):1-3,77.

[79] 沈乐,龚来存.南京市溧水区用水效率控制方案研究[J].人民长江,2016,47(1):31-35.

[80] 水利部水资源司.河流健康评估指南.2017.

[81] 水利部太湖流域管理局.太湖流域综合规划(2012—2030年).2013.

[82] 苏州市水利局.2010年苏州市水资源公报.南京:南京市水务局,2011.

[83] 万本太,张建辉.中国生态环境质量评价研究[M].北京:中国环境科学出版社,2004.

[84] 王乙江,张剑刚,徐玉良,等.昆山市农田灌溉水利用系数测算分析与研究[J].江苏水利,2017(2):58-63.

[85] 吴玉鸣,柏玲.广西城市化与环境系统的耦合协调测度与互动分析[J].地理科学,2011,31(12):1474-1479.

[86] 夏军,左其亭,邵民诚.博斯腾湖水资源可持续利用研究[M].北京:科学出版社,2003.

[87] 盐城市水利局.2009年盐城市水资源公报.盐城:盐城市水利局,2010.

[88] 张利国,陈苏.中国人均粮食占有量时空演变及驱动因素[J].经济地理.2015,35(3):171-177.

[89] 张敏,刘庆生,刘高焕.2010.浙江省长兴县北部小流域非点源污染估算与控制[J].临沂师范学院学报,32(3):30-35.

[90] 张士锋,孟秀敬.粮食增产背景下松花江区水资源承载力分析[J].地理科学,2012,32(3):342-347.

[91] 长兴县人民政府办公室.《长兴县节水型社会建设工作方案》长政办发〔2014〕52号,2014.

[92] 赵海娟,张倪.我国真实的城镇化率究竟是多少[N].中国经济时报,2013年8月12日,第9版.

[93] 赵展慧.我国城镇化率已达56.1%[N].人民日报,2016年1月31日,第2版.

[94] 浙江中水工程技术有限公司,水利部太湖流域管理局水利发展研究中心.湖州市水资源保护规划(报批稿).2015年12月.149.

[95] 中华人民共和国水利部.《水生态文明城市建设评价导则》(SL/Z 738—2016).2016.

[96] 钟世坚.珠海市水资源承载力与人口均衡发展分析[J].人口学刊,2013,35(198):15-19.

[97] 朱一中,夏军,谈戈.西北地区水资源承载力分析预测与评价[J].资源科学,2003,25(4):43-48.

[98] 朱永华,韩青,戴晶晶,等.太湖流域与水相关的生态环境承载力研究[M].北京:中国科学出版社.2020.2.第一版.208 pp.ISBN 978-7-03-063772-7.

[99] 朱永华.流域生态环境承载力分析的理论与方法及在海河流域的应用[R].博士后出站报告:中国科学研究地理科学与资源研究所,北京.2004年.

[100] 朱永华.与水相关的生态环境承载力的研究理论及其应用 [R].中国科学研究地理科学与资源研究所,北京.2004 年.

[101] 陈雅敏,张韦倩,杨天翔,等.中国不同植被类型净初级生产力变化特征 [J].复旦学报(自然科学版),2012,(3):377-381.

[102] 郭忠升.水土保持林有效覆盖率及其确定方法的研究 [J].土壤侵蚀与水土保持学报,1996,(3):67-72.

[103] 罗志军,刘耀林.基于 RS 与 GIS 的植被覆盖度与水土流失关系研究——以三峡库区秭归县为例 [J].国土资源科技管理,2008,(3):6-10.

[104] 南京市统计局.南京统计年鉴.南京:南京出版社,1983—2013.

[105] 杨存建,周成虎.TM 影像的居民地信息提取方法研究 [J].遥感学报,2000,(2):146-150,166.

[106] 钟海燕.鄱阳湖区土地利用变化及其生态环境效应研究 [D].南京:南京农业大学.2011.

[107] 朱永华,任立良,吕海深,等.水生态保护与修复 [M].北京:中国水利水电出版社,2012.

[108] Xu, M., Zhu, Y., Lü, H, et. al. Eco-environmental quality evaluation of huaibei plain [A]. IAHS Publication. 2015, 368, 436-441.

[109] Zhang, H., Wang, X. R., Hon, H. H., et al. Eco-health evaluation for the Shanghai metropolitan area during the recent industrial transformation (1990-2003) [J]. Journal of Environmental Management, 2008, 88: 1047-1055.

[110] 陈永文.自然资源学 [M].上海:华东师范大学出版社,2012.

[111] 蒋庭菲,范兴科,侯红蕊,等.几种城市绿地草坪草需水规律研究 [J].水土保持研究,2013,(6):88-91,110.

[112] 焦璀玲.城市生态环境需水量计算方法研究 [D].济南:山东大学,2006.

[113] 刘韬.水资源水质水量联合评价综述 [J].环境科学导刊,2012,(2):73-77,83.

[114] 任黎,杨金艳,相欣奕.湖泊生态系统健康评价指标体系 [J].河海大学学报(自然科学版),2012,(1):100-103.

[115] 王潜,李海涛,梁涛,等.湖滨带退化生态系统健康评价指标体系研究 [J].安徽农业科学,2009,(5):2226-2228,2288.

[116] 夏星辉,杨志峰,吴宇翔.结合生态需水的黄河水资源水质水量联合评价 [J].环境科学学报,2007,(1):151-156.

[117] 肖芳,刘静玲,杨志峰.城市湖泊生态环境需水量计算:以北京市六海为例 [J].水科学进展,2004,(6):781-786.

[118] 许文杰,许士国.湖泊生态系统健康评价的熵权综合健康指数法 [J].水土保持研究,2008,(1):125-127.

[119] 许文杰.城市湖泊综合需水分析及生态系统健康评价研究 [D].大连:大连理工大学,2009.

[120] 玄武湖水务局.玄武湖水生态保护与修复报告.2016—2019.

[121] 杨志峰,崔保山,刘静玲,等.生态环境需水量理论、方法与实践 [M].北京:科学出版社,2003.250pp.

[122] 杨志峰,尹民,崔保山.城市生态环境需水量研究:理论与方法 [J].生态学报,2005,(3):389-396.

[123] 张守平,魏传江,康爱卿.水量水质联合配置方案评价指标体系研究 [J].人民黄河,2012,(2):79-83.

[124] 张远,杨志峰.林地生态需水量计算方法与应用 [J].应用生态学报,2002,12:1566-1570.

[125] 章家恩,徐琪.退化生态系统的诊断特征及其评价指标体系 [J].长江流域资源与环境,1999,(2):215-220.

[126] 赵平,彭少麟,张经炜. 生态系统的脆弱性与退化生态系统 [J]. 热带亚热带植物学报, 1998, (3): 179-186.

[127] 周建康,丁正祥,程吉林,李文良. 南京市六合区降水蒸发规律分析 [J]. 扬州大学学报(自然科学版). 2009, 12 (2): 62-65.

[128] 朱永华,韩青,戴晶晶,吕海深,等,著. 太湖流域与水相关的生态环境承载力研究 [M]. 北京: 中国科学出版社, 2020.

[129] Qin B Q, Gao G, Zhu G W, et al. Lake Eutrophication and its ecosystem response [J]. Chinese Science Bulletin, 2003, (9): 961-970.

[130] 陈仲新,张新时. 中国生态系统效益的价值 [J]. 科学通报, 2000 (1): 17-22, 113.

[131] 崔丽娟,张曼胤. 扎龙湿地非使用价值评价研究 [J]. 林业科学研究, 2006 (4): 491-6.

[132] 崔丽娟. 湿地价值评估研究 [M]. 北京: 科学出版社, 2001.

[133] 蒋劲妍,曹牧,汤臣栋,等. 基于CVM的崇明东滩湿地非使用价值评价 [J]. 南京林业大学学报(自然科学版), 2017 (1): 21-7.

[134] 马占东,高航,杨俊,席建超,李雪铭,葛全胜. 基于多源数据融合的南四湖湿地生态系统服务功能价值评估 [J]. 资源科学, 2014, 36 (4): 840-847.

[135] 任志远,李晶. 秦巴山区植被固定CO_2释放O_2生态价值测评 [J]. 地理研究, 2004 (6): 769-75.

[136] 任志远,李晶. 陕南秦巴山区植被生态功能的价值测评 [J]. 地理学报, 2003 (4): 503-11.

[137] 王凤珍,周志翔,郑忠明. 城郊过渡带湖泊湿地生态服务功能价值评估——以武汉市严东湖为例 [J]. 生态学报, 2011, 31 (7): 1946-1954.

[138] 徐跃,张翼然,周德民. 草海湿地生态系统非使用价值评估 [J]. 环境科学与技术, 2014, 37 (6N): 419-424.

[139] 张修峰,刘正文,谢贻发,陈光荣. 城市湖泊退化过程中水生态系统服务功能价值演变评估——以肇庆仙女湖为例 [J]. 生态学报, 2007 (6): 2349-2354.

[140] 赵秋艳. 东昌湖生态系统服务功能价值评估研究 [D]. 济南: 山东大学, 2007.

[141] 庄大昌. 基于CVM的洞庭湖湿地资源非使用价值评估 [J]. 地域研究与开发, 2006, 25 (2): 105-110.

[142] Cosanza R, d'Arge R, De Groot R, et al. The value of the world's ecosystem services and natural capital [J]. Nature, 1998, 25 (1): 3-15.

[143] Simon T P. The use of biological criteria as a tool for water resource management [J]. Environmental Science & Policy, 2000, 3: 43-49.

[144] 曾巾,杨柳燕,梁医,等. 南京玄武湖底泥微生物群落结构研究(英文) [J]. 生态科学, 2008, (5): 351-356.

[145] 方东,许建华,徐实. 生态工程治理玄武湖水污染效果的监测与评价 [J]. 环境监测管理与技术, 2001, (06): 36-38.

[146] 黎佛林,蔡德所. 附生硅藻作为指示生物的研究进展 [J]. 水资源保护, 2015, 31 (6): 128-134.

[147] 李江平,李雯. 指示生物及其在环境保护中的应用 [J]. 云南环境科学, 2001 (1): 51-54.

[148] 李黎,王瑜,林岢璇,等. 河流生态系统指示生物与生物监测: 概念、方法及发展趋势 [J]. 中国环境监测, 2018, 34 (6): 26-36.

[149] 廖祖荷,顾泳洁. 苏州河水质与着生生物群落的生态学变化关系的研究 [J]. 贵州大学学报(自然科学版), 2003, (2): 196-199.

[150] 林俊良,宋书巧. 河流健康内涵及评价研究 [J]. 广西师范学院学报(自然科学版), 2012, 29 (4): 65-71.

[151] 吕亚红,顾泳洁. 苏州河沉积物中的硅藻及其污染指示作用 [J]. 上海环境科学, 2002 (10): 633-636, 646.

[152] 任黎,董增川,李少华. 玄武湖浮游植物及水体富营养化研究[J]. 水电能源科学,2008(4):31-32,59.

[153] 汪飞,吴德意,王灶生,等. 以浮游生物为指示生物的苏州河生态安全评价[J]. 环境科学与技术,2007,(3):52-54,118.

[154] 王天阳,王国祥. 玄武湖菹草种群空间格局分析及其环境效应[J]. 生态环境,2007(6):1660-1664.

[155] 吴飘,路婷婷. 玄武湖水生态环境现状调查与应对措施[J]. 江西水利科技,2015,41(4):264-268.

[156] 张汲伟,蔡琨,于海燕,等. 中国底栖动物水质生物监测指数和水质等级构建[J]. 中国环境监测,2018,34(6):10-18.

[157] 张哲海,梅卓华,孙洁梅,等. 玄武湖蓝藻水华成因探讨[J]. 环境监测管理与技术,2006,(2):15-18.

[158] 周上博,袁兴中,刘红,等. 基于不同指示生物的河流健康评价研究进展[J]. 生态学杂志,2013,32(8):2211-2219.

[159] Hilsenhoff W L. 1988. Rapid field assessment of organic pollution with a family-level biotic index[J]. Journal of the North American Benthological Society, 7(1):65-68.

[160] Kolkwitz, R., Marsson, M. 1909. Ökologie der planzlichen Saprobien[J]. Int Rev ges Hydrobiol. 2:126-152.

[161] Mcgeoch, M. A. 1998. The selection, testing and application of terrestrial insects as bioindicators[J]. Biol. Rev, 73(2):181-201.

[162] Susanne C, Schneidera A E, Lawniczak J. 2012. Do macrophytes, diatoms and non-diatom benthic algae give redundant information? Results from a case study in Poland[J]. Limnologica, 42:204-211.

[163] Whitton B A, Rott E, Friedrich G. 1991. Use of algae for monitoring rivers. Innsbruck: Universitat in Innsbruck, Institut fur Botanik.

第4章 生态保护

4.1 生态保护的含义、对象及手段

4.1.1 生态保护的含义

生态保护的概念是什么，其真正内涵是什么，要从以下三方面理解。

1. 概念

生态保护是指人类对生态环境有意识的保护。是以生态学为指导，遵循生态规律对生态环境的保护对策及措施。生态保护的关键是应用生态学的理论和方法，研究并解决人与生态环境相互影响的问题，协调人类与生物圈之间的相互关系。

2. 生态保护、污染防治及环境保护的关系

(1) 生态保护与污染防治是环境保护工作的两个主要领域。其原因：一是生态保护是针对生态破坏问题而言的，而污染防治是针对环境污染问题而言的；二是环境保护针对的问题有生态破坏、环境污染、自然灾害。

(2) 我国的环境保护工作是从污染防治开始。我国的环境保护工作，开始于20世纪70年代初期，当时主要是"三废"治理。从70年代初一直到80年代，我国的环境保护工作重点一直是污染防治，当时生态保护工作也已起步，但还不是重点。1990年8月我国在长春市召开了自然保护工作会议，提出要像抓污染防治一样抓生态保护，但在实际工作中，生态保护工作仍然不是重点，而污染防治还是中心任务。

(3) 当前我国环境保护工作以污染防治与生态保护并重。

3. 生态保护与污染防治的关系

生态保护与污染防治二者既有明显的区别，又有密切的联系。明显的区别表现在：污染防治解决环境污染问题。环境污染是人类活动排入环境中的物质或能量给环境带来的不良影响和作用。人类活动向周围环境排入物质，给周围环境带来不良影响，可造成大气污染、水污染等。人类活动向周围环境排入能量给周围环境带来不良影响，可带来噪声、热干扰、电磁波干扰等。生态保护解决生态破坏问题。生态破坏是人类活动直接给生态环境带来不良影响，例如森林破坏、开垦草原、过度捕捞、水土流失、地下水枯竭、生物灭绝等。二者间的联系在于：生态保护有利于污染防治。生态保护可以提高生态环境的自净能力，可以减少环境污染的危害。比如一个鱼塘，据承载量按水生生态系统自身的物质循环、能量流动规律及系统传递的信息进行适时适量养殖，适时捕捞，不过度利用也不滥用药物，这样鱼塘水生生态系统会持续被利用，但如果过度捕捞，就有可能造成生态破坏，一旦生态破坏，就会很容易造成污染。污染防治也有利于生态保护。环境污染有时也直接或间接地破坏生态环境，因此污染防治也可以减少生态破坏。

我国自20世纪80年代以来，一直坚持城市和区域的环境保护要综合整治，即污染防治与生态保护相结合。

4.1.2 生态保护的对象

生态保护的对象非常广泛。可以是人类生态系统这个整体，也可以是其生态环境中某个组成部分，或整个地球表层的生态环境，或整个生物圈及其组成部分。

生态保护工作包括：自然生态系统的保护、自然资源的保护、生物多样性的保护、自然保护区的建设与管理、农村生态保护、城市生态保护及生态环境管理。

4.1.3 生态保护的手段

生态保护的手段归结起来主要有法律、经济、科学技术、工程、行政管理及宣传教育六种，对于每个区域这六种都需要，在实际实施当中，要有机结合，与当地的具体问题及具体特点相结合，即根据具体区域的具体生态问题特点、当地具体的特点，保护的手段侧重点不同。

4.2 自然生态系统的保护

4.2.1 森林生态系统的保护

4.2.1.1 我国森林资源基本情况及存在问题

1. 基本情况

地域辽阔，自然条件多样，适宜各种林木生长。据中国政府网2009年的报道：全国森林面积1.95亿hm^2，森林覆盖率20.36%，森林蓄积137.21亿m^3。人工林保存面积0.62亿hm^2，蓄积19.61亿m^3，人工林面积继续保持世界首位（中国政府网，2009）。据环球网2020年3月11日报道，全国绿化委员会办公室发布《2019年中国国土绿化状况公报》。《公报》显示，2019年共完成造林706.7万hm^2、森林抚育773.3万hm^2，种草改良草原314.7万hm^2。截至2020年3月，全国森林覆盖率达22.96%，森林面积2.2亿hm^2（百度百科，2020）。另外我国还有大面积的宜林荒山荒地，适宜发展林业。

（1）树种和森林类型繁多。树种极其繁多。据统计，全国乔灌木树种约有8000种，其中乔木约2000种，包括1000多种优良用材及特用经济树种。森林类型繁多。有热带雨林、季雨林、亚热带常绿阔叶林、温带落叶阔叶林、温带针叶阔混交林等基本类型；还有地方性的次生类型和大量人工林和经济林。

（2）林产独特而丰富。不仅提供各种木材，而且提供其他森林产品，有野生动物和野生植物。

我国森林中的野生动物资源极其丰富，是世界上野生动物种类最多的国家之一，约有1800余种，其中珍贵的有驼鹿、雪兔、东北虎、大熊猫、金丝猴等，森林的鸟类、昆虫、爬行类、两栖类和各种生活于土壤中的低等动物也是十分丰富多样的。野生植物资源也极其丰富，有中药材、山野菜、食用菌、山野果及蜜源植物等。我国药用中药材植物约有

4.2 自然生态系统的保护

3000种，大部分分布在林区，常用的有500多种。山野菜主要产于东北林区，资源丰富，经济价值高，是出口创汇的重要林副特产。主要品种有蕨菜、黄瓜香、猴头、黄花菜等。食用菌，多达20多种，仅黑龙江省林区的各种食用菌蕴藏量就约在1500万kg以上。主要品种有：黑木耳、元蘑、松蘑、银耳、竹笋、香菇、平菇等，资源极为丰富，味道鲜美，具有较高的营养价值。山野果资源有两类，一类是浆果资源，如山葡萄、猕猴桃、山梨、草莓、芒果等；一类是有核食果资源，如松子、核桃、板栗等。由于林区分布着大量乔木、灌木和草本植物及花草，这些有性繁殖的植物花蕊是蜜蜂采集酿蜜的良好资

图4-1 椴树

源，林区可谓天然大糖厂，有丰富的蜜源植物资源，如椴（图4-1）、柳、色木、槐、杨、满山红及各种花草。

椴树，落叶乔木，花黄色或白色，果实球形或卵圆形。木材用途广。树皮可制造绳索。是夏绿阔叶植物，可高达30m，直径可达1m。也是重要的蜜源植物。各种蜜蜂都喜欢它的花蜜。椴花蜜色泽晶莹，醇厚甘甜，比一般蜂蜜含有更多的葡萄糖、果糖、维生素、氨基酸、激素、酶及酯类，具有补血、润肺、止咳消渴、促进细胞再生，增加食欲和止痛等多种疗效，是蜂蜜中难得的佳品。

（3）森林覆盖率低，人均资源少。据2007年国家林业局公布的数据，森林覆盖率为18.21%，相当于世界的60%，与表4-1相比，中国的森林覆盖率很低，低于许多多林国家的水平，属少林国家（国家林业局，2007）。

表4-1　　　　　　　　世界各多林国家及地区的森林覆盖率　　　　　　　　　　%

国家或地区	位　置	森林覆盖率	国家或地区	位　置	森林覆盖率
苏里南	南美洲北部	95.0	文莱	东南亚	71.9
所罗门群岛	西南太平洋，澳大利亚北部	90.0	不丹	南亚	69.8
法属圭亚那	南美洲北部	80.2	日本	东亚	68.0
圭亚那	南美洲东北部	76.1	芬兰	北欧	67.0
刚果	非洲中西部	75.3	韩国	东亚	64.0
加蓬	非洲中西部	74.7	俄罗斯	东欧	46.0
朝鲜	亚洲东部	74.4	加拿大	北美	39.0
柬埔寨	东南亚	73.8	美国	北美	22.0

据2009年中国政府网公布的数据：森林覆盖率有所提高，为20.36%，但与表4-1相比，还是低了许多。

人均资源少，尽管面积和蓄积量总量可观。森林面积：世界第七；蓄积量：世界第八，雄居亚洲之首。人均森林面积为0.114km²，是世界平均水平的18%，人均森林资源蓄积量为8.622m³，世界平均水平的11.5%（孔繁德，2001）。

(4) 森林资源分布不均。从表4-2可以看出，中国森林蓄积量主要位于中国的东北地区和西南地区，分别占到全国总量的31%及44%。按行政区而言（表4-3及表4-4），台湾、海南、广东、湖南、江西的森林覆盖率可达30%以上，上海、青海、宁夏及新疆的森林覆盖率不到4%。其中各行政区中，其中台湾的森林覆盖率最高，占到55.1%，青海的最低，只有0.35%。

表4-2　中国森林蓄积量的区域分布

地区	森林蓄积量（占全国的比例%）
东北	31
西南	44
其他	25

表4-3　中国森林覆盖率的行政区分布表

行 政 区	森林覆盖率/%
台湾、海南、广东、湖南、江西、福建、浙江、黑龙江、吉林	>30
上海、青海、宁夏、新疆	<4

表4-4　典型行政区的森林覆盖率的位次

行政区	森林覆盖率/%	位次
台湾	55.1	第一
福建	51	第二
青海	0.35	最小

(5) 森林林种结构不够合理。由于长期以来，没有全面开展按经营利用目的科学地划分林种的工作；重用材林，轻分类经营（没有能按当地生态环境的特点和森林的功能进行，以充分发挥森林的多种效益）；防护林面积过小，不能适应森林在生态环境保护方面的需要。如表4-5如列，全国用材林面积占全国森林面积的比例最高，达73.2%，防护林面积只占9.1%，而全国大面积的风沙区、海滨区都需防护林，这样造成森林生态系统在阻挡风沙、保护耕地，防风挡浪、过滤吸收营养物质，净化海域的作用得不到发挥。薪炭林面积只占3.4%，中国有大量的山区及其他边远地区，当地人民基本都以砍伐林木作为当地的主要薪炭来源，薪炭林面积过低，将会造成当地对其他林种的毁坏。

表4-5　林种面积占全国森林面积的比例

林种面积	占全国森林面积的比例/%	评价	林种面积	占全国森林面积的比例/%	评价
用材林	73.2	最高	薪炭林	3.4	较低
经济林	10.2	较低	竹林	2.9	较低
防护林	9.1	过小	特用林	1.2	较低

(6) 森林质量较差。森林质量指直接可以利用的经济价值。具体用森林生态系统的生产力和生物多样性表示。

我国森林资源的生产力较低，如全国林分平均蓄积量：每公顷仅为75.05m^3，只占到世界平均水平的64.7%；用材林为71.26m^2，人工林为33.31m^3，林分和用材林的郁闭度为0.60和0.59（均远远低于世界上林业发达国家水平）。中国森林的生物多样性除了一些零散的区域，如东北的温带原始森林、海南的原始热带雨林、季雨林、武夷山亚热带森林等林区的生物多样性极其丰富外，但其余地区林种结构简单，群落高度不大、层次少，生物多样性欠丰富。

2. 存在问题

中国森林生态系统当前存在的问题如下:

(1) 集中过伐,更新跟不上采伐。由于长期以来的林业指导思想是重采伐、轻造林育林,没有建立林价制度。而且是无偿采伐,不需交任何费用,结果导致营林资金不足;伐林时重视单一的原木生产,轻视发挥森林的生态效益和社会效益,且按需定产,木材生产任务过重。经常采用割草式砍伐即集中过伐,结果采育失衡,林地难以恢复其生态正常循环,造成更新跟不上采伐。

(2) 毁林开荒。森林地往往土壤肥沃,随着人口增长对耕地的需要,致使许多森林地被开发成耕地,现在的耕地中,由原始森林垦荒而来的占 1/3 左右。在我国热带地区林地向农业用地和热作物地转化问题表现尤为严重,如海南岛的土地垦殖率一直随人口的增长而增加。1985—1989 年间全国被征用的林业用地达 2.8 万 hm^2,1990 年度统计为 7989hm^2,1993 年上升为 44 万 hm^2,各种林地与 1987 年相比减少情况见表 4-6。

表 4-6　　　　　　　　海南岛各种林地与 1987 年相比减少的比例

林地类型	与 1987 年相比,林地减少面积所占的比例/%	林地类型	与 1987 年相比,林地减少面积所占的比例/%
常绿阔叶林	2.3	季雨林	6.4
热带雨林	6.3	针叶林	25.5

(3) 乱砍滥伐。造成乱砍滥伐,破坏森林生态系统的一个重要原因是为了得到农村生活能源。在过去一般时期内,乱砍滥伐严重,最甚时计划外森林资源消耗量是国家计划内消耗量的 2.32 倍。仅 1987 年,乱砍滥伐森林案件达 7.46 万起,造成森林损失 9.37 万 hm^2。损失林木 140.29 万 m^3。作为薪柴砍伐的森林资源占全国总消耗量的 30%。我国目前许多山区,仍以薪柴为主要的农村生活能源,约占能源结构中的 68%~74%,尤其是干旱区的农村生活能源至今仍十分缺乏。另外,近林区人民掠夺式地乱砍林木建房子、修家具等都属于乱砍滥伐。

(4) 森林火灾频繁。森林火灾 90% 是人为因素引起的。林区经营管理水平低,防火设施差,火灾预防和控制能力低。如果人民的护林意识不高,往往稍有不慎就会人为引起火灾,对森林生态系统造成破坏。

新中国成立以来,最大的一次森林火灾是 1987 年大兴安岭北部林区的特大火灾。过火林地和疏林地面积达 14 万 hm^2,受害面积达 87 万 hm^2,致使该区森林覆盖率由 76% 下降到 61.5%。

再比如澳大利亚 2009 年的森林大火。澳洲东部火灾于 2008 年 12 月 25 日发生,第一次从 2008 年 12 月 25 日到 2009 年 1 月 16 日,持续 22 天。2009 年 1 月 18 日晚间的闪电又使澳洲西部的大约 23 处森林大火燃烧了起来。截至 2009 年 2 月 10 日,大火已经造成至少 181 人死亡,数十人失踪,750 多所房屋被烧毁。大片农田、房屋和基础设施在大火中遭破坏。据官方估计,随着搜索和救援工作深入,死亡人数极可能超过 200 人。火灾造成直接和间接经济损失将超过 20 亿澳元(约合 13.9 亿美元)。

(5) 森林病虫害剧增。据统计,我国有各种森林病虫害 8000 多种,在全国大量发生的约有200多种。原因是20世纪60年代后森林过伐和大面积人工纯林的发展，结果改变了森林的组成结构和生物之间相互制约的生态关系，降低了森林自我抗御病虫害的能力，造成森林病虫害发生的规模和频率剧增。近几年来，我国的森林病虫害发生面积和危害程度呈现逐年上升态势。成因主要有6个：①全球气候变暖趋势明显，许多森林昆虫生育期增长；②人工林的发展。人工林的发展会引起人工纯林或林种简单，那么抗病虫害的能力将会下降；③天然林过量采伐的负面效应；④危险性病虫杂草的人为传播。通过人为无意识的引进或在认识不足的情况下，会引进一些在当地大量滋生并引起当地某些地方种的消失现象，从而导致某些昆虫大量滋生而产生病虫害；⑤长期不合理的使用化学农药。这会使那些有耐药性的昆虫变为病虫害；⑥防治不积极主动。缺乏提前防患意识，无预警预报系统。

据2005年有关文献估计，我国每年因森林病虫害造成的经济损失高达数百亿元（席振峰，2012）。随着造林绿化步伐的加快，人工林面积将迅速增加，预示着森林病虫害也将进入高发期。

（6）造林保存率低。造林保存率低，原因是造林技术低，重造林数量，轻质量，造林后轻管理。每年3月12日是中国的植树节，每年都投入大量的人力、物力、财力进行植树，但植被覆盖率上升不是很快。原因可能有两个：一个是造林品种可能不是当地的适宜种；另一个就是造林后没有护理好，种下后不再管理，有可能被当地人民放牧或当薪柴采挖，也有可能树木在苗期由于缺水缺肥或病虫害导致部分或全部死亡，结果造成造林保存率不高。曾在一段时期内，新造林的保存面积仅为造林面积的1/3。

（7）林业管理上的失误。林业管理上的失误在于长期以来坚持的林业指导思想：重采伐、轻造林育林，结果把森林当做自然物任意索取，对森林的价值没有足够的认识。还没有在全国全面制定林价，导致木材生产仍无偿采伐，森林资源的消耗得不到经济补偿，林业再生产需要的营林资金严重不足。还有就是森林保护的法律、法规、制度不健全，有法不依、执法不严的现象比较严重。

4.2.1.2 我国保护和发展森林生态系统的对策

1. 植树造林，扩大森林覆盖面积

（1）深化全民植树运动，提高造林绿化的质量和效益。中国森林覆盖率低，完全发挥不了森林生态系统的服务功能；山区多，易林地多；当前缺少防护林、薪柴林、经济林、特用林等，用材林的需求量也在增加，因此急需造林。今后要继续推行全民植树运动，但植树要适苗适时适量，种下后要及时进行水、肥、防病虫害管理，要建防护网或立提示碑，防止对苗木的损坏，提高造林绿化的质量和效益。

（2）加快重点林业生态工程建设。在继续推进十大林业生态工程的同时，在其他大江大河流域生态环境严重恶化的地区要继续进行林业生态工程建设。争取在各大江大河源头区实施水源涵养生态工程；在大江大河中游及下游区建蓄洪泄洪、净化上游来水污染的河岸防护林生态工程；在海滨区建固岸防风挡浪、净化外流河带来污染的海滨防护林生态工程；在风沙区建防风固沙的防护林生态工程。

（3）加速退耕还林的力度。水土流失的主要原因是毁林开垦，陡坡种植。据不完全统计，长江、黄河流域上中游12个省（自治区、直辖市）现有坡耕地约1800多万hm^2，其中 25°以上的坡耕地 460 多万 hm²,应退耕还林。

(4) 加强商品林建设。为解决国内对木材及果林等其他商品林需求,在按分类经营原则调整和区划生态林业建设地域的同时,积极区划商品林业发展,努力形成商品林业的骨干和框架。

(5) 种植薪炭林,推广节柴灶。长江、黄河上中游地区薪柴消耗约占毁林的 30%。要有计划地种植速生薪炭林,大力推广节柴灶、沼气、秸秆气化等,解决由薪柴消耗的毁林。

2. 抓好森林生态系统保护工作

(1) 实施天然林保护工程。天然林是中国森林生态系统保护及修复的标准,但现存量已很少,急需进行保护。

中国的天然林保护工程开始实施时间是在 1998 年洪灾之后。具体是将长江、黄河中上游生态环境脆弱地区划为禁伐区和缓冲区组成的生态保护区,森工企业转向营林保护。在禁伐区实行严格管护,坚决停止采伐;在缓冲区要大幅度减少天然林采伐量,加大保护力度,开展营造林建设,加强多资源综合开发利用,调整和优化经济结构。天然林保护工程实施的目标是在天然林保护地区实现木材生产以采伐利用天然林为主向经营利用人工林为主转变。

(2) 坚决制止毁林开垦,陡坡种植。1998 年洪灾之后,国务院下发了《关于保护森林资源制止毁林开垦和乱占耕地的通知》,通知要求,立即停止毁林开垦、滥占林地的不良做法,坚决刹住乱砍滥伐、超限额采伐的歪风。陡坡种植得不偿失,每年为护陡坡投入的物力、财力还不够种植获得的收入。因此要坚决制止毁林开垦,陡坡种植。

(3) 抓好森林防火工作。加强重点火险区以控制火源为中心的综合治理;建设防扑火队伍;加大投入力度,加强基础设施建设,建设火灾预测预报系统;全面推进以生物防火带工程和以计划烧除为主体的防火阻隔系统建设;加强防火值班。

(4) 重视森林病虫害防治工作。要重视森林病虫害防治工作,首先要在思想上重视,然后才能采取合理正确的防治措施。要从苗木、造林入手,培育抗病毒、抗虫害的苗种,营造混交林;抓好病虫害防治工作目标管理,并将其纳入地方各级领导保护发展森林资源的目标责任制,严格检查考核;搞好预测预报,完成全国中心测报点的布局,加强防治和检测信息网络建设。

(5) 强化野生动植物的保护和管理,加强森林公安和林业工作站建设。要抓好森林生态系统的保护工作,还要强化野生动植物的保护和管理,加强森林公安和林业工作站建设。森林生态系统的保护不是仅仅限于林木,还要包括生活在森林中的动植物,对它们的保护是对森林生态系统的保护内容的一部分。通过加强森林公安建设,通过法律的手段进行野生动植物的保护和管理;通过加强林业工作站的建设,进行森林生态系统中的动植物的监控、护理工作。这样才能全面地进行森林生态系统的保护。

3. 加大宣传力度,提高全民绿化意识和生态环境意识

森林覆盖率为什么要扩大,森林为什么要保护,只有通过加大宣传力度让大家知道森林生态系统的服务功能(不仅为人类提供各种资源,而且为人类创造良好的生态环境等)、树木种植技术、森林保护方法,才能提高全民的植树造林的绿化意识,才有利于森林生态系统的修复与保护。宣传形式多种多样，如报纸、电视、广播、网络、学校教育等。宣传内容包括保护森林，发展林业的重要性，特别是宣传林业在大农业中的地位和作用，森林在全球生态系统中的重要性。宣传目的当然是增强全民的绿化意识、生态意识，使全社会更加重视林业、关心林业、支持林业和发展林业。

4. 加强林业法制建设，实施依法治林

要进行森林生态系统的保护，法律的手段绝对少不了，它是对其他手段的补充。中国1998年新一届全国人大组建后，修改颁布的第一部法律就是《森林法》。围绕新《森林法》的实施，抓好林业的立法和法规的配套工作——抓好修改《森林法实施细则》《林地管理条例》《森林生态效益补偿基金管理办法》《森林、林地使用权转让管理条例》等。当前的工作是让《森林法》的规则细化，针对某个地区某个对象，另外就是要加强林业执法和执法监督。加强普法教育，让每个人懂得《森林法》，让他们自觉地遵守《森林法》的约束并去监督他人。

5. 实行责任制

制定并实施领导干部保护和发展森林生态系统任期目标责任制，及时检查通报目标完成情况，使之有效实行。坚持谁造林谁所有的原则，稳定完善各种形式的联产承包责任制，发展多种形式的经济联合，对林业实行特殊的扶持政策，充分调动国家、集体和个人经营林业的积极性。

6. 建立健全稳定的投入保障机制

坚持国家、集体、个人一起上，多渠道、多层次、多方位筹集建设资金。国家生态环境建设重点工程项目纳入国家基本建设计划，地方按比例安排配套资金。地方性的生态环境建设项目，由地方负责投入。小型建设项目主要依靠广大群众劳务投入和国家以工代赈，并广泛吸引社会各方面的投资。各级政府和有关部门要按照事权、财权划分，对生态环境建设的投入作出长期安排。中央和地方要将生态环境建设的资金列入预算，安排好生态环境建设资金。国家预算内基本建设投资、财政支农资金、农业综合开发资金等的使用，都要把生态环境建设作为一项重要内容，统筹安排，并逐年增长。银行要增加用于生态环境建设的贷款，并适当延长贷款偿还年限。积极争取利用国外资金，国外的长期低息贷款和赠款要优先安排考虑生态环境建设项目。加强已建立的林业基金的使用管理，切实用于水土保持、植树种草等生态环境建设，积极开辟新的投资渠道。按照"谁受益、谁补偿，谁破坏、谁恢复"的原则，建立生态效益补偿制度。按照"谁投资，谁经营，谁受益"的原则，鼓励社会上的各类投资主体向生态环境建设投资。对国内外资助生态环境建设有突出贡献者，国家给予表彰和奖励。

7. 实施科教兴林战略，推进森林生态系统建设的发展

要保护森林生态系统和推进森林生态系统建设肯定离不开科学研究和教育，原因有两个：一是加快林业发展的关键在科技进步。从选苗木、播种方式、管护方式中防火、防病虫害预测预报系统的建设、森林中动植物的保护等都离不开科技；二是我国林业肩负着优化环境和促进发展的双重使命，而我国森林资源存在着总量不足、分布不均、林地利用率低、资源综合利用差等问题。今后要通过以下三方面来着手：强化林业科技推广工作，促进科技成果的转化；攀登林业科技高峰，尽快缩短与世界林业发达国家的科技差距；建立

新型林业科技体制，形成科技与生产建设协调发展的新格局。

  8. 加强森林自然保护区的建设与管理

  自然保护区的建设与管理将为保护森林生态系统提供对照标准。今后要全面规划，有计划地加强建设。由于我国已建立的森林生态类型的自然保护区与需要相比，还有很大差距，需进一步发展。已建的自然保护区也要进一步加强管理，让其良性发展。

4.2.2 草原生态系统的保护

4.2.2.1 我国草原状况及其存在问题

  1. 我国草原状况

  我国草原面积约173万km^2，约占国土面积的1/5。由于我国地形多样，从南到北有三大气候带，从东南到西北又有湿润区、半湿区、半干旱区及干旱区之分，由地形、气候、水分组成多种多样的自然环境，结果多样的环境下存在着多样的草原（表4-7）。我国草原类型多，居世界第一位，共有18个大类，37个亚类，1000多个草地型。全国以经营草地牧业为主的县（区、旗）有264个，其中牧业县119个，半牧业县145个。中国有牧草类型5000多种，其中有优良的豆科牧草1130种，禾草科牧草1150种。草原上还生活着许多珍稀野生动物，生产许多珍贵的中草药。

表4-7 中国的草原分布及主要特征

名　称	特　征
东北草原	质量较高
蒙甘宁草原	面积较大，占全国草原面积30%，我国最主要的畜牧区
新疆草原	全国草原面积的22%，重要的畜牧区
青藏草原	面积最大，海拔最高，占全国草原面积的32%以上，盛产牦牛、藏羊等适于在高寒地区生活的牲畜
南方草山草坡区	面积较小，而且分散

  2. 我国草原生态系统存在的问题

  我国草原存在的问题如下：

  (1) 超载放牧，草场退化。随着人口的增加和生活水平的提高，人们对奶、肉、奶制品、肉制品、毛及皮等的需求量大大增加，而且草原面积没有扩大，有些地区由于对耕地的需求进行开垦草地变为耕地造成草原面积在减小，再加上我国草原载畜量很低，仅为澳大利亚的1/10，美国的1/27，新西兰的1/28。而且我国草原单位面积产草量在下降，比20世纪60年代初普遍下降30%～50%。结果超载放牧，再加上虫害、鼠害严重，现在已经导致草场退化的情况具有普遍性。以内蒙古自治区为例，目前全区退化草场面积占全区可利用草场面积的50%左右，其中严重退化面积接近总面积的20%。素以水草丰美著称的呼伦贝尔草原和锡林郭勒草原，退化草原面积分别已达23%和41%，退化最严重的是鄂尔多斯高原的草场，退化面积达68%。

  (2) 毁草开荒，耕地沙化。早期森林草原黑钙土、暗栗钙土地区拥有一定数量的适宜性土地资源，绝对多数早已被开垦，成为著名的粮食生产与多种经营的农业基地。后来，随着人口增长,对粮食需求的增加,一些地方不恰当的开垦陡坡地、沙质地,甚至固定沙地,破坏了草场,引起耕地沙化,使生物多样性及其价值大大降低。

(3) 连年割草,滥采药材。连年超强度割草,导致自然生产力下降,种的饱和度降低;优良豆科牧草减少,劣质菊科、藜科杂草类增多。滥挖滥采药材,已使我国草原中广泛分布的野生中药材,如麻黄、甘草、黄芪等数量日趋减少,有些濒于灭绝。

(4) 乱捕滥杀野生动物。乱捕滥杀野生动物致使一些有益野生动物濒临灭绝,有害物种种群扩张。如内蒙古草原的黄羊20世纪60年代还成群分布,现已所剩无几。根据相关资料,自80年代以来,仅内蒙古地区每年猎杀的黄羊,就多达7000~8000只,致使黄羊种群数量急剧减少,种群密度大大下降,由常见变为偶见。在草原上一些常见的猛禽,现已成为稀有或偶见的鸟类,如雀鹰、鸢等。相反,由于生物群落中天敌数量的减少,一些草食性鼠类,如布氏田鼠等的种群数量则有扩大的趋势,在繁殖高峰期,往往造成严重的危害。

(5) 煤矿、油田开采,污染草原环境。草原地区蕴藏着多种矿产资源,其中煤炭、石油、天然气等的藏量尤为丰富。国家经济的发展,要求大规模的开发这些地下资源,在开发中不注意环境保护,造成草原的污染和破坏。如:七五期间陕晋蒙三角区能源基地建设,仅铁路与公路施工、煤矿开发与建设就造成近$300km^2$的草原沙化,也造成了较大面积的草原植被的破坏。

4.2.2.2 我国草原保护对策

1. 健全和完善法律法规,严格执法

1985年6月,我国颁布了《中华人民共和国草原法》(以下简称《草原法》)。为了加强与《草原法》配套的法规建设,根据《草原法》的基本原则,在各省自治区制定有关管理条例的基础上,县(旗)应针对当地实际制定有关细则,健全和完善法规体系。加强草地管理法制教育。通过广泛宣传《草原法》等法律法规,提高广大群众的法律意识。加强草原执法队伍建设。从国家有关部门到地方各级政府,应重视执法队伍的建设,从培养人才、设置机构到经费使用等方面采取有力措施,保证其充分发挥法制管理的威力,严格执法。有效地保护草原,发挥其生态功能,促进农牧业发展,实现草原的永续利用。

2. 加大投资力度,加强草原生态系统的建设

实行国家、集体和个人结合,加大草原建设投资力度;加强草原建设。主要通过以下四方面进行:建设人工或半人工草场,推广草仓库,积极改良退化草场;利用洼地储积降水和地表径流,灌溉附近草场;有条件的地方实行松翻补播,提高产草量;发展人工牧草,适宜地方实行草田轮作;采取科学措施,综合防治草原的病虫鼠害,注意防止农药及工矿企业排放"三废"对草原的污染,保护黄鼬、鹰和狐狸类天敌。

3. 加强草地畜牧业的管理

通过合理控制牲畜头数,调整畜群结构,实行以草定畜,防止草场超载过牧;建立两季或三季为主的季节营地,大力推行划区围栏轮牧;推行草地有偿承包合作制度来加强草地畜牧业的管理。

4. 开辟新能源

在草原开辟和应用新能源,如太阳能、风能、沼气等,以解决部分牧民生活能源问题，减轻天然植被破坏。在条件适宜的地区发展薪炭林，解决部分牧民生活能源问题。

5. 加强科学研究，实行"科技兴草"

对草地生态系统的保护及草地生态系统的更新也离不开科学研究。中国的草地生态系统多处于生态环境比较脆弱的地区，而且单位面积产草率低，载畜量低，基本都存在不同程度的退化，而中国人口及生活水平的增长对其需求不断增长，只有加强科学研究，才能了解各种草地生态系统的演化过程，实现草地优良品种的培育。另外，草地生态系统的优化管理体系的建设，草地生态监控监测网的建设，牧草病虫害、鼠害防治技术和退化草原恢复技术的发展及人工草场的建设等，都需要通过加强科学研究来实现。

6. 加强草原自然保护区的建设和管理

草原自然保护区和森林自然保护区一样，为草原生态系统的保护起着对照标准的作用，它的存在为保护确定了方向和目标。国家有关部门和地方政府应加大投入，加强已有自然保护区的建设；同时逐步增加草原自然保护区的数量。从 20 世纪 80 年代起，我国在草原牧区相继建立了一批草地类自然保护区，并初步形成草原自然保护区的网络体系，但多数保护区的管理水平还不高，科研技术力量薄弱，设备简陋，运转资金困难，需要采取有力措施进行现有自然保护区的完善。由于草原生态系统，虽然比起森林生态系统而言，对人类生态系统的作用稍差一点，没有引起足够的重视。另外由于其所处西北内陆和西部高寒地区，容易被忽视，但是要认识到其重要价值，加强新的草地自然保护区的建设，为草地生态系统的加强保护及退化草地生态系统的修复提供标准和目标。

4.2.3 荒漠生态系统的保护

4.2.3.1 荒漠的概念

荒漠指地带性干旱气候，雨量在 200mm 以下，或高寒地区，植被稀疏，动物较少的荒芜地区。

4.2.3.2 荒漠的分类

荒漠按其所分布的区域及其主要特征分为干旱、半干旱荒漠和高寒荒漠两类。

1. 干旱、半干旱荒漠

指在干旱、半干旱地区，气候干旱少雨，植被稀疏，动物较少的荒芜地区。以风力侵蚀为主。可分成 3 类：

（1）石质荒漠：指岩漠风力侵蚀区，形成一系列风蚀地貌，例如风蘑菇、风蚀谷、风蚀丘、风摆石等。石质荒漠化：地表森林植被遭受破坏，土壤严重侵蚀，基岩大面积裸露的土地退化现象。

（2）砾质荒漠（砾漠）：指风力侵蚀强烈，砾石堆积覆盖地表的荒漠，蒙古语称戈壁。是古代堆积物经强劲风力作用，吹走较细的物质，留下粗大砾石覆盖于地表而形成的。

（3）沙漠：风力侵蚀较强，风成沙质堆积为主，地表由大量风成砂堆积覆盖，在干旱、半干旱荒漠中面积较大。地球陆地的 1/3 是沙漠。因为水很少，一般以为沙漠荒凉无生命，有"荒沙"之称。和别的区域相比，沙漠中生命并不多，但是仔细看看，就会发现沙漠中藏着很多动植物，尤其是晚上才出来的动物。沙漠地域大多是沙滩或沙丘，沙下岩石也经常出现。泥土很稀薄，植物也很少。有些沙漠是盐滩，完全没有草木。沙漠一般是风成地貌。沙漠里有时会有可贵的矿床,近代也发现了石油储藏。沙漠少有居民,资源开发也比较容易。沙漠气候干燥,它也是考古学家的乐居,可以找到很多人类的文物和更早的化石。

2. 高寒荒漠

在我国青藏高原的北部,海拔5000～5500m,为永冻土,以寒冻风化的冻融侵蚀作用为主。

4.2.3.3 荒漠生态系统的功能和效益

荒漠生态系统的功能和效益在于:①能固定流沙,减弱风蚀,改善生态环境。②提供一定数量的牧草,可以发展畜牧业。为人们提供肉类制品和奶类制品,以及动物的毛皮。③提供名贵药材,许多为特有药材,可供出口,换取外汇。④养育着许多为世界、国内及当地特有的动、植物种,这些动植物珍稀、古老,极具科研价值。如胡杨又称胡桐,为杨柳科落叶乔木。生长在沙漠,它耐寒、耐旱、耐盐碱、抗风沙,有很强的生命力。"胡杨生而千年不死,死而千年不倒,倒而千年不烂"。胡杨是生长在沙漠的唯一乔木树种,且十分珍贵,可以和有"植物活化石"之称的银杏树相媲美。广泛分布于中国西部的温带暖温带地区,新疆库车千佛洞、甘肃敦煌铁匠沟、山西平隆等地。如今,除了柴达木盆地、河西走廊、内蒙古阿拉善一些流入沙漠的河流两岸还可见到少量的胡杨外,中国胡杨林面积的90%以上都蜷缩于新疆,而其中的90%又集中在新疆南部的塔里木盆地。⑤提供柴草,作为燃料,满足当地生活的需要。⑥形成稳定的结皮层,维持着当地的生态平衡。无论是干旱半干旱荒漠还是高寒荒漠,都是生态环境极其脆弱的地区,表层的结皮层的形成都是经过好多年才形成的。结皮层的存在将起着固定下部松散部分的功能,它们的存在对于当地的生态平衡具有极其重要的作用。

4.2.3.4 我国的荒漠

我国的荒漠面积约292万km^2,占国土面积的30%。我国的干旱、半干旱荒漠分布在我国东北西部、华北北部、西北,其中既有岩漠,也有砾漠,还有沙漠,但以沙漠面积最大。面积为192万km^2,占国土面积的20%,包括3个大盆地(准噶尔、塔里木和柴达木)和一个高平原(阿拉善),周围和其间有高山分割。我国的高寒荒漠主要分布在青藏高原,其中又以藏北高原面积最大。我国高寒荒漠的总面积约100万km^2,占国土面积的10%,是世界上面积最大的高寒荒漠。

4.2.3.5 我国荒漠生态系统存在的问题

1. 樵采和滥挖对荒漠植物的破坏

对植物资源掠夺式的樵采和滥挖药材,使得许多植物遭到严重破坏,沙丘活化,珍贵药材如甘草、麻黄等急剧减少。荒漠位于干旱、半干旱地区或高寒地区,严酷的环境养育着许多珍贵药材和其他珍贵植物,这些地区往往多风沙,对珍贵药材和名贵植物等植物资源掠夺式的樵采和滥挖药材,结果是表皮层破坏,造成沙丘活化,沙暴天气增多,也造成许多珍贵植物种的减少甚至灭绝。

2. 过度猎捕和破坏栖息地对荒漠动物生存的威胁

过度猎捕和破坏栖息地使许多动物濒危或灭绝。野马、高鼻羚羊、新疆虎、荒漠熊、野骆驼、蒙古野驴、普氏原羚等都是主要栖息在荒漠生态系统中的物种,由于过度猎杀,野马于20世纪60年代初从野外绝迹,高鼻羚羊在50年代初绝迹,新疆虎由于人为猎杀和栖息地改变在20世纪初就已灭绝,许多动物成为濒危物种。高寒地区的藏羚羊等动物也遭到大规模的捕杀。

3. 部分地区不合理的农业开垦

一方面使许多野生植物资源直接受到破坏,另一方面缩小野生动物的栖息地,使之数量减少,有些已灭绝或趋于灭绝。不但使荒漠生态系统中的生物生存受到威胁,而且致使原稳定荒漠生态系统的生态环境也趋向恶化,向不稳定方向发展,致使土壤松动,沙尘天气增多;水土流失,土壤盐碱化程度加剧等。

4. 开矿、修路等对荒漠生物的威胁

近年来对石油和其他矿藏勘探和开采,以及道路和城镇建设,以及多种不同方式(破坏栖息地,阻断野生动物的迁徙路线,扰乱它们的正常生活)等给野生动、植物构成威胁。

5. 水资源的不合理利用导致荒漠天然林生态系统严重退化

由于水资源利用不合理,例如中国第一内陆河——塔里木河流域,由于其上、中游用水过量,造成下游断流,致使依赖河水补给的大面积天然林和人工林衰退以致枯死。结果荒漠生态系统被破坏,使许多动植物濒危或灭绝,更为严重的是沙尘暴的灾害越来越严重,越来越频繁,范围越来越大。再比如第二内陆河黑河流域,由于中游用水过量,造成下游额济纳盆地天然荒漠绿洲——天然林地生态系统大面积萎缩,由于额济纳绿洲东南面与巴丹吉林沙漠相连,西边为吉格德查戈壁,额济纳绿洲的稳定,起着防护带的作用。一旦额济纳绿洲消失,巴丹吉林沙漠将与吉格德查戈壁相连,沙尘暴将直逼"河西粮仓"。因此额济纳绿洲的生态安全直接关系到黑河中游各个绿洲的生态安全。额济纳盆地在20世纪50年代胡杨林地面积为75万亩,1995年减少到34万亩(程国栋 等,2001)。随后有所恢复,到2001年胡杨林面积变为$39.84km^2$(路京选 等,2007)。绿洲面积的减小,导致了沙尘暴频繁发生。源自额济纳盆地的沙尘暴已经多次袭击我国的西北和华北地区。在我国20世纪50年代沙尘暴仅3次,90年代每年就达3～4次,2000年一年内竟达十几次,严重威胁了当地的生产和生活,有些人还被夺去了宝贵的生命。中国沙尘暴天气增多,以致当前成为天气预报的一个内容。

4.2.3.6 保护荒漠生态系统的对策措施

1. 加强法制建设,控制生物资源的利用

制定《荒漠化防治法》《干旱地区生物多样性保护条例》,严格执行现有法律法规中有关规定,对稀有濒危的动、植物严禁捕杀和挖采。对于农业开垦和采矿,要事先进行生态环境影响评价,并征收生态环境补偿费。

2. 增加投入,加强保护区建设

我国荒漠地区已建立保护区30多处,但经费人员不足、机构不健全、管理松懈。应增加投入、健全机构、加强管理。有些重要的濒危物种(如沙冬青、四合木、半日花等)还没有包含在保护区的范围之内,应建立一些辅助性的"保护点"或"保护小区"。沙冬青分布在内蒙古、甘肃、宁夏等地,属于渐危种。沙冬青是古老的第三纪残遗种,为阿拉善荒漠区所特有的建群植物。目前,由于过度樵采,沙冬青群落遭到严重破坏,分布面积日趋缩小，若不加强保护，将面临着逐渐灭绝的危险。沙冬青是常绿超旱生植物，喜沙砾质土壤，或具薄层覆沙的砾石质土壤，多生于山前冲积、洪积平原，山涧盆地，石质残丘间的干谷，呈条带状或团块状分布。

3. 加强生态教育，提高干部群众的认识水平

采用报刊杂志、电视、网络及学校教育等各种手段，进行荒漠生态系统的特点、价值、保护的途径和方法等的广泛宣传教育，提高决策者、管理人员和当地广大公众对保护荒漠生态系统重要意义的认识，自觉保护生态系统。

4. 加强对荒漠生态系统保护的科研

加强对荒漠生态系统中动、植物种类的调查，研究动植物的习性，以便有效地保护动植物资源以至保护整个生态系统，防止生态系统遭受破坏。还要对荒漠化的机理进行认真研究，探讨控制荒漠的途径。

5. 开展国际交流与合作

荒漠遍布于世界各大陆，许多荒漠地区的国家在保护荒漠生态系统和合理利用荒漠生物资源方面积累了丰富的知识和经验，值得我们借鉴。边境的动物资源，是两国或多国共有，对它们的保护也只有在国际间共同合作才能实现。另外，国际合作有利于保护技术的提高和国际援助的取得。因此开展国际交流与合作也是保护荒漠生态系统的一个有效途径。

4.2.3.7 绿洲生态系统及保护

1. 绿洲生态系统的概念及特点

（1）概念。绿洲生态系统指在干旱、半干旱荒漠地区的边缘，由于河流带来宝贵的水资源，滋润了土地，植被繁茂，动物也较多，农业发展，人口集中，从而形成的生态系统即绿洲。在绿洲生态系统中，至关重要的是水资源。它决定着绿洲生态系统的规模和生产力。

（2）特点。绿洲生态系统的特点有：①由于光热与水分条件都很好，生产力提高。自然生态系统的生产力高，农田生态系统的生产力也很高；②由于光热充分，植物生长良好，农作物的品质优良，例如棉花、水果、粮食品质都很好；③水源的改变必然造成绿洲生态系统的变化，历史上有许多绿洲生态系统由于水源的丧失而毁灭。

2. 绿洲生态系统开发利用中存在的问题

（1）缺乏统筹规划，造成水源变化。由于缺乏流域性的水资源管理及生态环境管理部门，缺乏对水资源的统筹规划和管理，结果中游长期用水过多，给下游绿洲生态系统给水不及时，结果造成下游绿洲生态系统的萎缩。无论新疆塔里木河下游还是位于内蒙古自治区西部的黑河下游，许多绿洲面积都由于此原因而减少，面临毁灭的威胁。

（2）乱砍滥伐，造成植被破坏，沙化严重。我国新疆荒漠中，沿经绿洲有大面积的胡杨林和梭梭林，起着很好的生态屏障的作用，但近年来破坏严重，引起绿洲沙化。

（3）高山冰川退缩，威胁水源。绿洲生态系统的水源来自于上游的高山冰川融水。近年来，由于自然和人为的双重因素作用，我国新疆和甘肃的高山冰川消融退缩，威胁了绿洲水源的持续供给，应引起高度重视。

3. 绿洲生态系统的保护对策

(1) 统筹规划，合理开发利用水资源。国家已将塔里木河的治理纳入计划，统筹规划，合理开发利用，保证绿洲经济的可持续发展。

(2) 保护胡杨林、梭梭林。严格保护胡杨林和梭梭林，禁止乱砍滥伐。充分认识胡杨林和梭梭林的作用，为绿洲恢复生态屏障，保护绿洲生态系统的结构和功能，保护绿洲的生物。梭梭分布于内蒙古、甘肃、宁夏、青海、新疆等地，属于渐危种。由于长期不合理的放牧、樵采及挖掘肉苁蓉，破坏极其严重，分布面积日趋缩小。适于生存的海拔150~1500m，仅在青海柴达木盆地可达2600m。属小乔木，有时呈灌木状，高1~4m，最高可达7m，树皮灰黄色，干形扭曲。分布区的气候为极端大陆性。不仅能生在干旱荒漠地区水位较高的风成沙丘、丘间沙地和淤积、湖积龟裂型黏土，以及中、轻度盐渍土上，也能生长在基质极端粗糙、水分异常缺乏的洪积石质戈壁和剥蚀石质山坡及山谷。梭梭有冬眠和夏眠的特性，喜光性很强，不耐蔽。抗旱力极强，根系发达，耐盐性也极强。其保护价值在于其材质坚重而脆，燃烧火力极强，且少烟，号称"沙煤"，是产区的优质燃料，又是搭盖牲畜棚圈的好材料。嫩枝是骆驼赖以度冬、春的好饲料，又为重要药材肉苁蓉的寄主。梭梭还可用来防风固沙，故具有重要的经济价值。对其的保护措施有建立梭梭自然保护区，并在其分布区内需合理安排放牧、采药和解决好沙区人民的燃料，并应发动群众采种育苗，大力开展直播或植株造林，以扩大梭梭林的分布范围。

(3) 保护高山冰川。在绿洲生态系统的水源地建立自然保护区，保护高山冰川，严禁人为破坏冰川，防治冰川退缩消融，以保证绿洲生态系统的水源。

4.2.4 海洋生态系统

4.2.4.1 海洋生态系统的功能和效益

1. 海洋孕育了生命

浩瀚的海洋是全球生命支持系统的一个基本组成部分。为生物提供广阔的生存空间。海洋是生命的摇篮。

2. 海洋为人类提供食物

海洋孕育着大量的生物。地球动物的80%生活在海洋中，海洋生物种类繁多，整个地球的生物生产力，海洋占87%，相当于1.339亿t有机碳。为人类提供了大量的水生食物。

3. 海洋为人类提供工业原料

海洋中含有丰富的矿产资源。不但在海水中有丰富的化学物质，而且在海底有丰富的矿产资源，不仅种类多，而且数量大。如表4-8所列，一些人类常用的海洋矿产资源储量十分巨大。

表4-8 我国一些海洋矿产资源的可供我国人类利用的年限

海洋矿产资源名称	铜	镍	锰	钴
可供人类利用年限	600年	15000年	24000年	13万年

当前在陆地上已发现的化学资源在海水中已发现80多种（陈永文，2002）。海洋中的工业原料品种多、储量大，是未来主要的工业原料，合理的开发利用将会改善人类的

生活。

4. 海洋为人类提供动力资源

海洋可以为人类提供用之不竭的动力资源。海洋中的海浪、潮汐、海流、海水温差及海水盐度差均蕴藏着无限巨大的能量，如中国海洋中潮汐能蕴藏量1.9亿kW，波浪能蕴藏量约1.5亿kW。海洋中的动力资源蕴藏量巨大，当前由于技术问题，除了盐度差能还没被开发，其余海洋动力资源场均已被开发利用，可是还没有大量利用，但都将成为人类可以开发利用的能源，逐渐得以利用。

5. 海洋为人类提供药品

海洋生物资源丰富，能够供人们进行医学研究，获得防病、治病的良药，为人类健康服务。可以作为药用生物资源的海洋生物包括海藻、海绵动物、腔肠、软体、棘皮、脊椎动物等方面。海洋生物资源为人类提供药品的途径有两个：一个是直接从其中萃取药物；另一个是以其化学结构作为模式合成药物。

6. 海洋在军事领域具有指导意义

对海洋科学的研究在国防建设中意义重大。海流与潮流对水舰艇、潜水艇、布雷、导弹发射等均有较大影响。人们利用海水的物理性质、海洋性质、海洋底质和海洋生物等科学知识，研制出声呐系统。在第二次世界大战中所有被击沉的潜水艇中有60%是靠声呐系统发现的。海洋是天然的防护网。

7. 在预测天气、控制气候方面发挥了重要作用

海洋和大气是相互联系的，地球上的气候受海洋状况影响。自然界的风、雨、云、台风、海浪、大洋环境主要是由于海洋和大气层相互作用产生的。人们通过研究近水层大气和海洋相互作用的机理，研究海洋表面的海流和深层环流状况来预测天气。海水与大气中二氧化碳的交换起着调节大气二氧化碳含量的作用，这种动态平衡能够控制气候的转变。目前世界所排放二氧化碳一半以上被海洋吸收，这一功能正在因全球变暖而削弱。但可以肯定，如果没有海洋，地球生态环境早已不适于人类生存了。

8. 大海对陆地环境起到净化作用

大海几乎容纳了地球上所有的污染物。陆地的河川径流最后都要汇入大海。大海在接纳河川径流的同时也容纳了径流运送的各种污染物。人类将垃圾直接倾入大海。人类进行海洋大陆架地区各种资源开发、海底矿产资源开发、海洋运输等过程中都有可能造成海洋污染，另外通过大气干湿沉降也会造成海洋污染等。这些污染物进入海洋中，海洋通过溶解、稀释及生物分解等各种作用和过程对污染物进行降解、转化、转移、沉积，从而净化了地球陆地环境。

4.2.4.2 我国海洋资源与生态状况及存在问题

1. 我国海洋资源与生态系统状况

我国属于海洋大国，濒临渤海、黄海、东海、南海四大海域；跨温带、亚热带和热带三个气候带；濒临的海域面积约473 km^2，大陆海岸线长达18000多km，其中渤海为深入中国大陆的一个内海，黄海、东海、南海为边缘海，近海概况如表4-9所列。其中南海面积及水深均最大。

表 4-9 我国的近海概况

海名	位置			面积 /万 km²	水深/m	
	地理位置	南北长 /海里	东西宽 /海里		平均	最大
渤海	中国海最北部	300	160	7.7	18	70
黄海	中国大陆与朝鲜半岛之间	470	360	38	44	140
东海	中国海的中部	700	400	77	370	2719
南海	马来半岛，菲律宾群岛，中南半岛和中国大陆之间	1600	900	350	1212	5559

中国近海大多是生物生产力高的水域，生物种类十分丰富。已鉴定的种类约 20278 种，它们隶属于 5 个生物界，44 个门。近海渔场总面积约为 281km²，鱼类约 3023 种，占世界总数的 14%，其中主要经济鱼类 70 多种。

有 5000 多 km 的港湾海岸，有 160 多个面积大于 10km² 的海湾，可供选择建设中级以上泊位的港址，深水岸段为 4000 多 km。

海域的石油资源量为 450 多亿 t，天然气资源约为 14 万亿 m³，在我国的浅海海底已发现 20 多种金属、非金属和稀有金矿。

海洋能量总蕴藏量约为 8 亿多 kW，大陆沿岸波浪能约 7000 万 kW，南海及台湾以东的热能可发电量约 6 亿 kW·h，盐差能在 1.6 亿 kW 以上。随着科学技术发展，它将成为很有前途的能源资源。

2. 我国海洋生态系统存在的问题

(1) 过度捕捞。近年来，随着捕捞船只的增多，马力的增大，中国沿岸和近海渔业资源受到严重影响。特别是被称为中国海洋四大家鱼的大黄鱼、小黄鱼、带鱼和乌贼受到威胁最大，它们的产量大幅度下降。许多珍稀海洋生物也遭破坏，鲸、海龟、海牛等大量减少。

我国不出产海牛，但北京动物园却有海牛，这是 1976 年 1 月墨西哥政府对我国赠送一对大熊猫的回礼。经精心饲养，这对海牛已在我国传宗接代。刚生下的小海牛体长 1.2m，体重 34kg，全身披稀疏白毛。成年体长平均 3m，重 450kg。在自然界有的海牛可长达 6m，重 900 多 kg。世界上有 3 种：西非海牛、南美海牛（亚马逊海牛）、北美海牛（加勒比海牛、西印度海牛）。海牛被称为"水中除草机"，每天吃 27～45kg 水草，因而浅海和河口的航道很少被水草阻塞。1973 年，美国等北美和拉美国家，都先后把它列入濒危动物名单，加以保护。

(2) 海洋环境污染。海洋污染主要来自由于沿海地区人口城市化所带来的大量工农业废水和生活污水直接排放入海洋。其次来自大气污染物的干湿沉降。还有海底油田开采泄露及海上运输油船漏油。据统计，我国每年约有 100 亿 t 陆源污染未经处理直接排放到海洋。

海洋有机污染带来的后果就是赤潮。由于大量有机物和营养盐排入海洋，使水域富营养化，某些浮游植物、原生物等在短时间内大量繁殖，从而引发赤潮。赤潮发生时，赤潮生物覆盖海面，隔绝海水与空气间的气体交换。并在自身的生长和腐化中消化氧气，造成海洋生物窒息死亡。并且赤潮生物富集赤潮毒素，威胁人类健康。

近年来赤潮在我国四大海域均有发生，给生物资源、海洋生态及沿海居民生活环境和身体健康带来危害，经济损失相当严重。易污染难治理的海区是渤海。由于渤海是封闭型的内海，渤海湾底部的水体与外海彻底交换需50年之久，易污染难治理，一旦污染到严重程度，渤海将成为死海。1998年年底，国家环保局同有关部委和环渤海三省一市，正式启动实施"渤海碧海行动计划"。

（3）海洋工程的兴建致使海洋生境破坏。海洋工程的兴建破坏了生物生境和生态系统，使原有野生物种丧失了大面积生境。如：修建水库减少入海泥沙和挖沙取沙，海岸出现侵蚀破坏，已引起了人们的高度重视。国内许多科研单位开展了海岸保护的研究，提出了海洋生境的保护措施。

海洋工程是指以开发、利用、保护、恢复海洋资源为目的，并且工程主体位于海岸线向海一侧的新建、改建、扩建工程。具体包括：围填海、海上堤坝工程、人工岛、海上和海底物资储藏设施、跨海桥梁、海底隧道工程、海底管道、海底电（光）缆工程、海洋矿产资源勘探开发及其附属工程，海上潮汐电站、波浪电站、温差电站等海洋能源开发利用工程，大型海水养殖场、人工鱼礁工程、盐田、海水淡化等海水综合利用工程，海上娱乐及运动、景观开发工程，以及国家海洋主管部门同国务院环境保护主管部门规定的其他海洋工程。

（4）过度的水产养殖。20世纪80年代开始，各沿海城镇水产养殖业发展迅速。由于人们忽视了水域生物承载量，致使一些水域出现超载养殖，超量投饵，滥用药物，不仅导致水产品质量、产量下降，而且导致生物群落结构改变，造成养殖生物多样性下降，严重影响了生态系统的稳定性。

（5）海岸侵蚀。我国沿海由于滩涂开发等原因，出现海岸侵蚀现象。河北省秦皇岛市海面上、山东省沿海、江苏省沿海都出现了海岸侵蚀。今后随全球变暖、海平面上升，这一现象还会加重。

据新华社青岛2006年12月31日电，海陆交互地带受海洋、陆地、大气等自然环境的综合影响和人类活动的直接影响，自20世纪50年代末期以来，中国海岸线已发生逆向迁移变化。多数沙质、泥质海岸由淤进或稳定转为侵蚀，导致岸线后退，海岸侵蚀的范围日益扩大、侵蚀速度日渐增强，对海岸资源、环境和生态，沿岸人民的生命财产安全和社会经济发展构成巨大威胁。

4.2.4.3 保护海洋资源与生态系统的对策措施

1. 加强海洋意识、树立法制观念

要开发海洋，就必须在公众中加强海洋意识的宣传，树立海洋观念。

海洋观的主要内容就是：海洋是全球的通道；海洋有国土公土之分；海洋有丰富的资源可以开发利用；在海洋的开发中必须遵从国际海洋公约，处理好海洋与陆地的关系，本国海域和世界大洋的关系。在海洋开发中不仅要遵守我国的《海洋法》，还要遵守《国际海洋公约》，在其约束下进行我国海洋的开发和利用，还要进行公海地区的开发和利用。

2. 制定利于海洋开发的经济政策

为了实现建立海洋开发大国的战略设想，我国制定了各种有利于推动海洋开发的经济政策。引导一切有关行业下海,在政策和资金方面采取倾斜政策支持海洋产业发展,促进海洋开发的对外开放,加强管理,提高综合效益。

3. 确立科技兴海、可持续发展的战略方针

建设海洋开发大国必须以科技为先导,走科技兴海,可持续发展之路。中国的海洋科学技术发展要实行复合型战略,有选择地发展新技术,适当引进国外技术,支持基础研究和应用研究。国家要引导海洋科技队伍形成整体力量,重点发展为维护海洋权益、开发海洋资源、保护海洋生态环境服务的适用技术,使海洋的开发走上可持续发展的道路。

4. 积极参与国际合作

海洋生态环境保护和许多海洋开发活动,都是国际性的,必须有国际合作才能顺利进行。中国是发展中国家,更应积极参加国际合作,借助国外的力量获得必要的资料,填补空白,缩短差距:①适当参加全球重大科学考察活动,为人类认识海洋做贡献;②参加亚太地区和全球性海洋生物资源开发利用的国际合作,为合理利用和保护海洋资源做贡献;③在海洋油气资源开发领域,继续开展国际合作,吸引更多的外国公司在中国近海进行油气资源勘探开发,中国的石油公司也应走出国门,参与其他国家的大陆架油气资源勘探开发;④参与大洋多金属结核勘探开发的国际合作;⑤参与国际和区域性海洋生态环境保护。

5. 不断完善海洋立法

开发世界大洋资源要遵守国际法律制度,开发利用本国海洋资源要有国内立法。因此,随着海洋开发程度的日益提高,要不断加强海洋立法工作,完善海洋法律体系。

4.2.5 陆地水生生态系统

4.2.5.1 陆地水生生态系统的功能与效益

1. 维持地球上水循环的平衡

在太阳辐射的作用下,地球上的水不断地进行循环,江河是水循环的驿站,是陆地上水运动的原动力,不断使海洋的水得到补充。

2. 保护流域内气候,防止气温激烈波动

河流、湖泊等的蒸发作用可保持当地的湿度和降雨,并且控制热量的流动,调节气候环境,利于人的居住、农作物的生长。

3. 汇集污染物,降解环境污染

江、河的径流可以汇集地表径流溶解和携带的大量污染物质,使这些污染物在流域中被搬运、沉积、滞留、吸收、利用,从而降解环境污染。

4. 为人类提供水资源

河流、湖泊、水库常常作为居民用水、工业用水、农业用水的水源。目前,人类利用河川总水量的75%来满足生活、灌溉和工业用水之需。

5. 内陆水域是重要的动物基因库

内陆水域中不仅具有许多水产经济种类,如鱼、虾、螺、蚌等,还拥有多种珍稀、名贵的水生动物资源。如我国内陆水域中有白鳍豚、中华鲟、江豚等国家保护动物。我国的

赫哲族就是以打鱼为生的水上居民，水产品是他们的主要食物来源。

在长江里大约生活了2500万年的白鳍豚，是中新世及上新世延存至今的古老孑遗生物。是鲸类家族中小个体成员，是世界上现有5种淡水豚（拉河豚、亚河豚、恒河豚、印河豚、白鳍豚）中存活头数最少的一种。由于数量奇少，白鳍豚不仅被列为中国一级保护动物，也是世界12种最濒危动物之一。原属淡水豚科，20世纪70年代末，根据中国科学家周开亚教授的建议，单独设立了白鳍豚科。鲸目白鳍豚科白鳍豚属的唯一种，现已灭绝。

中华鲟又称鳇鱼，国家一级保护动物。中华鲟是一种大型的溯河洄游性鱼类，是我国特有的古老珍稀鱼类。世界现存鱼类中最原始的种类之一。远在公元前1000多年的周朝，就把中华鲟称为王鲔鱼。鲟类最早出现于距今2.3亿年前的早三叠世，一直延续至今，生活于我国长江流域，别处未见，真可谓"活化石"。生理结构特殊，既有古老软脊鱼的特征，又有现代诸多硬骨鱼的特征。形近鲨鱼，鳞片呈大形骨板状，鱼头为尖状，口在颌下。从它身上可以看到生物进化的某些痕迹，所以被称为水生物中的活化石，具有很高的科研价值。中华鲟是一种大型洄游性鱼类！是长江中的瑰宝。平时，栖息地北起朝鲜西海岸，南至我国东南沿海的沿海大陆架地带。在海洋里生活了9~18年后，性腺发育接近成熟时，便成群结队向长江洄游，到达长江上游四川宜宾一带和金沙江下段繁殖。每年夏秋，聚集于长江口，溯江而上至长江上游金沙江一带产卵，和幼鲟顺江而下，到东海，黄海的深水中成长。长江葛洲坝水电站的建设，使此鱼在长江失去了产卵繁殖的场所。为使中华鲟鱼保存下来，我国投资兴建中华鲟人工繁殖研究机构，并获得成功。

6. 流域生态系统储有丰富的水利资源

人类可以在一些大的江河流域筑坝蓄水，利用水的流动进行发电，为人类提供能源。

7. 重要的交通通道

在水域网络密集的地区和国家，生产、生活物品的供应，工农业产品的外销，人口的流动，水运是主要的运输方式，是重要的交通通道。

8. 内陆流域具有社会文化意义

流域，尤其是大河下游，土地肥沃、水资源丰富。吸引了许多人聚居在河边，逐渐发展成人类文明。古代的四大文明都是起源于大河流域。如尼罗河的埃及文明；底格里斯河、幼发拉底河的美索不达米亚文明；恒河、印度河游流域的印度文明；黄河的黄河文明。可以说人类的文明是靠流域建立的。现在，中国的长江流域的中下游人口密集，形成独特的水乡文化。

9. 内陆水域是内陆湿地诞生的母体

内陆水域不断进行生态演替。在其演替的过程中创造了大量的各种类型的湿地。这些湿地的效益也就是其自体——内陆水域的间接效益。

4.2.5.2 我国陆地水生生态系统状况及存在的问题

1. 我国陆地水生生态系统的状况

中国是世界上陆地水域面积最大的国家之一，江、河、湖泊、水库众多。河流总长度达42万km，流域面积在1万km^{2}以上的有2848个，面积达800万km^{2}以上。

4.2 自然生态系统的保护

我国陆地水生生态系统分属不同的水系。除如表 4-10 所列的 4 大水系外还有辽河水系、海河水系、淮河水系、钱塘江水系、闽江水系等。

表 4-10　　　　　　　　　我国的主要水系及所处的气候带

水　系	气候带	水　系	气候带
黑龙江水系	寒温带	长江水系	北中亚热带
黄河水系	暖温带	珠江水系	南亚热带

（1）河流。河流平均径流量居于前三位的有长江、珠江和雅鲁藏布江（表 4-11）。

表 4-11　　　　　　　　　我国主要河流的径流量状况

河流	平均径流量/亿 m³	占全国径流总量的比例/%	位次
长江	9513	35.1	1
珠江	4685		2
雅鲁藏布江	1654		3

我国河流按最后归宿分有在中国直接入海的河流，有出境后流入邻国的河流，还有中国境内直接入湖的河流（表 4-12）。

表 4-12　　　　　　　　不同最后归宿的我国各大河流及面积

河　流	面积/km²	最后归宿	占国土面积的比例/%	备　注
辽河、滦河、海河、淮河、长江、珠江以及浙闽台诸河	4416055	中国境内直接入海	46.3	
黑龙江流域、西南的诸河流域和西北的额尔齐斯河流域	1807554	出境后流入邻国	19.0	黑龙江上至今还未修建任何堤坝
河西走廊、准噶尔、塔里木、内蒙古高原、羌塘内陆河等	3321713	中国境内直接入湖	34.7	基本为季节河，水量都不大，主要供给沿途生物用水和维持湖泊的生命

（2）湖泊。我国的湖泊分属五大湖区（表 4-13），不同湖区，由于气候及其他自然环境的不同，其生态特征各有不同，自然环境适宜地区，往往营养丰富，湖区的生物种类丰富，如东部平原湖区及云贵高原湖区；自然环境严酷的地区，往往营养贫乏，湖区的生物种类也比较简单，如蒙新高原湖区。

表 4-13　　　　　　　　　中国不同湖区湖泊及其生态特征

主要湖区名称	湖　　泊	生　态　特　征
东部平原湖区	长江和淮河中下游湖群和黄河与海河下游的湖泊	中营养型和富营养浅水湖，生物种类丰富
东北平原和山地湖区	如镜泊湖、扎龙湖等	富营养型浅水湖
云贵高原湖区	如滇池、抚仙湖	类型多样，生物种类丰富
蒙新高原湖区	如博斯腾湖	多为内陆盐水湖，生物种类贫乏
青藏高原湖区	如青海湖为中国第一盐水大湖（盐度 12.2%），纳木错湖属寡盐湖	湖水较深，以贫营养型和内陆盐水湖为主。生物种类贫乏

(3) 水库。我国大中小型水库 8 万多座，总库容 4400 多亿 m³，控制流域面积约 150 万 m²。

2. 我国陆地水生生态系统存在的问题

(1) 水域的洪涝隐患。水域的洪涝隐患主要体现在：河床、湖底抬高，蓄洪、行洪、泄洪能力下降。原因是：①由于源头地区的植被破坏产生严重的水土流失造成泥沙淤积导致河床抬高，蓄洪、行洪能力下降。②地面沉降导致河床抬高、加剧洪涝灾害。随着人口的增加，工农业生产的不断发展，过量超采地下水，加上开采石油，天然气固体矿产而形成的大面积采空区等原因致使地面沉降。改变原来水动力的条件，使在沉降中心区的河道变浅，甚至形成"悬河"，使河流泄洪不畅，造成溃堤，导致洪涝灾害。③围湖造田、抢占泄洪区，致使抵御洪涝灾害的能力受到削弱，泄洪受阻。人为的围湖造田使河流床面及湖面减少。新中国成立初期对江河湖泊进行有组织的大规模围垦，不到 30 年的时间里，被围垦的湖泊就多达 12000km²。目前，有些地方，为了眼前利益还在非法侵占水域面积，进行围垦蚕食，我国的高原明珠滇池近 10 年又被蚕食了 14km² 水面。正在被侵占的滇池水体面积超过 100 亩。④人口增长和经济发展使受灾程度加深。由于人口的增长使泄洪区内人口密集、经济密度大，一旦发生洪涝灾害损失惨重。人们面对洪水的威胁，无法泄洪疏导，而是以堵为主，增大防洪难度，使溃堤的几率增加。⑤水利工程防洪标准偏低，不能满足目前防洪排涝的要求。目前除黄河下游可预防 60 年一遇洪水外，其余长江、淮河等 6 条江河只能预防 10~20 年一遇的洪水标准。许多大中城市防洪排涝设施差，经常处于一般洪水的威胁之下。广大江河中下游地区处于洪水威胁范围的面积达 73.8 万 km²，占国土陆地总面积的 7.7%，其中有耕地 5 亿亩，人口 4.2 亿，约占全国总数的 1/3 以上，工农业总产值约占全国的 60%。此外，各条江河中下游的广大农村地区排涝标准更低，随着农村经济的发展，远不能满足目前防洪排涝的要求。⑥河道内盲目采沙。一些人只贪图私利，在河道内偷沙挖沙，改变了河底地形，使水流力学结构发生变化，水流受阻，流速加急加大，增大水流对堤岸的冲击压力，容易造成部分区域内溃堤，这种情况在长江尤为严重。以上 6 点，加上全球气候异常导致的大气降雨时空分布异常不均，是大江大河地区发生特大洪水的主要原因。

(2) 江河断流加剧，枯水期提前、延长。该问题的原因是：①气候异常，降水量时空分布不均，局部水量少，蒸发量大，致使我国部分地区水资源贫乏；②人为因素致使流域内尤其是源头区、上游区植被被毁，致使植被对陆地径流的调蓄作用减弱，导致径流的年际、年内变化大；③水资源的管理及有关开发政策不协调致使引水工程过滥过多，流域内水库沟渠引水量、蓄水量加大。尤其北方地区最为严重。如黄河，断流趋势加重，几乎成为季节河。表 4-14 所示为近些年黄河利津河段断流状况。山东东营市的利津县为黄河入海口所在地，位于其境内的黄河利津河段应该不出现断流状况，这主要原因就是在其上游引水工程过多，把天然河道的水都引起水库、人为水渠中，结果天然河道确呈现断流。

江河断流将会影响城镇居民生活用水，影响工农业生产，而且加剧洪涝灾害。降低对流域内排放污水的净化能力，加重流域水污染。长期断流致使滩区沙漠化改变了水生生物的生存环境。枯水期提前、延长打乱了水生生物的生长发育规律性，对水生生物具有灭顶之灾。

4.2 自然生态系统的保护

表 4-14　　　　　　　　　　黄河利津河段断流状况

断流状况 年代	断流频率 （逐年趋增）	断流时间 （逐年增加）	断流日期 （逐年提前）	断流河段 （逐年加长）
20世纪70年代	6年	7d/a	5—6月	平均130km
20世纪80年代	7年	7.4d/a	2—4月	平均150km
20世纪90年代 （前8年）	7年（前6年有5年 出现断流）	60多d/a	（1992年发生在2月）	300km，1995年 将近700km
1997年		226d		

（3）陆地水域污染严重。陆地水域污染严重的原因在于农用化肥、农药随地表径流的流失、生活污水的排放、工业的发展，尤其是一些科技含量低的中小企业，将有毒物质及工业余热的直接排放；城镇周边地区兴起的家畜养殖场的畜禽食物残留物、粪肥等的排泄；近年来人工水利引水蓄水工程太多，造成天然河道中水分大大减少，而发生断流甚至干涸，结果天然水域由于缺水而自身净化能力降低，自身纳污量减少。

农业、家畜养殖场及生活污水使一些水域水体富营养化，鱼类缺氧而死，湖泊等衰退，向沼泽发展。工业有毒物质及工业余热直接排入陆地水域，致使水体理化性质发生变化，水质恶化，导致水域内生物富聚毒物，危害人类健康，甚至大量生物死亡，使水域生态系统发生逆向演替，生态环境进一步恶化。水域的污染还会造成较多的水资源失去提供饮用水源、灌溉、水产养殖、提供旅游场所等使用价值，制约工农业和其他各项事业的发展。

我国水利、环保部门对全国10万km的河流进行调查评价，发现被污染河流的长度已占半数，其中有4万km不符合渔业水质标准，2400km河流鱼虾绝迹，90%以上的城市水污染严重，26%的湖泊已到中富营养状。

3. 保护陆地水生生态系统的对策措施

（1）确立内陆水域在生态保护中的地位。内陆水域在整个生态系统中处于很重要的位置，"治国先治水"足以表明内陆水域在社会各个领域所起的重要作用。

（2）建立生态屏障。开展以流域生态保护为中心任务的生态绿化工作，在长江、大河及主要流域源头，上游区植树种草，兴建生态屏障，充分发挥植被固沙、蓄水、防风、调节径流的功能，这是生态保护的关键。

（3）设立滞洪、蓄洪、泄洪区。竭力制止人为占用河床滩圩，如有可能应适当退田还湖，将流域泄洪区内居民迁出，设立滞洪、蓄洪、泄洪区。

（4）加强水资源的统一管理。我国内陆流域，一般都跨越省市，呈"多龙治水"局面。为地方利益，有些人不顾全局，无所顾忌地对水资源进行索取，以满足眼前利益；另一方面不保护水域资源，致使洪涝旱加剧，污染加重。

应建立流域统一的水资源管理机构，制定水资源开发利用的法规政策及保护措施，对水资源进行垂直管理，编制水资源供需计划，协调各专业部门水资源的开发利用规划，制订排污标准，防止水域污染等，如对上游地区施行经济倾斜政策，以利于中上游的生态保护，下游地区实行有偿用水等合理化措施等。

（5）优化产业结构，建立节水型经济。

1) 发展素质好产值高、用水少、排污少的产业,并形成合理的产业结构,工业布局要适应水资源条件;要提高农业用水效率,使工农业产品用水定额与排水定额达到国内外先进水平。

2) 普及先进的生活节水设备,加强水的多次利用。

3) 建立污水处理系统,控制水污染,使污水资源化(目前我国正在全国范围内投资兴建多家污水处理厂)。

(6) 加强陆地水生生态系统的科学研究。对陆地水域进行全方位、多层次的科学研究,建立动态信息库,模拟水文灾害,加强对洪涝灾害的预测、预报,以利于采取有力的避灾、防灾措施,使灾害的损失降到最低。

(7) 对水利工程进行可行性分析评价。水利工程的上马,必须预先进行生态评价。不能只限于原来的环境评价,要着重考虑其对水生生物的影响,权衡经济、生态环境、社会三大效益。一旦上马,必须确保质量,保证充分、稳定、持续发挥其功能。

(8) 集中资金兴建综合效益大、波及区域广的水库工程。正在兴建的长江三峡水库电站集防洪、发电、航运多重效益于一身。三峡水库建成后,可使荆江地区防洪标准由目前10年一遇提高到100年一遇。如遇1998年100年不遇的特大洪水,结合堤防和滞洪区分洪,可保证长江中下游地区的安全。

黄河小浪底水库也是集多种效益为一身的重大工程,它可以蓄洪拦沙、灌溉发电。使黄河下游防洪标准从现在的不足100年一遇,提高到1000年一遇,从而保护中原油田的正常生产和100多万人的生命财产安全。它的拦沙作用,预计50年内可使河道减少过沙96亿m^3,相当25年下游没有泥沙淤积,不必加高堤防,可节省经费投资70亿元以上。开创现代水利工程和堤防工程以及滞洪区联合防洪、下游引洪淤灌、用水用沙的新格局。

4.2.6 湿地生态系统的保护

湿地指天然或人工、长久或暂时的沼泽地、泥炭地或水域地带,带有或静止或流动,或淡水、半咸水或咸水水体者,包括低潮时水深不超过6m的水域(国际湿地公约)。

4.2.6.1 我国湿地存在的问题

1. 农业围垦、城市开发造成湿地大面积削减

据统计:近40年来,中国沿海地区累计围垦滩涂面积100多万km^2,相当于沿海湿地面积的50%,围海造田工程使中国沿海湿地面积每年以2万多km^2的速度在减少。1950—1980年的30年间中国天然湖泊从2800个减到2350个,湖泊总面积减少了11%。发展工业、扩建城市使我国失去了大面积湿地。

2. 水土流失、泥沙淤积使湿地面积日益减少

中国最大的淡水湖洞庭湖每年有1.2亿km^3的泥沙沉积湖内,加之不断围垦,其面积由20世纪初的4350km^2萎缩到现在的2500km^2。尤其1998年长江洪水过后,湖中央出现了湖心岛。

3. 湿地环境污染严重

大量的工农业废水、生活污水排入湿地。农药、化肥的使用,以及运输、油气开发等引起的漏油、溢油等事故,使湿地实际上成为工业污水、生活污水和农用废水的承泄区。

污染物含量远远超过湿地的净化能力。

4. 湿地生物多样性下降

由于湿地面积的减少，湿地环境的严重污染，使湿地生境遭到破坏，及人为的捕鱼滥捕导致珍稀物种丧失，生物多样性受到威胁。

5. 湿地功能下降

由于湿地生态系统的组成结构遭到破坏，致使湿地功能下降，尤其是内陆湿地的蓄洪能力、纳污净化能力、提供水生动物天然栖息地的能力及海滨湿地的纳污净化能力、防风挡浪、固定海岸、提供水生动物天然栖息地、产场、索饵场的能力受到影响，大大削减了湿地的效益。

1998 年夏季的长江中下游地区和东北嫩江、松花江地区发生特大洪水。其主要原因之一就是人们漠视湿地价值和功能，大量围垦和占用沿江湖泊湿地。新中国成立初期，长江中下游各类湖泊总面积约 3.5 万 km^2。在单一农业经营思想指导下，对沿江湖泊等湿地进行了有组织的大规模围垦。在不到 30 年的时间里，多达 1.2 万 km^2 的湖泊被围垦，占新中国成立初期湖泊面积的 34.2%。导致季节性淹没区丧失，降低了平原湖泊天然蓄洪作用。仅长江原有的 22 个较大的通江湖泊，便因大量不合理的开发而减少了 567 亿 m^3 的容积，接近三峡工程防洪库容。长江中下游自 20 世纪 50 年代以来已丧失 80% 以上的天然蓄洪区，这就是 1998 年长江中下游洪水肆虐的主要原因之一。

海岸湿地大面积围垦使沿海地区失去了大面积的水生动物天然栖息地、产场、索饵场，引起物种种群和数量的减少，红树林、珊瑚礁的破坏，使防浪护堤的天然屏障遭到破坏，给沿海居民造成财产和生命损失。并且由于海岸湿地的破坏，来自陆地水域的污水在这里的净化能力大大减弱，造成污水入海，近海海域赤潮暴发；也会引起海岸侵蚀，海水倒灌现象的发生。

4.2.6.2 保护湿地的对策措施

1. 利用各种途径，加强宣传教育，提高公众的湿地保护意识

提高公众的保护意识是做好湿地保护的关键，通过公众保护意识的提高，可以转变对资源利用的观念，同时加强公众的监督与意识。

2. 制定充分体现可持续发展思想的湿地开发利用政策

对于湿地开发利用要维护湿地生境的完整性，开发强度应不超过生境更新及恢复的速度，以保护生境不存在净损失。在处理湿地保护与利用矛盾时可运用湿地调整策略，即总量平衡、动态管理、生态恢复、功能补偿。本着实事求是的科学精神，做到合法合理，协调兼顾，持续发展。

3. 加强对湿地的科学研究

我国系统的湿地研究许多内容有待开展，如：①在全国进行湿地资源调查，逐步建立全国湿地资源监测体系，并在此基础上建立全国和区域湿地资源动态信息库；②对生态工程技术与生物工程技术等进行研究与推广，开展湿地评价指标体系的研究，关于湿地开发的可持续利用途径研究。另外，要加大湿地开发的科技含量。

4. 完善湿地法规，加大执法力度

制定有关的湿地保护和合理开发利用的法规，完善配套法规，应按具体地区具体对象

来补充和修订；加大执法力度，执法部门把违法破坏湿地资源案件作为一项重要任务进行处理，做到执法必严违法必究。同时做好相关法律法规的宣传，让人人自觉地遵守。

5. 建立湿地保护和合理利用的示范区

我国湿地类型多，情况复杂，可根据不同类型和资源特点以及当地的传统习俗，试办各种不同类型的湿地保护和合理利用的示范区，通过典型试验，总结出成效显著又有代表性的经验加以推广，以点带面指导工作，为我国湿地保护和合理利用创出一条新路。

6. 建立湿地保护区，实行典型湿地保护与恢复

对典型的湿地生态系统，生物多样性高和珍稀、濒危物种区域，典型自然景观区和自然历史遗迹区通过建立保护区的方式，使这些区域的生态环境得到良好的保护与恢复。

对一些已人工围垦的典型湿地，围垦后又没有利用前景的区域以及由于围垦引发自然灾害的区域进行重点恢复工作。

7. 加强湿地保护领域的国际合作和交流

每个国家都有湿地，都有自己的保护方法和措施，也有相关的研究。而且有些湿地是国际化的，只有加强湿地保护领域的国陆合作和交流，才能吸取别人的先进经验，采纳别人的先进技术，才会更快更好地进行湿地保护；加强与有关国际组织的联系与合作，可以争取国际资金和技术援助，加强信息交流，促进湿地保护工作的开展。再者，有些国际湿地，只有通过国际合作和交流，才能得到彻底地保护。

4.3 生物多样性的保护

4.3.1 生物多样性的价值和作用

20世纪80年代美国著名的生物学家E.Q.威尔逊曾经提到："可能发生的、即将发生的最坏的事情，不是能源耗尽，经济崩溃，有限的核战争或是被一个极权主义的政府所征服。对我们来说，这些灾难尽管可怕，但经过几代人就可以得到补救，可是，由于自然栖息地的毁灭而失去遗传物质和物种的多样性。这一进程要花数百万年的时间才能得过以改正。这是我们的子孙最不能原谅我们的蠢事。"这说明生物多样性具有宝贵的、难以数计的，而且极易破坏而又难以恢复的价值。

生物多样性具有直接和间接的使用价值，而且还具有潜在的价值；在物质文明建设中具有极大的价值，而且在精神文明建设中也同样具有宝贵的不可替代的作用。

1. 生物多样性为人类提供食物来源

生物多样性为人类提供了食物的来源表现在生物的多样性将会为人类提供食物的多样性，进而为人类提供营养的多样性，这样既可以提高人类食物的稳定性，还可以保证和促进人类的身体健康。

2. 生物多样性为人类提供工业原料

生物多样性为人类提供了工业原料的多样性，造就了多样的工业。生物多样性可以为人类提供工业原料，在于：①植物提供的工业原料有粮食、棉花、油料、木材、橡胶、树脂等；②动物提供的工业原料，有肉类、毛皮、蚕丝、乳类等。人类已经利用的生物界提

供的工业原料类型还较少,生物界中还有许多物种可以为人提供新的工业原料。

3. 生物是许多药物的来源

传统医学的中草药中绝大部分来自植物和动物。现代医学对动植物的依赖程度也在不断提高。据报道发达国家约有40%的药方中,至少有一种药物来源于生物。许多生物直接作为药物,有些生物可以作为药物的配料。利用野生生物的原型可以栽培、饲养或合成许多药物。不同的亚种或变异种,其药用有效成分的质量及数量有很大的差异。随着医学科学的发展,更多的生物将被发现可作药用。例如热带森林中的美登木、粗榧等,都能提取抗癌的药物。研究表明许多海洋无脊椎动物,可以用来防治高血压、心脏病、神经紊乱以及一些由病毒引起的疾病。从长远看,许多防治疾病的新药,要从生物界中去寻找。生物的多样性,为人类提供了药物的多样性。

美登木主要分布在云南,全株可药用,可以活血化瘀。主治症瘕积聚。

4. 野生生物是培育新品种的基础

人类早期饲养培育的一些动物,栽培种植的一些植物为人类所用。但是这些品种由于遗传物质基础狭窄,会出现退化现象。

一般地,任何一个品种,例如小麦、大豆,使用十几年以后,其抗病虫害的能力会逐步减弱,其产量和质量也会降低,需要更新,品种的更新需要寻找野生祖型及近亲的遗传物质,作为新品种的培育基础。

一个优良的新品种,一旦培育成功并加以推广,每年创造的经济效益往往数以亿计。例如我国杂交水稻。利用在海南岛发现的野生稻的遗传基因进行杂交培育而成,推广之后每年为我国增产粮食数百亿公斤,价值数百亿元,最近经济学家们评价我国杂交水稻的培育者袁隆平的品牌价值达1000多亿元。袁隆平因此获得国家科技奖。

5. 生物多样性具有科研价值

生物界中有许多科学奥秘。研究生物为人类服务的科学之一是仿生学,仿生学研究成果表明,生物的各种器官和功能,可以给科学技术的发明创新以莫大的启示。仿生学给航天航空、航海、电子、化工等许多工业部门带来新的技术。例如:生物机制的启迪造就了雷达(蝙蝠)、飞机(蜻蜓)、电子蛙眼(蛙眼)等的发明创新。再比如,通过对萤火虫的研究,搞清了化学发光的原理,科学家最近设计出一种可以没有火星也不发热的发光装置,可以在特殊条件下做光源应用。这也是生物机制的启示导致了新的发明的产生。

6. 生物多样性可以有助于保持生态系统的稳定性

生态系统的物质循环、能量流动、信息传递,有着相互依赖、相互制约的辩证关系。当生态系统丧失某些物种时,就可能导致生态系统功能的失调,甚至使整个生态系统瓦解。如:在农业生态系统中,要维持和提高其生产能力,不但要保持提高质量的土壤和适宜的气候状况,还必须保持有益昆虫的授粉和天敌动物,特别是保护某些有益的昆虫及其生存条件。过量使用农药、灭鼠药会引起有益昆虫和其他动物的消失,进而破坏农业生态系统的稳定性,造成病虫害和鼠害猖獗,使农、林、牧业生产遭受难以弥补的损失。

7. 生物多样性具有美学价值

许多生态系统具有美学价值,森林、草原、湿地、高山、高原、荒漠都各具独特的魅力,形成各自不同的风光,是很好的旅游资源。许多动植物具有令人陶醉的美学欣赏价值。我国特有的动物中的大熊猫、金丝猴、丹顶鹤等和特有的植物中的银杏、水松、银松、金花茶、杜鹃等都具有很高的美学价值，可以美化生活、陶冶情操，给人以美的享受。生物多样性还是文学艺术创作的基本素材。

金丝猴共4种，我国分布的三种均被列为国家一级保护动物。主要的区别是：川金丝猴脸上的毛为天蓝色，两侧、胸及后腿的毛为金黄色，分布于四川、甘肃和陕西；滇金丝猴的脸两侧为白色，分布于云南、四川和西藏东部；黔金丝猴的两肩之间有一块卵圆白毛区，分布于贵州与四川之间。越南金丝猴仅分布于越南北部宣光省和北太省之间石灰岩山地的低海拔亚热带雨林中。

银杏〔白果、公孙树、鹅（鸭）掌子〕，落叶乔木。是现存种子植物中最古老的孑遗植物。和它同门的所有其他植物都已灭绝。生长较慢，寿命极长，从栽种到结果要20多年，40年后才能大量结果，寿命达到千余岁，现存3000余年大树仍枝叶繁茂果实累累。是树中的老寿星。银杏最早出现于3.45亿年前的石炭纪，是银杏科唯一生存的种类，著名的活化石植物，珍贵的用材和干果树种，由于具有许多原始性状，对研究裸子植物系统发育、古植物区系、古地理及第四纪冰川气候有重要价值。叶形奇特而古雅，是优美的庭园观赏树。对烟尘和二氧化硫有特殊的抵抗能力，为优良的抗污染树种。种子作干果。叶、种子可作药用。是国家Ⅰ级重点保护野生植物。

8. 国际合作与交流的重要领域

我国参加了联合国和国际有关生物多样性保护的一些组织，签署了《生物多样性公约》和其他一些有关生物多样性保护的国际公约和双边合作协定。我国也与国际组织和一些有关国家开展了多方面的合作，包括科研、宣传、教育。我国还得到有关国际组织和某些发达国家在生物多样性保护方面提供的技术和资金方面的技术和帮助。

4.3.2 生物多样性的形成因素

4.3.2.1 地壳运动

1. 大陆漂移与板块运动对生物多样性的影响

大陆漂移和板块运动导致生物界的地域差异性的产生。大陆漂移和板块动后产生北半球与南半球之分，同一半球又有不同大陆分布，如同在南半球，却有非洲、南美洲、澳大利亚、亚洲的马来半岛及南洋群岛之分，同在非洲大陆，却有非洲大陆和马达加斯加岛（东非大断裂）之分，这样产生不同的地域环境，长期下来产生和形成不同的生物类群分布。因此说大陆漂移使陆地分裂隔离是形成生物多样性的重要原因之一。

2. 地质构造运动对生物多样性的影响

同一大陆，强烈的地质构造运动将引起地形地貌的区域分异，从而产生生物多样性的区域差异性。地形地貌的区域分异表现为一个区域呈现不同的地形地貌（高山、高原、峡谷、盆地、平原、丘陵）；或者同一地貌它又由于方位不同而环境不同，同一山脉，阳坡和阴坡，通风坡和背风坡。这样不同的地形地貌及不同方位的组合，又形成更复杂的地域环境，从而使区域产生更复杂的生物多样性。最有力的证据是我国青藏高原的隆起对自然环境，进而对生物多样性的影响巨大。经历了约6000多万年上升，青藏高原隆起形成世界屋脊，从而使我国形成东部季风区、西北内陆干旱区，进而引起我国东部森林生态系统，西北草原和荒漠生态系统，青藏高原高原和高山生态系统的产生，并相应形成各自的不同的物种、种群、群落。我国是世界上生物多样性较高的国家之一，主要原因是青藏高原的隆起带来的区域分异。

4.3.2.2 气候及其变化——气候对生物多样性的影响

气候要素的空间变化使地球表面分成热带、温带、寒带。使生物多样性有热带、温带、寒带之分。气候的时间变化也引起了生物多样性的时间变化。温暖湿润时，适宜生物繁衍生存，生物多样性较高；寒冷干旱时，不适宜生物繁衍生存，生物多样性较低。地球曾发生过三次大的寒冷期，每逢寒冷期，冰川广布，生物多样性大为减少。最近的一次寒冷期（冰期）是大约300万年以来的第四纪冰期，热带减少，亚热带南移，温带寒冷，冰川广布，生物多样性大为减少。大约一万年以来地球表面进入冰后期，气候转暖，生物多样性才明显增多，一直到目前的状态。第四纪冰川对欧洲、北美洲影响较大。由于我国季风气候显著，又东西向山脉阻挡北方南下的冷空气，形成了一些"避难所"。我国受第四纪冰川影响较小，生物多样性较高，并形成一些特有的物种。

4.3.2.3 物种的灭绝与物种的增加

由于自然界的变化和生物界自身的原因，地球上的生物物种经历过五次灭绝。一万年来由于人为的破坏形成了第六次灭绝。生物界物种的每一次灭绝之后，都有新的更高级的物种出现并繁盛起来。

4.3.3 我国生物多样性及其保护

4.3.3.1 我国生物多样性概况

1. 生物多样性

我国的生物多样性表现在生态系统、物种及遗传多样性3个层次上。

（1）生态系统的多样性。我国的生态系统，《中国生物多样性保护行动计划》按照植被区划分类，多达595个类型。按植被状况、生态系统分为6大类，即：①森林生态系统。分成5大典型类型：寒温带针叶林、温带针阔叶混交林、暖温带落叶阔叶林、亚热带常绿林、热带季雨林与雨林；②草原生态系统。我国有温带草原、高寒草原和荒漠草原3大类，而温带草原又分成甸草原和典型草原；③荒漠生态系统。可

海岸与海洋生态系统 {
海岸滩涂生态系统
河口湾生态系统
海岸湿地生态系统
红树林生态系统
珊瑚礁生态系统
海岛生态系统
大洋生态系统
}

图4-2 海岸与海洋生态系统的组成

分成4大类——乔木荒漠、灌木荒漠、半灌木与小半灌木荒漠、垫状小灌木荒漠；④湿地生态系统。有浅水湖泊、河流、沼泽及滩涂；⑤海岸与海洋生态系统。有如图4-2所示的7大生态系统。中国的红树，占世界总数40%以上珊瑚礁，共185种，占整个印度洋—西太平洋区系的1/4～1/3；⑥农田生态系统。有旱田、水田，有茶园、果园、桑园、橡胶园等。

（2）物种多样性。我国科学家已记录的物种83000余种，其中不包括仍不甚了解的土壤生物和尚未充分认识的10万种以上的昆虫的大部分。已记录的海洋生物物种超过13000种，约占世界海洋生物的1/4以上。我国在几千年的发展历史中，还培育驯化了

大量作物、果树、家禽、家畜物种。据初步统计，中国原产作物237种，原产畜禽200种。现有栽培作物600种，果树300余种，牧草425种，药用植物500余种，花卉数千种。

(3) 遗传多样性。遗传多样性表现为野生生物的遗传多样性、栽培作物的遗传多样性、驯养动物的遗传多样性及水产养殖类生物的遗传多样性。

2. 中国生物多样性的特点

(1) 物种多样性高度丰富。我国植物区系的种类见表4-15，在世界上仅次于马来西亚及巴西，居第三位。野生动物中，陆栖生物中脊椎动物有2340种，占世界总数10%；鸟类占世界总数13%；兽类占世界总数11%；海洋生物中，我国目前已查明的海洋生物近2.4万种，占目前已收集到的世界海洋生物总量的1/6左右。栽培作物，世界1200种中，有200种起源于中国，中国谷类作物物种居世界第二位。

表4-15　　　　　　　　中国植物区系的种类居世界的位次

国　家	马来西亚	巴西	中国
植物区系的种类/种	45000	40000	30000
世界位次	1	2	3

(2) 中国生物物种的特有性高。中国的大熊猫、白鳍豚、水杉、银杉和银杏等，都是中国特有的物种。中国特有的物种大部分都分布在很小的特定生境中，例如大熊猫生活在川、陕、甘的山地中，水松分布在中国南部和东南部局部地区。

在地质时期的新生代第三纪时，银杉广布于北半球的欧亚大陆，但是，距今300万年前，地球发生大量冰川，几乎席卷整个欧洲和北美，但欧亚大陆的冰川势力并不大，一些地理环境独特的地区，没受到冰川的袭击，而成为某些生物的避风港。银杉、水杉和银杏等珍稀植物就这样被保存了下来，成为历史的见证者。银杉是1955年夏季，我国的植物学家钟济新带领一支调查队，到广西桂林附近的龙胜花坪林区进行考察时发现的。现在已发现，在湖南、四川和贵州等地也有分布，共有1000余株。银杉是松科的常绿乔木，主干高大通直，挺拔秀丽，枝叶茂密，尤其是在其碧绿的线形叶背面有两条银白色的气孔带。每当微风吹拂，便银光闪闪，更加诱人，银杉的美称便由此而来。

(3) 生物区系起源古老。中国的植物区系古老，含有许多古老或原始的科、属。我国西南亚热带山地，可能是许多植物的发源地和分化中心。陆栖脊椎动物、海洋生物的历史也比较古老，有许多古老孑遗生物物种，有许多"活化石"。

(4) 经济物种异常丰富。

3. 我国生物多样性的形成原因

(1) 自然环境复杂多样。我国领土辽阔，地形复杂，海岸绵长，海域较宽。因此决定了生境的复杂多样性。从南到北，有热带、亚热带、暖温带、温带及寒温带之分。从东到西，有湿润区、半湿润区、半干旱区及干旱区之分。有世界最高大的高原，最高大的山脉与山峰，最长最深的峡谷，还有平原、盆地和丘陵。因此，多种多样的自然环境是生态系统多样性的基础，而595个自然生态系统又是物种多样性的基础，进而带来遗传的多样性。

(2) 自然环境和生物区系历史悠久。古老的华夏古陆 30 多亿年来饱经沧桑，经历了许多环境变迁，在地质历史上生物多样性和特有性都很突出，留下来大量珍贵的古生物化石。古老的自然生态环境和生物区系形成我国现代的生物多样性的格局。

(3) 受第四纪冰川的影响较小。原因在于季风气候显著，冬季虽冷，但夏季较热；多东西走向的山脉，如东部的阴山、燕山、秦岭、南岭，形成四道屏障，阻挡从北极南下的冷空气，形成一系列生物的"避难所"，保护了许多生物免遭冰川的摧毁而幸免于难。科学家认为，这是中国不同于欧洲和北美洲的原因，也是中国幸存有大熊猫、扬子鳄、银杏、水松等"活化石"的根源所在。

4.3.3.2 中国生物多样性危机及其原因

1. 中国生物多样性危机

中国生物多样性的危机具体表现在生态系统、物种及遗传多样性三个层次上的受威胁的现状。

(1) 生态系统受威胁的现状。

1) 森林生态系统受威胁的现状。我国森林覆盖率在新中国成立后虽有上升，但天然林面积大幅度减少，生态效益明显下降。我国天然林的面积 1971—1975 年为 9817 万 hm^2，2006 年约为 8727 万 m^2，约占森林总面积的 65%。

2) 草原生态系统受威胁现状。我国草原占国土面积 1/3。近 20 年来我国草原产草量下降了 1/2～1/3。我国草原已有 1/3 处于退化之中。还有许多草原已沙化。

3) 湿地生态系统受威胁的现状。近 30 年来，海岸湿地已被开垦 700 多万 hm^2。红树林的面积已由 20 世纪 50 年代初期的 5 万 hm^2，到目前仅剩下约 2 万 hm^2，且部分已退化为半红树林和次生疏林。海南岛 80% 的珊瑚礁已被破坏。

4) 淡水生态系统受威胁现状。长江流域已围垦淡水水面 1700 万亩，湖北省号称"千湖之省"，原有湖泊 1000 多个，现在只剩下 326 个，湖泊由 1250 万亩减少到 355 万亩，不仅破坏了淡水生态系统，还使洪水调节能力下降，加重了洪水的危害。

红树林是至今世界上少数几个物种最多样化的生态系统之一，生物资源量非常丰富。其另一重要生态效益是它的防风消浪、促淤保滩、固岸护堤、净化海水和空气的功能。主要分布于广西、广东、海南、中国台湾、福建和浙江南部沿岸。其中以广西壮族自治区红树林资源量最丰富，其红树林面积占全国红树林面积的 1/3。红树林是我国保护物种。

珊瑚礁在热带和亚热带浅海，是由造礁珊瑚骨架和生物碎屑组成的具抗浪性能的海底隆起。造礁珊瑚具有分泌碳酸钙形成外骨骼的功能，它们世代交替增长，最终生长到低潮线。珊瑚从古生代初期开始繁衍，一直延续至今。珊瑚属种多，演化快，常成为划分地层的依据。造礁珊瑚只生长于热带、亚热带浅海中，而且随着纬度升高，其属种减少，生长率变慢，因而又可作为判断古气候、古地理的重要标志。某些属种的造礁珊瑚，每年会像树木年轮那样留下生长线，因而可将其当作"生物钟"。如，寒武纪期间年生长线为 424～412 条，现代为 365 条左右，这是地球自转速度变慢的有力证据。珊瑚礁与地壳运动有关。正常情况下，珊瑚礁形成于低潮线以下 50m 以浅的海域，高出海面者无疑是地壳上升或海平面下降的反映；反之，50m 以深或覆盖在平顶海山上的巨厚珊瑚礁灰岩，则标志该处地壳下沉。据珊瑚礁灰岩的产状、厚度和分布等特点，可了解地壳运动的性质和特点。地槽区因地壳活动频繁,升降幅度也大,常常会形成巨厚而结构复杂的珊瑚礁灰岩;地台区地壳较稳定,升降幅度不大,通常形成厚度不大、结构较简单的珊瑚礁体;地台活化区由于地壳活动性大,个别地段甚至为较深的地堑和海湾,因而可形成较厚的珊瑚礁沉积。珊瑚礁藏有丰富的矿产资源,如油气、煤炭、铝土矿、锰矿、磷矿及铜、铅、锌等金属。

(2) 物种及遗传多样性受威胁现状。我国目前有398种脊椎动物濒危,占我国脊椎动物总数的7%;温带10%的植物濒危或临近濒危,热带、亚热带濒危或临近濒危的植物占全国总数的15%～20%。

2. 中国生物多样性关键地区

(1) 关键地区及其评估原则。生物多样性的关键地区指对于生物多样性保护具有重要意义的地区,即生物多样性保护的重点地区,其评估原则为:①丰富性即指生物多样性的丰富程度;②特殊性指生物多样性的特有程度;③受威胁程度;④经济价值。

(2) 我国生物多样性关键地区及其分布。通过实地科学考察,遥感遥测资料的分析,结合生态系统和生物区系的研究,1993年陈灵芝等确定中国生物多样性关键地区共35个,如表4-16所示。具体分布见表4-17及表4-18,前者是以长江为界划分,后者是按区域分布划分。

表4-16　　　　　　　　中国生物多样性分区的重要性分布

按重要性划分	数量/个	按重要性划分	数量/个
有国际意义的陆地生物多样性关键地区	14	海岸和海洋生物多样性关键地区	11
有全国意义的陆地生物多样性关键地区	5	其他	5

表4-17　中国生物多样性分区的南北分布

以长江为界划分	数量/个
长江以南	19
长江以北	16

表4-18　中国生物多样性分区的区域分布

划区域分布划分	数量/个
东部沿海地区	17
中西部	18

3. 中国生物多样性危机的原因

中国生物多样性现状受到威胁的原因主要有以下几个:

(1) 生境的破坏。由于我国人口多,而且分布不均衡,经济发展快,对自然资源需求激增,导致对森林超量砍伐,草原开垦,过度放牧,不合理的围海围湖造田,结果造成过度利用土地和水资源等。使得生物生存环境的破坏,以至消失,影响到物种的生存和繁衍,因而带来物种的濒危和灭绝。

(2) 掠夺式的过度利用。滥捕乱猎是造成动物物种减少的重要原因。我国沿海从20世纪70年代起开始过度捕捞,引起我国沿海经济鱼类资源持续衰退。如大黄鱼、小黄鱼、带鱼、鳓鱼、马鲛鱼、黄姑鱼等全面衰退,以致濒临资源枯竭。鳓鱼,我国渤海、黄海、东海、南海均产之,其中以东海产量最多。味鲜肉细,营养价值极高,其含蛋白质、脂肪、钙、钾、硒均十分丰富。鳓鱼富含不饱和脂肪酸,具有降低胆固醇的作用,对防止血管硬化、高血压和冠心病等大有益处。马鲛鱼,分布与产季:东海、黄海和渤海。主要渔场有舟山、连云港外海及山东南部沿海、每年的4—6月为春汛，7—10月为秋汛，5~6月为旺季。我国黄、渤海、东海及南海均有分布。是一种经济价值较高的海产优质鱼类。马鲛鱼肉质细腻、味道鲜美、营养丰富，含丰富蛋白质、维生素A、矿物质等营养元素，有补气、平咳作用，对体弱咳喘有一定疗效，马鲛鱼还具有提神和防衰老等食疗功能，常食对治疗贫血、早衰、营养不良、产后虚弱和神经衰弱等症有一定辅助疗效。由于以上这些鱼种的经济价值、人口的增长、生活水平的提高，再加上没有相应的法令法规限制等共同导致了过度捕捞。

（3）环境污染。工农业及生活污水大量排放进入水域；大气污染物通过干湿沉降进入土壤及水体对生物生存环境产生影响，特别是酸雨对生物多样性的危害也很大；重金属以及长期滞留的农药残毒在环境中富集，都会使生态系统和生物物种因生境恶化而濒危。我国目前受工业污染物明显污染的农田已达1.5亿亩，受农业化学物污染的面积也达1.5亿亩，两者相加约占我国农田的15%，经济损失在150亿元左右。

（4）其他原因。中国生物多样性现状受到威胁的原因除以上3个外，还有一些其他原因，如外来物种的引进；人造建筑或工程的出现，如新的城市、水坝、水库、新矿区的开发；自然灾害（地震、水灾、火灾、暴风雪、干旱等）；法制不完善，执法不严，管理的失误和漏洞等。外来物种的引进后往往会引起生物入侵现象，外来种会很快在本地繁殖，结果与乡土种争肥争水或争食，造成当地优质但弱小的物种大大减少甚至灭绝。人造建筑或工程的出现及自然灾害（地震、水灾、火灾、暴风雪、干旱等）的发生会造成直接原有场所的生物由于失去栖息地或造成生存环境发生改变而生存受到威胁。法制不完善，执法不严，管理的失误和漏洞等会让人为滥砍滥伐滥采生物生存地的植物或滥捞滥捕动物的行为越演越烈，也会使生物多样性的保持受到威胁。

4.3.3.3 中国生物多样性的保护方式

1. 就地保护（生物多样性保护的最有效的措施）

就地保护指在被保护的生态系统和物种的原地建立自然保护区，包括风景名胜区和森林公园。截至2006年，全国共建立各级各类自然保护区2349处，其中的绝大部分是保护生态系统和物种的。我国有480个风景区和510个森林公园也都不同程度地保护了生态系统和物种。

（1）生态系统的就地保护。就地保护首选是生态系统的保护。我国生态系统的就地保护包括森林生态系统、草原生态系统、荒漠生态系统、陆地水生生态系统、海岸带及海洋生态系统、湿地生态系统的保护。

（2）野生生物的就地保护。包括野生动物和野生植物两种自然保护区，其数量仅次于生态系统的自然保护区。

2. 生物多样性的迁地保护

（1）野生植物的迁地保护。主要手段是建立植物园和树木园。我国目前已建立110多个植物园及一些地区珍稀濒危植物的迁地保护基地与繁育中心。

（2）野生动物的迁地保护。主要手段是建立动物园。我国已建立几百个动物园和大型公园的动物展区，以保护为目的濒危动物繁育中心和基地26个，大熊猫、扬子鳄、朱鹮、丹顶鹤、东北虎等濒危动物开始繁育。我国还将原产我国但已在我国国内消失的麋鹿、野马、高鼻羚羊重新从国外引回我国，获得成功。如麋鹿，原来是中国特有的珍稀动物。野生麋鹿现已不复存在。野生麋鹿的消失，主要原因是人类的捕猎和生活环境的巨变所引起的。在18世纪最后一群麋鹿被保存在北京南海子皇家猎苑中。1900年，南海子皇家猎苑在洪水和战乱中被毁，麋鹿从而在中国绝迹。1900年前后，英国十一世贝福特公爵从欧洲各国的公园中收集了18头麋鹿，把它们放养在自己的庄园里。世界上现有的近2000头麋鹿全都是那18头麋鹿的后裔。麋鹿在世界动物保护组织的协调下，英国政府决定无偿向中国提供种群，使麋鹿回归家乡。1985年提供22只，放养到原皇家猎苑——北京大兴区南海子，并成立北京南海子麋鹿苑。1986年又提供39只，在江苏省大丰市原麋鹿产地放养，并成立自然保护区。回归后的麋鹿繁殖相当快，1994年中国政府又在湖北省石首市天鹅洲成立第二个麋鹿保护区，从北京前后迁去90多只。目前世界麋鹿总数已经繁殖达4000头，但仍然是濒危物种。

3. 生物多样性的离体保护

在就地保护及迁地保护都无法实施保护的情况下，生物多样性的离体保护应运而生。通过建立种子库、精子库、基因库，对生物多样性中的物种和遗传物质进行离体保护。

4. 放归野外

我国对养殖繁育成功的濒危野生动物，逐步放归自然进行野化，例如麋鹿、东北虎、野马的放归野化工作已开始，并取得一定成效。野马原分布于我国新疆北部准噶尔盆地北塔山及甘肃、内蒙古交界的马鬃山一带。最后一次发现野马是在1957年，估计野生种群已经灭绝，目前还有一定数量的野马生活在人工圈养或半散放状态下。20世纪80年代末期以来，野马从欧洲引回我国新疆奇台、甘肃武威半散放养殖，为野马重返大自然而进行科学实验和研究工作。第一批27匹野马在2001年8月28日正午前首批开栏，被"放逐"卡拉麦里野生动物保护区的时候，面对栏门外一望无际的原野，连一向表现剽悍的头马准噶尔11号也对野外的凶险望而却步，在栏里徘徊多时，以至于与它们朝夕相处多年的科研人员不得不狠下心将它们赶出围栏。好在几年来人们的经验也在不断升华，他们对野马的关爱已从过去的一味"溺爱"提高到全新高度，在精心选择放野区域、严密防范自然界和人类各种破坏性因素的时候，硬着心肠让野马们在野外找吃找喝，寻找自我生存的机会，使它们的生存能力和野性得到较快的恢复。自2001年8月28日以来，先后共放生了16批次，110匹野马。据2020年9月16日搜狐网的报道，现在在卡拉麦里野生动物保护区，已有野马240匹[*]。

4.3.3.4 我国生物多样性保护的管理

1. 机构设置和分工

1998年国务院机构设置和分工，规定国家环境保护总局负责全面管理生物多样性的保护工作。国家计委、科技部、教育部、农业部、国家林业局、国土资源部、建设部、水利部、海关总署、中国科学院、国家气象局等部门负责相应的生物多样性保护的部分管理工作。

---

[*] http://www.sohu.com/a/418848207-120591017.

2. 有关生物多样性保护的法规

我国法律中有关生物多样性保护的有：《中华人民共和国宪法》(1982年)、《中华人民共和国环境保护法》(1989年)、《中华人民共和国海洋环境保护法》(1982年)、《中华人民共和国森林法》(1984年)、《中华人民共和国草原法》(1985年)、《中华人民共和国渔业法》(1986年)、《中华人民共和国野生动物保护法》(1988年) 等。还有一系列相应的规定和管理条例，地方也制定了有关生物多样性保护的地方法规。

3. 《中国自然保护纲要》

1980年《世界自然保护大纲》公布，1986年《中国自然保护纲要》公布，成为我国第一部以政府名义公布的全国性自然保护战略文件。《中国自然保护纲要》中有专门的生物多样性保护的内容。含物种保护、自然保护区、森林、草原、荒漠、海洋、湿地等生态系统的保护等。《中国自然保护纲要》公布以来，为我国生物多样性的保护起到了应有的指导性作用，促进了我国生物多样性保护的进展。

4. 国际合作与交流

我国1978年9月建立了"人与生物圈"国家委员会；1980年加入《濒危野生动植物国际贸易公约》；1992年签署了《拉姆萨公约》，即《湿地和水禽栖息地公约》；1992年签署了《生物多样性公约》。我国还与一些国际组织、相关国家开展有关生物多样性保护的双边合作与交流，也取得了良好的成效。

我国政府在签署及执行有关生物多样性保护的国际公约及双边协议中，坚持国家主权，坚持发展中国家的主权，并且主张发达国家有责任、有义务向发展中国家提供技术和资金的支持。我国政府对签署的国际公约与双边协定是负责任的。近年来我国先后销毁了大量中药用的虎骨和犀牛角就是证明。

4.3.4 生物安全

20世纪50年代以来，生物基因工程技术的发展，越来越快。但是人们又十分担心：生物基因工程技术的发展对环境会不会带来的不良影响，即生物基因工程技术的应用会不会安全？许多专家认为：生物基因工程技术产品可能给环境、人类健康、伦理道德带来危机。20世纪80年代后期出现了"生物安全"这个专门名词。并列入1992年联合国环境与发展大会的《生物多样性公约》(简称《公约》) 条款之中。《公约》生效后，几年来生物基因工程技术又有重大突破，"克隆"技术获得成功，但也使"生物安全"问题更加突出，在联合国召开的两次《公约》缔约国大会上都是大会的主要议题。目前，生物安全已成为世界焦点之一。

4.3.4.1 基因工程的前景

1. 转基因生物

转基因生物也称工程生物。基因工程指产生转基因生物也称工程生物的技术。转基因生物指通过基因工程产生的生物。

转基因生物，国际上常用的有三个专用名词，即 GEO：指经遗传工程处理的生物体；GMO：指经遗传修饰的生物体，其含义比 GEO 更广泛；LMO：指经遗传修饰的活生物体。上述名词字面上虽有差别，但均可广义理解为我国常说的转基因生物或工程生物。即经过人类运用遗传的理论和方法改造过的生物，即不同于自然界的生物物种，也不同于人类以前通过杂交等传统方法培育的生物新品种。

2. 基因工程的应用

转基因植物的研究及应用已有大发展。美国是基因工程研究较早的国家之一，但对其应用十分慎重。基因工程的农产品要商业化投入市场，必须经过三个部门的批准，即农业部、药品和食品管理署、环境保护署的审批。1994年，美国第一个投入市场的基因工程农产品——转基因番茄（美国加州的生物技术公司用了8年时间，耗费2000万美元研究），1995年，美国批准转基因玉米、转基因棉花、转基因油菜等十几种基因工程的农产品投入市场。欧洲共同体国家：1991—1994年，经法律批准共有311种GMO即经遗传修饰的生物体的产品投入市场，向环境释放，包括油菜、玉米、马铃薯、小麦等作物种类和桉树、杨树等共17个物种。我国的转基因作物有抗除草剂、抗病毒、抗虫、耐盐等的烟草、番茄、马铃薯、甜椒、大豆等，都已应用于生产。突出的例子是1987年培育成功的抗病毒烟草-RK-873转基因烟草，8年来在国内11个地点做大田试验，生长面积已超过3000hm^2。农业上，根据农业生物技术应用国际服务组织（ISAAA）2006年初发表的报告：2005年全球21个国家共种植了近9000万hm^{2}的转基因作物，约占全球农作物种植面积的10%。至2006年，在过去的10年时间里，全世界生物技术作物的覆盖面积增加了50倍。就品种而言，研究发现世界上大约有一半以上的大豆经过了生物多样化，有30%的棉花种子以及15%的玉米和油菜经过了基因改造。

转基因动物的研究也有很大进展。当前主要作为医疗目的或用生物反应器目的在研究和应用。美国佛罗里达大学的科学家已向美国政府申请要求释放第一个转基因的节肢动物——螨。它含有可杀死草莓和花卉害虫的一种细菌的基因。

基因工程还在疾病诊断、药品生产、环境保护、解决人口不断增加对粮食的需求方面发挥作用，并将取得巨大经济效益。

从基因工程目前的价值及应用发展两方面来看，其前景远大。

4.3.4.2 基因工程的风险

基因工程对环境、人类健康及伦理道德方面都存在着风险，详细叙述如下。

1. 对环境可能带来的风险

转基因生物GMO一旦大量进入环境，将要在环境中消灭它们不仅要花费大量资金，而且有些甚至是不可能：①基因作物本身可能变成杂草；②基因作物使野生近缘种变成杂草；③基因转移或转变。有些科学家认为插入转基因作物中的病毒基因可能与再接种病毒的遗传物质结合而形成的新的病毒，可能造成很大的危害，转基因微生物进入环境是更复杂的问题，有可能带来难以预测的影响和危害。

2. 对人类健康的影响

当前对人类健康的影响还是未解之谜。转基因生物食品对人体健康也有可能带来风险。因此美国转基因的油菜、玉米、马铃薯、大豆、南瓜、番茄等食品上市都是经过药物与食品管理署批准的，但是人们的担心仍然存在着。转基因生物食品上市时间还很短，长期食用这些食品对人体会有什么影响？风险有多大？长期积累的后果如何？这些疑问仍然没有得到令人信服的解释。

3. 伦理道德的争论

据不完全统计,至少有24种人体基因已被任意的转移并插入到其他各种生物体内。对此国际社会提出一系列问题：人类是否有权将人体基因转移到其他生物体中去？人类是否愿意食用带有人体基因的食品？对此是否应当有法律限制等。为此,美国的一些遗传科学家1994年11月宣布,由于伦理道德的原因,宣布放弃基因工程,并呼吁国际社会对种系的遗传操作暂停50年。1993年由包括4位诺贝尔医学奖获得者组成的科学家、哲学家、律师共50人组成的国际生物伦理学委员会,呼吁要起草一个有关保护人类基因组的国际公约,以广泛宣传遗传学进展可能给人类带来的新问题。近几年生物工程又有重大突破,克隆技术成功了,对此国际社会十分关注,许多国家宣布禁止克隆人的研究,我国也表示不支持克隆人的研究。

4.3.4.3 生物技术与生物多样性间的关系

生物技术与生物多样性间的关系表现为既是伙伴关系又是敌对关系。

1. 伙伴关系

(1) 生物技术依赖于生物多样性。实施生物技术,特别是其中的转基因技术必须从自然界的生物多样性中得到目的基因,经操作获得转基因生物。这说明生物技术依赖于生物多样性。也说明生物多样性是生物技术的先决条件和物质基础。

(2) 生物技术有利于生物多样性的保护。生物技术为物种的迁地保护、特别是遗传资源的保护提供了可靠的保证,生物技术为生物多样性的持续利用,特别是对一些珍稀、濒危而又具有重要价值的物种的保护,提供了先进的科学技术手段。

2. 生物技术对生物多样性的威胁(敌对关系)

转基因技术创造的是自然界本来不存在的生物体。这些生物体对自然生态系统来说本身就是一个外来种。大量的实例证明：外来种的引入有可能对整个生态系统造成破坏而带来巨大的损失；转基因生物对自然植物群落的影响也可能产生严重后果。例如,插入Bt(细菌)基因的杂草,会由于食草动物难以食用迅速繁衍,而稀有植物则可能消亡；还可能引起昆虫群落的衰落或迁徙,导致虫害更为普遍,使生态系统功能严重失调；转基因生物还可能使农业作物品种更加单一,使农业处于更脆弱的状态。总之听任转基因生物不加控制进入自然界,最后人工物种会取代天然物种,生物多样性特别是珍稀濒危物种将永远消失。

4.3.4.4 生物安全的措施

转基因生物的应用要保证是安全的,就要从以下几个方面做工作。

1. 立法

发达国家中不同国家生物安全立法不尽一致,比较而言欧洲国家比北美国家更严格一些。联合国有关组织,如粮农组织(FAO)、环境规划署(UNEP)也十分关注生物安全。一些国际组织,如经济合作与发展组织(OECD)在1986年和1992年连续公布生物安全问题的文件。我国非常重视生物安全立法,1990年制定了《基因工程产品的质量控制标准》,1998年12月24日由国家科委颁布第17号令《基因工程安全管理办法》,对基因工程产品普遍适用。

2. 风险评估的科研工作

对生物安全问题，加强风险评估的科研工作是十分必要的。原因是：对环境和人类健康的影响的确切回答还很少。必须认识到，生物安全的风险评估应具有长期性，目前没有影响不能保证经过一段时间以后仍没有影响，因此有关生物安全的长期监测性科研工作是不可忽视的。

3. 教育与培训

有关生物安全部门的人员，都应当接受教育和培训。内容包括有关生物技术的相关知识，有关生物安全的法规及生物安全程序中的最新进展。

4.4 自然保护区

4.4.1 概述

4.4.1.1 概念和含义

1. 概念

自然保护区指对有代表性的自然生态系统、珍稀濒危野生动植物物种的天然集中分布区、有特殊意义的自然遗迹等保护对象所在的陆地、陆地水域或海域，依法划出一定面积予以特殊保护和管理的区域（《中华人民共和国自然保护区条例》明确规定）。

2. 含义

自然保护区的含义包括以下3个方面：一是区域。即自然保护区是一块区域，依法划出一定的面积，有明确的边界。这个区域，包括陆地、陆地水域和海域。二是自然区域，即自然保护区的区域不是行为区域，而是自然区域，是自然形成的自然界中部分区域。这些自然区域，既可以是自然生态系统的区域，也可以是珍稀濒危野生动物植物物种的天然集中分布区，还可以是有特殊意义的自然遗迹所在的自然区域。三是以特殊保护和管理为主的自然区域。即自然保护区既不是行政区域，也不是经济区域，不以经营为主，而以特殊的保护和管理为主。这里强调的一是保护为主，二是特殊的保护，总之强调的是以保护为主的自然区域，其他活动取决于这个前提。

4.4.1.2 建立自然保护区的条件及自然保护区的类型与级别

1. 建立自然保护区的条件

按《中华人民共和国自然保护区条例》的规定，凡具备下列条件之一者，应当建立自然保护区：①典型的自然地理区域、有代表性的自然生态系统区域以及已经遭到破坏经保护能够恢复的同类自然生态系统区域；②珍稀、濒危野生动植物物种的天然集中分布区域；③具有特殊保护价值的海域、海岸、岛屿、湿地、内陆水域、森林、草原和荒漠；④具有特殊保护价值的地质结构、著名溶洞、化石分布区、冰川、火山、温泉等自然遗迹；⑤经国务院或者省、自治区、直辖市人民政府批准，需要给予特殊保护的其他自然区域。

2. 自然保护区的类型

根据我国的国家标准 GB/T 14529—93《自然保护区类型与级别划分原则》的规定，

4.4 自然保护区

我国自然保护区共分 3 个类别 9 个类型,见表 4-19 及表 4-20。

表 4-19 自然保护区第 1 大类

类 别	类 型	保 护 对 象
自然生态系统类:以具有一定代表性、典型性和完整性的生物群落和非生物环境共同组成的生态系统作为保护对象	森林生态系统类型	具有一定代表性、典型性和完整性的生物群落和非生物环境共同组成的生态系统
	草原与草甸生态系统类型	草原植被及其生境所形成的自然生态系统
	荒漠生态系统类型	荒漠生物和非生物环境共同组成的自然生态系统
	内陆湿地和水域生态系统类型	水生和陆栖生物及其生境共同组成的湿地和水域生态系统
	海洋和海岸生态系统类型	海洋、海岸生物与其生境共同形成的海洋和海岸生态系统

表 4-20 自然保护区第 2、3 大类

类 别	类 型	保 护 对 象
野生生物类:以野生生物物种,尤其是珍稀濒危物种种群及其自然生境为保护对象	野生动物类型	野生动物物种,特别是珍稀濒危动物和重要经济动物物种种群及其自然生境
	野生植物类型	野生植物物种,特别是珍稀濒危植物和重要经济植物物种种群及其自然生境
自然遗迹类:以古人类、古生物化石产地和活动遗迹作为保护对象	地质遗迹类型	特殊地质构造、奇特地质景观、珍稀矿物、奇泉、瀑布、地质灾害遗迹
	古生物遗迹类型	古人类、古生物化石产地和活动遗迹

我国自然保护区的分类原则:以保护对象确定保护区的分类。分类方法简便易行,保护对象明确,解决了自然保护区保护什么的这个首要问题。

3. 自然保护区的级别

根据我国的国家标准 GB/T 14529—93《自然保护区类型与级别划分原则》的规程,我国自然保护区分为国家级、省级、市级、县级四个级别,但是标准简化为国家级、省级、市县三级。

被国际组织列入国际自然保护区网或名录的自然保护区,由国际组织确定并掌握标准,因此,没有列入我国的国家标准之中。指列入联合国教科文组织的《国际生物圈保护区网》及《国际重要湿地名录》中的一批自然保护区。

另外,我国乡、村两级自然保护小区也没有列入国家标准。

4.4.1.3 自然保护区的名称

1. 自然保护区名称的类型

世界各国自然保护区的名称很多,主要有自然保护区,保护公园、国家公园、自然区、自然公园、原野地等几十个名称。我国的自然保护区从 1956 年开始建设,命名比较统一。但是我国还有森林公园和风景名胜区两种名称。三种名称有明显区别:我国广义的自然保护区体系,包括森林公园、风景名胜区和自然保护区三个系统。目前我国国家环保总局公布的自然保护区名录不包括森林公园和风景名胜区。我国国家林业局也未将森林公

园列入自然保护区名录。

2. 自然保护区的命名

不包括森林公园和风景名胜区的命名，是环境保护部门所讲的狭义的自然保护区的命名。目前我国自然保护区命名一般采用三名制和两名制两种方法。一般自然保护区采用：省名＋县名＋地名来命名，例如河北昌黎黄金海岸自然保护区、贵州道真大沙河自然保护区等。如果自然保护区跨县而又比较有名，则可以采用：省名＋地名来命名，例如四川卧龙自然保护区、吉林长白山自然保护区等。为了更加全面、更加明确，因此在自然保护区名称后再加上级别和类型来命名。例如：河北昌黎黄金海岸国家级海洋自然保护区。这个名称既明确保护区所在的省、县、地，又明确其级别和类型。

4.4.1.4 自然保护区的发展与现状

1. 世界各国自然保护区的发展与现状

（1）发展过程。19世纪中叶，德国博物学家汉伯特首倡建立自然保护区。1864年，美国为保护红松树将约西迈克的谷指定为保护区。1872年美国建立世界上第一个国家公园——黄石公园。1879年，澳大利亚在悉尼附近建立世界第二个国家公园。到20世纪20年代，西方一些国家相继建立了国家公园。20年代以后，自然保护区的发展速度加快。1972年，联合国召开人类环境会议之后，自然保护区加快发展并走上规范化的道路。20世纪50年代以来，发展中国家相继独立，也开始建立自己国家的自然保护区。总之，世界自然保护区的数量和面积一直在上升。

（2）现状。发达国家自然保护区的面积一般占国土面积的10%左右。自然保护区面积占国土面积的比例：日本为15%；美国、英国、德国为10%左右。其他发达国家的自然保护区也有很大的发展。发展中国家自然保护区发展也较快，但不同的国家差别较大。有的发展中国家自然保护区的面积占国土比例已达到发展国家的水平，但有的国家自然保护区还很少。世界自然保护区面积占地表陆地大约7%。

2. 中国自然保护区的发展和现状

（1）发展过程。古代，就有自然保护区的雏形。如禁猎区、园林。但直到解放还没有一个真正的科学意义上的自然保护区。1956年，我国建立第一个自然保护区——广东鼎湖山自然保护区；1957年建立福建省建瓯（ou）县万木林自然保护区；到1965年为止，我国共建立自然保护区19处，面积共64.8874万 hm^2。1973年，我国召开第一次环境保护工作会议，自然保护区才有所发展。但到1978年年底，全国共有自然保护区34个，面积共1265万 hm^2，只占国土面积的0.13%。1978年党的十一届三中全会以后，我国的自然保护区走上了蓬勃发展的道路。

（2）现状。我国自然保护区占国土面积的比例已经超过世界平均水平，接近发达国家的平均水平。到1999年，我国已建立自然保护区1146个，其中国家级155个、省级404个、市级138个、县级449个。全国自然保护区面积总计8815.2万 hm^2，占陆地国土面积的8.8%。到2006年，我国共建立自然保护区2349个，总面积150万 km^2，约占陆地国土面积的15%。截至2016年，国家级自然保护区446处，总面积97万 km^2；地方级自然保护区2294处，总面积50万 km^2。到2019年6月，加入联合国"人与生物圈保护区网"的自然保护区有：武夷山、鼎湖山、梵净山、卧龙、长白山、锡林郭勒、博格达峰、神农架、茂兰、盐城、丰林、天目山、九寨沟、西双版纳等 34 处（自然保护区，2020）。

（3）存在的问题。资源开发与保护区矛盾日益加剧，解决自然保护区的土地所有权是当务之急。管理水平落后，机构不够健全。在 1997 年底的 926 个自然保护区中，还有 360 个自然保护区没有建立管理机构，占全国总数的 38.88%。各种级别的自然保护区发展不均衡，结构不合理，不利于全国自然保护区的合理布局和有序发展。缺乏起码的科学研究力量，不能适应发展的需要。

4.4.2 自然保护区的目标、任务和作用

4.4.2.1 自然保护区的目标

1. 自然保护的目标

（1）世界自然保护的目标见《世界自然资源保护大纲》，主要有以下 3 点：①保持基本的生态过程与赖以生存的生态系统；②保护基因的多样性；③保护物种使之能被永续利用。

（2）中国自然保护的三个目标见《中国自然保护纲要》，主要也有 3 点：①保护人类赖以生存和发展的生态过程和生命支持系统，使之免遭破坏和污染；②保证生物资源的永续利用；③保存生物物种的遗传多样性与保留自然历史纪念物。

2. 世界自然保护区的目标

基于《世界自然资源保护大纲》规定的自然保护 3 个目标，1994 年提出自然保护区管理的 5 个目标：①关键的生态过程必须保护，必须丢弃单个物种的管理方式，而应当重点保护生态过程；②管理的目标必须来自对自然保护区系统的生态学理解；③将外部的负面影响如污染等减至最小，而外部有益的方面必须使之达到最大；④进化过程必须得到保护；⑤自然保护区的管理应是顺应生态规律的，要将人为的介入降到最小。

3. 我国自然保护区的目标

根据世界自然保护区的 5 项目标，结合我国的实际，制定了我国自然保护区的管理目标，共有 4 项：①保护自然环境和自然资源，维护自然生态的动态平衡，在科学的管理下保持本来的自然面貌，一方面维持有益于人类的良性的生态平衡，另一方面创造最佳人工群落模式和进行区域开发的自然参照系统；②保持物种的多样性，即保存动物、植物、微生物物种及其群体的天然基因库；③维持生命系统包括生物物种和自然资源的永续发展和持续利用，使其不但成为种质资源的提供基地，也成为经济建设的物质基础；④保护特殊的有价值的自然人文地理环境，为考证历史、评估现状、预测未来提供研究基地。

4.4.2.2 自然保护区的任务

自然保护区是一种具有多种功能的自然区域，但与经济、技术、社会有着密切的联系。自然保护区的任务是：在保护自然的前提下，如何为人类服务，为经济、技术及社会发展服务，为我国的社会主义现代化建设服务：①保护自然资源；②为持续发展提供条件；③提高全民族的生态意识，成为科教兴国的阵地。

4.4.2.3 自然保护区的作用

自然保护区的作用表现在如下几个方面。

1. 自然界的天然"本底"

自然界的天然"本底",即自然界的本来面目。由于人类的活动,自然界中不受人类影响和干扰的区域越来越少,自然界的天然"本底"显得愈发宝贵愈发重要。通过建立自然保护区,来保存自然界中的生态系统、珍稀濒危野生生物、自然历史遗迹。建立中国原始生态系统的自然保护区,保护了其复杂多样的自然环境,保护了这些自然生态系统的天然"本底"。为保护珍稀濒危野生生物建立的自然保护区,不仅保护了生物,也保护了其生存的野生生境。建立保护自然历史遗迹(例如火山、化石产地和地质剖面)的自然保护区,保护了其自然面貌和状态。

2. 天然的物种基因库

自然保护区保护了物种的多样性和遗传基因的多样性,因而是"天然的物种基因库"。表现在:保护物种的最佳方法是就地保护。如果就地保护已没有可能或非常困难,才对物种实行迁地保护,即在动物园和植物园中去保护。如果迁地保护也遇到危险,科学家才不得不依靠离体保护的方法,即在种子库或精子库中去保护物种及其遗传基因。

建立自然保护区对物种和遗传基因进行就地保护,可以保护物种的原有的特性不至丧失。在动物园中饲养培育的珍稀濒危动物,绝大部分失去野性。例如,东北虎和华南虎已十分稀少,在野外已很难找到,在动物园中或繁育中心的老虎数量虽然还不少,但已失去野性,失去扑食觅食的能力。长此以往,迁地保护的物种会变得失去其原有特征,失去保护意义。

东北虎是现存体重最大的猫科亚种,其中雄性体长可达 2.8m 左右,尾长约 1m,体重接近 350kg 左右。分布在中国的东北的小兴安岭和长白山区,国外见于西伯利亚。观赏性强,头大而圆,前额上的数条黑色横纹,中间常被串通,极似"王"字,故有"丛林之王"之美称。东北虎濒临灭绝的直接原因:一是对东北虎的捕杀率大大超过它的繁殖率。由于东北虎的经济价值极高,肉和内脏可入药治疗多种慢性疾病,一只成年虎的价值相当于 30 多张黑貂皮,东北虎遭到无情的捕杀。二是虎的繁殖率较低。它的寿命一般为 25 年左右,三四岁时性成熟,每年 12 月至翌年 2 月发情,怀孕期 105～110 天左右,每胎一般产三四仔。幼虎吮吸母亲乳汁长大,要跟随母虎一两年才独立生活。濒临灭绝的间接原因是滥伐森林、乱捕乱杀野生动物,严重地破坏生态平衡。东北虎一是具有自己独特生态价值。在一个生态系统中,生物多样性越高,物种越丰富,这个系统越稳定;反之,系统就变得越脆弱,越容易发生灾难性的变化。三是身上都具有某方面非常优秀的基因,如果这个物种消失了,它具有的优秀基因也就消失了,这对人类来讲是一个很大的损失。四是具有独特的美学价值。在中国,文学、绘画等方面的艺术作品中有很多关于虎的描写。如果这种动物灭绝了,对中国文化的继承和发展来讲是一个缺损。另外东北虎是现存虎类中个体最大、体色最美的一种,具有很高观赏价值。

保护物种及其遗传基因多样性的最主要的途径是建立自然保护区。全世界的物种的多样性十分丰富,有 170 多万种生物,依靠实验室、动物园、植物园、种子库、精子库的保护是绝对办不到的。更为重要的是,建立自然保护区为的是将人类还没有认识的物种先保存下来,等待今后科技发展到更高水平时,再由后代认识它们、研究它们、利用它们。有利于物种及其遗传资源的永续利用。

3. 科学研究的"天然实验室"

自然保护区是天然的、长期的、稳定的、完整的自然地域，有利于生态、生物、环境、地球等科学进行长期的、系统的、连续的观测与研究：①自然保护区保护了各种类型的自然生态系统，为生态科学提供了一系列不同类型的自然生态系统的科学考察基地，自然保护区的建立使得连续地、系统地监测与研究各种不同类型的生态结构的组成、结构、动态变化成为可能；②自然保护区保护了大量不同种类的动植物物种。生物学对物种的野外观察、监测、跟踪、研究非常重要。自然保护区保证了生物学家们不受干扰或少受干扰地观测研究生物物种。因此，在某种意义上讲，自然保护区是生物学的、天然的、可以更新的、随时都在变化的标本和实验室；③自然保护区还保护了大量非生物自然资源，是地球科学和环境科学研究自然资源的组成结构、分布规律、演化规律的天然的场所。地球科学家对岩石、矿物、古生物化石、地质构造、地层的研究要首先在野外现场研究。地质类型的自然保护区，充分地满足了地球科学家的需要，将珍贵的自然遗产——火山、岩石、矿物、古生物化石及其产地等保护下来以供研究。

4. 天然的"自然博物馆"

自然保护区保护了大批宝贵的自然历史遗产，保留了地球演化和生物进化所留下来的大量信息，可供有关专业的教师引导学生进行野外实习，是一座天然的自然博物馆。如我国云南省地处几大自然区域的交汇处，自然生态环境复杂多样，生物多样性极为丰富，是我国有名的"生物王国"。因此我国许多高等学校生物学专业的学生都到云南去进行科学实习，在这方面，云南有几十个自然保护区可以作为天然课堂。我国其他一些自然保护区，例如鼎湖山自然保护区、武夷山自然保护区等，也是生物多样性丰富多彩，吸引了许多高校师生前去进行生态学和生物学的野外实习。

5. 生态旅游的天堂

旅游业目前已成为世界上最大的产业，我国的旅游业发展也很快，据统计目前已成为第二大产业。近年来，生态旅游异军突起，发展迅猛。自然保护区是开展生态旅游的最佳场所。原因是自然保护区保护了自然界的原貌，因此具有很高的旅游价值。另外，在自然保护区中开展生态旅游，还可以促使游客在享受自然的同时，认识自然，提高科学文化水平，这就使自然保护区更加具有魅力。有些自然保护区，特别是保护珍稀濒危动物的自然保护区禁止旅游，例如我国四川卧龙大熊猫自然保护区。大多数自然保护区，在保护自然的前提下，在划定的功能区中的实验区，可以开展旅游。如黄石国家公园（Yellowstone National Park）。自 1872 年创办以来，已有 6000 多万人来此观光，是世界上最原始最古老的国家公园，是全世界第一个国家公园。位于美国西部北落基山和中落基山之间的熔岩高原上，绝大部分在怀俄明州的西北部。海拔 2134～2438m，面积 8956km^2。黄石河、黄石湖纵贯其中，有峡谷、瀑布、温泉以及间歇喷泉等，景色秀丽，引人入胜。其中尤以每小时喷水一次的"老实泉"最著名。园内森林茂密，还牧养了一些残存的野生动物如美洲野牛等，供人观赏。园内设有历史古迹博物馆。

6. 维持生态环境的稳定性

自然保护区能够维持生态环境的稳定性，原因在于自然保护区的功能是多方面的，综合性的，都有利于维持生态环境的稳定性。自然保护区的功能有改善环境、保护资源、涵养水源、保持水土、净化空气、调节气候、保护生物的多样化。水源涵养林自然保护区就是一种维持生态环境稳定性的类型。因此国家在大江、大河上游建立一批水源涵养林类型自然保护区。以保护整个流域的经济、技术、社会可持续发展，促进各部门、各产业之间协调发展。2000年我国建立了"三江源自然保护区"。

三江源自然保护区是我国面积最大的自然保护区。是我国海拔最高的天然湿地，平均海拔4000多 m。三江源素有"中华水塔"之美誉，长江总水量的25%，黄河总水量的49%和澜沧江总水量的15%都来自这一地区。世界高海拔地区生物多样性最集中的自然保护区。三江生态系统最敏感的地区，它是长江、黄河、澜沧江三条大河的发源地。

7. 自然资源的"宝库"

由于自然保护区保护各种自然资源，以使我们的后代子孙也可以永续利用，因此说自然保护区是各种珍贵自然资源的"宝库"。

8. 开展环境外交的重要阵地

自然保护区也是开展环境外交的重要阵地。我国已有长白山、鼎湖山、卧龙、武夷山、锡林郭勒、盐城、西双版纳、天目山等15个自然保护区被联合国教科文组织列入"国际人与生物圈保护区网"；扎龙、向海、鄱阳湖、东洞庭湖、东寨港、青海湖6个自然保护区被列入《国际重要湿地名录》。以上保护区都是开展环境外交的重要场所，其他一些自然保护区也开展了国际合作与交流。

中国科学院鼎湖山国家级自然保护区位于广东省肇庆市鼎湖区，东距广州86km，面积1133hm²。该地带因受副热带高压控制影响，干旱少雨，几乎都是沙漠或稀树草原。而我国华南地区因受太平洋季风影响，湿润多雨，自然条件优越，有利于植物生长。但长期以来，由于人类活动的干扰和破坏，许多古老森林已不复存在，唯独鼎湖山这片森林较为完整地保存下来，因此鼎湖山被誉为"北回归线沙漠带上的绿洲"。外国学者称它为"北回归线上的绿宝石"。

环境外交指"以主权国家为主体，通过正式代表国家的机构和人员的官方行为，运用谈判、交涉等外交方式，处理和调整环境领域的国际关系的一切活动。"简单地说，环境外交就是指为解决全球性和区域性环境问题，维护本国环境合法权益而进行的双边与多边环境合作、国际交流和外交斗争，是国际政治、经济、环境和外交等因素相互影响、相互作用而表现的一种新的国际关系形式。环境外交的基础是国际环境关系，国际环境关系是国际关系的重要组成部分。

4.4.3 自然保护区的评价、设计与规划

4.4.3.1 自然保护区的评价

不同的自然保护区，评价的内容不一样。筹建中的自然保护区要评价其生态条件及社会经济效益，而已建的自然保护区不但要评价生态条件及社会经济效益还要评价它的管理水平。

（1）自然保护区的生态评价。自然保护区的生态评价指标，20世纪60年代以来自然保护区的生态评价涉及的指标有30多个。出现频率较高的有多样性、稀有性、自然性、面积、代表性、教育价值、科研价值、人类威胁、潜在价值、感染力、脆弱性、物种丰

4.4 自然保护区

度、土地有效性等。这些指标过多，又有交叉叠加的因素，因此需进一步筛选。我国科学工作者 1994 年根据兼顾性、可行性、易操作性、避免重复交叉、系统性 5 个原则，确定了自然保护区生态评价的 6 个主要指标，即多样性、稀有性、代表性、自然性、面积适宜性及生存威胁。

1) 指标阐述。

a. 多样性。可分为生境多样性、群落多样性及物种多样性。多样性一般用多、中、少三级评价。我国科学工作者用物种相对丰度来进行评价。物种的相对丰度即物种数与所在生物地理区或省内物种总数的比例，这样评价可以增加不同自然条件地区的可比性。

b. 稀有性。体现在生物界可分为五类：广泛分布的稀有种、具有严格地理区域的地方种、分隔种群、边缘种群及濒危种群。

c. 代表性。表明自然保护区的所在类型，级别中具有代表性的程度。

d. 自然性。是度量自然保护区内保护对象遭受人为干扰程度的指标，也称自然度。

e. 面积适宜性。即对保护野生生物的自然保护区，其面积最少也应维持生物种群的需要。对保护生态系统的自然保护区，其面积是维持被保护的自然生态系统的最小面积；以保护自然历史遗传的自然保护区，其面积应是保护自然历史遗迹安全的最小范围。

f. 生存威胁。包含两个方面：一方面指人为干扰、破坏；另一方面指生态系统、物种、自然遗迹本身的脆弱性。

2) 自然保护区生态评价赋分标准。评价生态系统类自然保护区应以多样性指标赋分最高；评价野生生物类型则以稀有性指标赋分最高；评价自然历史遗迹则以代表性、自然性等指标赋分最高。具体见表 4-21 及表 4-22。表 4-21 表示评价生态系统自然保护区的赋分标准（一级指标）；表 4-22 是自然保护区生态评价的赋分标准（二级指标，如多样性指标的二级指标）。

表 4-21　评价生态系统自然保护区的赋分标准（一级指标）

指标	多样性	代表性	稀有性	自然性	面积适宜性	生存威胁
生态质量分指数	A	B	C	D	E	F
赋分	25	15	20	15	15	10

表 4-22　自然保护区生态评价的赋分标准（二级指标，如多样性指标的二级指标）

多样性指标	物种多样性 A1							生境类型多样性 A2			
	物种多度 A1.1				物种相对丰度 A1.2						
	优	良	中	差	优	良	中	差	优	良	中	差
赋分	8	6	4	2	7	5	3	1	10	8	6	4
	25											

表 4-22 中赋分标准的依据如下：

A1　物种多样性

A1.1　物种多度

①物种多样性极丰，高等植物大于 2000 种，或高等动物大于 300 种。(8分)
②物种多样性较丰，高等植物 1000～1999 种或高等动物 200～299 种。(6分)
③物种多样性中等丰富，高等植物 500～999 种或高等动物 100～199 种。(4分)
④物种量较少，高等植物小于 500 种，高等动物小于 100 种。(2分)

A1.2　物种相对丰度

①保护区内的物种占其所在生物地理区或行政省内物种总数的比例相对极高，大于 50%。(7分)
②保护区内的物种数占其所在生物地理区或行政省内物种总数比例相对较高，达 30%～50%。(5分)
③保护区内的物种数占其所在生物地理区或行政省内物种总数的比例相对一般，达 10%～29.9%。(3分)
④保护区内的物种数占其所在生物地理区或行政省内物种总数的比例相对较低，小于 10%。(1分)

A2　生境类型多样性

①保护区内生境或生态系统的组成成分与结构极为复杂，并且有很多种类型存在。(10分)
②保护区内生境或生态系统的组成成分与结构比较复杂，类型较为多样。(8分)
③保护区内生境或生态系统的组成成分与结构比较简单，类型较少。(6分)
④保护区内生境或生物系统的组成成分与结构简单，类型单一。(4分)

3) 自然保护区生态评价的评判。自然保护区生态评价的赋分方法：一是集中了专家的意见；二是引入了权重。因此比较全面合理，赋分总分为 100 分。自然保护区的生态评价结果用生态质量指数 K 表示，即所评价的自然保护区的生态质量指数 K 越大，说明所评价的自然保护区的生态质量越好。其评判标准见表 4-23。

表 4-23　　　　　　生态系统自然保护区生态评价的评判标准

K/分	86～100	71～85	51～70	36～50	<35
评语	很好	较好	一般	较差	差

4) 自然保护区生态质量指数 K 的计算及评判。

a. 自然保护区生态质量指数 K 的计算。自然保护区生态质量指数 K 的计算方法如下：

$$K=A+B+C+D+E+F \quad (4-1)$$
$$A=A1+A2 \quad (4-2)$$
$$A1=A1.1+A1.2 \quad (4-3)$$

B、C、D、E 及 F 的计算方法与 A 的一样。

b. 自然保护区生态质量的评判。用通过上述方法计算得到的 K 值与表 4-23 中所列的生态系统自然保护区生态评价的评判标准进行对比，然后得出最后评语。

应注意的是上述评价方法适用于生态系统类型的自然保护区。珍稀濒危生物类型的自然保护区只注重保护对象的稀有性；自然历史遗迹类自然保护区只注重自然性、代表性。

(2) 自然保护区管理水平评价。世界各国关于自然保护区管理水平没有统一的评价标准，我国为了便于检查评比，1994年提出四项自然保护区管理水平评价指标，即管理条件、管理措施、管理基础、管理成效。各赋分为管理条件30分、管理措施21分、管理基础21分、管理成效28分，总分100分。根据总分高低，评判自然保护区管理水平的高低。共分以下5个级别：

R 总分＝86～100 分　　管理很好

R 总分＝85～71 分　　管理较好

R 总分＝70～51 分　　管理一般

R 总分＝50～36 分　　管理较差

R 总分＝35 分以下　　管理很差

(3) 自然保护区的社会经济效益评价。自然保护区的效益是多方面的，综合性的，除了生态效益以外，还有经济效益和社会效益。以自然保护区的生态、经济、社会的效益分析，是应用生态经济学的方法进行的。其主要方法有3种：①市场价格法。以市场价格为标准评价自然保护区的效益；②基于代用品市场价格法。用市场价格间接地近似计算自然保护区提供的物质和服务的价值；③基于刺激的市场价格法。对有代表性的一部分人进行询问调查，由他们给予自然保护区货币定价。

4.4.3.2　自然保护区的设计

1. 自然保护区的选址

此工作程序由4个阶段组成，缺一不可。

(1) 科学考察。对拟建自然保护区的地域进行全面的科学考察，将保护对象及其周围的生态、经济、社会状况、特征、变化趋向等问题搞清，并编写考察报告及附图。

(2) 条件分析。将科学考察的结果按《中华人民共和国自然保护区管理条例》第二章第十条的规定对照，如果符合规定的五项条件之一者，即可认为符合建立自然保护区的条件。

(3) 综合评价。对符合国家规定条件的拟建自然保护区，分别进行生态评价、社会经济评价，然后做出总体评价，并编写出建立自然保护区的可行性研究报告。

(4) 上级审批。

2. 自然保护区的面积、形状和生境走廊

自然保护区的面积要适当。面积大小要满足保护自然的起码的需要，即不能小于保护自然生态系统、保护珍稀濒危物种、保护自然历史遗迹的最小面积。

理想的自然保护区的形状以圆形最好，因为圆形一是边界减少，易于管理；二是可以保留尽可能大的核心区，易于有效地保护。另外，如果现实条件不允许，建立连成一片的自然保护区也行：一是便于管理，二是可使保护更加有效。

生境走廊。如果条件限制必须建立几个相邻的、分散的自然保护区，应设计有足够宽度的生境走廊，便于物种迁移和繁衍，如图4-3所示。

3. 自然保护区的功能区划

自然保护区一般分为核心区、缓冲区和实验区，有不同的功能和要求。

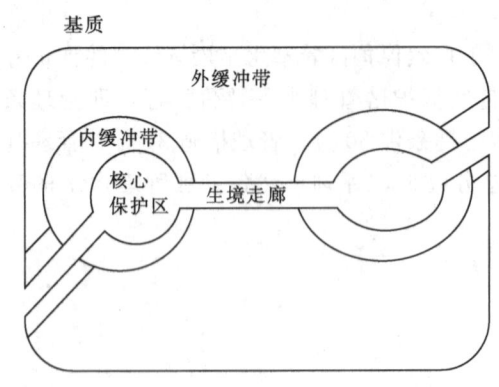

图 4-3 生境走廊模型
（Noss，Cooperrider，1994）

（1）核心区。指自然保护区内保有完好的天然状态的生态系统以及珍稀、濒危动植物的集中分布地，禁止任何单位和个人进入。核心区的面积必须满足保护的需要。值得注意的是进入国家级自然保护区核心区进行科研活动必须经国务院主管部门的批准，进入地方级自然保护区核心区进行科研活动必须经省一级政府主管部门的批准才可以。

（2）缓冲区。指核心区外围划定的一定面积，只准进入从事科研观测活动。

（3）实验区。指缓冲区外围的一定面积，可进行教学参观、旅游、物种驯化繁殖等活动。

原批准建立自然保护区的政府有权在自然保护区外划定一定面积的外围保护地带作为实验区。

4. 自然保护区管理机构的位置

自然保护区管理机构应设在保护区境内，一般在实验区且交通比较便利的地方。自然保护区的管理机构位置也可以在自然保护区外围交通比较便利的地点。在山区的自然保护区，其管理机构的位置在进山的山口，交通既便利又容易控制整个自然保护区。在沿海狭长的海岸类型自然保护区，其管理机构的位置在由外进入自然保护区的路口，既便于出入，又能控制整个海岸线，自然保护区的管理机构的位置绝对不能设在核心区。

4.4.3.3 我国自然保护区发展规划

根据我国自然保护区的发展现状和实施可持续发展战略的需要，1994年我国科学工作者提出了我国自然保护区长远规划（1994—2050年），以促进我国的自然保护区的发展。

1. 规划的指导思想、原则和目标

（1）规划的指导思想。根据我国的国情和国力，从抢救保护的立场出发，到2050年在全国范围内，建成布局合理、类型齐全、管理有效的、高标准的全国自然保护区体系，达到国际同期先进水平，实现生态环境的良性循环和自然资源的永续利用。

（2）规划原则。

1) 全面合理布局。

2) 重点加强草原、海洋、地质类型的自然保护区的建设。

3) 从抢救保护出发，将自然保护区的保护对象扩大到有代表性的次生环境及人为保护可以恢复的自然生态系统。

4) 充分考虑当地人民的需要，全国规划应建立在地方政府的规划之上。

5) 建设与管理同步发展。

（3）规划目标。

1) 近期（1994—2000年）。自然保护区总数达到1000个以上，其中国家级自然保护区120~130个;自然保护区的面积占国土面积的8.5%~9%,加上风景名胜区和森林公园占国土面积的10%以上。

2)中期(2001—2010年)。自然保护区总数达1200个以上,其中国家级自然保护区140~150个;自然保护区面积占国土面积的10%以上,加上风景名胜区和森林公园占国土面积的12%以上。

3)远期(2011—2050年)。自然保护区总数达1500个以上,其中国家级自然保护区180~200个;自然保护区面积占国土面积的13%以上,加上风景名胜区和森林公园占国土面积的15%以上。

目前,近期、中期目标已实现,开始进入远期目标阶段。

2. 我国自然保护区的分区规划

为了实现我国自然保护区的规划目标,我国制定了详细的自然保护区的分区规划目标,见表4-24。不同区域在不同时期所建自然保护区的面积不同,逐渐扩大,形成合理的布局,达到国家生态保护的目标,满足规划国家生态保护的需求。

表4-24 我国自然保护区的分区规划目标

自然保护区名称	自然保护区所建面积占全区土地面积比≥/%	
	2010	2050
东北山地平原区	7	10
蒙、新高原荒漠区	12	15
华北平原、黄土高原区	2	4
青藏高原荒漠区	28	30
西南高山峡谷区	7	10
中南西部山地丘陵区	4	6
华东丘陵平原区	3.5	4
华南低山丘陵区	5	6
海域区	900万 hm^2	1100万 hm^2

3. 我国自然保护区的分类规划

为了实现我国自然保护区的规划目标,我国也制定了详细的自然保护区的分类规划目标,见表4-25。不同自然保护区类型在不同时期所建面积不同,逐渐扩大,形成合理的布局,达到国家生态保护的目标,满足规划国家生态保护的需求。

4. 国家级自然保护区规划

为了实现我国自然保护区的规划目标,我国也制定了详细的国家级自然保护区的规划,其目标是到2050年国家级自然保护区总数达到200个,大约占全国各级自然保护区总数的13.3%。但是实际中,国家级自然保护区的建设速度要快得多,现在中国已有300多个国家级自然保护区。华北地区有24个,其中北京2个、天津3个、河北13个、山西6个;东北地区49个,其中黑龙江24个、吉林13个、辽宁12个;华东地区48个,其中山东7个、江苏3个、上海2个、浙江10个、安徽6个、江西8个、福建12个;华中地区有39个,其中河南11个、湖北13个、湖南15个;华南地区有35个,其中广东11

个、广西 15 个、海南 9 个;西南地区有 57 个,其中重庆 6 个、四川 25 个、贵州 9 个、云南 17 个;青藏地区 14 个,其中青海 5 个、西藏 9 个;西北地区 32 个,其中陕西 14 个、甘肃 13 个、宁夏 6 个。国家级自然保护区目前及今后还会陆续增加。

表 4-25　　我国自然保护区的分类规划目标

自然保护区所属类型	规划面积/万 hm^2	
	2010	2050
森林生态系统类型	2600	3200
草原与草甸生态系统类型	1600	2000
荒漠生态系统类型	4500	5500
内陆湿地与水域生态系统类型	1100	1200
海洋与海岸生态系统类型	900	1100
野生动物生态系统类型	2000 年以后,达到并稳定保护区面积共 2380~2510	
野生植物生态系统类型	2000 年以后,达到并稳定保护区面积共 155~160	
地质遗迹类型	80	100
古生物遗迹类型	10	20

4.5　生态环境管理

4.5.1　生态保护的方针、任务和措施

4.5.1.1　生态保护的方针与原则

1. 生态保护的方针

1990 年 7 月在长春市召开了全国自然保护区工作会议。在这个会议上提出了我国自然保护工作的方针,即"全面规划、积极保护、科学管理、永续利用"。这个方针也可以作为生态保护的方针。

(1) 全面规划——生态保护工作的基础。由于生态环境管理涉及面很宽,涉及的部门也很多,而生态环境及生态系统又是一个有机的整体,各组成要素之间与各种自然资源之间又有相互依存,相互影响的关系。因此,生态保护工作必须全面规划、综合整治。

(2) 积极保护——生态保护工作的方向。生态环境从整体上对人类有益,但某些方面也有对人类不利的影响。再说,如果消极保护,必然会束缚人类的手脚,不利于人类的经济、技术、社会的可持续发展。另外,地球上的生态环境大部分已经受到人类的深刻影响,已不是纯粹的"原始"生态环境,因此必须应用积极保护的措施来治理和改善。总之,积极保护是生态保护的方向,但局部地区生态破坏严重,也需要抢救性保护和强制性保护。

(3) 科学管理——生态保护工作的关键。生态环境与生态系统是很复杂,又是经常变化的。生态环境及其自然资源的开发、利用和保护都涉及到自然科学、社会科学的许多领域,单纯依靠经验和行政命令是管理不好的。另外生态保护从根本上讲还需要依靠科学

技术。

（4）永续利用——生态保护的目的。是为人类实现可持续发展提供良好的生态环境和充足的自然资源。生态保护的重点是保护可更新资源的更新能力，使其能够被人类永续利用。

对于不可更新和难以更新的自然资源，生态保护工作的任务一方面珍惜、节约使用宝贵的不可更新的自然资源；另一方面是寻找可靠的替代资源，保证人类发展的需求。

2. 生态保护工作的原则

（1）经济、社会、生态三种效益统一的原则。处理好人类社会经济发展与生态环境的关系，协调人类活动与生态环境的相互关系，为此经济建设、城乡建设与生态建设要同步规划、同步实施、同步发展，做到经济效益、社会效益和生态效益的三统一。

（2）综合利用的原则。生态系统及自然资源都具有多种效用，而几种不同类型的自然资源又往往共生在一起，因此应该充分利用生态系统和自然资源的这种特点，在自然资源的开发、利用中力争做到综合开发与利用，使自然资源能够物尽其用，避免减少浪费，使宝贵的自然资源发挥最大的作用。

（3）因地制宜的原则。生态环境和自然资源都有显著的区域性，区域分异很明显。因此，在生态环境和自然资源的开发与利用中，必须坚持因地制宜的原则。既要借鉴其他地区的经验，又结合本地区的实际，提高预见性，避免和减少盲目性。

（4）开发利用与养护更新相结合的原则。根据可持续发展的理论，对可更新的自然资源一定要确保其更新能力，使之可以永续利用。即使是不可更新或难以更新的自然资源也要坚持节约使用和综合利用的原则，延长自然资源利用时局，充分发挥自然资源的作用。

4.5.1.2 生态保护的任务

生态保护的目的是保护人类赖以生存的生态环境，使人类活动增加预见性和计划性，克服对自然资源利用的盲目性和破坏性，使人类能够主宰自己的命运，实现可持续发展。为此确定了生态保护的三大目标：保护生命支持系统和重要的生态过程；保存遗传基因的多样性；保证现有物种与生态系统的永续利用。为了达到上述目标，生态保护有以下十项具体任务：

（1）确保可更新自然资源的持续存在。

（2）确保和维持自然生态系统的动态平衡。

（3）确保物种的多样性和基因库的发展。

（4）保护脆弱而有典型代表性的生境。

（5）保护珍贵稀有的野生动植物的种类。

（6）保护水源的涵养地。

（7）保存有科学和学术价值的研究对象和场所。

（8）保护野外休养地和娱乐场所的环境。

（9）保护乡土景观生态。

（10）保护农业生态系统与农业自然资源。

4.5.1.3 机构与分工

负责生态保护的机构主要有环境保护部门和其他各部门（如农业部门等）。

1. 环境保护部门

（1）国家环保局。负责全国生态保护的统一监督管理工作，下设自然生态保护司，共有自然保护区、海洋、乡镇环境和生物多样性四个处。

（2）省、自治区、直辖市环保局。负责其管辖范围内的生态保护的统一监督管理工作，一般都设有自然生态保护处，下设几个科室。

（3）市环保局。负责其管辖范围内的生态保护的统一监督管理工作，不少城市的环保局设立自然生态保护科，负责开展自然生态保护工作。

（4）县和县级市的环保局。负责县域的生态保护的统一监督管理工作，有些县环保局设有自然生态保护股。

2. 其他各部门

生态保护工作不仅由环境保护部门负责监督管理工作，也由农业、林业、水利、海洋、地矿及土地部门负责监督管理工作（表4-26）。

表4-26　　　　　　　施行生态保护的其他部门及负责的工作

部门名称	负　责　的　工　作
农业部门	农业、渔业、牧业的生态保护的监督管理
林业部门	森林生态系统的生态保护的监督管理
水利部门	水生生态系统和水资源方面的生态保护和监督管理
海洋部门	海域及其海岸的生态保护的监督管理
地矿部门	辖区的矿产资源保护的监督管理工作和地质环境监督管理
土地部门	辖区的土地资源保护的监督管理

4.5.1.4 我国生态保护的法规

1. 我国生态保护的法规体系

（1）《中华人民共和国宪法》。我国宪法中明确规定："国家保护和改善生活环境和生态环境"。

（2）《中华人民共和国环境保护法》。我国的环境保护法中，污染防治和生态保护的内容和条款大约各占一半。

（3）《中华人民共和国生态系统和资源保护法规》。我国先后制定并颁布的生态系统和资源保护法规有以下几项：①《中华人民共和国森林法》；②《中华人民共和国草原法》；③《中华人民共和国土地管理法》；④《中华人民共和国水土保持法》；⑤《中华人民共和国水法》；⑥《中华人民共和国海洋环境保护法》；⑦《中华人民共和国矿产资源法》；⑧《中华人民共和国野生动物保护法》；⑨《中华人民共和国渔业法》；⑩《中华人民共和国自然保护区条例》。

2. 生态保护法规建设方面存在的问题

（1）法制还不够完善。已成体系，但仍不够完善。有些国家制定并颁布了《自然保护法》，主要内容是保护自然生态系统整体。我国目前还没有类似的法规，另外，我国还缺少《中华人民共和国海岸法》《中华人民共和国湿地法》《中华人民共和国荒漠防治法》等法律，需要今后进一步完善。

(2) 法制观念薄弱。有些人习惯于生态环境和自然资源是大自然提供的，任何人都可以随意无偿开发利用，不愿意接受法律约束。

(3) 执法不严的现象仍然存在。在生态保护中，有法不依、执法不严等现象仍然存在。有些执法机关对生态保护法规的实施重视不够，也导致执法不严的现象发生。

3. 加强生态保护的法制建设

(1) 完善立法。应当尽快制定并颁布《中华人民共和国自然保护法》或者《生态保护法》，在法律上对保护生态环境整体予以明确。另外还应当研究制定《中华人民共和国海岸法》《中华人民共和国湿地法》《中华人民共和国荒漠防治法》等法规。还应加强法规的强制性和可操作性。

(2) 强化法制宣传。下大力气抓好生态保护法制宣传，使群众提高法制观念，使各地领导提高生态意识和法制意识。依法保护生态、管理生态。

(3) 严格执法。强化生态保护的监督机构和制定，加强公、检、法的执法力度，违法必究，执法必严。严格依据法律规定严惩破坏生态、破坏资源、破坏野生生物的行为。

4.5.1.5　《中国自然保护纲要》

《中国自然保护纲要》是1987年由国务院环境保护委员会公布的中国第一部关于自然保护特别是生物多样性保护方面的纲领性文件。它是根据《世界自然资源保护大纲》并结合我国的实际所编写的。在《中国自然保护纲要》的指导下，各地、各部门也制定了适合当地当部门的自然保护纲要，作为当地、当部门的保护自然资源的指导性文件。

1. 《世界自然资源保护大纲》

1975年联合国环境规划署、国际自然与自然资源保护联盟、世界野生生物基金会提出编纂，于1980年3月5日开始实施。大纲主要包括三部分：第一部分提出了保护自然资源的三个目标；第二部分建议各国将开发与保护相结合，以争取可持续发展；第三部分号召开展保护自然的国际合作。这个大纲发表后，引起广泛重视，许多国家制定了本国的保护自然资源的纲领和法规。

2. 《中国自然保护纲要》

1983年5月原城乡建设环境保护部组织编写《中国自然保护纲要》。1986年12月23日在国务院环境保护委员会第八次会议上通过。于1987年5月20日开始实施。这个纲要共分4部分：①概论；②主要保护对象；③区域自然保护；④一般性对策。这个纲要对我国生态保护工作起到了重要的指导作用。

3. 各地、各部门自然保护纲要

20多年来，各地、各部门在《中国自然保护纲要》的指导下，结合本地区、本部门的实际，开展自然保护工作，取得明显的成绩。

一些地方和部门，还制定了本地区、本部门的保护纲要或大纲，指导本地区、本部门的生态保护工作。

4.5.1.6　生态保护的经济政策

1. 将生态保护纳入国家与地方经济与社会发展计划

为了使经济效益、社会效益与生态效益相统一，使当前利益与长远利益相结合，使国家的经济、技术、社会发展建立在生态良性循环和良好的自然资源的基础上，达到可持续发展的战略目标，必须将生态保护纳入国家与地方的经济目标，必须将生态保护纳入国家与地方的经济、技术、社会发展计划之中，综合决策，明确生态保护项目及其配套资金来源，为此，必须做好以下几个方面的工作：①搞好生态与资源调查与评价；②搞好经济综合平衡与生态动态平衡的综合决策；③建立生态保护的目标指标体系，并进行必要的考核；④开展自然保护区规划工作，建设自然保护区体系；⑤稀缺的自然资源实行国家统一的管理；⑥重点地区开发与重大项目建设，必须进行生态影响评价和论证。

2. 实行自然资源有偿使用的经济政策

实行自然资源有偿使用的经济政策的目的在于解决在生态保护工作中的资金短缺问题。过去的资金来源只限于国家环境污染防治方面，经费来源主要靠排污收费制度，排污收费制定中的谁污染谁治理的原则，经实践证明是可行的、有效的。在生态保护工作中很长一段时间没有解决资金渠道问题，原因之一是自然资源无偿使用。

我国近年来在生态保护中实行了自然资源有偿使用的经济对策，为保护自然资源开辟了资金渠道。这方面政策有：林业部门制定了林价政策；水利部门实行了收缴水资源费的政策；地矿部门实行矿产资源有偿使用政策；海洋部门也开始实行海域有偿使用的政策。实施资源有偿使用的政策，对自然资源的保护起到了巨大的推动作用，是促进生态良性循环和自然资源永续利用的关键措施。

3. 生态补偿费

解决整个地域的生态保护的资金问题的另一途径是征收生态补偿费。20世纪90年代以来，我国开始试点工作，贯彻"谁开发谁保护、谁利用谁补偿、谁受益谁投资"的原则，以从事对生态环境产生不良影响的生产、经营、开发者为征收对象，收缴生态补偿费，用于生态环境的保护、恢复和改善。这一试点工作已取得一定的成效，将在全国推广实行。

4.5.1.7 生态保护的宣传教育

1. 宣传

生态保护的宣传工作很重要，是提高全民族生态意识的重要途径。

(1) 宣传工作的对象和途径。普通宣传工作的对象是全体人民，重点宣传工作的对象是领导者、决策者。因为决策失误的损失是巨大的。宣传途径有两方面：一方面是通过人大、政协进行；另一方面是依靠专家学者进行。

(2) 宣传工作的特点——科学性与艺术性相结合。原因在于：①宣传工作既要有科学性、实事求是，但也要有艺术性，有艺术色彩，为广大群众喜闻乐见，易于接受；②生态保护的宣传内容，是生机勃勃、丰富多彩的大自然，本身就具有强烈的吸引力。只有将科学性与艺术性有机地结合起来，宣传工作才会有声有色，生动活泼，得到群众的喜爱和欢迎。

(3) 宣传工作的作用。通过报刊、图书、画册、广播、电视、电影、戏剧、音乐、曲艺、摄影、美术等多种途径进行宣传，可以起到以下作用：生态科学与生态保护法规的普及作用；表扬先进的作用及舆论监督的作用。

2. 教育

(1) 我国幼儿学前、小学、中学阶段都有这方面的教育，在高等院校，一方面有生态保护方面的专业，培养各种学位的学生；另一方面在其他一些专业中也设有生态保护的选修课或公共课。

(2) 成人教育。我国成人教育中，既有生态保护专业，培养专门人才，也在岗位培训中开设生态保护课程，还举办定期或不定期的生态保护短训班。

4.5.1.8 国际合作与交流

1. 国际合作与交流的重要性

地球是一个整体，生态环境中的物质和能量的流动与循环不分国界。许多生态问题具有世界性，因此解决这些问题必须进行国际合作与交流。地球上有些海域和陆地，例如公海和南极洲不属于任何国家，是全人类的共同财富，开发利用这些区域的自然资源，保护这里的生态环境与资源，没有国际合作与交流也是办不到的。世界各地的生态环境和自然资源各有特色，生态保护工作也各有所长。加强国际合作与交流，互相学习，取长补短，使我国的生态保护工作做得更好。

2. 我国生态保护的国际合作与交流

(1) 我国与有关生态保护的国际组织的合作。我国先后与联合国环境规划署、教科文组织、世界卫生组织、世界野生生物基金会、世界自然与自然资源联盟等国际组织合作，开展了保护大熊猫，执行人与生物圈计划，制定《世界自然资源保护大纲》等方面的合作，并取得明显成效，开辟了与国际组织合作的新的途径。

(2) 我国参加的有关生态保护的国际公约。我国先后参加了《濒危野生动植物物种国际贸易公约》《海洋法公约》《国际重要湿地公约》《湿地保护公约》《生物多样性公约》等国际公约。

(3) 双边合作。我国与英国合作使麋鹿由英国重返我国。我国与日本合作，于1981年6月8日签署了《中华人民共和国与日本政府保护候鸟及其栖息环境协定》，以保护迁徙于两国之间并季节性栖息于两国的候鸟。

3. 国际合作与交流中的原则

我国在生态保护的国际合作与交流中，坚持国家主权和发展中国家的权益。我国政府对签署参加的国际公约是负责任的，坚持按公约条款执行。近年来我国曾几次集中销毁虎骨、犀牛角等中药材，就是履行国际公约的责任。在国际合作与交流中，还必须保护国家机密和科学研究的某些化石、标本等。在国际合作与交流中要遵守外事纪律，按国家有关的外事规定办事。

4.5.2 生态监测

4.5.2.1 概述

1. 概念

生态监测是运用可比的方法，在时间和空间上对稳定区域范围内生态系统或生态系统组合体的类型、结构和功能及其组成要素进行系统的观察和测定的过程。

生态监测的结果用于评价和预测人类活动对生态系统的影响，为合理利用资源、改善生态条件和保护自然提供决策依据。

2. 生态监测的内容和空间尺度

（1）宏观监测。宏观监测的空间尺度：小至区域大至全球。宏观监测主要内容表现在：监测区域范围内具有特殊意义的生态系统的分布和面积的动态变化，例如热带雨林生态系统、沙漠生态系统、湿地生态系统等。这些生态系统十分脆弱，极易受到人类活动的影响而发生变化。

宏观监测的方法是遥感技术，建立地理信息系统（最有效）及区域生态调查及统计相结合的方法。前者是实现宏观监测的最有效的方法，但需要生态调查及统计方法来进行结果验证和校验。

（2）微观监测。微观生态监测指对一个或几个生态系统内各生态因子进行物理的和化学的监测。微观生态监测的工作基础是大量的生态监测站。生态监测站的选择和建立一定要有代表性，可按生态监测计划将不同的监测站分布于整个区域甚至全球系统。

微观生态监测的空间尺度：最大可包括由几个生态系统组成的景观生态区，最小也应代表单一的生态类型。

根据生态监测的具体内容，可将微观生态监测分为三类：①干扰性监测。指对人类活动所带来的生态干扰进行监测，例如对砍伐森林所造成的森林生态系统的结构与功能，水文过程和物质迁徙规律的改变；对草原过度放牧引起的草原退化、生产力降低；对湿地的开发引起的生态条件的改变等等进行的监测。②污染性生态监测。主要是指对农药及一些重金属污染物等在生态系统中食物链的传递及富集的监测。③治理性生态监测。主要是指对已破坏的生态系统经过人类治理之后生态系统结构与功能恢复过程的监测。例如对沙化土地治理过程的监测。

3. 生态监测的特点

（1）综合性。生态监测的对象是广阔而复杂的生态环境，因此，生态监测必然是综合性的、多样性的。一个完整的生态监测过程会涉及农、林、牧、渔、工等各个生产领域，也必须配备一支包括生物、地学、环境、生态、物理、化学、信息科学及技术科学等多学科人员组成科学队伍。

（2）长期性。由于自然界中许多生态过程的发展是十分缓慢的，例如森林的演替、动物种群的变化。人类对生态环境的干扰也是缓慢的、逐步积累的过程。人类对环境破坏的治理也是相当长的过程。因此，生态监测具有长期性，有的生态监测项目长达数十年甚至上百年，才能说明问题。

（3）复杂性。由于生态系统的组成本身就是复杂的、经常变化的，人为的活动又给生态系统带来十分复杂的影响，两者结合更加复杂。因此，生态监测的内容具有复杂性。

（4）分散性。由于生态监测的对象范围广泛、成分复杂、布点分散，因此，生态监测费时费工、耗资巨大。特别是那些跨区域的，全国性的及全球性的生态监测网络，其分散性更大；生态变化过程是十分缓慢的，监测时间尺度也大，通常只能采取周期性的间断监测。因此，生态监测具有分散性的特点。

4.5.2.2 国内外生态监测的进展状况

1. 国际

国际上最早实施生态监测计划的是联合国教科文组织制定的"人与生物圈计划"

(MAB)。它是根据1970年联合国科技文组织第16届大会2.313号决议设立的。这个计划共有14个研究项目,目前已有100多个国家的10000多名科学家参与这项计划。我国于1972年参加这一计划,并是人与生物圈国际协调理事会的理事国;另外一些国际组织也开展了生态监测工作。如近年来成立的国际地圈—生物圈计划(IGBP)也开展了生态监测工作。前苏联、东欧一些国家都是在20世纪70年代即开展了生态监测工作。美国则是在80年代开展生态监测工作的。

2. 中国

我国近年来陆续建立了一些生态监测站,开展生态监测工作。中国科学院先后建立了52个生态站,其类型最全,集积的资料最多,其中一些生态站参与了联合国人与生物圈计划。另外,我国林业部门、农业部门、海洋部门和环保部门,也建立了一些生态站,开展了生态监测工作并取得了不少成果。但我国生态监测目前存在着如下一些不容忽视的问题,针对这些问题应采取如下的解决方案:

(1)我国应制定统一的生态监测计划。我国各部门的生态监测工作,缺乏统一的计划,往往力量不集中,成果不能充分发挥其作用。因此,我国政府应组织各部门学科的专家,制定一个统一的、完整的、长期的全国生态监测计划。

(2)明确组织协调生态监测的部门。目前我国由几个不同的部门分头开展生态监测工作,为完成全国统一的生态监测计划,必须明确组织协调生态监测的部门,以利于开展工作,应当说,环保部门要承担此责任。

(3)生态监测必须规范化。我国生态类型多样,生态监测的内容复杂,为统一全国的生态监测工作,还必须使生态监测工作标准化、规范化,使全国和部门的生态监测有一个共同的标准。

(4)建立生态监测信息库。全国各生态监测站所有的数据,在规范化、标准化的前提下,通过建立生态监测信息库,使生态监测的数据共享,发挥更大效益。

4.5.2.3 生态监测的任务和优先监测的生态项目

1. 生态监测的任务

(1)对区域范围内的珍贵生态类型包括珍稀物种及因人类活动所引起的相应的生态问题的发生面积及数量在时间与空间上动态变化的监测。

(2)对人类的资源开发活动所引起的生态系统的组成、结构和功能变化的监测。

(3)环境污染物对生态系统的组成、结构和功能的影响监测及其在生物链上的传递。

(4)对破坏的生态系统在治理过程中,生态恢复过程的监测。

(5)通过监测数据的集积,研究上述各种生态问题的变化规律及发展趋势,建立相应的数学模型,为预测预报和影响评价打下基础。

(6)为政府部门制定相关环境法规,进行有关决策提供科学依据。

(7)寻求符合我国国情的资源开发治理模式及途径,以保证我国生态环境的改善及国民经济持续协调地发展。

(8)支持国际上一些重要的生态研究与监测计划,如GEMS、MAB、IGBP等,加入国际生态监测网络。

2. 我国优先监测的生态项目

目前我国生态监测中优先项目如下：

(1) 全球气候变暖所引起的生态系统或动植物区系位移的监测。

(2) 珍稀濒危动植物物种及其栖息地的监测。

(3) 水土流失的时空分布及环境影响的监测。

(4) 沙漠化时空分布及环境影响的监测。

(5) 草原沙化退化的时空分布及环境影响的监测。

(6) 人类活动对陆地生态系统，包括森林、草原、荒漠、农田等生态环境系统的结构功能和影响的监测。

(7) 水环境污染对水体生态系统，包括湖泊（含水库）、河流、海洋及湿地等生态系统的结构与功能的影响的监测。

(8) 主要环境污染物，包括农药、化肥、有机污染物和重金属在土壤-植物-水体系统中的迁移和转化的监测。

(9) 水土流失、沙漠化及草原退化地区优化治理模式的生态监测。

(10) 各生态系统中微量气体的释放量与吸收的监测。

4.5.2.4 地面、空中和卫星生态监测

1. 地面生态监测

(1) 地面生态监测的优点。

1) 通过地面生态监测，许多生态属性和特点才能令人满意地被测定。

2) 空中生态监测和卫星生态监测中得到的信息和数据必须依靠地面生态监测加以核实和校准。

(2) 地面生态监测的内容。

1) 气候测量和水文监测。

2) 土壤监测及土地侵蚀的监测。

3) 植被变化的监测和动物种群变化的监测。

4) 社会调查与统计。

2. 空中生态监测（利用轻型飞机）

目前许多国家也广泛采用，效果很好。

(1) 空中生态监测的优点。

1) 空中监测比地面监测省时、省力，信息和数据提供的速度比较快。

2) 空中监测比地面监测，在一部分情况下节省资金。

(2) 空中生态监测的办法。先将区域的1:25万地图划成10km×10km的网络，然后利用轻型飞机在大约100m的高度，以每小时150km的速度沿地图网络往复飞行，利用录音机、照相机和录像机进行监测，取得的结果再进行分析。

3. 卫星生态监测（应用人造地球卫星）

1972年以来，利用人造地球资源卫星进行生态监测已经取得许多成果，值得推广。

(1) 卫星生态监测的优点。

1) 宏观性强，可以发现微观监测发现不了的生态现象。

2) 及时、省力、节约资金。
3) 全球可以共享人造地球资源卫星提供的生态监测的资料。

(2) 卫星生态监测的办法。美国发射的人造地球资源卫星在地球上空 900km 处每 18 天将全球监测一遍,所得到的信息和数据主要体现在卫星照片上。这些照片类型不同,是不同信息的载体,分析这些卫星照片可对大面积区域进行生态监测。

4.5.2.5 生态监测的指标体系

1. 生态监测的指标体系的确定原则

(1) 应根据生态监测的内容充分考虑指标的代表性、综合性及可操作性。

(2) 不同生态监测台站中同一种类的生态类型的监测必须按统一的指标体系进行,尽量实现生态监测内容的规范性和可比性。

(3) 各生态监测站可依监测项目的特殊性增加特定指标,以突出各自的特点。

(4) 指标体系应能反映生态系统的各个层次和主要的生态环境问题,并应以结构和功能指标为主。

(5) 宏观监测可依靠监测项目选定相应的数量指标和强度指标,微观生态监测指标应包括生态系统的各个组分,并能反映主要的生态过程。

2. 野外生态监测站指标体系构成及推荐监测方法

野外生态监测站按生态类型分为陆地生态站和水生生态站。陆地生态站又分为农田站、森林站、草原站、荒漠站等;水生生态站则分海洋站和淡水站两种类型。

各指标的监测方法优先采用国家环境保护总局颁布的有关规范和方法。再参照各专业常用的分析和测定办法。

陆地生态系统野外生态监测指标体系构成及推荐的方法见各种相关文献。

4.5.2.6 生态监测过程的管理重点

(1) 由于生态监测涉及面广、工作量大,各生态监测台站应按各自的任务组织力量按时完成。同时要求监测人员具有一定的专业知识和操作技能,并保证监测数据清晰、准确、完整,严禁伪造数据。

(2) 在监测过程中,应对各种观测、采样、分析仪器进行定期检验,逐步实现仪器的使用方法、分析方法和分析样品的标准化和规范化,实行监测的质量管理。

(3) 每个生态监测台站均要建立样本库和资料库,样本库用以储存重要的实验样品,以备今后进一步的研究并校正尚有疑问的数据,资料库用以保存原始资料。原始资料要按规定的样式专门整抄登录管理,一般不应启用,需以副本或计算机储存的数据库为主。

(4) 每个生态监测台站对按监测计划所收集、观测的调查各种资料应定期进行系统的整理、整编,严格地审查,使之成为在科学研究和经济建设工作中可直接采用的技术资料,发挥生态监测应有的作用。

4.5.3 生态评价

4.5.3.1 概述

1. 概念

(1) 生态评价。生态评价也称为生态环境评价,包括生态环境质量评价和生态环境影响评价。生态环境质量评价指根据选定的指标体系，运用综合评价的方法评定某区域生态环境的优劣，作为环境现状评价和环境影响评价的参考标准，或为环境规划和环境建设提供基本依据。生态环境影响评价是指对人类开发建设活动可能导致的生态环境影响进行分析与预测，并提出减少影响或改善生态环境的策略和措施。

（2）生态评价与环境评价。环境评价主要是环境影响评价。一般说来，生态影响评价包括环境影响评价。现行环境影响评价以污染评价为主。

2. 生态环境影响评价的基本原则

（1）可持续性原则。生态环境影响评价首先要遵循可持续性原则，保护生存资源，包括土地资源、水资源等可更新的自然资源，使其可以永续利用。另外，还要保护区域生态环境功能，保护生态环境的承载力，使其能够维持人类生存环境。

（2）科学性原则。生态环境影响评价还必须遵循生态学的基本原理，即生态环境的层次性、整体性、区域性、特别性和生物多样性保护的优先性。这些都是符合生态环境的特点和变化规律的。以生态学的理论和方法指导生态环境影响评价才能既符合实际，又能深入地解释生态环境影响的原因和特点，才能具有科学性。

（3）针对性原则。不同区域的生态环境既有共同具备的共性，也具有特别的个性，因此生态环境评价必须因地制宜，具有针对性。此外，不同的开发建设活动对生态环境的影响也各有不同，生态环境影响评价对此也必须具有针对性。

（4）政策性原则。生态环境影响评价要提供国家或地方在决策中的科学依据，因此，除应具备科学性，还必须具备政策性，符合国家法规和政策。我国制定和颁布了一系列保护生态环境的法规，还制定并实行了一系列有关的政策。这些法规和政策中都有保护生态环境的条款和内容，都是生态环境影响评价工作的法律和政策依据，是必须遵循的。

（5）协调性原则。生态环境影响评价的面积较大、涉及面宽、综合性强，影响到方方面面，因此生态环境影响评价必须坚持协调性的原则，做好以下几个方面的协调：①协调生态保护与经济发展的关系；②协调整体利益与局部利益的关系；③协调长远利益与当前利益的关系；④协调各部门之间的关系；⑤协调区域开发与项目建设的关系；⑥协调国家政策与市场经济的关系；⑦协调生态环境的开发与生态补偿的关系。

4.5.3.2　开发建设项目的生态环境影响评价

1. 指导思想

（1）目的。明确开发建设者的环境责任，为区域生态环境管理和改善区域生态环境提供科学依据。

（2）特点。从区域着眼认识生态环境的特点和规划，从项目着手实施生态环境保护措施。

（3）原则。特别强调针对性原则，应以实地调查为主，评价结论必须符合当地生态环境的实际。保护措施应做到因地制宜、因害设防、重点建设、讲究效益。

（4）方法。尽可能明确化、定量化，注意分析清楚，重点明确，采用综合评价方法也必须不使主要环境问题淡化和不使主要受影响因子变得模糊不清。

4.5 生态环境管理

2. 评价范围

确定生态环境评价范围的考虑因素是:

(1) 地表水质特征。水是陆地生态系统的第一位限制因子,水系特征往往决定着生态系统的基本结构和运行规律。

(2) 地形地貌特征。地形地貌是生态系统的另一类因子,也应调查分析清楚。

(3) 生态特征。受影响生态系统具完整性,即整体性,因此,应考虑生态系统的结构、功能的整体性。

(4) 开发项目的特征。也应根据开发项目的特征确定调查、分析及评价的范围。

3. 评价标准

(1) 基本要求。

1) 能反映生态环境质量的优劣,特别是能够衡量生态环境功能的变化。

2) 能反映生态环境受影响的范围和程度,并尽可能定量化。

3) 能用于规定开发建设活动的行为方式,即具有可操作性。

(2) 标准来源。

1) 国家、行业、地方规定的标准。

2) 背景和本底标准。

3) 类比标准。

4) 科学研究已判定的生态效应,亦可作为开发建设项目生态环境影响评价中的参考标准。

(3) 指标值选取应考虑的基本原则。

1) 可计量。

2) 先进性和超前性。

3) 地域性。

(4) 标准的应用。可以通过开发建设项目实施前后生态系统环境功能的变化来衡量生态环境的盛衰与优劣。但是开发建设项目的生态环境影响评价中的标准和指标体系的应用是非常复杂的,一般是根据主要功能的分析和筛选,有选择地进行评价。

4. 影响识别

(1) 影响因素识别。即对开发建设项目的识别,包括主体工程、辅助工程、储运工程、拆迁工程等。

(2) 影响对象识别。即对受影响的生态环境的识别,包括对生态系统组成要素的影响,对区域主要生态环境问题的影响,对特别生态保护目标的影响等。

(3) 影响后果及程度的识别。包括两个方面的识别:一是对影响的性质;二是对影响的程度的识别。它们具体是:

1) 影响的性质。正影响或负影响;可逆影响和不可逆影响;可恢复或不可恢复;长期或短期;累积性影响或非累积性影响。

2) 影响的程度。影响范围大小;影响持续时间长短;影响发生的剧烈程度;是否影响生态系统的主要组成因素等。

5. 评价等级

(1) 等级划分原则。根据影响性质、程度和敏感性划分。

(2) 评价等级要求。

1) 一级：为深入全面的调查与评价，生态环境保护要求严格，需进行技术经济分析和编制生态环境保护实施方案或行动计划，是造成不可逆变化或影响程度大的开发项目。

2) 二级：为一般评价与重点因子评价相结合，生态环境保护要求较严格，需针对重点问题编制生态环境保护计划和进行相应的技术经济分析，是基本不会造成不可逆变化或影响程度不太大的开发项目。

3) 三级：为重点因子评价或一般性分析，生态环境保护要求一般，需按规定完成绿化指标和其他保护与恢复措施，是本身无害于生态环境或影响很小的开发建设项目。例如城市建成区内的住房改造、小型技改项目、三产项目、生态工程项目、小流域治理、护坡护岸工程等。

6. 生态环境调查

生态环境调查的要求一般应包括组成生态系统的主要生物要素和非生物要素；能明确认识区域或主要生态环境问题和影响生态环境的主要因素；能分析区域自然资源优势及利用情况；敏感的生态保护目标和要求特别保护的对象。

生态环境调查的内容包括对自然生态系统本身的调查，也包括对自然生态系统所属的区域的社会经济状况的调查。自然生态系统调查内容包括自然生态系统、区域生态环境问题和生态环境特别保护目标3个部分。社会经济状况调查包括：①区域经济发展水平、结构、特征及分布；②区域人口及其分布特点、规律；③区域流行性疾病及地方病状况；④区域社会文化特点。

7. 生态分析

生态分析包括生态系统分析、相关性分析、生态约束条件分析及生态特殊性分析，每一方面的具体细节如下：

(1) 生态系统分析。首先确定生态系统的类型；其次进行生态系统结构的整体性分析；然后分析生态系统的物质与能量流动；最后是生态系统的生态功能分析。

(2) 相关性分析。将复杂的生态关系进行分析，确定那些相关性特别强的系统或因子，揭露生态系统的本质，进而采取最有效的措施加以保护。

(3) 生态约束条件分析。包括：①水分约束；②土地与土壤约束；③气候条件约束；④地质地貌条件约束；⑤生物条件约束；⑥社会经济条件约束。

(4) 生态特殊性分析。包括：①生态系统特殊性分析；②主导性生态因子分析；③敏感生态环境保护目标分析。

8. 敏感生态环境保护目标分析

(1) 影响因素分析。

1) 物理性作用。

2) 化学性作用，指污染的生态效应。

3) 生物性作用。

(2) 影响对象分析。受影响的生态系统和生态因子；直接影响、间接影响或潜在影

4.5 生态环境管理

响;影响对象的敏感性等。其中敏感性高的保护对象包括以下几项:①需要特别保护的对象;②法定的保护目标如自然保护区;③具有较高保护价值的目标;④特别脆弱的生态系统;⑤稀有或稀缺的自然资源。

(3) 影响效应分析。

1) 影响效应的性质正向还是负向,不可逆还是可逆的等。

2) 影响效应的程度。

3) 影响效应的特点。

4) 影响效应的相关性分析。

9. 现状评价

(1) 生态因子现状评价。

1) 植被现状评价并以图表达。

2) 动物。

3) 土壤。

4) 水资源评价。

(2) 生态系统结构与功能现状评价结构可应用文字或图表示。功能可以定量或半定量评价。

(3) 区域生态环境问题评价。一般指区域生态环境问题,如水土流失、土地沙化、水资源破坏、生物多样性破坏等,可应用定性与定量、半定量相结合的方法予以评价。

(4) 生态资源评价。一般来讲,生态环境质量高,自然资源丰富,经济价值也高,可应用生态经济学的理论和多方面予以评价。

10. 影响预测

(1) 基本步骤或程序。

1) 选定影响预测的主要对象和主要预测因子。

2) 根据影响预测的对象和因子选择预测方法、模式、参数、并进行计算。

3) 研究确定评价标准和进行主要生态系统和主要环境功能的预测评价。

4) 进行社会、经济和生态环境相关影响的综合评价与分析。

(2) 影响预测的内容和指标。例如农业生态环境和山地丘陵生态环境的影响预测的内容及指标见孔繁德于2001年所著的《生态保护概论》中的表8-20及表8-21。

(3) 预测评价。

1) 阐明开发建设项目主要影响的生态系统及其环境功能,影响的性质和功能。

2) 阐明影响的补偿可能性和生态环境功能的可恢复性。

3) 阐明主要敏感目标的影响程度及保护的可行途径。

4) 阐明主要生态问题及生态风险。

5) 阐明生态环境的宏观影响。

11. 生态环境保护措施

(1) 基本要求。

1) 体现法规的严肃性。

2) 要有明确的目的性。

3) 具有一定的超前性。
4) 科学性与可行性相结合。
5) 提高针对性和注重实效。

(2) 提出生态环境保护措施的思路和原则。

1) 保护："预防为主""积极保护"。
2) 恢复：尽量使生态环境恢复。
3) 补偿：向生态环境进行补偿是关键。
4) 建设：重在建设。
5) 替代文案：供决策比较选择。
6) 技术的选择：选择清洁、高效的技术。
7) 工程措施：包括一般性工程措施和生态工程措施。
8) 加强管理。

4.5.3.3 区域性生态环境影响评价

1. 确定评价整体框架

首先是进行信息收集和初步现场踏勘，识别环境影响和环境问题，确定评价的主要对象、评价范围，明确评价目的；进而建立评价的准则，确定评价标准和环境保护目标；在此基础上确定工作整体框架和编制评价大纲。

2. 区域生态环境调查

(1) 自然系统调查。包括：①地理地质；②水和水资源；③植被；④动物；⑤气候；⑥土壤；⑦土地资源；⑧矿产资源；⑨海岸和海洋；⑩特殊和稀有资源；⑪区域特殊生态系统、生境和敏感生态保护目标；⑫区域生态环境问题；⑬区域自然灾害；⑭区域污染；⑮区域生态系统的演变历史；⑯其他需要特别调查的内容。

(2) 社会系统调查。包括：①人口和人口规划；②交通情况；③人类聚落，即乡村与城镇；④行政管理。

(3) 经济系统调查。

3. 生态分析与评价

(1) 区域生态系统分析。分为生态结构、生态过程和生态功能三部分的分析。

(2) 区域资源态势分析。①主要内容：资源种类、优势、利用合理性、生物资源生产潜力、土地资源潜力、区域可持续发展资源供需分析、特殊和特有资源分析等。②基本原则：优先考虑生存资源的永续利用；保护稀缺资源；保护资源的稀有和特殊用途；可再生资源用养结合，采补平衡。

(3) 区域生态环境影响分析。

1) 识别经济环境影响因素。
2) 识别生态影响因子。
3) 生态影响矩阵分析。

(4) 区域社会-自然-经济复合生态系统综合分析。

1) 生态环境的人口与经济承载力分析。
2) 土地利用的适宜度分析。

4.5 生态环境管理

3）生态环境与资源的相关分析。
4）生态环境与社会经济发展协调性分析。
5）生态环境敏感性分析。

4. 区域生态环境的功能区划

(1) 基本原则。
1）以自然属性为主。
2）突出主要功能。
3）满足可持续发展要求。
4）重视资源保护。
5）尽可能与行政区划相协调。

(2) 类型。
1）重要的资源生产与保护区。
2）应保护和保留自然景观和生态系统。
3）为防止污染和自然灾害，维护区域环境和经济社会稳定的人工或自然生态系统。
4）为消纳区域社会经济活动产生的污水、固体废物而设立的设施。
以上 4 种类型中包含一些具体功能区，以及一些相联系的区域与设施。

(3) 生态功能区规划方法的选择。
1）定性分析。
2）专家咨询。
3）生态选图以及模糊聚类分析。
4）"Q 分析"。
5）层次分析法（AHP）。

5. 区域生态环境影响预测与评价

(1) 预测内容。
1）影响因素分析。
2）生物资源生产力影响预测。
3）水资源影响预测。
4）区域生态结构影响预测。
5）区域生态多样性影响预测。
6）生态环境功能影响预测。
7）特别生态环境保护目标的影响预测。
8）区域主要生态环境问题预测。
9）区域生态环境风险预测。
10）社会文化影响预测。

(2) 预测方法选择。

(3) 综合性影响评价。评价的范围包括：区域生态系统总体变化趋势；生态环境功能的变化程度；区域自然资源和生态环境对人口和经济的承载能力；影响区域可持续发展的主要生态环境问题和区域功能目标的可达性等。

6. 区域生态环境保护方案与措施

（1）原则要求。

1）突出建设法。

2）突出政策法。

3）突出协调性。

4）刚性与弹性相结合。

5）强化管理。

（2）基本内容。

1）提出区域生态环境管理的政策性建议。

2）提出生态环境管理方案。

3）提出生态功能分区方案。

4）提出生态建设工程方案。

（3）方案措施的技术经济论证。

参 考 文 献

[1] 陈永文.自然资源学［M］.上海：华东师范大学出版社，2002.

[2] 程国栋，仵彦卿，王根绪，等.黑河流域生态环境问题及其对策研究［M］.中国科学院寒区旱区环境与工程研究所，2001.

[3] 孔繁德.生态保护概论［M］.北京：中国环境科学出版社，2001.

[4] 路京选，钟劭南，李琳，等.基于遥感的内陆荒漠绿洲生态修复效果分析.http：//www.cwrsc.com/rsc/yglt.htm，2007.

[5] 席振峰.新世纪我国森林病虫害防治面临的形式和应采取的对策［J］.黑龙江科技信息，2012，5：25.

[6] 中国政府网.全国森林面积1.95亿公顷森林覆盖率达20.36％.［EB/OL］.http：//news.xinhuanet.com/politics/2009－11/17/content_12474316.htm，2009，11，17.

[7] Noss R F, Cooperrider A Y. Saving nature's legacy：protecting and restoting biodiversity［M］. Washington DC. Island Press，1994.

[8] 自然保护区.https：//baidu.com/item/百度百科，2020－6－15.

第5章 生 态 修 复

5.1 生态修复的含义、意义及类型

5.1.1 生态修复的含义

对生态修复的系统研究，始于1988年Cairns主编的《受损生态系统的恢复过程》一书的出版。当前有关生态修复的概念，不同学者有不同的观点，但还没有公认的统一的概念。

据王治国2003年的研究，生态修复指对生态系统停止人为干扰，以减轻负荷压力，依靠生态系统的自我调节能力与自组织能力使其向有序的方向进行演化，或者利用生态系统的这种自我恢复能力，辅以人工措施，使遭到破坏的生态系统逐步恢复或使生态系统向良性循环方向发展；主要指致力于那些在自然突变和人类活动影响下受到破坏的自然生态系统的恢复与重建工作。根据崔爽和周启于2008年的研究，生态修复是指在生态学原理指导下，以生物修复为基础，结合各种物理修复、化学修复以及工程技术措施，通过优化组合，使之达到最佳效果和最低耗费的一种综合的污染环境修复方法。

本书中认为生态修复是指利用生态系统的自我调节能力与自组织能力，辅以人工措施，使遭到破坏的生态系统逐步恢复或使其向良性循环方向发展。

生态修复与生态恢复不同，更不同于生态重建。

生态恢复指在退化程度处于一般状态的生态系统中停止人为干扰，使其自然恢复，而且是生态修复的最高及最终目标。自然恢复指无需人工协助，只是依靠生态系统的自组织能力及自我调节能力进行自然演替来恢复已退化的生态系统。自然恢复的典型例子或典型方法有封山育林。封闭森林或草原，使这些地区不受人类活动的影响，同时防止火灾及杂草入侵，就能加强自然更新。封山育林的优点是可以缩短实现森林覆盖所需的时间，保护珍稀物种和增加森林的稳定性，投资小、效益高。在保持水土、控制和改善微气候、保护生物多样性和维持大气平衡方面，人工林要比封闭后自然恢复的森林逊色得多。

生态重建指对于处于完全退化状态的生态系统所实施的生态修复方法，修复后的生态系统可以与原生态系统完全相同，也有可能部分或完全不相同。

生态修复指辅助人工措施，而加快退化系统的恢复。"生态修复"与"生态恢复"虽一字之差，却强调了人类的能动性。生态恢复可以完全靠自然力来实现，但生态修复必须在人类的参与下来实现。

5.1.2 生态修复的意义

生态修复是当前迫在眉睫又十分必要的一件事。原因在于以下四个方面：第一，社会经济的大发展和人口剧增，片面追求经济增长的生产工艺引起资源过度消耗，大量化肥农

药的使用，私有交通工具的飞速发展、化石燃料作为主要能源的能源结构致使环境污染、生态破坏等问题日益突出，已阻碍到社会经济的可持续发展；第二，我国已经进入加快推进社会主义现代化建设的新阶段，人们的生活已进入小康水平，不仅仅追求物质享受，已到追求良好的生态环境享受的阶段；第三，随着科技进步和社会生产力的极大提高，有了生态修复的技术和经济能力；第四，实现可持续发展的需要。可持续发展就是要社会经济和生态环境均良性协调地发展。生态环境要良性地发展，必借助于生态保护与修复，因此，生态修复是实现可持续发展的需要。

5.1.3 生态修复的类型

按分类的依据不同，生态修复的类型不同，当前研究中有如下两类分类方式及类型体系。一种是按采取的措施性质分，可分为生物修复、化学修复、物理修复、工程修复。实际上，生态修复在实际当中往往是多种方式相结合来进行。

还有一种就是针对生态环境问题的分类。按针对的生态环境问题，目前主要有：①水土保持生态修复（水蚀的生态修复、风蚀的生态修复等）；②环境污染的生态修复（污染水体、污染矿区、污染大气等）。

5.1.4 生态修复效果的判定

生态修复的效果如何，需要通过定量的方法来判定，即生态修复效果的判定。常见生态修复效果的判定方法有三种：第一种是只针对环境污染问题的生态修复效果的判定；第二种是针对生态破坏问题的生态修复效果的判定；第三种是既有环境污染又有生态破坏问题的生态修复效果的判定。

一般地，若只是围绕单纯的环境污染问题的生态修复，那只要通过监测环境污染的表征因子，进行环境质量评价就行。而针对生态破坏问题的系统和针对既有环境污染又有生态破坏问题的系统的生态修复效果都要通过综合评价来进行。例如蒋宏程等（2019）在水府庙国家湿地公园湿地恢复工程评估中用的就是综合评估的方法，根据《国家湿地公园评估标准》（LY/T 1754—2008），国家湿地公园的评估指标体系由湿地生态系统、湿地环境质量、湿地景观、基础设施、管理等5类项目22个因子组成。湿地恢复工程既要针对环境污染问题，也要针对生态破坏问题，还考虑到国家湿地公园的景观功能，自然保护区属性及发展生态旅游业的潜力，所以在恢复的评价指标中，考虑了五类项目。例如蒋咏等（2020）以宗家桥河为例进行典型农村河道水环境治理的效果评估就是采用治理前和治理后监测的河道水体的总氮TN、总磷TP、高锰酸盐指数COD_{Mn}、氨氮等各项指标的时间变化来判断，只通过典型的水污染指标的变化来进行。

在实际当中，生态修复效果的判定方法一般都采用评价的方法，考虑的指标关键取决于关注者、生态修复实施者或生态修复受益方关注的主要问题及修复的目标，根据关注的主要问题及修复的目标选择能够表征它们的指标，建立评价指标体系，进行监测这些选定的指标，然后应用选定的评价模型，计算出生态指数，与表征修复良好或优秀的标准值进行对比，然后做出判断就行。

生态修复往往是一个长期的过程，要判定生态修复的效果，离不开生态修复效果的表征指标的生态监测。

5.1.5 生态示范区

1. 生态示范区的定义

生态示范区是以生态经济学原理为指导,以协调经济、社会、环境建设为主要对象,在一定行政区域内,以生态良性循环为基础,实现经济社会全面健康的持续发展。生态示范区是一个相对独立的,又对外开放的社会、经济、自然的复合生态系统(环保部,2012)。

生态示范区建设是实施可持续发展战略的最基本的经济社会形式,是可持续发展思想的集中体现。中国要发展,必须正视人口众多、资源匮乏的国情,必须走可持续发展的道路。与传统的高投入、高消耗的发展模式相反,可持续发展强调的既要满足当代人的需要,又不对后代人满足其需要的能力构成危害。在这种模式中,环境保护是发展的目标,是经济发展不可或缺的因素之一。因此生态示范区是实施可持续发展的最基本的社会经济形式,也是落实基本国策的重要保证(环保部,2012)。

从1995年起,我国先后有9批528个地区和单位开展了生态示范区建设,其中233个被命名为国家级生态示范区。通过探索生态农业、生态旅游、生态恢复、农工商一体等不同的生态经济模式,取得了明显的生态、经济和社会效益,树立了一批区域可持续发展的典型,部分地区已初步走上了生产发展、生活富裕、生态良好的文明发展道路。

2. 生态示范区的建设意义

生态示范区建设是实施可持续发展战略的最基本的经济社会形式,是可持续发展思想的集中体现。中国要发展,必须正视人口众多、资源匮乏的国情,必须走可持续发展的道路。与传统的高投入、高消耗的发展模式相反,可持续发展强调的既要满足当代人的需要,又不对后代人满足其需要的能力构成危害。在这种模式中,环境保护是发展的目标,是经济发展不可或缺的因素之一。因此生态示范区是实施可持续发展的最基本的社会经济形式,也是落实基本国策的重要保证。

生态示范区建设是在一个市、县区域内,由政府牵头组织,以社会-经济-自然复合生态系统为对象,以区域可持续发展为最终目标的一种工作组织方式。生态示范区建设的目的是按照可持续发展的要求和生态经济学原理,调整区域内经济发展与自然环境的关系,努力建立起人与自然和谐相处的社会,促进经济、社会和自然环境的可持续发展(王静,2016)。

3. 生态示范区的模式

生态示范区有六种模式,分别是生态农业型的生态示范区、农工商一体化型的生态示范区、生态旅游型的生态示范区、乡镇工业型的生态示范区、城市化的生态示范区及生态破坏恢复型的生态示范区。其中生态破坏恢复型的生态示范区就是生态修复中需要建设的生态示范区。包括在自然资源开发造成的破坏区域进行生态恢复和环境污染区的生态恢复。

4. 生态示范区在生态保护与修复中的作用——以南京江宁生态示范区为例

2001年,经原国家环保总局批准,南京市江宁区正式列为全国第六批生态示范区建设试点地区。2004年，江宁通过全国生态示范区考核验收。2005年，江宁提出了"产业化、城市化、数字化、生态化"战略定位和创建全国生态区的目标。2006年，江宁获得全国生态示范区命名，《江宁国家生态区建设规划》正式批准实施。2009年，通过了国家生态区考核验收。2010年，江宁以办好"绿色青奥"为契机，提出了"建设创新型、现代化的幸福乐居生态品质新城区"战略定位和建设国家生态文明示范区目标。2011年，江宁获得国家生态区命名，全面启动国家生态文明示范区建设（王平，2012）。

(1) 建设内涵。深入贯彻实践科学发展观，以树立生态文明观念、发展生态文明经济、打造文明生态人居为主线，以促进经济社会发展的生态转型和城乡一体化建设为重点，以实现人与自然和谐共处与可持续发展为目标，探索构建江宁生态文明模式，至2015年，把江宁建设成为"经济发达、生活富裕、环境优美、社会和谐、行为文明"的全国生态文明示范区，让"生态名片"成为江宁转型发展的新品牌、创新发展的新亮点、跨越发展的新标志。

依据江宁现阶段经济社会发展基础和资源环境禀赋，坚持环保优先、以人为本，走生产发展、生活富裕、生态良好的文明发展道路，通过生态理念、生态产业、生态环境、人居环境和生态制度等生态文明重点领域的建设，实现城市生态网络体系基本完善、重要生态功能区得到系统保护、森林用地格局不断优化、城市生态景观显著提升、绿色人居建设取得积极进展、生态脆弱与破坏区域得到有效修复、生态安全得到有效保障、城乡环境综合整治取得明显成效、人与自然和谐相处的生态人居环境基本建立（江宁区人民政府，2011）。

(2) 主要对策。江宁区从五个方面努力打造"绿色江宁"的硬件和软件：一是以开发建设1万亩绿色大米、有机大米，1万亩无公害蔬菜、有机蔬菜，1万亩优质茶叶生产基地和1个规模养殖禽粪便污水处理试点工程等硬件项目为重点，大力发展高科技和生态农业；二是在沪宁路、机场路和马宁路沿线营造1万亩绿色生态屏障和景观带，在新济洲、新生洲、牛首河、秦淮河沿河营造1万亩沿江沿河防护林，在开发区内建设14条景观道路等绿化工程为龙头，大力开展生态林业；三是以淘汰国家明令禁止和落后生产技术、工艺、设备项目，淘汰和关闭含氰电镀生产线，实施植物油厂环保搬迁，努力引进节能、节水、废物再生选用率高和高科技、无污染、环保型的工业项目逐步引入工业园区为具体措施，改造提升传统工业，大力发展高新技术产业；四是以创建2个环境优美小城镇和2个绿色人居环境社区，推行ISO14000环境体系认证和清洁文明生产，编制其林、上峰、谷里、陶吴等4镇环境保护规划为手段，进一步开展城镇环境综合整治，推进生态城镇建设；五是以保护汤山、牛首山等旅游景点生态环境，保护动植物资源，整治汤山、其林、牛首山、东善桥等地开山采石为目标，努力推动生态旅游建设（江宁区人民政府，2011）。

(3) 具体措施。具体措施包括九大工程。生态网架建设工程、重要生态功能区保护工程、城市森林建设工程、生态人居建设工程、城市绿地建设工程、农村生态建设工程、生态安全维护工程、生态制度建设工程（江宁区人民政府，2011）。具体内容如下：

1) 生态网架建设工程。在明确生态功能分区的基础上，构筑"三纵二横"生态网架，保护"四轴三圈""一核三元八镇多点"生态园区。具体为：①落实生态功能分区。按照生态文明示范区建设规划的要求，完成长江河流湿地、沿大连山、东坑、环牛首山等12

个生态功能保护区的划定和培育工作。2015年前，完成重要生态功能保护区的周边环境综合整治和污染防治工作，水土环境得到有效保护。②建设和保护好生态廊道。2012年，打造7条生态廊道，周边区域严控环境污染和生态破坏，严格执行环境影响评价制度，优先实施总量控制和环境质量达标管理，禁止化工、纺织、规模化畜禽养殖等污染行业的发展。严控城市基础设施、水利设施等建设活动对廊道的破坏。积极开展河堤生态化、河道清淤、道路绿化等生态建设，确保廊道的生态功能得到有效维护和保持。③构建"三纵二横"生态网架。重点构建保护充当水系保护廊道和关键物种迁移廊道的长江水生态廊道、牛首山—云台山生态廊道、秦淮河生态廊道、安基山—青龙山—祖堂山生态廊道、横山—云台山—马头山生态廊道"三纵二横"生态网架。规划网架控制长度为122km，总面积约174km^2。

2) 重要生态功能区保护工程。按照生态功能区划，严格实施空间管制，保护生态文明示范区建设规划确定的重要生态功能区。具体包括：

a. 饮用水源地保护工程。科学划定各级饮用水源保护区范围，对饮用水源地实施分级管理。加快区域集中供水工程建设，实现长江供水全覆盖。加强集中式饮用水源地环境保护，水源地一级保护区内实行隔离防护和环境整治工程，重点保护长江、子汇洲、赵村水库等集中式饮用水源地，确保集中式水源地达标率100%。加强备用水源地建设，建立保护制度，落实相关保护措施。2012年前，基本完成水源地保护范围内砂场、码头、油库、化工企业等搬迁关闭工作；2015年前，完成备用水源地应急供水体系的建设。

b. 水源涵养区保护工程。重点保护青龙山、马头山、安基山和横山等4处水源涵养区，面积约154.37km^2。开展水源涵养林的保护和建设，加强土壤保护，防治水土流失。水源涵养区内禁止新建任何影响水源水质和有损蓄水功能的项目，区内已有的损害其服务功能的企业和建设项目应限期治理和搬迁。至2015年年底，完成损害水源涵养区生态功能的企业和建设项目的搬迁工作。

c. 重要湿地保护工程。包括新济洲、新生洲、再生洲、子汇洲、子母洲湿地，总面积为59.40km^2。制定重要湿地保护规划，明确湿地保护范围。实施湿地修复工程，恢复湿地景观，完善湿地生态功能。建立湿地监测体系，开展湿地生态保护示范区建设。至2015年年底，建立湿地监测站1个，创建湿地生态保护示范区1个。

d. 牛首山景保护工程。科学划定保护区的核心区、缓冲区和实验区，严格实施分区保护。禁止在保护区从事砍伐、开垦和采石等活动，限期治理不符合法律法规规定的建设项目。对保护区的管护设施进行完善，至2015年年底前，完成升级改造工作。

e. 地质公园建设工程。加强汤山、方山国家地质公园建设，合理划定地质遗迹保护区的范围和等级，明确保护对象、措施和方法。禁止修建与地质公园规划无关的厂房或其他建筑设施，对已建并可能对地质遗迹造成污染或破坏的设施，应限期治理或外迁。加强地质公园数据库、监测系统、网络系统等信息化建设，完善地质公园建设管理的保障措施。按照国土资源部审批的《汤山方山国家地质公园规划》，高水平、高品质有序推进汤山、方山国家地质公园建设工程。

f. 公益林保护工程。包括东坑、东善桥生态公益林等2处，总面积73.56km^2。科学界定生态公益林范围，实行分类保护。全面强化生态公益林管理，限期造林恢复森林植被。建立森林病虫害监测和预报网络，加强病虫害防治。至2012年年底，基本完成生态公益林保护范围的划定工作；至2015年年底，生态公益林管理水平显著提高，病虫害防治体系基本建立。

g. 秦淮河清水通道维护区保护工程。位于江宁中部，秦淮河河道以及岸边的绿化带，面积为 6.75km²。严格实施生态空间管制，防止生态环境破坏和生态功能退化，确保生态功能区维护生态功能、保障区域生态安全的重要作用。

3）城市森林建设工程。目的是以南京创建"国家森林城市"为抓手，通过实施绿色造林、生态景观林建设、生态防护林建设等绿化工程，持续优化生态用地格局。具体包括：

a. 绿化造林工程。持续推进绿色江宁造林工程，到2012年年底全区累计造林2万亩，四旁植树100万株，森林覆盖率达到25.6%。到2015年全区新增造林3万亩，四旁植树800万株，森林覆盖率达到26.5%。低质低产林改造10万亩，中幼林抚育10万亩，提高森林自然度和健康度。加快牛首山等森林公园建设。

b. 秦淮新河绿色长廊建设工程。建设秦淮新河东善桥段4km绿色长廊和秦淮新河东山段6km、龙西段2km绿色长廊，2014年前，全面完成建设任务。

c. 郊野公园建设工程。对青龙山等城市周边风景区实行大规模整治建设与提档升级，2012年年底前基本建成九龙湖生态园。

d. 生态景观林建设工程。推进城镇生态景观林、园区生态防护林和风向生态宜居林建设，围绕新一轮城市规划中的东山副城、3个新城及开发园区周边建设块状或带状生态景观林。2012年年底前，重点建设秣陵东大生态园、江宁横溪竹生态文化园等生态景观林工程。至2015年年底，完成生态景观林建设1.5万亩。

e. 绿色通道建设工程。实施境内铁路、高速公路、省道等重点道路沿线绿化，建成以沿绕城公路、绕越公路和进出城干道为主的城市绿色通道，总面积约2.7万亩。2012年年底前完成机场通道、绕越高速东南段、沪宁城际铁路、宁杭城际铁路两侧等绿化。2015年年底前完成绕越高速东北段、京沪高铁、扩建后绕城公路、机场高速及宁巢高速两侧绿化工程。

f. 水系防护林建设工程。实施长江岸线绿化，营造滩地防护林。加强水库上游汇水区水源涵养林带建设，重点对通江河道和实施水利整治工程的河道进行景观绿化。2012年年底前，重点建设兴林抑螺血防林。到2015年，使全区所有可绿化的公路、铁路、江河湖实现全绿化，形成带、网、片、点相结合，层次多样，结构合理，功能完备的绿色长廊。

4）生态人居建设工程。目的是以完善城市生态基础设施配套为重点，通过污水处理工程、城镇管理工程、节能示范工程建设，提升城市品质，美化人居环境。具体包括：

a. "洁净"工程。完善城镇生活垃圾集中处理系统，至2012年，新建改造压缩式垃圾中转站2座、节水型公共厕所60个，更新各类保洁清运车辆30辆，主城区机扫率达到60%。逐步推广生活垃圾的分类收集和固废资源化利用，至2015年，城镇建成区生活垃圾无害化处理率达100%，分类收集率达30%，农村生活垃圾分类收集率达15%，工业固废基本实现综合利用,危险废物100%确保安全处置。

b. 污水处理工程。加强城镇污水处理厂建设和管理,配套建设污水收集管网及污水提升泵站。完成江宁开发区、滨江开发区、禄口新城、汤山新城污水处理厂提升工程,城北污水处理厂二期等扩建工程,以及江宁开发区南区污水处理厂一期新建工程建设,到2015年全区污水日处理能力达48万 t。加快园区、城镇雨污分流及污水收集系统建设,每年建设污水管网50km以上,到2015年全区污水收集管网总长达720km以上。加强镇级污水处理设施的建设与管理,确保正常运行并达标排放。积极推进村级生活污水处理设施建设,至2015年,全区50%的行政村(社区)至少建设1个符合当地实际情况的村级生活污水处理设施或具备条件的接入至城镇生活污水处理厂的收集管网系统。

c. 建筑节能示范工程。居住建筑和公共建筑严格执行建筑节能50%的标准,推进集中控冷和空调节能技术改造,加大建筑节能技术和产品的推广力度,至2015年,完成40%的宾馆、办公楼、饭店的综合节能改造。

d. 生产、生活节水工程。开展节水型企业、节水型高校和节水型社区创建工作(对使用城市供水月用水量在300m^{3}以上的非居民用水企业、单位纳入城市节约用水、计划与定额用水管理),积极推广中水回用技术、节水器具的使用。以小区为试点,设计采用中水回用系统,将雨水和污水处理后的中水用在洗车、小区的绿化和景观。到2012年,节水器具普及率达到80%,到2015年,节水器具普及率达到90%。

e. 绿色照明节能工程。加大对工厂企业、市政景观公共设施的高效节电系统改造。到2012年,节能电器普及率达到70%。到2015年,节能电器普及率达到80%。

f. 绿色交通建设工程。完善绿色交通网络,大力发展公共交通,加强交通污染控制,鼓励使用清洁能源的交通工具。到2012年,绿色出行率达到25%;到2015年,绿色出行率超过30%。

5) 城市绿地建设工程。目的是加大城市绿地建设力度,构建以城市绿化景观带、大型绿地、中小花园广场的绿色空间。具体包括:

a. 主次干道绿化改造工程。结合主次干道出新,同步实施道路及路侧绿地改造工程,包括花坛改造、新增街头绿地、广场、换植行道树等,至2012年年底,完成区域主次干道沿线绿化改造。

b. 街巷出新绿化工程。结合街巷(支路)出新,同步实施沿线环境整治,对绿化设施进行升级改造,新增街头绿地,丰富绿化景观层次。至2012年年底,完成街道办事处所在集镇街巷支路绿化改造。

c. 社区公园建设工程。每年新建2~3个社区公园,至2012年年底,基本形成以东山为中心,向全区辐射、分布均匀、特色显著的公园网络体系。

d. 广场游园改造出新工程。对广场游园区进行全面出新改造,增加健身文化设施,增加广场游园的生态服务功能。2015年年底,完成东山文化休闲广场的升级改造。

e. 城区立体绿化工程。通过破墙透绿、拆墙建绿、见缝插绿、攀爬绿化、屋顶绿化建设,推进复层绿化和阳台绿化建设,干道沿线单位基本实现拆墙透绿,形成道路两侧连续分布的立体绿化景观。至2012年年底,有效改善区域气候和生态服务功能、拓展城市绿化空间、美化城市景观。至2015年年底,实现垂直绿化0.5km。

6) 农村生态建设工程。目的是强化农村区域生态环境保护，防治水体污染，推进农业废弃物资源化利用，开发绿色与有机农产品，建设农业产业园，构建安全稳定的农业生态系统。具体包括：

a. 农村环境综合整治工程。每年实施 1~2 个农村地区连片综合整治，有效改善农村环境。采用以奖代补措施，每年实施 70 个村庄的综合整治。2015 年年底前，基本完成农村地区的环境综合整治工作。

b. 绿化新村工程。结合农村居民点撤并整理，推动新农村绿化工程。按照村庄绿化全覆盖的目标，进一步加大村庄绿化力度。至 2012 年年底，完成 750 个自然村级绿化新村建设任务。至 2015 年年底，完成 250 个自然村级村庄的绿化升级，累计实施 1000 个村庄的绿化工程。

c. 农业面源污染治理工程。严格控制化肥、农药施用强度和水产养殖强度，鼓励使用生物有机肥料和低毒、低残留高效农药，推广测土配方施肥、病虫综合防治、绿色和有机农业技术，大力发展生态养殖。全面治理面源污染，重点整治农村当家塘口与河流。每年完成 2~3 个街道（中心镇）的节水灌溉设施建设，完成 2~3 项节示范工程建设。到 2012 年年底，面源污染治理率达到 75%，至 2015 年，面源污染治理率达到 85%，实现农村地区水环境质量明显改善。

d. 规模化畜禽养殖污染防治工程。加强畜禽养殖污染物排放管理，实施规模化畜禽养殖排污申报、污染物排放总量控制和排污许可制度。推广畜禽粪便综合利用技术，鼓励发展农牧结合以及种、养、加为一体的生态产业链。加快建设规模化养殖污染集中治理示范区，至 2015 年年底，新建或完善 15 个畜禽标准化养殖示范小区。

e. 农业废弃物综合利用工程。大力推广秸秆还田、气化、固化、培育食用菌、燃料和能源化利用等综合利用技术与措施，有效处理畜禽粪便与农用薄膜等农业废弃物，提高资源利用水平与利用率。2012 年前，全区农作物秸秆综合利用率达到 85% 以上，其中，秸秆机械化还田率达到 50% 以上，秸秆农业生产综合利用率达到 20% 以上，秸秆能源化开发利用率达到 15% 以上，建成农村用户沼气池 1500 个，规模畜禽场沼气工程 10 处，秸秆气化、秸秆制沼气。到 2015 年，农作物秸秆综合利用率达到 90% 以上。

f. 基本农田生态保护工程。加强基本农田生态保护，建造基本农田防护林网、护堤防涝，有效改善基本农田开发利用环境。建立健全基本农田保护区环境监测体系，实现对基本农田保护区的大气、土壤、农产品、农用水质量、肥料和农药使用控制等全方位的立体监测和保护，有效维护食品安全。至 2015 年年底，基本农田保留率 100%，基本农田保护区环境监测体系基本建成，生态环境保障体系建设取得积极进展。

g. 绿色、无公害与有机食品建设工程。积极发展品种优良、特色明显、附加值高的优势农产品，发展高产、生态、安全的优质农产品。到 2012 年，主要农产品中有机、绿色、无公害产品种植面积达到 75% 以上。到 2015 年，全区农产品质量基本达到无公害标准，绿色食品认证超过 170 个，有机食品认证 35 个以上，绿色和有机食品认证基地面积达到 10%，主要农产品中有机、绿色、无公害产品种植面积达到 80% 以上。

h. 农业生态旅游建设工程。拓展农业功能，升级改造横溪风光带等国家级农业旅游示范区，加快开发长江沿岸周边地区等自然生态旅游和农业观光旅游。至 2015 年，全区建成有一定规模、功能较齐全、效益较高的生态农业观光园 5 个，建设以蔬菜、西甜瓜、草莓为基础的设施农业集聚区 3~4 个。

7) 生态安全维护工程。目的是以有效保障全市生态安全为出发点，实施生态修复，保护生物多样性，控制外来有害物种入侵，维护生态系统健康。具体包括：

a. 生态破坏区修复工程。严控开山采石，巩固矿山宕口整治成果，加快实施干道两侧生态复绿修复工程。2012 年年底前，重点实施青龙山（青西段）、淳化大连山区域废弃露采矿山宕口环境整治项目。新增露采矿山环境整治面积 30 万 m^2 以上，禁采区干道两侧可视范围内基本达到整治复绿。2015 年前，逐步推动禁采区以外复绿修复工程，基本实现高速公路沿线的复绿修复。

b. 土壤污染防治工程。开展农用土壤环境监测与评估，强化重点污染源监管。加强对工业园区、重点污染行业及其周边区的土壤环境监测、风险评估与监管，预防和控制工业生产对土壤环境的污染。对污染场地特别是城市工业遗留、遗弃污染场地土壤进行系统调查，建立污染场地土壤档案和信息管理系统，每年开展 1~2 个土壤污染修复试点工作，采用生物、工程等措施修复重点污染的土壤环境。至 2015 年，土壤污染防治工作取得积极进展。

c. 生物多样性保护工程。通过加强生物多样性保护区的建设和管理，实施生态系统恢复，严格保护野生物种，重点保护珍稀濒危物种及其栖息地。对于受威胁严重、无法实施就地保护的物种，建立重要物种及其遗传资源迁地保护基地。

d. 外来有害物种入侵控制工程。在全区范围内开展外来入侵物种普查，摸清一枝黄花等外来物种入侵情况。以自然保护区和重要生态功能区等生态环境特殊和脆弱的区域及内陆水域作为有害外来入侵物种防治重点区域，制定防治计划，有目的、有组织地开展清除治理工作。到 2015 年年底，外来物种入侵控制工作成效显著。

e. 空气污染防治工程。通过实施蓝天行动计划，进一步削减大气污染物排放量，整治工业、扬尘和机动车尾气等各类大气污染。大力发展低碳经济，到 2015 年碳排放强度控制在 400kg/万元以下；巩固"禁燃区"建设成果，扩大禁燃区范围，在园区内大力推行区域集中供热。2012 年年底前，各类大气污染得到有效控制，空气环境质量逐步改善。至 2014 年，实现空气环境质量显著改善、灰霾天气明显减少，环境空气质量稳定达到二级标准，优良天数达到 320d 以上，保障"青奥会"顺利召开。

f. 水污染防治工程。通过实施清水行动计划，减少水污染物排放量，确保饮用水源安全，整治城市黑臭河道，提升水环境质量。2012 年年底前，完成内秦淮河等黑臭河道治理，水环境功能区达标率显著提升。2015 年年底前，东山老城区基本消除河道黑臭现象，基本实现水环境功能区全面达标。

g. 河道、水库综合整治工程。全面疏浚河道，加强对区域内重点河道整治，恢复河道的引排功能、生态功能和景观功能，水质达到功能区标准。对主要河水库堤防实施除险加固，改善防洪设施体系建设，确保汛期安全度汛。

h. 固体废弃物污染防治工程。重点加强对危险废物的安全监管，进一步提高工业固废综合利用率，有效处理脱硫石膏与污水处理厂污泥。逐步提高垃圾分类收集水平，着力推动江宁市级资源综合利用产业园建设工作，确保生活垃圾得到合理处置。2012 年年底前，工业固废处置利用率达到95%，城镇生活垃圾无害化处置率达98%。2015年年底前，工业固废处置利用率达到98%，城镇生活垃圾无害化处置率达100%。

i. 声环境保护工程。加强对交通、社会生活、工业、建筑施工等各类噪声防治，强化噪声达标区的建设与管理。在现有建成环境噪声达标区的基础上适当扩大噪声达标区建设范围。到2015年，实现声环境质量达到功能区标准。

j. 核与辐射安全保障工程。加强放射源和辐射源安全监管，确保核与辐射环境安全，杜绝辐射事故。有效控制区域电磁辐射水平，居住区等敏感区的环境放射性辐射性水平控制在天然本底变化范围之内。到2012年年底放射性废物集中安全处置率达到100%。

k. 清洁生产审核与循环经济示范工程。每年完成30家重点企业清洁生产审核，每年15家企业实施循环经济示范工程，每年完成20家企业ISO14000环境管理体系认证，到2012年，全区规模以上企业清洁生产审核、循环经济示范、通过ISO14000认证率达到15%，到2015年达到30%以上。

l. 环境监测应急能力建设工程。建立完善的空气、水、声环境和污染源自动监控系统，构建重要生态功能区环境监测网络，提高环境应急水平。

8) 生态道德文化建设工程。目的是以生态文明示范区创建工作为抓手，全面推动生态街道、生态村、生态工业园区等各类创建，到2015年，形成江宁地域特色的生态文化体系。具体包括：

a. 生态文明宣传教育工程。广泛开展生态文明宣传，强化生态文明教育，培育特色生态文化，初步建立起以政府为主导，公众以及环保志愿组织广泛参与的生态文明宣传体系。到2012年，生态文明宣传普及率大于80%，生态环境教育课时占总教学课时的比例达到2%，规模以上企业开展环保公益活动的比例达到60%，公众的生态意识得到明显提高；全面发掘传统文化精髓，初步培育江宁地域特色的生态文化体系。到2015年，生态文明宣传普及率大于85%，生态环境教育课时占总教学课时的比例超过3%，规模以上企业开展环保公益活动的比例达到80%，广大市民的生态忧患意识、生态价值意识、生态道德意识、生态审美意识、生态科学意识等得到显著提高；全社会形成以亲近自然、尊重自然、保护自然为核心的生态价值观。

b. 生态学校创建。每年完成2~3所中、小学生态学校创建。到2015年全区生态学校比例达80%以上。

c. 绿色饭店创建。每年完成1~2个旅游饭店的"绿色饭店"创建。

d. 生态园区创建。推动生态工业园区创建。至2012年年底，江宁经济技术开发区建成国家级生态工业园区；至2015年年底，滨江经济技术开发区力争建成国家级生态工业园区。

e. 生态街道创建。重点加快小城镇经济建设和环境保护，加快污水收集管网、污水处理厂等设施建设与运行。2015年前，麒麟街道建成为国家级生态街道。

f. 生态村创建。以生态村建设为细胞工程，建设社会主义新农村。结合农村环境综合整治，重点控制农业面源污染，加快农村基础设施建设，保持村庄环境整洁。2012年年底前，50%的村达到生态村标准，2015年年底前，70%的村达到生态村标准。持续推进村庄建设示范村和康居示范村建设，每年各完成2家以上。

9) 生态制度建设工程。上述工程的顺利实施需要管理、监督、宣传及经济方面的工作，生态制度建设工程是有力的补充和不可缺少的环节。具体包括：①环保非政府组织机制建设。培育环保民间组织和环保义务监督员队伍，促进全社会关心、关注、参与和支持环保事业的氛围的形成，以推动生态文明建设。②生态文明知识培训。分层次对政府工作人员、街道及园区、企业，特别是领导干部定期进行生态文明知识培训，增强生态文明意识，普及生态理念。③建立监督和考核机制。加强对生态文明区建设目标任务开展情况的监督检查，每月向区政府书面报告推进情况。制定生态文明区建设考核实施办法，并将考核结果作为领导干部政绩和奖惩的重要内容。④加大生态建设投入。建立和完善政府为主导的生态建设投入机制。

总之，一个大的区域生态修复要成功，不是全面立刻推行生态修复计划，首先要通过设定小的区域进行试点，设定的这个小区域往往有大的区域共性的生态破坏与环境污染问题。在"生态示范区"实施生态修复方案，若取得良好成果，这个生态示范区的经验和方案就可以在大的区域进行推广。最终实现大区域的生态修复。实际当中，往往是通过将特定的或者典型的行政区域规划设计成生态示范区，开展产业结构调整、节能减排、环境综合整治等措施，全面实施生态文明建设工程，以实现生态保护与修复，最终使示范区的天蓝、水清、山绿，使示范区人们享受到"绿水青山就是金山银山"的幸福。同时也不耽误示范区的经济发展，反而使示范区的经济发展更添助力，然后在示范区所属的大的行政区域和类似的行政区域进行推广。

5.2 生 物 修 复

5.2.1 概述

5.2.1.1 生物修复（bioremediation）的概念

生物修复指利用生物的生命代谢活动减少存于环境中有毒有害物质的浓度或使其完全无害化，从而使污染了的环境能够部分或完全恢复到原初状态的过程。生物修复肯定是在人为作用下进行的修复。与生物修复相对的一种完全自然行为即是生物净化。生物净化指自然环境系统利用本身固有的生物体进行的环境无害化过程，是一种自发的过程。生物修复最初只指生物的生命代谢活动对环境污染的修复，其实生物的生命代谢活动还会起到修复生态破坏的作用，如对水土侵蚀的修复、对退化生态系统中生物群落的修复等。因此，本书中认为生物修复指利用生物的生命代谢活动减少存于环境中有毒有害物质的浓度或使其完全无害化，或者利用生物的生命代谢活动修复由于生态破坏引起的退化生态系统，从而使退化的生态系统能够部分或完全恢复到原初状态的过程。

5.2.1.2 生物修复的产生与发展

1. 生物修复的产生

生物修复起源于有机污染物的治理。最初的生物修复从微生物利用开始。人类利用微生物制作发酵食品已经有几千年的历史，但利用生物修复技术治理现场有机污染物才有30多年的历史。首次记录人类使用生物修复有机污染物的事件是美国于1972年在美国宾夕法尼亚州的 Ambler 镇采用微生物清除管线泄漏的汽油一事。但标志着人们接受了生物修复技术的事件是 1989 年 3 月阿拉斯加海岸原油污染的生物修复。

1989 年 3 月，阿拉斯加海岸原油污染的生物修复事件：超级油轮 4.2 万 m^3 的原油在 5h 内被泄漏到美国最原始、最敏感的阿拉斯加海岸，原油的影响遍及 1450km 的海岸。当时常规的净化方法已不起作用，Exxon 公司和环保局决定实施阿拉斯加研究计划，即采用生物修复技术来消除溢油的污染。对污染的海滩有控制地使用了两种亲油性微生物肥料，加入肥料后，海滩沉积物表面和次表面的异养菌和石油降解菌的数量增加了 1~2 个数量级，石油污染物的降解率提高了 2~3 倍，使净化过程加快了近两个月。这个项目表明在原油泄漏后不久，就出现生物降解；营养素的加入并未引起受污染海滩附近海洋环境的富营养化现象。

2. 生物修复的发展

美国从 1991 年开始实施庞大的土壤、地下水、海滩等环境危险污染物的治理项目，称为超基金项目（superfund programs）。欧洲的生物修复技术可与美国并驾齐驱，其中法国、荷兰位居前列。中国应用生物修复技术 21 世纪初才开始。利用生物修复进行生态破坏的退化生态系统的修复始于水土侵蚀的生态系统的修复。

生物修复的效果是除采用转基因生物的修复后果目前还不清楚外，只要做好防止应用非乡土生物的生物入侵工作，应用生物修复不会产生二次污染，而且修复能力强大，不但可以修复退化生态系统的环境污染，也可以修复该退化生态系统的生态破坏，因此，生物修复发展前景远大。

5.2.1.3 生物修复的类型

分类体系还不健全。一般根据修复主体、修复受体和修复场所进行分类。修复主体是参与生物修复的生物类群，包括微生物、植物、动物以及由它们构成的生态系统。修复受体指生物修复的对象，即通常说的环境要素（土壤、水体、大气的自然综合体，有时固体废弃物纳入第四环境要素）。修复的场所指修复实施的场所。

根据修复主体分为微生物修复（狭义上的生物修复）、植物修复、动物修复和生态修复。

根据修复受体分为土壤生物修复、河流水生物修复、湖泊水库生物修复、海洋生物修复、地下水生物修复、大气生物修复、矿区生物修复、垃圾场生物修复等。

根据修复实施的场所（或形式）分为原位生物修复、异位生物修复及联合生物修复。

原位生物修复（就地生物修复 in-site remediation）：指在基本不破坏土壤和地下水自然环境的条件下，对受污染的环境对象不作搬运或输送，而在原场所进行生物修复。原位生物修复又可分为原位工程生物修复及原位自然生物修复。原位工程生物修复指采取工程措施，有目的地操作环境系统中的生物过程，加快环境修复。当前有两个途径进行原位工程生物修复：第一种途径是生物强化修复，即提供微生物生长所需要的营养，改善微生物生长的环境条件，从而大幅度提高土著微生物的数量和活性，提高其降解污染物的能力；第二种途径是生物接种修复，即投加实验室培养的对污染物具有特殊亲和性的微生物，使其能够降解土壤和地下水中的污染物。原位自然生物修复指在基本不破坏土壤和地下水自然环境的条件下，在原场所对受污染的环境对象利用当地微生物进行生物修复。原位自然生物修复不是不采取任何行动措施，同样需要制定详细的计划方案，鉴定现场活性微生物，监测污染物降解速率和污染带的迁移等。

异位生物修复（ex-site remediation）指将受污染的环境对象搬运或输送到其他场所（如实验室等），进行集中修复。

原位生物修复与异位生物修复的特点对比见表5-1。原位生物修复污染物不需要搬运或输送，适合大面积、低污染负荷，一般成本低，但往往不能完全修复，修复效果比较差，而异位生物修复，是将受污染的环境对象搬运或输送到实验室或指定地点等其他场所，进行集中彻底地修复，适合于小面积、高污染负荷，这样往往代价高，但修复集中而且彻底。

表5-1　　　　　　　　原位生物修复及异位生物修复的差别

名　称	成本	修复效果	适合的环境对象
原位生物修复	低	差	大面积、低污染负荷
异位生物修复	高昂	好	小面积、高污染负荷

联合生物修复（combined remediation）：为原位生物修复与异位生物修复的结合。

5.2.2　生物修复的特点及应用

1. 特点

生物修复的特点表现为其优点及局限性两方面。

其优点在于：①可在现场进行，节省了很多治理费用。生物修复所花的费用为传统物理、化学方法所花的费用的30%～50%。如：20世纪80年代采用生物修复技术处理土壤只需100～250美元/m^3，而采用焚烧或填埋处理，需要250～1000美元/m^3。②环境影响小。只是一个自然过程的强化，其最终产物是二氧化碳、水和脂肪酸等，不会形成二次污染或导致污染的转移，可以永久性地消除污染物的长期隐患。③最大限度地降低污染物的浓度。生物修复技术可以将污染物的残留浓度降到最低。如某一污染经生物修复技术处理后，BTX（苯、甲苯、二甲苯等）总浓度降为0.05～0.10mg/L，甚至低于检测限。④应用范围灵活。在其他技术难以使用的场地，如受污染土壤位于建筑物或公路下面不能挖掘搬出时，可以采用就地生物修复技术，因而生物修复技术的应用范围有其独到的优势。⑤生物修复技术与其他处理技术结合使用，可以处理复合污染。如生物修复技术可同时处理受到污染的土壤和地下水。

其局限性表现在：①耗时长。生物修复的机理在于生命体的新陈代谢，生物特别是高等动植物的生长繁殖需要经过一定的生命周期才能完成其代谢活动，因此需要花费较长的时间。②条件苛刻。生物修复是一种科技含量较高的处理方法，其运作必须符合污染场地的特殊条件，生物的代谢活动容易受环境条件变化的影响。③并非所有进入环境的污染物都能被生物利用。污染物的低生物有效性、难利用性及难降解性等常常使生物修复不能进行。④特定的生物只能吸收、利用、降解、转化特定类型的化学物质，状态稍有变化的化合物就可能不会被同一种生物酶破坏。

2. 应用实例

生物修复在实际应用当中，有不同的方式，如以下实例所示。

实例一：同一污染物，不同处理方式。

如表 5-2 所列，在受菲污染的土壤中，采取不同处理方式，可以得出各种方式下，对土壤菲污染的修复效果。

表 5-2　　　　　　　　不同处理方式下对土壤菲污染的修复效果

修复处理方式	不作任何处理（对照）	添加营养物	添加一种微生物的富集培养物	接种微生物混合培养物
经过 96 天处理后，土壤中菲含量降低的比例/%	76	86	92	78

本例子针对的是生态环境（土壤）只有一种污染物，采用不同处理方式。本实验中采用了三种处理方式：第一种，只添加营养物，利用原有生态环境中的生物进行菲污染的修复。第二种，添加一种微生物的富集培养物，这个是经过前期研究，搞清原有环境中存在的对菲污染有强的修复效果的微生物，然后添加这种微生物的富集培养物，以加速这种微生物的繁殖及其活性，以利于其对环境中菲污染的修复。第三种，接种微生物混合培养物，这种微生物多是引入外环境的对污染环境中的菲污染有修复效果的微生物，通过这种方式进行菲污染土壤的修复，结果发现第二种方式下，处理效果最好。

实例二：不同污染物，相同处理方式。

如果生态环境中有各种污染物，可以采取相同的处理方式进行生物修复，往往可以取得良好的修复效果，美国一块 2.8 万 m^2 的土地，堆放石油废弃物已有多年，以致土壤中含有 10 种金属和 20 多种有机物（大多具有挥发性）。经原位生物修复后，土壤中各种污染物浓度基本都有不同程度的降低。如表 5-3 所列，美国这块堆放石油废弃物的土地，经原位生物修复的效果很好，经原位生物修复后，土壤中总挥发性有机物、苯及氯乙烯的浓度大大降低。

整个生物修复工程耗资 0.47 亿美元，若采用其他技术，估计需耗资 0.63~1.67 美元。可见，生物修复可以起到修复综合污染物的作用，而且比起其他技术，如工程技术，要耗资少。另外，产生的负作用要小，如化学技术，会产生严重的二次污染。有其很大的优越性。

表 5-3　　　　　　　堆放石油废弃物的土地中三种污染物的生物修复效果

污染物浓度/(mg/L)	总挥发性有机物	苯	氯乙烯
修复前/(mg/L)	3400	300	600
修复后/(mg/L)	150	12	17
修复后占修复前的比例/%	4.41	4	2.83

3. 生物修复的应用前景

生物修复的应用前景广阔，但必然受到某些条件的限制。只有与物理、化学修复方法组成统一的修复技术体系，才会真正解决人类目前面临的最困难的环境问题——有机污染和重金属污染。在实际当中，一般方法是：先用生物修复技术将污染物处理到较低的水平，然后采用费用较高的物理或化学方法处理残余的污染物。

5.2 生物修复

5.2.3 生物修复的原则及可处理性试验

生物修复要成功，必须在实施中遵循以下原则，并且在实施之前进行可处理性试验。

5.2.3.1 原则

生物修复中坚持的原则包括3个方面的原则：一是要使用适合的生物；二是在适合的场所；三是要有适合的环境条件。三者均具备才可取得最佳的效果。

使用适合的生物是生物修复的先决条件，指具有正常生理和代谢能力，并能降解或转化污染物的生物体系，包括微生物、植物、动物及其组成的生态系统，其中微生物（细菌、真菌）起着十分重要的作用。

在适合的场所指要有污染物和合适的生物相接触的地点。例如表层土壤中存在的降解苯的微生物无法降解位于蓄水中的苯系污染物，只有抽取污染物于地面生物反应器内处理，或将合适的微生物引入到污染的蓄水层中。

适合的环境条件指要控制或改变环境条件，使生物的代谢与生长活动处于最佳状态。环境因子包括温度、pH值、无机养分、电子受体等。

5.2.3.2 可处理性试验

1. 目的

生物修复之前要进行可处理性试验，其目的主要如下：

一是通过可处理性试验可了解决定生物修复技术效果的关键因素。因为环境中的污染物一般是混合性化学物质。污染现场各有特点，不同污染现场氧浓度、营养物浓度、水的移动速度等因素不同，它们如何影响污染物的生物可利用性及生物的生长发育也会有不同。在某一现场起作用的生物修复技术在另一现场并不一定有效。

二是评估生物修复技术的可行性和局限性，规划保持生物修复系统中生物活性最大的策略。可以通过两个途径进行：①通过提供污染物在生物修复过程中的行为和归宿的数据，评价生物修复所能达到的速度和程度，其实验数据和污染物及污染现场的特性需要同时考虑。②根据可处理性试验得到的净化时间、净化所能达到的水平以及处理费用等，结合具体受污染现场的处理要求，就能决定生物修复技术是否能够在该地应用。

三是回答以下几个问题。污染物进一步扩散的可能性以及防治措施；提高生物活性的技术手段；评价生物修复效果所需的检测手段。

2. 可处理性试验方法

（1）土壤灭菌试验。土壤灭菌试验的一般步骤是：

1）选装土壤样本。选取有代表性土壤经混匀后分装于容器中。

2）对照试验。容器分为两组，一组经高温灭菌或适当药剂处理以杀灭其中微生物。另一组不灭菌。分别施入同量的目标污染物，置于空气中培养。

3）定期监测。在一个时期内，定期监测两组土壤中该污染物的消失情况。

4）结果判定。目标污染物是否为可生物降解性物质及其降解速率。

在此试验中要注意，如果试验周期长于7d，需补充无菌水以利于土壤微生物的活动。

（2）土壤柱试验。土壤柱试验一般以拟修复的污染土壤类型及耕作层深度，并按相应的疏松程度（容重）装成土柱。土柱内至少5cm以上。其一般步骤是：

1) 选装土壤样本。选取污染土壤按原土壤状态装于土柱中。土柱内土样至少5cm以上。

2) 对照试验。土柱分为两组,一组经高温灭菌或适当药剂处理以杀灭其中微生物。另一组不灭菌。置于空气中培养。

3) 定期监测。在一个时期内,定期监测两组土壤中该污染物的消失情况。

4) 结果判定。目标污染物是否为可生物降解性物质及其降解速率。

应注意两点:①如果试验周期长于7天,需补充无菌水以利土壤微生物的活动。②土柱的高度一般大于耕作层深度。现实中,不同作物的耕作层深度不同,棉花耕作层深度一般为22cm,小麦耕作层深度一般为20cm。那么试验时如果是针对棉花的土壤,土柱高度至少大于22cm。如果是针对小麦的土壤,土柱高度至少大于20cm。

(3) 摇瓶试验。通常是在三角瓶中装入培养液进行批式培养(batch culture),监测污染物的降解情况。

其大致步骤是:

1) 装样。在三角瓶中配制以该污染物为主要碳源的培养液,另补加适当的N、P、S、生长素等其他营养物质,调节pH值(必要时可调至中性微碱及微酸性两种培养液以分别适应细菌与真菌的需要)。

2) 对照试验。如表5-4所列,设不接种微生物的处理组作为对照组,接种的微生物可以是一种或多种,也可接种经驯化的活性污泥,在不同的通气条件与温度条件下进行培养。

表5-4　　　　　　　　　摇瓶试验分组方案

项目	对照组	第一组	第二组	第三组	第四组	第五组	第六组
微生物接种情况	不接种	接种一种微生物	接种两种微生物	接种经驯化的活性污泥	接种一种微生物	接种两种微生物	接种经驯化的活性污泥
温度条件	常温	常温	常温	常温	高温	高温	高温
通气条件	通气	通气	通气	通气	通气	通气	通气

3) 连续监测。在一个阶段内定时连续监测各三角瓶内培养液的变化。包括:①物理外观上的变化,如色度、浊度、颜色、嗅味等。②微生物的变化,如菌种、生物量及生物相等。③化学的变化。如pH值、COD、BOD_5等。④该污染物的数量变化。

生物相指研究系统中生物的种类、数量、优势度及其代谢活力等状况的概貌。

4) 结果判定。该污染物在培养过程中的消减动向如何?如果仅有污染物的消失而没有总有机碳或生化需氧量的减少,则意味着污染物可能在微生物的作用下转化成某些其他有机态中间代谢产物。

(4) 反应器试验。反应器试验中容器规模一般为2L,如图5-1所示。污染物通过恒流泵输入容器内,用温控器控制温度。通过与恒流泵和流量计相连的几个控制器来维

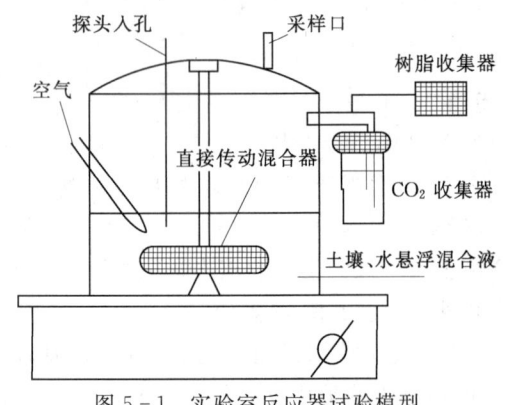

图5-1　实验室反应器试验模型
(杨柳燕,马文漪,1998)

持容器中的 pH 值和 Eh 值，容器内设有搅拌装置，以保证泥水混合液的物理、化学和生物特性的均匀。

在试验期间，要定期通过注射器或微孔取样管从容器内取出样品进行分析。取样时要保持无菌状态。容器内微生物的量可以用 ATP 来表示，目标污染物的消失和 CO_2 等产物的形成则表明污染物的降解和矿化。

5.2.4 生物修复的机理

对退化生态系统有修复作用的生物有微生物、植物和动物，当前要修复的主要污染物为有机污染物和重金属，也有水生生态系统中的富营养化物。不同种类的生物对不同污染物的修复机理不同，下面根据当前研究的成果主要讲述：①微生物对有机污染物的修复机理；②微生物对重金属的修复机理；③植物对有机污染物的修复机理；④植物对重金属污染物的修复机理；⑤水生生物对富营养化物的修复机理。

5.2.4.1 微生物对有机污染物的修复机理

当前已知的环境污染物达数十万种，其中大部分是有机化合物，微生物能够降解、转化这些物质，降低其毒性或使其完全无害化。微生物降解有机物有两种作用方式：第一，通过微生物分泌的胞外酶降解（胞外降解）；第二，污染物被微生物吸收到微生物细胞内后，由胞内酶降解（胞内降解）。胞内降解是微生物对有机污染物降解修复的主要方式。要进行胞内降解，有机污染物要首先进入微生物细胞，然后发生各种反应来实现修复，其机理包括两个方面，即有机污染物进入微生物细胞的过程及微生物降解有机污染物的基本反应类型。

1. 有机污染物进入微生物细胞的过程

微生物从胞外环境中吸收摄取物质的方式主要有主动运输、被动扩散、促进扩散、胞饮作用。

(1) 主动运输。微生物在生长过程中所需要的各种营养物质主要以主动运输（active transport）的方式进入细胞内部。主动运输进行时，需要消耗能量，并需要载体蛋白的参与。由于主动运输需要消耗能量，因而可以逆物质浓度梯度进行。需要载体蛋白的参与，因而对被运输的物质有高度的立体专一性。

主动运输中被运输物质与相应的载体蛋白之间存在着亲和力，并且这种亲和力在膜内外大小不同，在膜外表面亲和力大，在膜内表面亲和力小，因而通过亲和力大小的改变使它们之间能发生可逆的结合和分离，从而完成物质的运输。主动运输中载体蛋白的构型变化需要能量，因此需要消耗能量。

能量影响污染物运输有两条途径：一是直接效应。通过能量的消耗，直接影响载体蛋白的构型变化，进而影响运输；二是间接效应。即能量引起膜的激化过程，再影响载体蛋白的构型变化，进而影响运输。

主动运输中消耗能量的来源往往由于微生物不同而不同。

如何产生主动运输：能量的消耗使胞内质子向胞外排出，从而建立膜内外的质子浓度差，使膜处于激化状态，即在膜上储备了能量，然后在质子浓度差消失的过程中（即去激化）伴随有机污染物的运输。

(2) 被动扩散（passive transport）。是微生物吸收营养物的各种方式中最为简单的一种方式。是指不规则运动的营养物质分子通过细胞膜中的含水小孔,由高浓度的胞外向低浓度的胞内扩散。

被动扩散是非特异性的。尽管细胞膜上含水小孔的大小和形状对被动扩散的营养物分子大小有一定的选择性,但营养物质在扩散运输的过程中既不与膜上的分子发生反应,本身的分子结构也没有任何变化。被动扩散不消耗能量,因此,不能进行逆浓度梯度的运输。其进行的条件是由于细胞膜的存在。细胞膜主要由双层磷脂和蛋白质组成,并且膜上分布有含水膜孔,膜内外表面为极性表面,中间有一疏水层。

影响被动扩散的因素有被吸收的物质的相对分子质量、溶解性(脂溶性或水溶性)、极性、pH 值、离子强度与温度。一般情况下,相对分子质量小,脂溶性、极性小和温度高时物质易吸收,反之则不易吸收。被动扩散不是微生物吸收物质的主要方式。以被动扩散方式吸收的物质有水、某些气体、甘油等。

目前认为低于 12 个碳原子的分子一般可通过细胞壁和细胞膜进入细胞。

(3) 促进扩散(accelerative diffusion)。促进扩散与被动扩散类似,但不同在于需要细胞膜上的一种载体蛋白参与,且对被运输物质有高度的立体结构专一性。

促进扩散(accelerative diffusion)与被动扩散类似之处在于在运输过程中都不需要消耗能量,物质本身在分子结构上也不会发生变化,不能进行逆浓度运输,运输速度取决于细胞膜两边的物质浓度差。

两者不同之处在于:①促进扩散需要借助于位于细胞膜上的一种载体蛋白参与物质的运输;②对被运输物质有高度的立体结构专一性。即每种载体蛋白只运输相应的物质。

促进扩散如何发生呢?载体蛋白与被运输物质间存在一种亲和力,并且这种亲和力在细胞膜的内外表面随物质浓度的不同而有所不同,在物质浓度高的细胞膜的一边亲和力大,在物质浓度低的细胞膜的一边亲和力小。通过这种亲和力大小的变化,载体蛋白与被运输物质之间发生结合与分离,导致物质穿过细胞膜的运输过程。

促进扩散方式多见于真核微生物中。例如,通常在厌氧的酵母菌中,某些物质的吸收和代谢产物的分泌是通过这种方式完成的。

(4) 胞饮作用(pinocytosis)。胞饮作用的可能机制包括:第一,通过疏水表面突出物的作用把烷烃吸附到细胞表面,如多糖-脂肪酸复合物;第二,烷烃通过孔和沟穿透坚硬的酵母细胞壁,而聚集在细胞质表面;第三,通过未修饰烷烃的胞饮作用把烷烃转移到细胞内的烷烃氧化部位,如内质网、微体及线粒体。

用十六烷培养的解脂假丝酵母和用十四烷培养的热带假丝酵母,烷烃可能储存于细胞质内烃类包含体中,这种烃类包含体是烷烃培养的细菌的典型特征。

2. 微生物降解有机污染物的基本反应类型

微生物降解有机污染物的基本反应类型有氧化作用、还原作用、基因转移作用、水解作用(hydrolyze)、酯化作用、缩合反应、氨化作用、乙酰化作用、双键断裂反应、卤原子移动等。

5.2.4.2 微生物对重金属的修复机理

1. 微生物对重金属离子的转化

环境中重金属离子的长期存在使自然界中形成了一些特殊微生物,它们对有毒重金属离子具有抗性，可以使金属离子发生转化。汞、铅、锡、砷等金属或类金属离子都能在微生物作用下通过氧化还原作用而失去毒性，见表5-5。

表5-5　　自然界一些常见金属或类金属及对它们可产生修复作用的微生物

类型	金属或类金属	微生物
氧化作用	As（Ⅲ）	假单胞菌属、放线菌属、产气杆菌属
	Sb（Ⅲ）	锑细菌属
	Cu（Ⅰ）	氧化亚铁硫杆菌
还原作用	As（Ⅴ）	小球藻属
	Hg（Ⅱ）	假单胞菌属、埃希菌属、曲霉菌、葡萄球菌属
	Se（Ⅳ）	棒杆菌属、链球菌属
	Te（Ⅳ）	沙门菌属、志贺菌属、假单胞菌属
甲基化作用	As（Ⅴ）	曲霉属、毛霉属、镰孢霉属、产甲烷拟青霉
	Cd（Ⅱ）	假单胞菌属
	Te（Ⅳ）	假单胞菌属
	Se（Ⅳ）	假单胞菌属、曲霉属、毛霉属、假丝酵母属
	Sn（Ⅱ）	假单胞菌属
	Hg（Ⅱ）	芽孢杆菌属、产甲烷梭菌、曲霉属、脉孢霉属
	Pb（Ⅳ）	假单胞菌属、气单胞菌属

2. 微生物对重金属离子的吸收与吸附

（1）微生物吸附与微生物累积。微生物吸附（microorganisms sorption）指失活微生物的吸附作用。微生物吸附过程不包括生物的新陈代谢作用和物质的主动运输过程。微生物活细胞作吸附剂时，这些作用可能会同时发生。微生物的吸附能力与其细胞壁结构、成分密切相关。

微生物累积（microorganisms accumulation）指微生物活细胞去除重金属离子的作用。主要是利用生物新陈代谢作用产生的能量，通过单价或二价离子的转移系统把重金属离子输送到细胞内部。

由于有细胞内的累积，微生物累积的去除效果可能比单纯的微生物吸附好。但实际上受很大限制。原因是由于环境中要去除的重金属离子大多有毒有害，抑制生物的活性，甚至使其中毒死亡。并且生物的新陈代谢作用受温度、pH值、能源等诸多因素的影响。

（2）微生物吸附重金属机理。微生物的细胞的结构特征与动物的相比，微生物的细胞原生质膜外有明显的细胞壁，细胞壁的多孔结构使活性化学配位体在细胞表面合理排列，使细胞易于与金属离子结合。细胞外多糖（EPS）在某些微生物吸附重金属离子的过程中也有一定的作用。EPS主要由蛋白质和多糖构成，其比率大约为3∶1。

微生物吸附重金属机理主要有静电吸附、共价吸附、络合螯合、离子交换和无机微沉淀等。重金属的微生物吸附是以许多金属结合机理为基础的。这些机理过程可以单独作用，也可以任意两个或多个联合起作用，也可以所有的一起共同起作用，主要取决于过程的条件和环境。

5.2.4.3　植物对有机污染物的修复机理

1. 植物对有机污染物的吸收

（1）植物对气态污染物的黏附和吸收。气态污染物有氧化物，如SO_2、NO_x、光化学烟雾、飘尘、降尘等。植物能黏附和吸收气态污染物。植物黏附污染物的数量,主要决定于植物表面积的大小和粗糙程度等。例如云杉、侧柏、油松、马尾松等枝叶能分泌油脂、黏液;杨梅、榆、朴、木槿、草莓等叶表面粗糙、表面积大,具有很强的吸滞粉尘的能力;女贞、大叶黄杨等叶面硬挺,风吹不易抖动,也能吸附尘埃;而加拿大杨等叶面比较光滑,叶片下倾,叶柄细长,风吹易抖动,滞尘能力较弱。

据研究,不同树种截获粉尘的数量不同,见表5-6。常见的11种树中,刺槐截获粉尘的能力最强,松的最弱。

表 5-6　　　　　　　　常见的几种树种截获粉尘的数量

松	2.32%	白蜡	8.68%
落叶松	4.05%	花楸	9.99%
云杉	5.42%	白桦	10.59%
山毛榉	5.9%	杨	12.8%
橡树	7.15%	刺槐	17.58%
鹅耳枥	7.92%		

叶片吸附粉尘,能减少空气中含尘量,再经雨水淋洗后,又能重新吸附粉尘。

植物也能吸收大气污染物,吸收器官为叶片气孔或茎部皮孔。氟化物是一种积累性的大气污染物,能通过叶片气孔或茎部皮孔进入植物体。气孔是叶片吸收污染物的主要部位。SO_2伤害植物的过程首先是通过气孔进入叶片后,被叶肉吸收,高浓度的SO_2可导致植物气孔张开和关闭的机能瘫痪。光化学烟雾主要成分之一的臭氧,能进入气孔损害叶片的栅栏组织。

(2) 植物对水溶态污染物的吸收。植物对水溶态污染物的主要器官是根,其次是叶片。

水溶态的污染物到达根表面,主要有两条途径:一条是质体流途径(mass flow),即污染物随蒸腾拉力,在植物吸收水分时与水一起到达植物根部;另一条是扩散途径(diffusion),即通过扩散而到达根表面。到达根表面的污染物不一定被植物根所吸收。

植物吸收土壤中污染物的种类和数量除取决于土壤特性、污染物的种类和数量外,还决定于植物的特性。

叶片对农药的吸收有两条途径,即气孔吸收与角质层吸收。

2. 植物对有机污染物的修复机理

(1) 直接吸收和降解。针对的有机污染物有中度憎水有机物及可溶性有机物。中度憎水有机物和植物根表面结合得十分紧密,致使它们在植物体内不能转移(根表面吸着)。水溶性有机物不会充分吸着到根上,而是迅速通过植物膜转移(经植物膜进入植物体内或吸着在根表面)。

中度憎水有机物有BTX(即苯、甲苯、乙苯和二甲苯)、氯代溶剂、短链脂肪族化合物。

有机物被吸收后的降解方式是通过木质化作用在新的植物结构中储藏它们及其残片,可以使其代谢或矿化为水和CO_2,还可使其挥发。去毒作用可将原来的化学品转化为对植物无毒的代谢物如木质素等，储藏于植物细胞的不同部位。

有机污染物经根的直接吸收受到其在土壤水中的浓度和植物的吸收率、蒸腾率的影响。表现在污染物的物理化学特性和植物本身（植物受有机污染物运载剂组分的影响）会影响植物的吸收率。蒸腾作用决定植物修复工程中污染物吸收速率的关键变量有植物种类、叶面积、养分、土壤水分、风力条件和相对湿度。

通过遗传工程可以增加植物本身的降解能力，把细菌中的降解除草剂基因转移到植物中产生抗除草剂的植物。使用的基因还可以是非微生物来源，如哺乳动物的肝和抗药的昆虫。

（2）释放促进生物化学反应的酶。植物体内含有促进生物化学反应的酶，植物死亡后，促进生物化学反应的酶释放到环境中还可以继续发挥分解作用。美国佐治亚州Athens的EPA实验室从淡水沉积物中鉴定出脱卤酶、硝酸还原酶、过氧化物酶、漆酶和腈水解酶等5种酶。发现这些酶均来自植物。研究植物特有酶的降解过程为植物修复的潜力提供了有力的证据。

分离出的酶如硝酸还原酶确实可以迅速转化如TNT（2，4，6—三硝基甲苯）一类的底物。

经验表明，植物修复还要靠整个植物体来实现。由于游离的酶系会在低pH值、高金属浓度和细菌毒性下被摧毁或钝化，而植物生长在土壤中，酸性被中和，金属被生物吸着或螯合，酶被保护在植物体内或吸附在植物表面，不会受到损伤。含特有酶的植物才能真正发挥效能。

（3）根际的生物降解——强化根际（根—土壤界面）矿化作用，这与菌根菌和同生菌（microbial consortia）有关。根际可以加速许多农药以及三氯乙烯和石油烃的降解。植物叶的微生物区系和内生微生物也有降解能力。表现在：植物提供了微生物生长的环境，向土壤环境释放大量糖类、醇类和酸类等分泌物，其数量约占年光合产量的10%～20%，细根的迅速腐解向土壤中补充有机碳，这些都加强了微生物矿化有机污染物的速率。如阿特拉津（atrazine）的矿化与土壤中有机碳的含量有直接关系。根上有菌根菌生长，菌根菌和植物共生具有独特的代谢途径，可以代谢自养细菌不能降解的有机物。

3. 几类典型有机污染物的植物修复

解毒作用（antidotal effect）：指生物对外来毒物的防御机能。具体指外来有毒物质通过机体内酶促反应，可以转化成低毒或无毒物质，或转化为水溶性物质而利于排出体外。

（1）植物对农药的分解转化作用。

农药主要指除草剂、杀虫剂和杀菌剂。耐药性植物具有分解转化这些农药的作用。

在高等植物体内导致农药毒性降低的基本生化反应包括氧化反应、还原反应、水解反应、异构化作用和轭合作用。

事实上，植物对同一种农药的分解转化涉及许多代谢作用，是许多反应的综合结果，其中既有氧化还原作用，也有羟基化或脱烷基作用。

（2）植物对其他有机污染物的分解转化作用。

除农药外，环境中的其他有机污染物有石油、洗涤剂、塑料和其他大量造纸、印染等工业生产带来的有毒物质。

藻类和高等植物都具有分解转化这些有机物质的作用。蛋白小球藻、斜生栅藻对邻苯二甲酸酯和苯胺有很强的降解能力。凤眼莲等其他水生和陆生高等植物对有机污染物的分解转化作用也很强。

凤眼莲对液体燃料偏二甲苯、甲基肼和无水肼（三肼）具有很强的降解能力，当用凤眼莲将污水中的肼浓度从 10～60mg/L 净化至 0.1mg/L 时，肼的降解速率是自然降解的两倍以上。凤眼莲又叫水浮莲、水葫芦。浮水草本植物。根能扎在泥中，也能随植株浮在水中。生长迅速，收获容易。原产热带美洲，我国南北各地栽培或逸为野生。能迅速吸收金属元素，用来处理废水，净化环境。可用来造纸也可用来制作沼气。但是，其繁殖迅速会带来灾害。在营养丰富的温水中，8～10 天种群成倍增长，以致堵塞河道、水面，并造成其他生活在水中的生物无法存活。滇池就是由于凤眼莲的过度繁殖而覆盖，后来人们不得不投入资金利用机械的、化学的等手段进行治理，才使得情况得以改善。引进植物进行有机污染物的分解转化作用时，要考虑到这种植物对有机污染物的修复作用，也要考虑论证这种植物可能带来的不良后果，不然盲目引进物种很有可能带来不良后果。

5.2.4.4 植物对重金属污染物的修复机理

植物对重金属污染物的修复机理即利用自然生长植物或者遗传工程培育植物修复金属污染环境的技术。

1. 植物修复重金属的机理

根据植物修复的作用过程，金属污染土壤的植物修复机理分为：

（1）植物稳定。植物稳定（phytostabilzation）是利用植物吸收和沉淀来固定土壤中的大量有毒金属，以降低其生物有效性和防止其进入地下水和食物链，从而减少其对环境和人类健康的污染。

植物在稳定重金属中的功能：

1) 保护污染土壤不受侵蚀，减少土壤渗漏来防止金属污染物的淋移。
2) 通过在根部累积和沉淀或通过根表吸收金属来加强对污染物的固定。
3) 通过改变根际环境（pH 值、Eh 值）来改变污染物的化学形态。

已有研究表明，植物根可有效地固定土壤中的铅，从而减少其对环境的污染。

重金属污染土壤的植物稳定是一项正在发展中的技术，它与原位化学钝化（无效化）技术相结合将产生更大的应用潜力。

植物稳定研究方向是促进植物发育，使根系发达，键合和持留有毒重金属于根-土中，将转移到地上部分的重金属控制在最小范围。

植物稳定的局限性在于其是一种原位降低污染元素生物有效性的途径，而不是一种永久性的去除土壤中污染元素的方法。

（2）植物吸收。植物吸收（植物萃取、植物攫取）（phytoextraction）是一种具永久性和广域性于一体的植物修复途径，已成为众人瞩目、风靡全球的一种植物去除环境污染元素（特别是重金属）的方法。

植物吸收是利用专性植物根系吸收一种或几种污染物特别是有毒金属，并将其转移、储存到植物茎叶，然后收割茎叶，离地处理（植物萃取）。

当植物吸收水环境重金属时,又称为根际过滤。

专性植物(obligate plants)也称超积累植物(hyperaccumulator):通常指可以从土壤中吸取和积累超寻常水平的有毒金属的植物。具有与一般植物不同的生理特性,例如镍浓度可高达3.8%以上。

在工业废物或污泥使用而引起的重金属污染土壤上,连续种植几次超积累植物,有可能去除有毒金属,特别是生物有效性部分,从而修复被金属污染的土壤。

现已发现Cd、Co、Cu、Pb、Ni、Se、Mn、Zn超积累植物400余种,其中73%为Ni超积累植物。

(3) 植物挥发。植物挥发(phytovolatilization)与植物吸收是相连的。指利用植物的吸收、积累、挥发而减少土壤污染物的植物修复重金属的方法。目前在这方面研究最多的是类金属元素汞和非金属元素硒,但尚未见有植物挥发砷的报道。

在过去半个世纪中汞污染是一种危害很大的环境灾害。工业产生的典型含汞废弃物中,都具有生物毒性。例如,离子态汞(Hg^{2+})在厌氧细菌的作用下可以转化成对环境危害最大的甲基汞(MeHg)。

将来源于细菌中的汞的抗性基性转导入植物中,可以使其具有在通常生物中毒的汞浓度条件下生长的能力,而且还能将从土壤中吸取的汞还原成挥发性的单质汞,这是利用植物挥发治理汞污染的方法。

微生物治理汞污染的方法是利用细菌先在污染位点存活繁衍,然后通过酶的作用将甲基汞和离子态汞转化成毒性小得多、可挥发的单质汞(Hg)。这是当前常用的方法。

植物挥发的未来发展表现在以下方面:进一步调控植物对汞的脱毒和活化机制,使单质汞变成离子态汞滞留在植物组织内,然后集中处理。

许多植物可从污染土壤中吸收硒并将其转化成可挥发状态(二甲基硒和二甲基二硒),从而降低硒对土壤生态系统的毒性。在美国加州的一个人工构建的二级湿地功能区(万m^2)中,种植的不同湿地植物品种显著地降低了该区农田灌溉水中硒的含量(在一些场地硒含量从25mg/kg降到5mg/kg以下),这证明含硒的工业和农业废水可以通过构建人工湿地进行净化。

应注意的是,植物挥发只能去除土壤中一些可挥发的污染物,并且其向大气挥发的速度应以不构成生态危害为限。

2. 植物对重金属的吸收运移

(1) 重金属到达植物根(或叶)表面。

重金属到达根表面和水溶态的污染物到达根表面一样,主要有两条途径:一条是质体流途径(mass flow),即污染物随蒸腾拉力,在植物吸收水分时与水一起到达植物根部;另一条是扩散途径(diffusion),即通过扩散而到达根表面。

(2) 重金属跨根细胞膜运输。植物吸收环境中的重金属有两种方式,一种是细胞壁等质外空间的吸收;还有一种是重金属透过细胞质膜进入细胞的生物过程。重金属透过细胞膜的过程,可以用物理化学的原理进行解释。

(3) 重金属在植物体内的运移。

1) 重金属在根共质体内的运移。

2）重金属在木质部运输。

3）重金属在叶细胞中运输及分室化。

4）叶片重金属的向下运移。

5.2.4.5 水生生物对富营养化物的修复机理

1. 微生物对氮磷富营养物的修复

微生物对氮磷富营养物的修复与废水的生物脱氮除磷基本相同，因此，一般利用微生物异位技术来修复污染的水体。

（1）微生物脱氮。

1）氨化作用。含氮有机物经微生物降解释放出氨的过程，称为氨化作用（ammonification）或氮素矿化（nitrogen mineralization）。含氮有机物这里指动植物和微生物残体及其排泄物、代谢物所含的有机氮化物。例如，蛋白质的氨化过程首先是在微生物产生的蛋白酶作用下进行水解，生成多肽与二肽，然后由肽酶进一步水解生成氨基酸，氨基酸被微生物吸收，在其体内以脱氨或脱羧两种方式继续被降解释放出氨。环境中绝大多数异养微生物都具有分解蛋白质、释放出氨的能力。总之，氨化作用无论在好氧还是厌氧条件下，在中性、碱性还是酸性环境中都能进行，只是作用的微生物种类不同、作用的强弱不一。当环境中存在一定浓度的酚或木质素——蛋白质复合物（类似腐殖质的物质）时，会阻滞氨化作用的进行。

2）硝化作用。硝化作用（nitrification）是指NH_3氧化成NO_3^-的过程。硝化作用的程度往往是生物脱氮的关键。硝化作用由亚硝酸菌和硝酸菌两类细菌参与。这两类细菌都能利用氧化过程释放的能量，使CO_2合成为细胞有机物质，属于化能自养细菌。

硝化作用的反应式如下所示。从反应式可以看出，硝化作用要耗去大量的氧，同时还生成硝酸，会使环境酸性增强。因此，为避免生长速率较高的异养菌迅速繁衍，争夺溶解氧，以致自养、生长缓慢且好氧的硝化菌得不到优势，硝化速率降低，一般可采用低负荷运行，延长曝气时间。通常硝化段BOD_5应低于20mg/L。

$$NH_4^+ + \frac{3}{2}O_2 \xrightarrow{亚硝酸菌} NO_2^- + 2H^+ + H_2O + (242.63 \sim 351.46 \text{kJ})$$

$$NO_2^- + \frac{1}{2}O_2 \xrightarrow{硝酸菌} NO_3^- + (64.43 \sim 86.19 \text{kJ})$$

$$NH_4^+ + 2O_2 \longrightarrow NO_3^- + 2H^+ + H_2O + (307.1 \sim 438.9 \text{kJ})$$

3）反硝化作用。反硝化作用（denitrification）是指硝酸盐和亚硝酸盐在反硝化菌的作用下被还原为气态氮和氧化亚氮的过程。

大多数反硝化细菌是异养的兼性厌氧细菌，它能利用各种各样的有机基质作为反硝化过程中的电子供体（碳源），从而反硝化作用既可氧化分解水中的有机物进行脱碳，又可将其转化为对人无害的氮气进行脱氮。反应式如下：

$$5C(有机碳) + 2H_2O + 4NO_3^- \longrightarrow 2N_2 + 4OH^- + 5CO_2$$

虽然氧对反硝化脱氮（异化硝酸盐还原）有抑制作用，但氧的存在对反硝化菌却是有利的，因而反硝化菌是兼性厌氧菌，菌体内的某些酶系统组分只有在有氧条件下才能合成，因此在工艺上应使这些反硝化菌交替处于好氧、缺氧的环境下。

(2) 微生物脱磷。活性污泥在好氧、厌氧交替条件下，可产生所谓的"聚磷菌"。聚磷菌在好氧条件下可超出其生理需要而从废水中过量摄取磷，形成多聚磷酸盐作为储藏物质。

聚磷菌从废水中过量摄取磷的能力由厌氧条件下磷的释放量，与被处理废水中有机基质的类型及数量决定。

生物除磷工艺是在原有活性污泥工艺的基础上，通过设置一个厌氧阶段，选择能过量吸收并储藏磷的微生物（即聚磷菌）作用，从而降低出水的磷含量的工艺。细菌在好氧和厌氧条件下的吸磷和放磷过程，反应式如下：

$$\boxed{P} \sim \boxed{P} \sim \boxed{P} \underset{\text{好氧}}{\overset{\text{厌氧}}{\rightleftarrows}} \boxed{P} + ATP$$

聚磷分解后的无机磷盐释放至聚磷菌体外，即聚磷细菌厌氧放磷现象。用反应式表示为

$$基质 \xrightarrow{发酵} 乙酸$$

$$乙酸 + 聚P \longrightarrow PHB + 能量 + P$$

式中：基质为水中的含碳有机物；PHB 为聚羟基乙酸；细菌为以 PHB 作为其含碳有机物的储藏物质。

进入好氧区后，聚磷菌即可将储积的 PHB 好氧分解，释放出的大量能量可供聚磷菌的生长繁殖。当环境中有溶磷菌存在时，一部分能量可供聚磷菌主动吸收磷酸盐，并以聚 P 的形式储积于体内，此即为聚磷菌的好氧吸磷现象。这时，污泥中非积磷的好氧性异养细菌虽也能利用水中残存的有机物进行生长繁衍。但由于水中大部分有机物已被聚磷菌吸收、储藏和利用，所以在竞争中得不到优势。故厌氧、好氧交替的系统是聚磷菌得天独厚的生长条件，也是生物除磷的机理所在。在厌氧/好氧系统中，有机基质的利用情况和生物除磷机理如图 5-2 和图 5-3 所示。

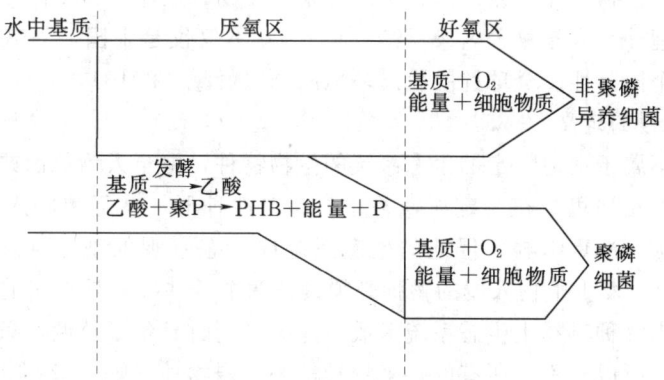

图 5-2 厌氧产酸后基质的利用和 PHB 的储藏（张景来，2002）

2. 植物对氮磷富营养物的修复

水生植物对氮磷富营养物的去除主要依靠植物的吸收、同化，转变为植物体，然后被直接收割或被草食动物进一步同化。

3. 生态系统对氮磷富营养物的修复

生态系统对氮磷富营养物的修复主要是依靠食物链关系而完成的。图 5-4 描述了以控制藻类为中心的生态关系。

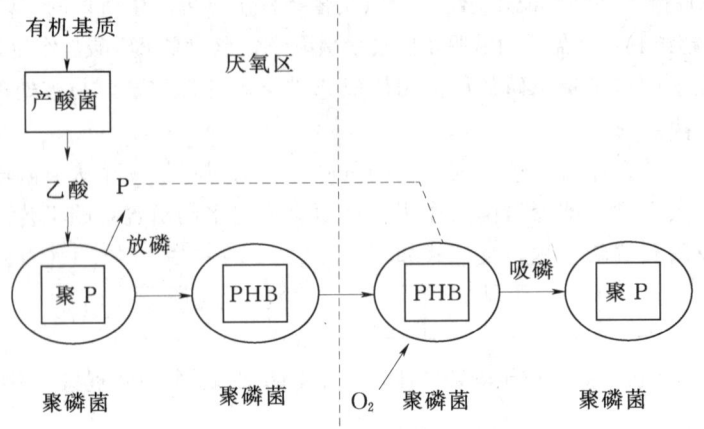

图 5-3　生物除磷机理图解（张景来，2002）

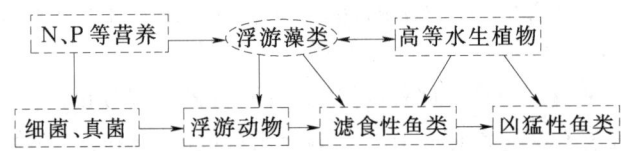

图 5-4　以控制藻类为中心的生态关系示意（张锡辉，2003）

5.2.5　生物入侵

全国已发现 560 多种外来入侵物种，其中 213 种已入侵国家级自然保护区。71 种危害性较高的外来入侵物种先后被列入《中国外来入侵物种名单》，52 种外来入侵物种被列入《国家重点管理外来入侵物种名录（第一批）》。不仅仅是中国，外来有害生物入侵实际上已经成为一个国际性、全球性的生态环境问题（晨曦，2010）。

5.2.5.1　生物入侵的定义

生物入侵指不属于本地特定的生态系统的生物物种，由于人为原因或其他方式传入原产地之外的地点，在那里定植、定居，并建立起自然种群，并且威胁入侵地的生物多样性，破坏生态平衡，严重影响入侵地的生态系统或生态景观的现象（陈英玉 等，2008；李维薇 等，2020）。发生生物入侵的物种必须具备两个条件：一是外来的，不是本土原有的；二是这种外来物种对本土生态系统造成了危害。同时具备了这两个条件，外来物种才被称为入侵物种。所以，不是所有的外来物种都是入侵物种（陈英玉 等，2008）。

本地物种指自然起源于某一特定的地域或地区的物种。生物入侵物种，即外来物种，是相对于本地物种而言的，指在一个特定生态系统中的物种却不属于本地生态系统。发生生物入侵的外来物种包括植物、动物和微生物（林培群 等，2006）。

5.2.5.2　生物入侵的危害

外来生物进入新的生态环境后，慢慢适应并占据适宜的生态位，种群迅速增殖、扩大，发展成为该生态系统中新的优势种，这种生态学过程或现象即生物入侵过程。生物入侵肯定会直接影响当地的生态系统，对当地的生态安全造成威胁，最终对人类及社会经济产生危害。

1. 生物入侵对生态系统的影响

生物入侵可在个体、遗传、种群、群落、生态系统等各个水平上产生影响，造成物种濒危、灭绝，生物多样性丧失，并严重影响原有生态系统的结构和功能。

生物入侵对生态系统造成的影响主要有以下几个方面。

(1) 导致生物多样性丧失。生物多样性是人类赖以生存和发展的物质基础，同时也是生态安全的关键。然而，近年来，生物多样性受到了严重威胁，物种灭绝速度不断加快，遗传多样性急剧下降，生态系统严重退化，这些都加剧了人类面临的资源、环境、粮食和能源危机，而外来物种对生态环境的入侵已经成为生物多样性丧失的主要原因之一。例如原产巴西的水葫芦（又称凤眼莲）被我国南方地区引进后，由于其在喜欢温暖阳光充足的环境能茂盛生长的条件得以满足，结果在我国南方湖泊中大量繁殖生长，致使当地物种大量消失，造成我国湖泊生态系统退化。最具有代表性的例子是水葫芦被引进滇池后，严重影响原滇池中的主要水生动物、植物分别有 68 种和 16 种的生存，到 80 年代大部分水生植物相继消亡，水生动物仅存 30 余种（林培群 等，2006）。再比如原产中美洲的紫茎泽兰（又称飞机草）可分泌有化感作用的化合物抑制其他草本植物发芽和生长，排挤本土植物并阻碍植被的自然恢复，只要是飞机草入侵的地方，其他本地物种就很难生长，飞机草已使我国西南大部分地区的生态系统受到严重的破坏，原有植物群落迅速衰退、消失（林培群 等，2006）。生物入侵导致生物多样性消失，从而会导致该地区生态系统更加脆弱，更易招致别的物种入侵，此种不良循环反复上演的结果是导致全球范围内生态环境的差别性减小，更不利于整个大生态系统的稳定。

(2) 改变生态系统中其他生物的习性。外来种在其侵入区内，除了直接的生存竞争对当地生态系统以及生物多样性进行干扰、破坏外，还以其他形式对当地生态系统产生影响。在南非，对 14 种引进的农作物造成严重危害的 130 多种害虫均系本地种，它们原来并不取食这些农作物，由于引进的外来植物促使这些本地种昆虫改变了食性，从而造成了灾害（陆庆光，1999）。

(3) 生物入侵还会扰乱生态系统中基因的稳定性（向言词 等，2001）。入侵物种与当地物种的杂交改变生态系统中原有的基因流向，且杂交出的新物种对生态系统而言又是新的生物入侵。

生物入侵对整个生态系统的长期影响还有两点：其一，入侵种将降低当地植物和动物区系的特有性。例如，今天新西兰的脊椎动物的物种数比约 1000 年前开始被殖民统治时要多；尽管新西兰的生物区系已变得更加"多样化"，但它的动植物区系同时也变得同世界其他地区更加相似了；其二，地理隔离是维持全球生物多样性的必要条件之一。事实上，在目前的形势下，大规模的人类活动导致的生物入侵很可能创造一个"超级大陆"，随着地理屏障的打破，不可避免的结果将是生物多样性的灾难性丧失。但一旦全球的陆地形成一个"超级大陆"，那么由此而推测得出全球种数将减少到目前实际总种数的一半左右（李博 等，2010）。

据世界自然保护联盟报道，全球范围内入侵物种对生物多样性的威胁高居前 5 位，外来生物入侵是导致原生物种衰竭、生物多样性减少的重要原因之一。

2. 生物入侵对经济的影响

生物入侵给人类社会带来巨大的直接和间接经济损失。

生物入侵对农业、林业、畜牧业、水产业、园艺业等带来直接经济危害，入侵害虫和病原生物对农作物、蔬菜和园林植物等产生不同程度的侵害，而且受害植物种类繁多，涉及水稻、棉花、番茄等几十种常见植物。大米草因繁殖力极强，很快遍布滩涂，致使鱼虾和贝类等水产品养殖遭到毁灭性打击，给海水养殖基地造成难以估量的损失。这些入侵生物成为持久性的生物灾害后，要彻底根除它们极为困难，费用极为昂贵。此外，为了减少外来种的危害，需要采取各种耗资不菲的防除措施，包括各种形式的检疫、控制和根除等，仅每年直接用于农业杂草清除和除草剂施用的费用就相当惊人（耿荣庆 等，2010）。

与直接经济损失相比，生物入侵造成的间接损失也不容忽视。大量的凤眼莲和空心莲子草植株死亡后与泥沙混合沉积水底，抬高河床，使很多河道、池塘、湖泊逐渐沼泽化而被废弃。此外，植株大量吸附重金属、化学污染物等有毒有害物质，死亡后沉入水底，构成水体二次污染。入侵植物对周围气候和自然景观产生不利影响，加剧了旱灾、水灾的发生和危害程度。有些外来植物的根可以达到本地物种难以达到的深度，吸收土壤大量的水分，使地下水位下降，导致土壤因过度干燥而降低肥力。外来物种还可以通过影响土壤侵蚀和改变土壤成分等而使水质发生变化。因此，生物入侵造成的间接经济损失更加难于估算（耿荣庆 等，2010）。

生物入侵给美国造成的经济损失每年达1366亿美元。我国每年用于预防美洲斑潜蝇的费用就需4.5亿元，几种主要外来入侵物种造成的经济损失平均每年达574亿元（刘长海 等，2005）。印度每年因为外来入侵的经济损失为1300亿美元，南非为800亿美元（姬晓娜 等，2008）。

3. 生物入侵对人类健康的影响

某些侵入生物是人类的病原或病原的媒介，传入后造成大范围的疾病流行，严重影响人类健康和生存。

豚草和三裂叶豚草分别于20世纪30年代和50年代传入我国东南沿海，随后向其他地方扩散蔓延，现在布在东北、华北、华东和华中地区的15个省市。豚草所产生的花粉是引起人类花粉过敏症的主要病原物，可导致"枯草热"症（夏婷婷 等，2008）。

1991年由于外来船只上将受到污染的压舱水倾倒在秘鲁海港所引起的霍乱，使美洲100多万人受到感染，1万人死亡。1930年按蚊从非洲西部传入巴西东北部地区，传入当年，在仅有1.2万人口的15.5km^2地区内就有1000余人感染疟疾。1942—1943年，该病从苏丹传入埃及北部的尼罗河河谷地区，死亡人数超过13万（林培群，余雪标，2006）。

为了预防生物入侵带来的健康威胁，人类每年还要投入大量的人力物力。南美国家为处理饮用水和修理下水道就耗费了2000多亿美元。

此外，在控制害虫中使用的杀虫剂和除草剂对生态系统与环境人类健康的影响是难以估计的（刘长海 等，2005）。

5.2.5.3 生物入侵的原因

由于我国南北跨度5500km，东西距离5200km，跨越50个纬度及5个气候带（寒温带、温带、暖温带、亚热带和热带），来自世界各地的大多数外来种都可能在我国找到合适的栖息地（姬晓娜 等，2008）。我国又是一个人口大国，尤其是生产性人口巨大，高强度的生产和经济活动给外来种的引入和散布创造了有利条件。更为重要的是，我国目前正处在高速经济发展的时期，进入了一个前所未有的国际物流和人流的高峰。尽管相关部门采取了许多积极有效的防御措施，但外来物种进入我国的数量仍是空前的。很多因素使得我国成为了生物入侵的重灾国，而且生物入侵问题还有日趋严重的趋势（李博 等，2010）。

1. 生物入侵传播途径

外来生物入侵的方式主要有两种：自然途径和人为途径（刘长海 等，2005）。

自然途径是指在没有人类的介入，生物在生物区之间、大陆之间和岛屿之间远距离的传播也可能发生，这种自然入侵只是小概率事件。但是这种由自然原因导致的物种转移都需要相当长的一段时间，而且还会由于一些环境因素的影响限制在一定的区域内（王珊 等，2011）。这种物种转移有两种方式：一种方式是自然界中的植物慢慢侵入到其他生态系统，有的通过根、茎、叶的繁殖，有的通过种子的传播，这种传播非常缓慢。另一种方式是通过自然媒介和动物媒介传播。自然媒介主要是指风和水流等（郑培忠 等，2009）；动物媒介主要通过动物对植物的侵食和携带，将种子传播到另一个地区。

人为途径是指因人类的活动而导致的外来生物的入侵，人为途径可分为有意传播和无意传播。有意引进某些物种是想为了保护生态环境，但到最后却无法加以控制，导致外来物种泛滥成灾。无意引进是指外来物种随陆地交通、海上运输或空运等由旅客或其他人员无意携带进入，外来宠物物种的引进也属于无意引进。人类传播已大大加快了生物入侵的速率，加快的幅度应以数量级计算，而且使许多生物能够到达靠自然传播无法到达的生境。从类群上看，所有有意引进的物种均为植物和动物，而无意引进的物种涉及所有类群（丁晖 等，2011）。我国目前所知道的有害外来植物，其中50%是人为引入，包括各种草地牧草或饲料、观赏植物、药用植物、蔬菜、草坪植物、环保植物等（王海波 等，2007）。

随着科技和贸易的发展，因特网（Internet）也已经成为生物入侵的另一条途径（刘长海 等，2005）。

2. 生物自身的机制对生物入侵的影响

生物入侵并非一朝一夕就可以完成，其过程是一个复杂的链式过程。外来种自身特性对入侵、定居、适应和扩散这4个阶段极其重要（刘长海 等，2005），其中第2阶段对入侵成功与否起关键作用。而第1个阶段传入期则是防止外来种危害的最佳时期，但这个时期比较短。在受人类活动强烈干扰的区域和孤立的海岛，雌雄同体、孤雌生殖的种类和有广泛寄主的物种比较容易入侵。

3. 新的生态系统、新的生态环境对生物入侵也非常重要

在新的生态环境里缺少天敌及其他克制入侵物种生存的生物因素，入侵物种就更加容易入侵。澳大利亚本来没有兔子，以宠物身份引进澳大利亚的兔子在百年后成了让当地人最头疼的物种之一（桂富贵，2005）；樟木在国内成活都不大容易，可在澳大利亚却已经开始让那里的植物学家头疼。另外，生物入侵与生态系统稳定性有关，多年研究生物入侵的专家证明，入侵物种能够大规模肆虐的地区，往往也是人类活动较多、当地生态环境受

到破坏比较多的地区，而像鼎湖山自然保护区等生态环境比较完整的地方，外来生物是很难入侵的。

4. 全球气温变化对生物入侵的影响

生物入侵是全球环境变化的重要过程之一，而且外来生物的成功入侵还与全球环境变化的其他过程密切相关（李博 等，2010）。尽管目前要得出大气中 CO_2 浓度的升高对入侵种影响的一般结论尚为时过早，但已有的研究表明，CO_2 浓度的升高可能减慢某些植物群落的演替恢复，从而加快外来植物的入侵过程；也有研究显示，在干旱的生态系统中，CO_2 浓度的升高有助于外来植物的入侵成功（李博 等，2010）。气候的变化可能有利于能迅速改变其分布区或具有适应不同环境能力的外来入侵种。如果全球变暖幅度达到 1~3.5℃ 的话，目前仅入侵于南方的物种，其入侵区可能向北移。如入侵美国南部（如佛罗里达和肯塔基）的野葛有可能向更北的地区入侵。

5. 引起生物入侵的其他因素

引起生物入侵的其他因素：

（1）人们对生物入侵的认识不深，思想重视不够，有意无意地将外来生物带入境内。

（2）立法没有跟上，对外来生物入侵缺乏有效的法律法规约束，缺乏科学有效的检测和检疫监管手段。

（3）国家基础研究比较薄弱，对外来生物入侵带来的全面生态效应研究得不够。

（4）使用现代生物技术培育出来的部分转基因生物，也有可能成为入侵生物。

（5）媒体宣传和公共教育力度不够，公众的生态安全、生物安全和环境安全的生态环境保护意识还未深入人心。

（6）放生。当前有 4 个方面的原因：①中国传统节日的放生活动。比如正月初八有"放生"活动，就是把家里养的一些鱼、鸟拿到外面，放归野外。②信教的人的放生活动。③宠物的放生。现在随着生活水平的提高，人们崇尚生活情趣，家养各种宠物，但随着城市家庭一家三口的小家庭，出差、旅游、求学造成的出行频繁，宠物不可能一直得到妥善管理，就会被放生，但放生的物种很可能不是地方物种，完全可能导致生物入侵。④父母教育孩子爱护环境的一个习惯。一般父母认为和孩子一起买一些小动物，然后放生，会让环境变好，但买的物种很有可能不是乡土种，如果不是乡土种，就有可能会成为入侵物种。很显然，此类具有文化含义的善事并未考虑到对本土生态体系可能产生的有害影响（汪官余 等，2006）。

5.2.5.4 在中国的分布及其特点

1. 入侵物种在不同生态系统中的分布

入侵到我国的外来有害生物占据了各种各样的生态系统，从农田、森林、草原、灌丛、湿地、内陆水域、海洋到人类生活居住区等几乎所有的生态系统中都有入侵生物的踪迹。

在人工生态系统中，耕地和植物园中的入侵生物占 43.3%，受强烈干扰的生境中（如建筑、道路建设区等）入侵生物占 34.0%，果园及苗圃中的入侵生物占 17.4%（万方浩，2009）。

在陆生生态系统中，灌丛类生境中的入侵生物占 23.1%，河岸及海岸生境中的入侵种类占 18.6%，森林、草原、坡地生境中分别占 16.6%、15.8% 和 14.9%，无植被或稀有植被生境占 10.0%（万方浩，2009）。

在水生生态系统中，海洋占比重最大（15.1%），内陆地表水其次（14.7%），湿地沼泽最少（6.5%）（万方浩，2009）。

入侵我国外来有害生物种类繁多，不同种类占据了不同的生境，三类入侵生物（微生物、植物、动物）在生境类型上有明显的分布格局。入侵植物以杂草居多，主要分布在人工干涉的生境中；入侵动物以昆虫居多，生境类型多集中于农田、森林及果园；入侵微生物主要是植物病原类，多危害农作物和森林，因此农田和森林是其主要的生境（万方浩，2009）。

2. 入侵物种的地理分布格局

（1）入侵物种的整体分布格局。外来入侵生物在中国的分布存在较大的空间差异，经济发达的南部及东部沿海省份外来入侵物种种类较多，而内陆和西部地区外来入侵生物种类相对较少，呈现出从东南向西北外来入侵生物种数逐渐减少的总体趋势。中国当前入侵种数量较多（大于 200 种）的有广东、江苏、福建、云南、台湾；宁夏、青海、西藏的入侵物种较少，不到 70 种。

外来入侵生物的物种密度（各省单位面积中的入侵生物种类数）以中国东南部沿海城市居高，且由东南海岸向西北内陆递减，总体趋势和入侵生物的种数格局类似。中国各省外来入侵生物物种数和各省面积没有显著相关关系。尽管西北部地区区域面积较大，但由于经济发达程度较低，交通密度较低，环境条件相对恶劣，所以外来生物入侵该区域的可能性降低，导致其物种数较少。但是，随着东北老工业基地的振兴和西部大开发政策的实施和推进，东北地区以及西部边境省份的生物入侵物种有可能增加，因此需要加以关注和重视（赵宇翔 等，2015）。

（2）具有严重危害和威胁性的入侵物种的分布格局。在我国已产生明显经济和生态危害的、具有潜在威胁与危险性、可能导致严重危害的入侵生物大约有 300 余种，有 22 个省超过 100 种。这些物种集中分布在广东、云南、福建、江苏、浙江、山东、广西、辽宁等省（自治区）（解焱，2008）。表 5-7 列出了当前中国最具危险性的 20 种外来入侵物种及其分布与危害。

表 5-7 中国最具危险性的 20 种外来入侵物种及其分布与危害

物种名称	主要省（自治区、直辖市）分布	寄主植物/危害
烟粉虱（B 型与 Q 型）	广东、广西、海南、福建、云南、上海、浙江、江西、湖北、四川、山西、陕西、北京、天津、河南、河北、湖南	蔬菜、花卉、烟草和棉花等 600 多种
稻水象甲	河北、山西、陕西、北京、天津、安徽、浙江、福建、吉林、辽宁、云南、湖南、青海	水稻
苹果蠹蛾	新疆、甘肃	苹果、沙果、库尔勒香梨、桃、梨等
马铃薯甲虫	新疆	马铃薯、番茄、茄子、辣椒、烟草、天仙子、龙葵

续表

物种名称	主要省（自治区、直辖市）分布	寄主植物/危害
桔小实蝇	广东、广西、云南、四川、贵州、湖南、福建、海南、江西、江苏	桔小实蝇
松突圆蚧	香港、台湾、澳门、广东、福建、广西、江西	松属树种
椰心叶甲	海南、云南、广东、广西、台湾、香港	棕榈科植物
红脂大小蠹	山西、河北、河南、陕西	油松、华山松、白皮松
红火蚁	台湾、广东、广西、福建、湖南、香港、澳门	叮咬村民、危害公共设施等
克氏原螯虾	除西藏、青海、内蒙古之外的20多个省、市、自治区	危害土著种、毁坏堤坝等
松材线虫	云南、四川、广东、广西、贵州、福建、江西、浙江、湖南、重庆、江苏、安徽、湖北、河南、台湾	松属树种
香蕉穿孔线虫	曾在福建、广东发现，但已将疫情扑灭	经济作物、观赏植物等350种以上
福寿螺	海南、福建、广东、广西、四川、重庆、云南、贵州、湖南、湖北、江西、江苏、安徽、浙江	危害稻田、农田，传播人类疾病
紫茎泽兰	云南、贵州、广西、四川、重庆	危害农业、林业、畜牧业，使生态系统单一化
普通豚草	湖南、湖北、四川、重庆、福建、广东、广西、江西、江苏、安徽、浙江、天津、北京、河北、山东、黑龙江、吉林、辽宁	破坏农业生产、影响生态平衡、人类健康
水葫芦	浙江、福建、台湾、云南、广东、广西、海南、湖南、湖北、江西、四川、重庆、贵州、江苏、安徽、河南	堵塞河道、造成水体富营养化、单一成片、降低生物多样性
空心莲子草	湖南、湖北、四川、重庆、福建、广东、广西、江西、江苏、安徽、浙江、山东、贵州、海南、云南、陕西、河南、台湾等省（自治区、直辖市）	堵塞河道、影响排涝泄洪、降低作物产量、传播家畜疾病
互花米草	除海南和台湾之外的全部沿海省份	破坏海洋生态系统、水产养殖
薇甘菊	广东、云南、海南、香港、澳门	危害天然次生林、人工林等
加拿大一枝黄花	河南、辽宁、四川、重庆、湖南、广东、云南、浙江、福建、江西、湖北、江苏、山东等	使物种单一化、侵入农田、影响植被的天然恢复过程

3. 生物入侵的现状

中国一直是深受外来有害生物危害的国家之一，辽阔的地域和多种气候类型容易遭受入侵种的侵害，来自世界各地的大多数入侵种都可能找到合适的栖息地。目前中国几乎所有的生态系统如森林、农田、水域、草原、城市等地，都可见到入侵种（表5-8）。2003年3月中国国家环保总局和中国科学院公布的《中国第一批外来入侵物种名单》中，有紫茎泽兰、薇甘菊、空心莲子草、豚草、毒麦、护花米草、飞机草、凤眼莲（水葫芦）、假高粱、蔗扁蛾、湿地松粉蚧、强大小蠹、美国白蛾、非洲大蜗牛、福寿螺、牛蛙共16种（林培群 等，2006）。实际上现已入侵进来的物种有数百种，有些在适宜的生态和气候条件下，疯狂生长，引起生态灾害频繁爆发。目前对中国生态环境和生物多样性造成巨大破坏，带来严重经济损失的物种较多，如棉花枯黄萎化病从美国入侵以来，现已发生270万hm^2，每年至少损失皮棉10万t；美洲斑潜蝇1994年入侵海南、广东，现已蔓延到全国，发生面积已超过100万hm^2，每年防治费用就超过415亿元；加拿大一枝黄花自2003年首次在浙江出现以来，现已蔓延到11个市，侵入农田近$400hm^2$（郑培忠 等，2009）；松材线虫已逼近黄山、西湖；松突圆蚧、湿地松粉蚧的危害仍在扩大；园林害虫蔗扁蛾的危害正逐年加重，并有向全国蔓延的趋势，薇甘菊在局部地区已暴发成灾；水葫芦在云南滇池、浙江、福建等地的危害仍十分严重；大米草在东南沿海局部地区对当地生物多样性的破坏尚未有效治理。此外，中国还从国外引进了大量的农作物和畜禽水产品种，这些外来种在促进我国农业发展的同时，也使某些当地物种面临着逐渐被外来种所取代，甚至处于灭绝与濒危状态。当前中国约10%的地方畜牧品种处于濒危状态，已灭绝的占3%（陈英玉 等，2008）。

表 5-8　　　　　　　　　　　生物入侵种类和生态系统类型

生态系统类型代表入侵种	代 表 入 侵 种
森林	松材线虫，松突圆蚧，薇甘菊，虫蜡树
草原	飞机草，水虱草，野莴苣，鹅肠草，紫茎泽兰
农田	繁缕，龙葵，剪刀股，早熟禾，水虱草，棉红铃虫，苹果棉蚜，葡萄根瘤蚜，马铃薯甲虫湿地福寿螺，湿地松粉蚧，牛蛙，蟾蜍
水域	水葫芦，水盾草，裙带菜，大米草，梳妆水母，青蟹
城市	白蚁，火炬树，多花黑麦草，紫穗槐

4. 中国的生物入侵的特点

入侵物种的种类多。尤其是中国粮食进口的国家多、渠道广、品种杂、数量大，带来有害杂草籽的几率相对较高。仅1998年大连、青岛、上海、张家港、南京、广州等12个口岸就截获了547种杂草和5个变种的杂草。这些杂草来自30个国家，随食品、饲料、棉花、羊毛、草皮和其他经济植物的种子进口时带入。其中有170种虽然还没有归化记录，但有可能在运输和扩散过程中侵入到野外。

入侵物种来源广泛。在这些外来入侵物种中，来源于美洲的占55.1%，来源于欧洲的占22%，亚洲占10%，非洲占8%，大洋洲有5%（陈英玉 等，2008）。

入侵分布不均匀。西北地区的青藏、内蒙古入侵的很少；东北和华北主要入侵生物有白蛾等；西南区入侵的主要有飞机草、紫茎泽兰、空心莲子草等；华南、华中和华东区主要入侵生物有大米草、薇甘菊、水葫芦、福寿螺等。可见是以低海拔地区和热带岛屿生态系统的受损程度最为严重（陈英玉 等，2008）。

入侵的范围在不断扩大。如水葫芦从传入地现已波及云南昆明、江苏、浙江、上海、福建、湖南、湖北、四川和河南南部（陈英玉 等，2008）。

有目的的引入多。中国的引种历史悠久，早期主要是通过民族迁移和地区之间的贸易引入的，随着改革开放，各行各业（林业、渔业、畜牧业、园林等）都以各种目的引进外来物种，草种几乎全部依赖进口，在自然植被的恢复过程中有许多是盲目引进的（陈英玉等，2008）。由于中国外来入侵物种环境风险评估制度的缺乏，在引进之初，没有充分考虑这些外来物种的环境风险，对其在引进之后的环境影响也缺乏跟踪研究，虽然目前还没有这些物种产生环境危害的系统报道，但其潜在危险不容忽视（丁晖 等，2011）。

5.2.5.5 生物入侵的相对性

生物入侵的影响具有明显的相对性。尽管大多数的入侵者无所作为，但有些入侵者可以对入侵的系统产生强烈的影响，这种影响可以是正面的，对当地的生态环境和经济社会都有明显的正面效应，例如由仲崇信等自20世纪60年代引种的英国大米草消浪抗蚀，提高了海滩生态系统生产力（刘长海 等，2005）；欧洲移民者把他们的作物和牲畜引入北美，带来美国今日的繁荣（桂富荣，2005）。生物入侵的影响也可以是负面的：①生物入侵将降低地域性动植物区系的独特性；②地理隔离是维持全球生物多样性的前提，而生物入侵打破了地理隔离，生物入侵正成为威胁生物多样性的重要因素之一，它关系到生态、经济和社会发展等各个方面，是当今世界最棘手的三大环境灾难之一（桂富荣，2005）。

外来生物带来的影响是正面还是负面，一方面取决于生物本身的特性，另一方面取决于对于外来物种的管理工作。妥善管理，有效控制外来物种，能够极大的发挥入侵生物的正面效应。

5.2.5.6 生物入侵的控制

防控外来有害生物入侵的关键是科学识别入侵风险源，切断入侵通道，防止其定殖危害（赵宇翔 等，2015）。多数有意引进的外来物种，其最初的目的一是为了保护和修复当地的生态环境，比如水葫芦的引进，最初是为了治理湖泊的富营养化，大米草的引进是为了固结泥质海岸；二是为了美化环境，当引进物种在适应了当地的环境之后，如果控制管理不善，其数量就会迅速增大，变成具有很大威胁性的入侵物种，破坏当地的生态系统，扰乱生态系统原有的食物链条和系统内的物流和能流秩序，从而危害原有的生态系统。生态系统的正常发育因此受到阻碍（陈兵 等，2003）。

治理生物入侵有几种传统的治理方法：人工治理、化学治理、生物治理、综合治理等（刘芳明 等，2007）。这些常用方法各有优缺点，在国内应对外来生物入侵的案例中，取得了不错的效果。但是完全消灭已建立种群的入侵种几乎是不可能的，对已经入侵的生物，应加强控制、加强入侵前的预防。

我国生物入侵方面的问题日趋严重，而人为途径是生物入侵的主要途径。因此必须加强入境物种的管理，严格预防并有效控制生物入侵。尊重并维护自然，以实现生态文明为目标，建立可持续的物种引入机制。

寻找建立一套科学、系统的外来入侵物种造成经济损失的评估体系已成为生物入侵研究领域所迫切需要研究的问题，因为它能有效帮助政府及社会认识生物入侵问题并为相关政府部门制定政策提供科学决策依据（刘婷婷 等，2010）。

要建立严格的检验检疫标准。出入境检验检疫部门把好货物、人员入境检疫，严防外来有害生物传入。要加快研发快速、准确、实用的检测鉴定、除害处理等检疫技术和设备,提高检疫工作水平(赵宇翔 等,2015)。对于入境的产品应该有严格的检验检疫标准,防治境外生物随产品进入境内。据美国国际贸易委员会的数据,自2000年至2011年,中国从美国进口的垃圾废品交易额从最初的7.4亿美元飙升到115.4亿美元。我国政府对"洋垃圾"现象长期监管不足,从2011年开始才出台政策严查固体废物进口许可证,禁止垃圾走私。"洋垃圾"中存在大量的微生物等多种外来生物,威胁我国的生态安全。此外,海关要加强检查力度,禁止带种子、活物入关。民航业在旅客入境时填携带物品名单就是防止生物入侵的一项有力措施。

生物入侵管理执法涉及许多部门,许多部门在外来入侵种问题上存在严重的交叉、重叠和空缺,造成管理的缺位。因此很有必要在全国生物多样性管理机制框架下,建立一个跨部门的"国家生物入侵管理委员会"。该委员会需要由一个权威的综合部门牵头,统一协调环保、农、林、海洋、贸易、检疫、卫生、教育、科研、旅游、司法等部门的生物入侵防治工作,以便加强部门间分工协作,全面且系统地管理外来物种入侵(薛达元 等,2012)。

要提高公民的预防生物入侵意识。随着居民生活质量的提高,越来越多的人热衷于家养国外宠物,比如狗、猫和龟类,这些宠物在被抛弃后,对当地生态的影响亦是不可估量的。国家要制定相应的法律法规,宠物要建档,并追踪其行踪。

还有各种放生现象,有的是宗教信仰,有的是为教育子女爱护小动物,不论哪种原因,都不能随便放生,放生前要征得要放生的生态系统的管理部门的许可才行。

一个国家孤立的行动是无法控制所有可能引入有害入侵物种的行为的,需要通过国际合作的方法来有效预防和管理,从外来生物入侵的基础研究、防范与控制技术研发以及有害物种数据库平台建设3个层面入手,共同寻求解决问题的办法,形成全球联防联控,有效阻止外来物种入侵,保障经济安全、生态安全和社会稳定(冯馨,2013)。

5.3 水土保持生态修复

水土保持生态修复是独具中国特色的概念,标志着中国治理水土流失的理念有了重大突破。

5.3.1 概念

水土保持生态修复的概念有广义和狭义之分。

广义水土保持生态修复指在特定的土壤侵蚀地区,通过解除生态系统所承受的超负荷压力,根据生态学原理,依靠生态系统本身的自组织和自调控能力的单独作用,或依靠生态系统本身的自组织和自调控能力与人工调控能力的复合作用,使部分或完全受损的生态系统恢复到相对健康的状态。

狭义水土保持生态修复指在特定的土壤侵蚀地区,通过解除生态系统所承受的超负荷压力,根据生态学原理,依靠生态系统本身的自组织和自调控能力的单独作用,或辅以人工调控能力的作用,使部分受损的生态系统恢复到相对健康的状态。

二者的区别见表5-9。目前,通常所说的水土保持生态修复指的是狭义的概念。

表 5-9　　　　广义水土保持生态修复与狭义水土保持生态修复的区别

水土保持生态修复	恢复作用力的主次	恢复的生态系统
广义	不强调	可以是部分受损的，也可以是完全受损的
狭义	强调以生态系统本身的自组织和自调控能力为主，以人工调控能力为辅	只能是部分受损的

5.3.2　水土保持生态修复的原则

根据生态修复理论和东北地区及全国生态修复试点工程建设经验，开展生态修复应遵循以下 4 个原则。

1. 适宜性原则

由于我国不同区域差异大，表现在不同区域彼此的自然条件、经济社会状况和水土流失情况都不同，水土流失的原因不同，进行生态修复的社会经济技术支撑能力也不同，进行水土保持的生态修复方法必须遵循适宜性原则才行。

采用水土保持生态修复的地区应满足以下条件：

第一，有满足植被生长的水土条件，实践表明降水量 300mm 以上的地区可进行生态修复。

第二，是水土流失中轻度的、水土流失潜在性危险度小的地区。

第三，是人口稀少、土地承载力小的地区。

从东北地区及全国水土保持生态修复试点情况分析得出，目前只有非耕地的中轻度水土流失区才适合于生态修复。适宜于生态修复的对象主要为：发生轻中度水土流失的灌木林地、疏林地、中覆盖度草地、低覆盖度草地、裸土地。

2. 以生态自我修复为主，人工适度干预为辅原则

根据生态修复的难易程度，生态修复对象可分为两类：一类是未超过本身恢复力的生态系统，它是可逆的，当去除人类活动造成的胁迫因子，比如停止砍伐、陡坡耕种等人为活动后，有可能靠自然演替实现自我恢复的目标。另一类是被严重干扰的生态系统，它往往是不可逆的，单一的停止人为负面干扰，无法制止生态退化的自然惯性，生态系统将在其他自然负面干扰作用力的驱动下，继续潜在的退化。因此，生态修复中，需要在搞清楚生态系统退化的内在机制及退化程度的前提下，以自然修复为主，阶段性辅以人工措施，对抗负面自然生态效应力对现生态系统的负面影响，从而加快生态系统向良性演替的进程。

3. 与发展区域经济和改善人民生活紧密联系原则

与发展区域经济和改善人民生活紧密联系原则即生态效益与经济社会效益要统一。实施生态修复不等于无人居住区的纯自然生态演替，毕竟那里的人民要依靠土地和大自然生存发展，特别是经济欠发达、生态又十分脆弱的地区对土地和大自然的依靠性更强。因此，生态修复只有与发展区域经济和改善人民生活紧密联系起来，搞好生态自然修复的配套措施，植被恢复才能稳定长久，才能把生态修复工作搞好。

4. 与生态建设相关工程有机结合原则

生态修复要与退耕还林、国家水土保持重点防治工程、农村能源建设、生态移民、山区小城镇建设等工程以及有利于促进大面积植被保护和恢复的项目相协调，充分发挥综合作用和整体效益。

5.3.3 生态修复需要人类的合理参与

由于水土保持生态修复不等同于简单的封山育林等措施，在已恶化的生态系统中单一停止人为负面干扰，通过简单的封山育林往往不能遏止生态退化的自然惯性，水土流失将继续发生、发展。因此，生态修复需要人类的合理参与。

生态修复时人类可从如下两个方面进行合理参与：①搞清生态系统退化的内在机制，阶段性地进行辅助、优化生态修复进程，在较短时间内实现水土流失的初步治理和生态修复。②对生态修复区进行系统性的规划。通过规划，保障以自然修复为主的生态修复过程中人类参与的合理性，保障水土保持生态修复在近期、中期和长期健康有序地开展。

5.3.4 水土保持生态修复的技术方法

5.3.4.1 广义水土保持生态修复的技术方法

1. 退化坡面生态系统的修复

按坡面土地利用情况分为：退化耕地生态系统的生态修复及退化林地、草地、荒地生态系统的生态修复。

退化耕地生态系统的生态修复，其措施有：少施化肥，增施农家肥料；种植绿肥植物，增加固氮作物品种；轮作、套作、间种、混种；减少化学防治，增加生物防治；植等高植物篱等。

退化林地、草地、荒地生态系统的生态修复的措施有：在封禁的基础上，补种乡土树种、草种。封禁时间的长短因生态系统类型、受损程度、气候等因素的不同而不同，一般来说，乔木林为8年以上；灌木林为5～8年；草地为3～5年。

2. 退化河流生态系统生态修复

导致河流退化的驱动力主要有修路、开矿、樵采、河岸放牧、化肥与农药的面源污染、工业废水与生活污水的点源污染、过度捕鱼及盲目采砂等。

退化河流生态系统的修复措施是：首先减轻或解除导致河流生态系统退化的驱动力；其次减少河流人工直线化的程度，增加河流弯曲度，以增加河流生境的多样性，进而增加水生生物多样性；最后在河流两岸种植生物隔离带（种类和宽度应因地制宜），一方面防治面源污染，另一方面为河流水生生物增加营养源。

3. 内陆河流域退化绿洲生态系统生态修复

内陆河流域退化绿洲生态系统生态修复措施：一是合理开发利用水资源，实施生态应急补水工程，至少要满足天然绿洲生态系统最小生态需水量；二是合理调整土地利用结构，适当减少人工绿洲面积，使人工绿洲和天然绿洲面积比例调整到1：1左右。

4. 退化水库生态系统生态修复

退化水库生态系统生态修复措施与退化河流生态系统的生态修复方法相同。

5. 退化矿山生态系统生态修复

退化矿山生态系统的特点是生态系统的土壤、植物等组分完全受损，缺乏植物生长所需要的营养元素。因此对其进行生态修复的措施是覆盖土壤，对土壤进行物理处理，添加营养物质，去除有害物质，种植适应性强的先锋树种或草种、间种乡土树种或草种。

5.3.4.2 狭义水土保持生态修复的技术方法

只限于由于水土流失部分受损的生态系统进行修复的技术方法，对于由于水土流失受损的生态系统退化程度一般，或受损程度较轻的生态系统，采用封禁法就行，是一种生态自然修复方法，对于受损程度较重的生态系统或退化程度较强的生态系统采用"封禁＋补种"法，是自然和人工共同修复的方法。对于水土流失部分受损的生态系统进行人工修复的一种技术方法是工程方法，当前成熟的工程技术有淤地坝、隔坡梯田模式、造林前的整地技术、梯田文化、"88542"隔坡反坡水平沟整地技术及水土保持坡耕地保护技术。

1. 淤地坝

淤地坝指在水土流失地区各级沟道中，以拦泥淤地为目的而修建的坝工建筑物，其拦泥淤成的地叫坝地。在流域沟道中，用于淤地生产的坝叫淤地坝或生产坝。

淤地坝的好处有：①拦泥保土，减少入黄泥沙；②淤地造田，提高粮食产量；③防洪减灾，保护下游安全；④合理利用水资源，解决人畜用水；⑤优化土地利用结构，促进退耕还林还草和农村经济发展。

淤地坝的建设尺寸应遵守水利部 2003 年颁发的《水土保持治沟骨干工程技术规范》(SL 289—2003) 规定：骨干坝单坝控制流域面积在侵蚀模数大于 $15000t/(km^2 \cdot a)$ 的剧烈侵蚀区一般为 $3km^2$；在侵蚀模数为 $8000 \sim 15000t/(km^2 \cdot a)$ 的极强度侵蚀区一般为 $3 \sim 5km^2$；在侵蚀模数为 $5000 \sim 8000t/(km^2 \cdot a)$ 的强度侵蚀区一般为 $3 \sim 8km^2$。骨干坝的工程规模：多数库容为 50 万～100 万 m^3；少数库容为 100 万～300 万 m^3；个别库容为 300 万～500 万 m^3。

在 20 世纪 50 年代，才开始进行淤地坝的示范试验，60 年代开始推广普及，70 年代进行发展建设，到 80 年代，已经以治沟骨干工程为骨架，进行完善提高的坝系建设。目前黄土高原地区现有淤地坝 11 万余座，淤成坝地 450 多万亩，可拦蓄泥沙 210 亿 m^3。主要分布在陕西、山西、甘肃、内蒙古、宁夏、青海、河南等七省（自治区），其中陕西、山西、内蒙古三省（自治区）共有淤地坝 9 万余座，占总数的 82.5%。

未来在黄土高原的发展前景十分广阔，原因是：淤地坝适合黄土地区地形破碎、沟壑纵横水土流失的特征；随着淤地坝建设的发展，逐步在各级沟道空间上构成了群体集合坝系，具有一系列的特殊功能，其中以蓄水、防洪、灌溉、拦泥、淤地和生产最为显著。其对沟道农业经济将起主要支撑作用。

淤地坝的农业功能：①可改良土壤。坝地的质量远优于坡耕地和梯田，具有较高的自然生产能力。坝地主要是由山坡表土随坡面径流汇入沟道淤积而成，水分条件较好，抗旱能力强。同时，大量的牲畜粪便、枯枝落叶以及有机肥料流入坝内，坝地非常肥沃，成为高产稳产基本农田。一般坝地的土壤养分较坡耕地高 3%～8%，新淤坝地高于坡耕地 28%～36%，坝地土壤含水量高于坡耕地土壤含水量的 86%（表 5-10）。②增加耕地面积。淤地坝将泥沙就地拦蓄，使荒沟变成良田，增加了耕地面积，许多沟道实现了川台化，水沙资源得到充分、合理的利用。

2. 隔坡梯田模式

隔坡梯田是沿原自然坡面隔一定距离修筑水平梯田，在梯田与梯田间保留一定宽度的原山坡植被，使原坡面的径流进入水平田面中，增加土壤水分以促进作物生长。

表 5-10　　　　　　　　　　不同土地类型土壤水肥含量　　　　　　　　　　　　%

土地类型	有机质		含氮		水解氮		含水率	
	含量	比值	含量	比值	含量	比值	含量	比值
坡地	0.289	100	0.053	100	4.451	100	9.47	100
梯田	0.363	126	0.071	133	5.924	133	10.72	11
坝地	0.305	106	0.057	108	4.574	103	17.61	186
新淤坝地	0.394	136	0.068	128	5.703	130		

推广隔坡梯田模式（图 5-5），利用坡带种草发展畜牧，加快坡耕地治理进度，同时利用坡带产流灌溉下面的水平耕地，在干旱少雨的黄土高原及人少地多地区具有一定的推广价值。

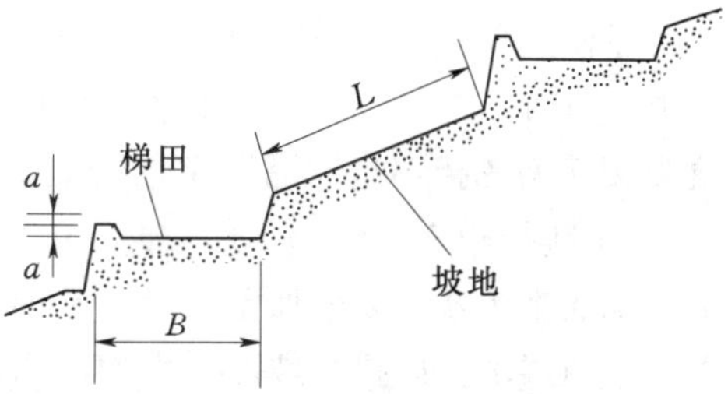

隔坡梯田模式适用于年降水量 300～400mm、坡度 15°以上的坡地，在黄土高原具有广泛的适用性。

图 5-5　隔坡梯田模式示意图

隔坡带的用途是为畜牧业发展提供饲草基地（饲草带）和放牧基地（放牧带）。现实实施时布局：一般在隔坡带上下边各种 1.5～2.0m 灌木林（柠条放牧带），中间播种多年生牧草或禾草（饲草带）。

隔坡带的具体用途表现为：夏天为舍饲养殖业发展提供饲草，冬天作为放牧基地，冬天实施放牧后，牛、羊粪便和植物落叶经牲畜践踏、腐烂，成为高效肥料，夏天随降雨径流流入水平梯田，经深耕疏松，改善土壤结构，积累养分，增加土壤肥力，为农作物生长和增产创造有利条件。同时，饲草带土壤肥力也得到了很大提高。

3. 造林前的整地技术

造林必须整地，为什么要整地，整地有哪些方式，特殊情况下如何整地，这都是造林前的整地技术要回答的问题，下面一一叙述。

（1）整地的作用。整地是造林的第一道工序，是造林前对造林地土壤翻垦的一项造林技术措施：①使土壤变得疏松，一方面有利于苗木根系的伸展；另一方面提高了土壤的蓄水能力。②由于整地过程中对造林地的局部地段进行了翻垦，从而改变了造林地的水热状况。③由于整地切断了土壤毛细管，可以减少土壤水分蒸发，起到保墒作用。④在山地条件下合理的整地措施本身就是一项水土保持措施，可拦蓄地表径流、减缓流速、减免土壤侵蚀。此外，提前整地也有利于造林施工。

（2）造林整地方式。造林整地方式有两种，即全面整地和局部整地。

全面整地是翻垦造林地全部土壤的整地方式。全面整地既有优点又有缺点。其优点是改善立地条件的作用显著，便于实行机械化作业及林粮间作。其缺点是用工大、投资大、易造成土壤侵蚀。适用的林地是平坦、辽阔的造林地。

局部整地是翻垦造林地部分土壤的整地方式。其优点在于用工少、投资小、适合于各种造林地。

(3) 特殊情况下的整地方式。在流动和半固定沙地上造林时，原则上不进行整地。但是，在有些特殊情况下，也可以进行适当整地。如：①在丘间低地无积沙又为黏质土壤时，可以提前犁耕，但是要注意犁沟方向尽可能与主风方向垂直，以便自然积沙，起到保墒压碱作用，这样有利于造林成活与生长。②在杂草丛生的草滩上造林时，可采取带状整地，以防风蚀。风沙严重地区整地必须注意，应以尽可能不引起或少引起土壤风蚀为好，必要时可配以必要的机械沙障（如草方格、栅栏）。

还有一种特殊情况也需要采用特殊方法进行整地，即在陡坡上，而且是地形破碎、集流线、侵蚀沟和土层薄的地段，由于不便修建水平沟而采取挖坑的办法来分散拦截坡面径流，可以修建鱼鳞坑，采用鱼鳞坑整地法。其布局是：从陡坡坡顶开始，自上而下每隔一定距离挖成月牙形的坑穴，坑面低于原坡面，稍向内倾斜，每排沟沿等高线控制，上下两个坑交叉互相搭接，呈"品"字形排。等高线上鱼鳞坑间距1.6~3.4m（约是坑径的两倍），上下排坑距1.5m，月牙坑半径0.4~0.5m，坑深0.4~0.6m。挖坑取出的土培在外沿线筑成半圆埂，以增加蓄水量，土埂高20~25cm。埂中间高两边低，使水从两边流入下一个鱼鳞坑，以提高坡面雨水的利用率。

4. 修梯田

提起梯田，人们就会想到山峦上那楼梯状的一层层台田。其实，梯田的概念很广。

梯田指在坡地上沿等高线修筑的阶台式或波浪式断面农田《中国大百科全书：农业卷》。梯田当前世界上主要有两种：一种是阶台式梯田，另一种是波浪式梯田。

阶台式梯田是在坡地上沿等高线修筑成逐级升高的阶台型的梯田，可分为水平梯田、坡式梯田、反坡梯田、隔坡梯田四种，多见于我国、日本、东南亚等地少人多的国家；波浪式梯田是在缓坡上修筑成断面呈波浪形的农田，便于机械耕作，主要分布在美国、澳大利亚、俄罗斯等地广人稀的国家。

我国一半以上国土是山地，同时又是人口和农业大国，生存压力使各地都重视梯田开发和经营，从而形成了历史悠久、独具特色的梯田文化。

我国梯田按地区分为南方梯田（图5-6）及北方梯田（图5-7）。或分为黄土高原、云贵高原以及江南丘陵等梯田，其中，黄土高原和云贵高原梯田分别为北方梯田及南方梯田的代表。

图5-6 桂林龙胜梯田

5.3 水土保持生态修复

图 5-7　黄土高原梯田

农业经济是梯田的最基本价值。梯田开发最初与人口增加以及便于耕作、灌溉和水土保持需要紧密相关。

平坦的梯田的优点：便于耕种，利于灌溉，利于保土、保水、保肥，利于持久经营、综合利用和长期发展。

工业社会来临后，梯田被重新审视和扩大利用，梯田现已成为全流域、跨地区环境保护和可持续发展的重要手段，其价值和意义远远超过了农业本身。水土保持工作，一靠种草种树，二靠修筑水平梯田。梯田的环保作用是非常巨大的，梯田建设应与退耕还林、种草种树、水利开发等结合起来，形成生态农业模式，共同发挥系统效益。

5."88542"隔坡反坡水平沟整地技术

此技术（模式如图 5-8 所示）来源于宁夏六盘山东麓的彭阳县的水土保持工作。彭阳县的特点是山多川少、沟壑纵横、干旱少雨，是水土流失严重区。1983 年建县初，全县的水土流失面积占到总面积的 92%。"飞沙走石风作舞，河枯苗干旱为伴"就是当时的真实写照，恶劣的自然条件成为制约经济发展和群众脱贫致富的最根本因素。彭阳县在退耕还林还草工程建设中，总结出"88542"隔坡反坡水平沟整地技术有效地拦蓄了雨水，真正达到了水不下山泥不出沟的治理目标。

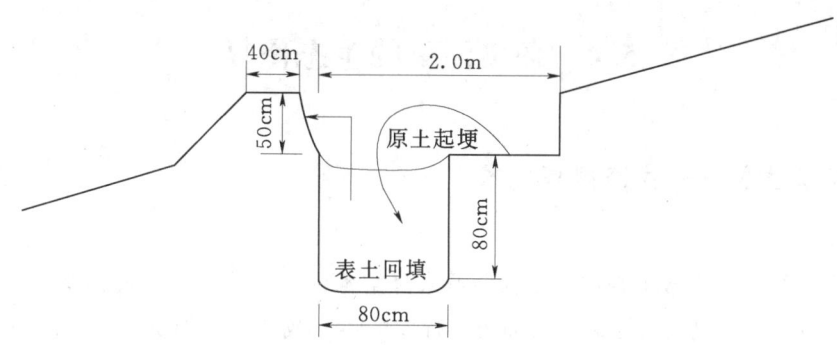

图 5-8　"88542"隔坡反坡水平沟整地模式示意图

此整地技术适用于坡面较整齐，坡度小于30°，土层深厚的坡地。隔带宽度视坡度大小而定，一般5~8m。具体做法为："等高线，沿山转，宽两米，长不限，死土挖出，活土回填"，沿等高线开挖深、宽各80cm的沟槽，用其土于沟外侧筑埂高50cm、埂宽40cm，将沟内侧120cm范围内的表土回填，保持沟面外高内低，做成反坡5°~6°，田面宽2m左右，于沟内所填的疏松表土中栽植树木。通常在沟内侧种植山桃、山杏、沙棘等灌木树种，在沟外侧埂坡上种植以柠条为主的抗旱树种，护坡保土、拦蓄降水。

其优点是蓄水保墒效果好，土壤含水量高于其他土壤；有利于改善土壤的理化结构和性质，田面疏松土层深，又防止了有机质的流失，易形成土壤团粒结构；促进幼苗生长，缩短郁闭年限，整地带内水、肥、光、热条件优于荒山，可加速幼苗生长。

6. 水土保持坡耕地保护技术

我国是一个多山的国家，山区丘陵区约占国土面积的2/3，耕地面积1.33亿hm^2，坡耕地占总耕地面积的35%。在山区丘陵区，坡耕地是主要的农业生产场所。在长期发展中，坡耕地逐渐形成了坡耕地、带坎坡地、梯田相间分布的格局。

坡耕地保持水土的办法是：坡度小于15°的坡耕地，修建成水平梯田；坡度小于10°的坡耕地，通过水土保持耕作措施（农艺措施）或修建成水平梯田；坡度更大的坡耕地，建立水土保持林业生态工程。

水土保持林业生态工程：狭义的概念是在同一地块上相间种植农作物和林木（含经济林木和草）。广义的概念是农林复合经营。包括配置在缓坡耕地上的水流调节林带、生物地埂（生物坝、生物篱），配置在梯田地埂的梯田地坎防护林及坡地农林（草）复合工程。

水流调节林带的作用：能够分散、减缓地表径流速度，增加渗透，变地表径流为土内径流，阻截从坡地上部带来的雪水和暴雨径流。

梯田外围保持水土措施：建梯田地坎及植物篱相结合。

植物篱指由沿等高线配置的密植植物组成的较窄的植物带或行，带内植物根部或接近根部处相互靠近，形成一个连续体。通过植物篱带拦截作用，在植被带上方泥沙经拦蓄过滤沉积下来，经过一段时间，植物篱就会高出地面，泥埋树长，逐渐形成垄状。生物地埂指由灌木带形成的植物篱，在国际上称为植物篱。生物坝指由乔灌草组成的植物篱。

梯田地坎的缺点是易受冲蚀，导致埂坎坍塌。改善梯田地坎保持水土的方法是依据坡度、田面宽度和梯田高度建立相应的梯田地坎防护林（植物篱）。

5.4 环境污染的生态修复

5.4.1 河流生物——生态修复技术

1. 概念

河流生物修复指用微生物或微生物菌群来降解河流水体中的有机物或有毒有害物质，如COD、BOD_5、有机氮或氨氮、石油类、挥发酚等。或使这类物质变成无毒的、无害的物质，如二氧化碳、氮气或水等。从而使河流水质得到改善，河流生态得到恢复或修复。

河流生物修复工程指利用生物修复技术在河道内或河道旁侧修建或实施的旨在改善河流水质、治理河流污染的工程或非工程的技术手段。包括：河道或水库内，以及坝、堤前的增氧曝气工程，用于改善或处理河流水质的河流旁侧工程、河流底部工程，以及直接向河道内投放特种、高效菌种或利用特种、高效菌种直接净化河流水质的工程技术等。

河流生态修复指利用生态工程学或生态平衡、物质循环的原理和技术方法或手段，对受污染或受破坏、受胁迫环境下的河流生物生存和发展状态的改善、改良或恢复、重现。其中包含对生物生存物理、化学环境的改善和对生物生存"邻里"、食物链环境的改善等。

2. 河流生态修复措施

河流生态修复措施主要包含工程措施及生物措施，实际当中要结合实施。工程措施有：生态河道、生态堤岸、人工湿地和人工产卵场、越冬场、育幼场、洄游通道，以及河道内增氧曝气等。生物措施有：植物、动物修复的结合，微生物修复与生态河道、生态堤岸的结合，生态、生物修复与保育、管理措施的结合，河道内生态修复与河道外湿地修复的结合，陆地水土保持、生态修复与河流生态修复的结合等。

3. 河流生物修复与河流生态修复的异同

河流生物修复与河流生态修复的不同点与相同点见表5-11。生态修复包含生物修复，两者的共同点或共同目标都是改善或改良生物的生存和发展环境。不同点是：生物修复是针对水体污染的修复，生态修复是针对水生生物及其生存环境的整体修复。

表5-11 河流生物修复与河流生态修复的不同点与相同点

项目	河流生物修复	河流生态修复
对象	水质	水生生物生存和发展的整个环境。包括水量、水质、水位、流速、水深、水温、水面宽度、涨水、落水时间，以及产卵场、越冬场、育肥场、洄游通道的修复或恢复
目标	改善河流水生生物生存、生活和繁衍、发展的水质条件	为水生生物或特有的生物种群提供良好的生活和发展环境
技术	微生物及微生物菌群的使用和利用	生态工程学和生物、生命科学等

对于污染严重，并有产卵场、育幼场、越冬场或洄游通道损伤及破坏的河流，一般应首先采取生物修复技术恢复河流水质，然后采取生态修复措施恢复河流生物栖息地和洄游通道等。

5.4.2 城市景观水体的生态修复

1. 针对的污染问题

城市景观水体一般指城市的各种公园人工湖、河道、旅游景点及城市的"母亲河"或者"母亲湖"。包括城市的各种景观水体。由于城市人口密集，工业、商业、交通业发达，当前工业污染在城市已得到治理，但生活污染经污水处理厂处理后的自然排泄、交通带来的光化学污染的干湿沉降、城郊家禽养殖场废物的排泄、城郊农业面源污染的自然排入、上游河流带来的污染进行城市景观水体后，都会引起城市景观水体的污染，污染物一般多是N、P等营养物质，日积月累，造成水体富营养化，进而会引起蓝藻大爆发。因此城市景观水体中富营养化针对的污染问题，即N、P营养物质的污染并由此带来的蓝藻暴发，外观呈现为：整个水体表面堆积起厚厚一层浓绿腥臭的污秽物。

蓝藻暴发的起因就是水体富营养化。过量的养分主要来自于以下这些源头：①化肥流失，化肥是很多富营养化区域的主要养分来源，例如在密西西比河流域，67%的氮流入水体，随之流入墨西哥湾。波罗的海和太湖中超50%的氮也来自化肥的流失；②生活污水，包括人类的生活废水和含磷清洁剂；③畜禽养殖，畜禽的粪便含有大量营养废物如氮和磷，这些元素都能导致富营养化；④工业污染，包括化肥厂和废水排放；⑤燃烧矿物燃料，在波罗的海中约30%的氮，在密西西比河中约13%的氮来源于此。

蓝藻原核生物，又叫蓝绿藻、蓝细菌。在所有藻类生物中，蓝藻是最简单、最原始的一种。所有的蓝藻都含有一种特殊的蓝色色素，蓝藻就是因此得名。但蓝藻也不全是蓝色的。

2. 什么叫食藻虫

食藻虫指经过7年多特殊的驯化，并进行不断提纯、复壮，一种专"吃"蓝藻的"小虫虫"。

食藻虫是由上海水产大学培育的，并且已经在昆明市西山区海埂村滇池北岸封闭50亩池塘进行了一年多的地区适应性中试。

3. 蓝藻引发水体污染的原因

由于蓝藻特殊的结构特性，湖泊中缺少能够吸收消化蓝藻的天敌，蓝藻暴发并大量累积，阻挡阳光和氧进入水下，引起水生动、植物大量死亡，水生植物的死亡减少了水体的供氧源，大量水生动、植物死体的消化分解进一步消耗水中的氧，水中氧气的严重缺失与不足又使水生动、植物难以生长发育，形成恶性循环，从而导致水体严重污染，丧失活性。

4. "食藻虫生态修复技术"——治理蓝藻污染技术

把经过特殊驯化的食藻虫投入蓝藻污染水域，食藻虫摄食蓝藻后，改变水体的理化性质，抑制蓝藻生长，增加水体透明度，建立适宜的水体环境，从而促进水生植物的生长，恢复健康的水生生态系统。

5. 举例

首先在云南昆明、个旧进行适应性中试，然后将经过特殊驯化的食藻虫放进了已污池塘中，经8个月后，塘中的蓝藻基本被"吃"光，"水下森林"初步形成，而食藻虫则开始瘦弱、老化，并停止繁殖。此时，塘中透明度已达1m以上，中试人员开始往塘中投放鱼、虾、螺、贝等水生动物，以捕食剩余食藻虫，并完整构建水下自然生态系统。

中试基地"食藻虫生态修复技术"治理如期达到效果，9个池塘清澈见底，各种沉水植物生长良好，经云南省环科所测定，水质达到地表水三类标准。

5.4.3 湿地生态修复

5.4.3.1 湿生生态修复技术

湿生生态修复技术（wetland ecoremediation），俗称湿地处理系统，它介于陆生生态与水生生态之间，将被污染的河水有控制地投配到生长有芦苇、香蒲等沼泽生植物的湿地上，使之经常处于饱和状态，污水在沿一定方向流动过程中，经过耐水植物和土壤（或其他基质）的作用得以净化。

5.4.3.2 湿生生态修复技术的类型

根据湿地的基质特征,分为两大类型:即自然湿地修复与人工构造湿地修复。

自然湿地修复是指在天然湿地的基础上,辅以必要的工程措施,不改变天然湿地基质的湿生土地,分为水面湿地和渗滤湿地两种。人工构造湿地修复是指改变了天然湿地的基质或重新建造的湿地状系统,分为人工苇床和植物碎石床两种。

自然湿地与人工湿地有明显的不同,见表 5-12,两者在地表水深、基质类型、氧来源、有效处理部位、布水方式、水流途径、受气候影响程度、运行方式及隔水层类型方面具有不同的特征。每个地域实施湿地生态修复技术既可对原有湿地生态系统进行修复,也可采用湿地生态修复技术进行退化的水生生态系统,如河流及其他水生生态系统(如平原小河沟)的修复。

表 5-12　　自然湿地与人工湿地的主要特征

项　目	自　然　湿　地		人工构造湿地	
	水面湿地	渗滤湿地	人工苇床	植物碎石床
地表水深/m	2～30	5～40	0	0
基质类型	原始土壤	原始土壤	人工基质	人工基质
氧来源	地表交换	地表交换、植物传输	植物传输	植物传输
有效处理部位	植物根面、土壤表层	根区以上植物、土壤	地表以下根区、基质表面	地表以下根区、基质表面
布水方式	地表布水	地表布水	地下布水	地下布水
水流途径	地表推流	垂直与水平入渗	地下潜流	地下潜流
受气候影响程度	大	小	小	小
运行方式	寒冷时关闭	终年运行	终年运行	终年运行
隔水层类型	天然隔水层	天然隔水层	人工隔水层	人工隔水层

5.4.3.3 自然湿地修复技术

湿地生态修复的机理是:不是依靠某一子系统,如土壤或植物的单一作用,而是在人为调控的前提下,由基质-植物-微生物复合生态系统的物理、化学和生物的综合作用使河水得以修复。

1. 水面湿地修复技术

水面湿地的水力路径是以地表推流为主,蒸发蒸腾和垂直下渗为辅。污水在人工平整的、具有一定坡度的处理床表面,以均匀的薄层缓慢流动,经处理床末端的明渠收集排放(类似于陆生生态修复中的地表漫流)。

由于水力负荷小,水力路径以地表推流为主,因此水面湿地处理床前端的 30～40m 距离内,BOD_5、SS 等污染物的去除效果显著,其去除率可达 30%～50%。由于采用地表布水、地表集水的运行方式,因此水面湿地受温度影响明显。在寒冷季节,必须提高水力负荷,缩短停留时间,加大地表水深,才能运行,否则需要储存。

2. 渗滤湿地修复技术

渗滤湿地的水力路径是以垂直和水平入渗(侧渗)为主,蒸发蒸腾和表面流为辅。处理单元由布水区和集水区两部分组成(图 5-9)。

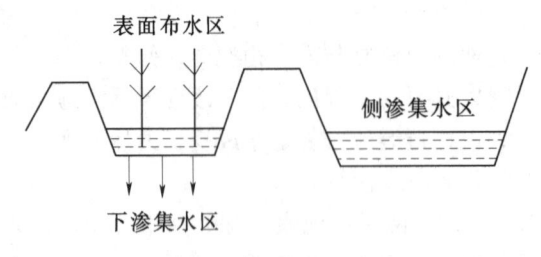

图 5-9 渗滤湿地的示意图

由于水力路径以垂直下渗和水平侧渗为主，因此，渗滤湿地修复时，过高负荷的 SS 降低土壤的渗滤性能，不利于修复工程的长期稳定运行。

渗滤湿地修复的优点：效果好，在寒冷季节可运行。采用地表布水、地下集水的运行方式，基本上不受气候影响，寒冷季节时只要有连续布水，保证水土界面不冻结，仍可以安全运行。

实际应用时，应将水面湿地与渗滤湿地相结合，扬长避短。在工程设计时，处理单元前 30m 采用水面湿地修复的工程结构，其后采用渗滤湿地的工程结构。

5.4.3.4 构造湿地修复技术

1. 构造湿地的类型

从水力学角度，构造湿地分为表面流构造湿地和潜没流构造湿地。表面流构造湿地由反应池或渠，土或其他基质（填料），生长在基质上的挺水植物，有自由水面的较浅的细水流等要素组成。其特点是反应池或渠一般较细长，以保证近似的推流状态。

潜没流构造湿地包括一个装有基质的池和长在基质上的挺水植物。该基质可以是碎石、卵石和各种土壤，也可以是它们的组合。由于水流路径和集水方式不同，因而其污水处理机制也不同。其特点是较之表面流构造湿地更具有负荷率高、占地面积小、效果可靠、耐冲击负荷和不易滋生蚊蝇等。

表面流系统：长宽比不小于 10:1，以充分保证推流条件而使短路可能性减至最小。

潜没流系统：长宽比小于 3:1，以便于进水而保证流动始终是潜没的。对于卵石床，长宽比通常要求小于 1:2，而对于土壤床则要求 1:3。

2. 构造湿地的设计计算

进行构造湿地的设计时，需计算湿地系统的总有效面积、底坡介质粒径、湿地单池宽度、湿地单池长度及水量停留时间。

(1) 湿地系统总有效面积

$$A = \frac{Q}{R_s S} \tag{5-1}$$

式中：A 为系统总有效面积；Q 为污水设计流量；S 为自由水面坡度；R_s 为与底坡介质粒径、孔隙率有关的渗透系数。

(2) 底坡介质粒径

$$\rho g S = 150 \mu V (1-\varepsilon)^2 / D_p^2 \varepsilon^2 + 1.75 V^2 (1-\varepsilon) / D_p \varepsilon \tag{5-2}$$

式中：ρ 为流体密度；g 为重力加速度；S 为自由水面坡度；μ 为黏滞系数；V 为流速；ε 为介质孔隙率；D_p 为介质平均粒径。

(3) 湿地单池宽度

$$W = \frac{Q}{R_s S h} \tag{5-3}$$

式中：W 为单池宽度；Q 为污水设计流量；S 为自由水面坡度；R_s 为与底坡介质粒径、孔隙率有关的渗透系数；h 为根据植物根系深度选定的高度。

(4) 湿地单池长度

$$L = \frac{RQ}{R_s Sh} \tag{5-4}$$

式中：L 为单池长度；R 为长宽比；Q 为污水设计流量；S 为自由水面坡度；R_s 为与底坡介质粒径、孔隙率有关的渗透系数；h 为根据植物根系深度选定的高度。

(5) 水量停留时间。水量停留时间对于表面流湿地和潜没流湿地是不同的，如式(5-5)、式(5-6)所示。

对于表面流湿地，有

$$t_a = t\left(\frac{1}{\alpha} \ln \frac{1}{1-\alpha}\right) \tag{5-5}$$

对于潜没流湿地，有

$$t = \frac{LW\varepsilon h}{Q} \tag{5-6}$$

式中：t 为正常水位时水量停留时间；t_a 为考虑蒸腾蒸发、渗漏、降雨时停留时间；α 为水量增减的百分数；L 为单池长度；W 为单池宽度；ε 为介质孔隙率；h 为根据植物根系深度选定的高度。

5.4.4 海洋生态修复——海藻的应用

1. 近海污染——赤潮

近年来，在我国近海发生赤潮的范围越来越大，持续时间越来越长，危害越来越严重，不仅出现在夏季，春、秋两季也时有发生，不仅出现在近海，并有向远海扩展的趋势，而且发现了新的赤潮生物。

赤潮的颜色不一定是红色的，赤潮的颜色主要是由引起赤潮的海洋浮游生物的种类来决定的。由夜光虫引起的赤潮成粉红色或棕红色，而由某些硅藻引起的赤潮呈黄褐色或红褐色，由某些双鞭毛藻引起的赤潮呈绿色或褐色，而由膝沟藻引起的赤潮，海水颜色没有明显的变化。所以赤潮并不是像它的名称那样，都是红色的。甲藻类是最常见的赤潮生物。

甲藻又称"双鞭甲藻"，是一类单细胞具有双鞭毛的集合群。形状有球状、丝状不定形和变形虫状等。细胞壁由纤维素组成，细胞含有叶绿素 a 和 c，叶黄质和 β 胡萝卜素。分布于淡水和海水中，有些甲藻的活动是有害的，它们的生存会带有一些特殊的气味。有的则可以形成"红潮"和"藻花"，使局部海水呈现红色、黄色或棕色。

2. 赤潮是如何造成的

赤潮的发生主要是生物、化学和物理等因素综合作用造成的。在生物因素方面，赤潮生物"种子"群落是赤潮发生最基本的生物因子。赤潮种子可以是在所在海区已存有的赤潮生物细胞和底栖休眠孢囊，也可以是其他海区迁移和扩散过来的；在化学因素方面，水体中的营养盐，主要是氮和磷、微量元素（如铁和锰）、特殊有机物（如某些维生素和蛋白质）的存在形式和浓度，直接影响着赤潮的生长、繁殖与代谢，它们是赤潮形成和发展的物质基础；在物理因素方面，水体相对稳定、水体交换率低以及适宜的水温和盐度等，都是产生赤潮的环境条件。上述三种因素相互作用决定着赤潮的形成、发展和灭亡。

3. 赤潮的危害

高度密集的赤潮生物，可能堵塞鱼、贝类的呼吸器官，造成鱼、贝类窒息死亡。有些赤潮生物能分泌毒素和其他有害物体，毒害和杀死海洋中的动植物。赤潮生物的残骸在海水中氧化分解，消耗了海水中的溶解氧，从而造成缺氧环境，威胁其他海洋生物的生存。当人们食用了积聚了赤潮毒素的海产品，例如蛤类，会造成食物中毒，严重的会死亡。

4. 赤潮的起因

赤潮的起因即海洋的富营养化。引发赤潮的基本原因是携带各种有机物和无机营养盐的城市生活污水和工业废水大量排放入海，导致海区富营养化。防范赤潮的最好办法：切实控制沿海工业和生活污水的任意排入，特别是要控制氮、磷和其他有机物的排放量，以避免海区的富营养化，以预防赤潮的发生。

5. 如何进行海洋生态修复

进行有赤潮的海洋生态修复，当前采用的方法是发展海藻养殖。海藻是海洋生态环境的生态修复者，大力发展海藻养殖，可以减少海洋富营养化，修复已遭到破坏的海洋生态系统，保护海洋生物资源。修复过程是海藻通过从海洋环境中不断吸收氮和磷，当生长到一定大小，可以被人们很容易地从海区收获到陆地，这种收获本身就是把大量吸收和储存在海藻中的氮和磷从海洋中除去。

用海藻除海洋污染中氮和磷的方式必须存在两大前提：①该种海藻具有较高经济价值，而且经济价值越高越容易被栽培和收获；②该种海藻可大规模栽培生产且收割方便。

海洋微藻也能从海洋中吸收氮和磷，但由于其个体小难以收获，因此难以充当现代海洋生态修复者，只能作为生态平衡成分之一。

海带是一种含碘量很高的海藻。可以通过养殖海带的方法进行近海赤潮的生态修复。

5.4.5 矿区生态修复

5.4.5.1 矿区土地复垦技术

1. 矿区废弃地的概念

矿区废弃地指在采矿过程中所破坏的、不经一定处理无法使用的土地。

2. 矿区废弃地的类型

矿区废弃地一般分为4类：①废石堆砌地。由剥离的表土、开采的废石及低品位矿石堆积形成。废弃物粒径大，难以在短期内自行粉碎风化。该类废石堆弃地空隙大，持水性差。②采矿废弃地。由矿石采完后留下的采空区和塌陷区形成，往往形成深坑，常年积水或形成湿地。③尾矿废弃地。开采出的矿石经选矿后产生的尾矿堆积形成。尾矿常含有一些有价值组分，是潜在的矿产资源。但同时往往含有有毒元素，如重金属和氰化物等。④采矿占用后废弃的土地。指采矿作业面、机械设施、矿区辅助建筑物和道路交通等。

3. 矿区废弃地的综合治理途径

解决矿山环境保护和综合治理的最有效途径是土地复垦和生态修复。主要指对采矿引起的土地功能退化、生态结构缺损、功能失调等问题,通过工程、生物及其他综合措施来恢复和提高生态系统的功能,逐步实现矿区的可持续发展。

矿区的土地复垦和生态修复应与采矿活动同步进行,根据矿山不同开采时期的技术特点和自然环境等因素,及时作出相应的复垦或生态修复方案,尽量避免或减少对环境的破坏,实现采矿与生态修复的一体化。

矿区土壤的表土常常会流失或遭到破坏。综合治理途径主要是:覆盖、培育与维持表土,改善土壤结构,建立植被覆盖,有效控制土壤侵蚀。具体措施有:粉碎压实、剥离、分级;梯田种植、排流水道和稳定塘设置、覆盖物或有机肥施用等。

覆盖物施用及其作用有:一种是植物残体余物(如稻草或大麦草)覆盖:将土表层与极端气候变化隔开,增加土壤的持水量和减少地表径流对土壤造成的侵蚀。另一种是客土覆盖。由于重金属污染大多集中于地表数厘米或较浅层,挖去污染层,用无污染客土覆盖于原污染层位置可以解决重金属污染问题。此法需耗费大量劳动力,并需有丰富的客土资源。

施用有机肥可显著改善土壤结构。

应注意的是:①矿山尾矿及废弃矿中均缺少植被生长所必需的有机质和氮、磷、钾等物质。如果将修复后的土地用于农业生产,首先要恢复土壤肥力,提高土壤生产力。②有机废弃物如污水污泥、垃圾或熟堆肥可作为土壤添加剂,并在某种程度上充当一种缓慢释放的营养源,同时可通过螯合有毒金属而降低其毒性。有机肥对多种污染物在土壤中的固定有明显影响。

5.4.5.2 矿区生态修复的工程措施

1. 开采前严格规划弃土场、尾矿坝

根据矿场范围内地形特点以及矿种、蕴藏量、开采方式等规划弃土场。

弃土场应选在山垄肚大,出口窄,排土量多,地质条件稳定的地方,有效容积要比采矿弃土量高40%左右。弃土场必须先设置拦沙坝(挡土墙),以控制植被恢复前的水土流失。拦沙坝应根据弃土场地形以及每年弃土量而逐年加固加高。同时弃土场周围要修防洪沟。

尾矿坝必须纳入整个工程预算之内,与主体工程同时施工,同时验收投产,以减少对下游农业生产和群众生活的危害。

2. 修建护坡护岸工程

矿区采场台阶、边坡以及公路等附属工程的边坡,应全部规划护坡工程,以防止采场及公路等出现滑坡、崩塌。矿区下游河道也要对河坝、河堤等加固、加高,经常清理河床淤积的泥沙石以防止洪水冲毁堤坝、农田、公路、桥梁、房屋等。

3. 综合利用尾矿

由于未经处理或再利用的尾矿不仅占用了大量土地而且还污染环境,因此尾矿的综合利用与治理是非常重要的环节。具体做法是:

(1) 从尾矿废弃物中回收有价元素。不仅降低了成本,还可以减少环境污染;

(2) 作为二次资源制取新形态物质。不仅能变害为利,更能降低有毒、有害物质对人类造成的伤害。如,铬渣中含 Cr^{6+},是对人体危害最大的 8 种化学物质之一,有致癌作用,且 Cr^{6+} 的水溶性较强,无控制地堆积会对环境造成极大危害。利用矿渣与铬渣结合物作混合材料不仅可以提高水泥的强度,也可使铬渣中的 Cr^{6+} 得到有效固化,解除毒性,具有重要的社会效益、环境效益和经济效益。

(3) 用废石与尾矿作为井下采空区的充填材料，不仅能节省费用，还能避免土地占用，又减少了水土流失源。

5.4.6 石油污染土壤的修复

5.4.6.1 石油污染

石油是由上千种化学性质不同的物质组成的复杂混合物，主要包括饱和烃、芳香烃类化合物、沥青质、树脂类等。

石油污染的产生：石油的开采、冶炼、使用和运输过程的污染和遗漏事故以及含油废水的排放、污水灌溉各种石油制品的挥发、不完全燃烧物飘落将产生各种石油污染物。特别是石油开采过程产生的落地原油，已成为土壤矿物油污染的重要来源。土壤的严重污染会导致石油烃的某些成分在粮食中积累，影响粮食的品质，并通过食物链，危害人类健康。一些石油烃类进入动物体内后，对哺乳类动物及人类有致癌、致畸、致突变的作用。

5.4.6.2 治理石油烃类污染土壤的生物修复技术

治理石油烃类污染土壤的生物修复技术主要有两类：一种是微生物修复技术；另一种是植物修复法。

1. 微生物修复技术

微生物修复技术的特点是成本高，难度大，原因是：①一般对土壤的温度、水分、供氧状况有较高的要求；②需要引入微生物以提高降解能力。

目前，对土壤有机污染的生物修复研究多集中在微生物作用上。

2. 植物修复法

植物生物修复是利用植物体内对某些污染物的积累，植物代谢过程对某些污染物的转化和矿化，植物根圈与根茎的共生关系增加微生物的活性的特点，加速污染物降解速度的过程。

植物修复的方式：包括植物提取、植物降解和植物稳定化三种。植物提取是指利用植物吸收积累污染物，待收获后才进行处理。收获后可以进行热处理，微生物处理和化学处理。

植物降解是利用植物及相关微生物区系将污染物转化为无毒物质。植物稳定化是指植物在同土壤的共同作用下，将污染物固定，以减少其对生物与环境的危害。

参 考 文 献

[1] http://www.iswc.ac.cn/kepu_renyushengtai/docc/STXF.ASP-ClassID=24.html 中国科学院水利部水土保持研究所 中国科学院计算机网络信息中心.

[2] Cairns, J. Jr. (ed.). 1988. Rehabilitating Damaged Ecosystems. Boca Raton, FL: CRC Press, 1988.

[3] 陈玉成. 污染环境生物修复工程 [M]. 北京：化学工业出版社，2003.

[4] 崔爽，周启星. 生态修复研究评述 [J]. 草业科学，2008, 25 (1)：87-90.

[5] 王治国. 关于生态修复若干概念与问题的讨论（续）[J]. 中国水土保持，2003, 11: 20-21.

[6] 杨柳燕，马文漪. 环境微生物工程 [M]. 南京：南京大学出版社，1998.

[7] 张景来,王剑波,常冠钦,等. 环境生物技术及应用 [M]. 北京:化学工业出版社,2002.

[8] 张锡辉. 水环境修复工程学原理与应用 [M]. 北京:化学工业出版社,2003.

[9] 蒋宏程,李益得,彭旺良,等. 水府庙国家湿地公园湿地恢复工程评估 [J]. 湿地科学与管理,2019,15 (4):24 - 26.

[10] 蒋咏,张民,胡晓雨,等. 典型农村河道水环境治理及效果评估——以宗家桥河为例 [J]. 江苏水利,1 - 4,32.

[11] 王静. 国内生态示范区建设成果研究 [J]. 黑龙江环境通报,2016,40 (4):1 - 5.

[12] 王平. 江宁:生态文明建设的求索 [J]. 环境经济,2012 (12):60 - 61.

[13] 陈兵,康乐. 生物入侵及其与全球变化的关系 [J]. 生物学杂志,2003,22 (1):31 - 34.

[14] 陈锐海. 生态环境部:我国共有 2750 个自然保护区 总面积为 147.17 万平方公里. 央广网,2019 - 05 - 31. http://www.nrchina.org/page95? article_id=724.

[15] 陈英玉,周向阳. 生物入侵对生态环境的影响及对策 [J]. 青海大学学报,2008,26 (2):25 - 29.

[16] 晨曦. 有害生物入侵:生态系统癌症——中国外来生物入侵大透视 (上篇) [J]. 生态经济,2010,9:18 - 25.

[17] 丁晖,徐海根,强胜,等. 中国生物入侵的现状与趋势 [J]. 生态与农村环境学报,2011,27 (3):35 - 41.

[18] 冯馨. 中国实施 WTO/SPS 措施的现状与启示——以防范生物入侵为例 [J]. 世界农业,2013 (12):159 - 162.

[19] 耿荣庆,王兰萍,张翱,等. 生物入侵对江苏沿海地区生态环境的影响及防控策略 [J]. 江苏农业科学,2010,2:372 - 373.

[20] 桂富荣. 浅谈外来生物入侵对生态安全的影响 [J]. 云南农业,2005 (7):20 - 21.

[21] 姬晓娜,张现青,谷令彪. 生物入侵对生态安全的影响 [J]. 平顶山工学院学报,2008,17 (3):41 - 44.

[22] 解焱. 生物入侵与中国生态安全 [M]. 石家庄:河北科学技术出版社,2008.

[23] 李博,陈家宽. 生物入侵生态学 [J]. 科技前沿与学术评论,2010,24 (2):26 - 36.

[24] 李博,马克平. 生物入侵:中国学者面临的转化生态学机遇与挑战 [J]. 生物多样性,2010,18 (6):529 - 532.

[25] 李维薇,刘佳妮,桂富荣,等. 中国面临外来生物入侵挑战与防控对策研究——以草地贪夜蛾为例 [J]. 中国农学通报,2020,36 (12):120 - 126.

[26] 林培群,余雪标. 生物入侵的现状及其危害与防治 [J]. 华南热带农业大学学报,2006,12 (2):61 - 65.

[27] 刘芳明,缪锦来,郑洲,等. 中国外来海洋生物入侵的现状、危害及其防治对策 [J]. 海岸工程,2007,26 (4):49 - 56.

[28] 刘婷婷,张洪军,马忠玉. 生物入侵造成经济损失评估的研究进展 [J]. 生态经济,2010 (2):173 - 175,178.

[29] 刘长海,徐文梅,李亚妮,等. 生物入侵及其对生态安全的影响研究 [J]. 延安大学学报 (自然科学版),2005,24 (3):61 - 64.

[30] 陆庆光. 生物入侵的危害 [J]. 世界农业,1999 (4):38 - 39.

[31] 万方浩. 中国生物入侵研究 [M]. 北京:科学出版社,2009.

[32] 汪官余,于孝东,姚维志. 我国外来生物入侵的原因及解决对策研究 [J]. 生态家园,2006 (5):272 - 275.

[33] 王海波,孙娟,玉永雄. 生物入侵对生物多样性以及草地农业生态系统的影响 [J]. 草业科学,2007,24 (1):68 - 72.

[34] 王珊,刘瑀,王海霞,等. 船舶压载水带来的生物入侵及其解决途径 [J]. 中国水产,2011 (9):

24-26.
- [35] 夏婷婷,况明生.我国生物入侵与生态安全研究 [J].太原师范学院学报(自然科学版),2008,7(3):143-147.
- [36] 向言词,彭少麟,周厚诚,等.生物入侵及其影响 [J].生态科学,2001,20(4):68-72.
- [37] 薛达元,彭羽,胡涛.中国生物入侵管理体制探讨 [J].环境保护,2012(1):60-62.
- [38] 赵宇翔,吴坚,骆有庆,等.中国外来林业有害生物入侵风险源识别与防控对策研究 [J].植物检疫,2015,29(1):42-46.
- [39] 郑培忠,沈建英.外来生物入侵及其机制 [J].杂草科学,2009(4):1-5.
- [40] 环保部.全国生态示范区建设规划纲要(1996—2050年).中国城市低碳经济网.http://www.cusdn.org.cn,2012-11-15.
- [41] 江宁区人民政府.南京市江宁区生态文明示范区建设行动计划(2011—2015).江宁政府网.http://www.jiangning.gov.cn/jnqrmzf/201810/t20181022_587514.html,2011-04-08

第6章 流域生态修复

中国流域按张国平等（2010）的研究成果，一级流域可划分为国内河流域区及国际河流域区，国内河流域区又可分为内流区及外流区。国际河流域包括鸭绿江、图们江、黑龙江、额尔齐斯河、伊犁河、狮泉河及朗钦藏布河、雅鲁藏布江、怒江、澜沧江及元江流域，我国的国际河流域都是上游或上中游部分在我国境内。内流区包括内蒙古高原、阿拉善高原、准噶尔盆地、塔里木盆地、柴达木盆地、青藏高原流域。其余为外流区。外流区约占陆地面积的 2/3，水量超过 95%。

6.1 内流区的流域生态修复

内流区主要位于中国西北地区，中国西北地区内流区河流较少，一些地方为无流区。这里的河流水源不丰，沿途多沙漠、戈壁，蒸发和渗漏严重，很多河道成为季节性河道。内流区中的河流是最终没有流入海洋的河流。塔里木河是我国最大的内流河，河水主要来自昆仑山、天山等高山冰雪融水。每年 7—9 月是汛期，10 月以后，水量大减。近年来沿途灌溉用水增多，使中下游河道断流的情况更加严重。黑河为我国第二大内流河，河水主要来自祁连山的高山冰雪融水。同样每年 7—9 月是汛期，10 月以后，水量会大大减少。

每一个内陆河流域可分为 4 个基本景观带。即高山冰雪冻土带、山区植被带、山前绿洲带和荒漠带。山区为流域的上游，气候寒冷，降水较为丰沛，冰川发育，径流系数较大，是西北干旱地区内陆河流域水资源的形成区。山前绿洲带分布在流域中游，是水资源的利用区，主要是人工绿洲的分布地，人类的经济活动主要集中在山前绿洲带，是在脆弱的生态环境条件下进行水土资源的开发利用。山前盆地降水量稀少，蒸发强烈，是水资源的散失区，是荒漠带的主要分布地，位于流域下游。荒漠带只在河道两岸有基于河水测渗形成的地下水生存的天然绿洲存在（高前兆 等，1990；Jun Xia 等，2005；Yonghua Zhu 等，2004，2009a，b）。内陆河流域的生态问题主要表现为上游山区的植被破坏后造成的水土流失（河道侵蚀及土壤侵蚀）；中游的土壤污染—土壤盐碱化及水质污染；下游的河道断流、土壤污染—土壤盐碱化及水质污染、湖泊萎缩、河岸林面积锐减。最终导致整个流域的生态安全受到威胁，沙尘暴愈演愈烈。

6.1.1 内陆河流域的生态环境问题及其成因

内陆河流域上游为水源区，也就是水资源涵养区，林木繁茂。但近年来，由于人类活动的广度和深度的不断加大，尤其是当地农民的乱砍滥伐造成这里的森林生态系统的破坏，结果出现植被覆盖率减少，涵养水源能力变差，水土流失。中游地区是人工绿洲区，由于上游的来水是冰雪融水，水质好，而中游区的土质很好，只要有灌溉条件，就可开出良田，成为所在地区的粮食主产区。随着人口的增长及对粮食需求量的增加，中游的农田面积越开越大，在生长季上游来水被拦截用于中游人工绿洲的灌溉，下游天然绿洲区在生长季得不到充足的供水，结果造成下游终端湖的干涸、河道的断流、河岸林的锐减及沙漠活化，还有下游农民的不合理开垦造成沙漠活化度增加，结果沙尘暴愈演愈烈，再加上干旱区强烈的蒸发导致土壤的次生盐碱化。中游区人工绿洲区的生态问题主要是由于农业发展中所应用的化肥农药随着灌溉水进入天然河道所造成的水质污染，化肥农药在土壤中的残留导致的土壤污染，强烈的蒸发导致的土壤次生盐碱化。在内陆河流域主要是由于没有统一管理水资源的机构所造成的生态问题，主要集中在下游。在开矿过程中，尤其是油气资源开发过程中，各种车辆、物资及井位对植被有一定程度的破坏。内陆河流域属于中国生态环境极端脆弱的地区，长期形成的稳定地表结皮层由于人类的活动影响而破坏后，要修复需要很长的时间，一旦原有地表结皮被破坏后，地表将很快沙漠化。

具体而言，内陆河流域包括上游的冰雪冻土生态系统、山区植被生态系统、荒漠生态系统及绿洲系统，绿洲系统又包括人工绿洲系统及天然绿洲系统。内陆河流域本身由于深居内陆，常年受干冷的气候的影响，降水量极低，水资源本身极其严重短缺。由于人口的增长和社会经济的发展，人类活动的日益强烈使得水地关系更加紧张，结果产生严重的生态退化问题，主要表现在以下几个方面。

1. 土地荒漠化

其中土地沙漠化及土壤盐渍化所导致的土地退化现象占主导地位（樊自立，1998；王根绪，1999）。土地荒漠化是在脆弱生态条件下，由于人为强度活动、经济开发、资源利用与环境失调下出现了类似荒漠景观的土地生产力下降的环境退化过程（朱震达，1998）。在内陆河流域，土地沙漠化的主要表现形式有流动沙丘（地）、固定沙丘（地）、半固定沙丘（地）等。内流区沙漠化发生主要有两种情况，一是沙漠边缘地带沙丘的前移。二是绿洲附近和内部固定沙丘受过度樵采或不合理农业开发引起植被破坏所导致的流沙再起的沙丘活化过程。土地沙漠化主要发生在流域中游和下游地区，见表6-1及表6-2。

根据表6-2，20世纪90年代初期在塔里木河流域各类已经发生沙漠化的土地有37784万亩，占到流域总面积66.15%，其中下游地区最为严重。据樊自立等（2001）的研究，对下游最有代表性的阿拉干地区进行沙漠化制图和面积量算，1959年沙漠化土地面积1371.22km^2，占图幅面积的86.98%；1996年沙漠化土地面积1494.29km^2，占图幅面积94.78%，1996年比1959年面积增加123.07km^2，占图幅比例增加7.8%。沙漠化的强度提高，极强沙漠化由1959年的30.2%提高到1996年的35.23%；强度沙漠化由6.08%提高到11.67%；中度沙漠化由24.96%提高到27.78%。沙漠化年平均增长率达到0.24%，预测到2008年下游断流河段沙漠化面积将上升到99%。黑河流域也同样在下游沙漠化面积增加速度很快，见表6-2。

内陆河流域引起土地沙漠化的原因表现在：一是破坏天然植被。由于滥伐胡杨林，使塔河林区沙化面积达18万hm^2。下游库尔干林区1978年较之1958年沙化面积增加48.4%。二是盲目开荒，垦后又弃荒，破坏了原有植被，为风蚀创造了条件，铁干里克一带的弃耕地中大多积有8~10cm的积沙。三是樵采破坏，以尉犁县为例，乱挖红柳造成的植被破坏是十分严重的，全县8万人口（包括农垦团场），平均每人每年消耗燃料1000kg，

6.1 内流区的流域生态修复

表 6-1　　　　80 年代以来黑河流域绿洲与沙漠化土地面积变化

地区	土地类型		80 年代中期/万 hm²	2000 年/万 hm²	2017 年*/万 hm²
中游	绿洲	耕地	46.09	55.71	
		林地	2.36	1.18	
		合计	48.45	56.89	69.54
		占区域总土地面积%	11.23	13.19	16.13
	沙漠化土地	面积	81.21	81.37	98.14# (2009)
		占区域总土地面积%	18.83	18.87	22.76# (2009)
下游	绿洲	面积	36.55	33.28	27.34
		占区域总土地面积%	5.17	4.71	3.87
	沙漠化土地	面积	258.37	340.38	194.81## (2010)
		占区域总土地面积%	36.53	48.13	27.55

注　数据来自于程国栋等的研究（程国栋 等 2001）。沙漠化土地面积中含覆沙戈壁，中游总土地面积按 431.25 万/万 hm² 计算，下游总土地面积按额济纳土地面积 707.12 万/万 hm² 计算。
　　＊　来自董敬儒 等（2020）
　　＃　来自赵明 等（2010）
　　＃＃　年雁云 等（2015）

表 6-2　　　　塔里木河流域土地沙漠化概况（樊自立 等，1984）

类型	上游		中游		下游	
	万亩	%	万亩	%	万亩	%
潜在沙漠化的土地	608.0	10.64	707.2	12.38	181.2	3.16
微弱沙漠化的土地	801.2	14.03	932.2	16.32	154.5	2.7
沙漠化正在发展的土地	536.2	9.39	194.0	3.39	42.7	0.74
沙漠化严重的土地	221.2	3.87	649.8	11.38	247.6	4.33
其他	274.2	4.8	82.0	1.43	74.2	1.29
小计	2140.8	42.73	2565.2	44.9	700.2	12.22

这样一个人一年就要砍去二亩地的红柳作燃料，全县除县城及机关烧煤外，每年要挖去 15 万亩多的红柳，20 年就是 300 万亩，而红柳大多生在固定和半固定的沙丘上，被挖走后，沙丘活化，大多演变成流动沙丘。四是河水断流，塔河阿拉干以下由于河水断流，胡杨和灌丛植被枯死，失去抗御风沙能力，因而库鲁克沙漠不断南侵，使塔河下游绿色走廊由 1946 年的 5~20km 压缩到现在的 2~5km，若不采取措施防沙，则库鲁克沙漠有可能与塔克拉玛干沙漠连在一起（樊自立 等，1984）。

2. 天然植被面积锐减

在干旱内陆地区，天然植被主要是以胡杨为优势种的胡杨林及大面积的草地，但由于人类活动，导致天然植被面积锐减。如表 6-3 所列，塔里木河流域胡杨总面积在 1958 年有 39.98 万 hm²，到 1978 年后就变为 17.48 万 hm²，到 2006 年虽有恢复，但只有 21.34

表 6-3 塔里木河流域胡杨林面积及蓄积量变化

年 代	上 游		中 游		下 游		合 计	
	面积/万 hm²	蓄积量/万 m³	面积/万 hm²	蓄积量/万 m³	面积/万 hm²	蓄积量/万 m³	面积/万 hm²	蓄积量/万 m³
1958	23.00	113.00	11.58	243.70	5.40	27.00	39.98	383.90
1978	5.82	87.47	10.02	146.03	1.64	6.18	17.48	239.68
1978 较 1958 减少数量	17.18	25.53	1.56	97.67	3.76	20.82	22.50	144.22
2006							21.34	

注 表中数据，来自 2007 年巴音郭楞统计年鉴（赵峥，2007）。

万 hm²，将来预计恢复的面积为 39.54 万 hm²。

塔河流域草场退化：塔河流域草场因输往下游水量减少得不到灌溉而发生退化。1924 年当塔里木河改道至拉依河时，在拉依河两岸形成 260 万亩水泛地草甸，是良好的割草放牧兼用场，为当时轮台、库尔勒及尉犁三县的主要牧区。1952 年在拉依河口修塔里木大坝，塔河重归故道，拉依河继流干涸，草甸植被枯死，逐渐变成光秃不毛之地，失去草场利用价值。近年来由于塔河输往下游水量明显减少，使原来能灌到河水的地方现已灌不上了，致使草场发生严重退化。据樊自立（1984）于 1966 年 7 月与 1976 年 7 月两次在库尔勒县普惠西部草场测定，草场盖度期：塔里木河流域自然环境演变与自然资源的合理利用由 10%～15% 下降到 2%～4%，草层高度由 30～50cm 下降到 15～20cm，鲜草产量由 50～150kg/亩下降到 18～25kg/亩，草场植被（芦苇草甸）被罗布麻、骆驼刺、红柳代替，其适口性和营养成分均不及鲜嫩芦苇。在尉犁一带，草场中还出现有毒植物醉马豆，其面积可占到 15%，牲畜误食后，常引起慢性中毒，对畜牧业危害很大。

近几十年来，黑河流域大面积胡杨萎缩。在 20 世纪 60 年代，黑河流域有 5000hm² 胡杨存在，而到 1998 年仅有 22667hm² 存在（程国栋等，2001）。到 2004 年，有所恢复，但仅仅有 38663hm² 胡杨存在（路京选 等，2007）。

3. 沙尘暴天气有愈演愈烈之势

沙尘暴（sand duststorm）是沙暴（sandstorm）和尘暴（dustsorm）两者兼有的总称，是指强风把地面大量沙尘物质吹起并卷入空中，使空气特别混浊，水平能见度小于一千米的严重风沙天气现象。其中沙暴系指大风把大量沙粒吹入近地层所形成的挟沙风暴；尘暴则是大风把大量尘埃及其他细粒物质卷入高空所形成的风暴。

沙尘暴天气自古就有，据我国古代文献中记载：1830 年，宁夏中卫及兰州一带"春三月二十八日卯时，中卫天忽昏黑，室内点灯，至午开始大明。兰州府属州县大风昼晦"。近年来，我国西北地区的沙尘暴天气有愈演愈烈之势，主要表现为其强度、频率及带来的危害都呈加重趋势（黄菁莲，2007）。近半个世纪我国西部沙尘暴的变化特点是：20 世纪 50 年代沙尘暴发生日数多，60 年代发生日数最少，70 年代略有增加，80 年代又处于逐渐减少的趋势，90 年代有明显增加，21 世纪初则上升到一个新的阶段，为百年之罕见。2000 年、2001 年我国西部连续出现了 30 次沙尘暴天气，出现之早，发生频率之高，影响范围之大,为国内外少有,不仅影响到北方的 14 个省(自治区、直辖市),而且波及南至中国台湾、东至日本,造成机场关闭、道路阻断、人员伤亡……(彭珂珊,2004)。近 50 年来,我国的沙尘暴灾害次数和强度均有增加的趋势,每 10 年间,强和特强沙尘暴频数的年际变化为:在 20 世纪 50 年代发生 5 次,60 年代 8 次,70 年代 13 次,80 年代 14 次,90 年代 23 次(史培军 等,2000)。21 世纪以来,沙尘暴灾害仍频繁发生,2001—2008 年春季 3—5 月,我国北方地区共发生强沙尘暴灾害 16 次,其中 2001 年、2002 年和 2006 年春季合计发生强沙尘暴灾害 12 次,是近 20 年来沙尘暴灾害活动频繁的年份(黎健,2006;武健伟,2008)。沙尘灾害造成的经济损失增大。沙尘暴灾害发源于人口相对稀少的地区,但却影响其下游人口稠密和经济发达的地区,造成的经济损失也呈逐年扩大的趋势。1993 年 5 月 5 日,我国西北地区一场特强沙尘暴灾害造成 85 人死亡 386 人受伤 31 人失踪,死亡丢失牲畜 12 万头、受灾牲畜 73 万头,破坏民房校舍 392 间,直接经济损失 5.5 亿元(卢琦 等,2001)。1996 年 5 月 29—30 日,河西走廊西部遭受沙尘暴灾害袭击,遭受破坏最严重的酒泉地区直接经济损失达 2 亿多元(史培军 等,2000)。2006 年 4 月 9—11 日发生在新疆、甘肃、内蒙古、宁夏等地区的沙尘暴灾害,造成 4 人死亡,死亡或丢失牲畜 2 万多头(只),直接经济损失超过 10 亿元(黎健,2006;武健伟,2008)。

沙尘暴是由人类活动、气候变化、原有自然环境特点三重原因相互作用的结果。西北内陆河流域位于干旱半干旱地区,上游山区为水源区,中游由于人工绿洲发育,为水分利用区,下游为水分耗散区,有天然河岸林存在。在中游,只有在具备灌溉条件的地方有人工绿洲存在,在下游也只在河岸地区有天然绿洲存在,其余广大地区大部分为有沙漠戈壁,植被稀疏。自然景观,中游是干旱半干旱草原,下游是干旱半干旱荒漠。而且下游深居内陆、地势高且开阔、平坦,降水少,大风天多,有沙尘源,是易起沙尘暴的地方。近年来,由于人类活动及全球变暖加剧了沙尘暴。由于人类活动造成土地利用方式的改变(主要是草地变为耕地的面积扩大)、原有草地牲畜量的扩大及开矿修路、乱采滥挖,致使草地面积锐减及原有草地的退化进一步造成植被覆盖面积锐减,表土层裸露,沙尘源量增多。再加上全球气候变暖,造成的降水量的时空变化,若在多风日刚好又处于十分干旱的日子,将会加剧沙尘暴。

正是 1993 年 5 月 5 日特强沙尘暴之后,国内大规模的专门研究真正开始,预报和警报等业务体制开始逐步建立,也由此才有了对沙尘天气的分型以及关于沙尘暴的比较完整的定义。2005 年,甘肃省气象局开始向全社会发布沙尘暴预警信号。甘肃省干旱气候变化与减灾重点实验室主任张强研究员长期研究绿洲及荒漠化问题,他在最新的研究报告中指出:沙尘暴是一种发生在沙漠和干旱沙化地带的区域性天气现象,但它的影响已波及全球(中国环境生态网,2006)。

以上均说明西北内陆河流域的沙尘暴有愈演愈烈之势,结果将使土地更加贫瘠,使生态环境更加恶化。

4. 土壤盐碱化及水质下降

由于修建人工水库及水渠,天然河道中的水量逐渐减少,形成断流甚至干涸,以前受天然河水滋养的河岸土壤由于水分短缺,再加上干旱区强烈的土面蒸发,造成土壤盐碱化。我国内流区都位于干旱地区，降水稀少，蒸发强烈，土壤在形成发育过程中普遍含有不同程度的盐分。有水变良田，无水变沙漠，只要有田地，都需要灌溉，多年的灌溉，强烈的蒸发，结果土壤次生盐碱化。天然河道中的水由于水库及水渠的修建，进入天然河道的水分自然减少，而造成水质下降。再加上农业化肥及杀虫剂等其他农药的利用，随着灌溉水的排泄进入河道或地下水造成水质下降。据统计，黑河流域张掖、临泽、高台三县现有盐碱化耕地面积约1.53万hm^2，占总耕地的20%，基本上沿着开垦→灌溉→种植→盐渍化→弃耕→沙漠化发展。正义峡河段水质已达Ⅲ类（王秀珍 等，2003）。塔河流域焉耆盆地调查的灌区各类盐碱化面积的比重：极轻盐渍56%，轻盐渍化占8%，中盐渍化占8%，强盐渍化占9%，盐土占19%，其中轻盐渍化以上面积占44%，阿克苏河流域的老大河、多浪渠、秋格尔、塔北、塔南、沙井子六大中型灌区的30.7万hm^2面积内，轻、中、重盐渍化面积为17.7万hm^2。此外，1985年前，阿克苏河流域平原区因盐渍化而弃耕的面积约9.7万hm^2，叶尔羌河流域平原区，上游灌区盐碱化面积占耕地面积的45%，中游灌区盐碱化面积占耕地面积的80%，下游灌区盐碱化面积占耕地面积的95%；和田河流域在平原灌区近13.3万hm^2耕地中有3.3万hm^2盐碱地（李平 等，2002）。总之，四源流域现状盐碱化问题已十分突出与严重，而塔河干流又位于四源流域下游，受到农田盐分排灌污染循环（指的是流域上游将农田排水直接排入河道，造成河水水质被污染，而中、下游区域又利用被污染的河水进行灌溉）。其结果使上游被排出灌区的盐分，通过灌溉又回到农田中，形成盐分污染循环（季方 等，2000）的影响，土壤盐渍化更加突出。

近年来，受人类活动的影响，塔里木河水质盐化不断增加。在1991年全年监测中，塔里木河干流阿拉尔站全年河水矿化度均大于1g/L，其中4月、9月、11月已高于5g/L（樊自立，1996；季方 等，1998）。

在内流区水质下降主要是由于灌排方式不当，漫灌，上游灌溉排水又变为下游灌溉水，而且灌溉水直接入河，结果污染程度从上游到下游又呈递增趋势，并且污染主要为面源污染。

5. 生物多样性锐减

塔河流域（樊自立 等，2001）具体表现为：①胡杨（Populuseuphratica）林面积减少。由1958年的45.98万hm^2减少到1978年的17.48万hm^2。从1978年以后由于加强了管护，中游林地面积恢复到24.04万hm^2。但下游仍继续减少，由1.64万hm^2减少为0.66万hm^2。②草地退化。全区现在较好的草地面积仅36.2万hm^2，稀疏退化的达48.92万hm^2，草地可利用鲜草产量由1100kg/hm^2下降到105～210kg/hm^2。③沼泽湿地缩小。沼泽由1983年的5.5万hm^2减少到1992年的2.93万hm^2；湖泊由450km^2缩小为21km^2。④野生动物由于栖息地环境变化，再加上人为捕猎，有的灭绝，如新疆虎（Panther a tigris）；有的濒危，如新疆大头鱼（Asp iorhynchus laticeps）；有的数量减少，如塔里木马鹿（Cervus elap hyus），过去仅中游就有1.5万头，现在除人工饲养外，已很少见。

黑河流域具体表现为：胡杨林面积锐减，草地退化，终端湖东、西居沿海消失，天然河道断流，因此，改变许多生物物种的生存环境，致使其数量减少甚至死亡。原因主要是人工引水、超采过牧。

6. 土壤盐渍化的原因

(1) 引排失调或"只灌不排""上排下灌"加速了土壤盐渍化。据统计，流域灌区的引排比约20∶1，必然导致大面积地下水位的抬高，从而引起土壤次生盐碱化。同时还存在着严重的上排下灌的现象，本来就是高矿化度的水，又用于灌溉，真是雪上加霜，更加剧了下游土壤盐渍化。

(2) 渠道渗漏的影响。由于输水渠道防渗程度差，研究区的渠道有效利用系数为0.41。从渠道引水经过渠道输水至农田，在输水过程中损失59%，从而抬高了地下水位，促进了土壤盐渍化。一般渠道渗漏时渠道两侧的影响范围：总干渠为500~1500m，干渠为100~200m，支渠为50~150m，斗渠为50~100m。

(3) 平原水库周围土壤次生盐渍化。截至1998年，塔里木河四源流流域共有平原水库76座，设计蓄水能力为25.5亿m^3，对发展生产起了很大作用。但由于修建标准低、管理不完善、防渗差、无截流，在库内高水头的作用下，周围潜水位大幅度上升，土壤盐碱急剧加重。如伽师县水库周围0.4万km^2耕地已盐化0.133万km^2，而被迫弃耕。岳普湖县高渠和其他县（团场）的高渠两岸水坑连片，盐碱严重。

(4) 过量灌溉，引起土壤次生盐渍化。在一般土壤条件下，作物生长期，净灌水定额为750~900m^3/km^2，播前水定额1500m^3/km^2，中、重盐碱地1950m^3/km^2已足够了。现在一般的灌水定额都超过上述定额的30%左右。伽师、岳普湖两县的有些地方，泡地洗盐的用水量高达250m^3以上。还有些地方出现"大水漫灌—土壤积盐—大水压盐—越压越盐"这样一种恶性循环的局面，不仅浪费水，而且破坏了土壤结构，土壤肥分淋溶流失，使土壤贫瘠，地表板结，蒸发强烈，从而加速土壤盐碱化进程。

(5) 工程不配套，促进灌区土壤盐渍化。河流未经规划治理，工程不配套，汛期大量洪水无法节制，部分进入灌区，大量补给了地下水，促进灌区土壤盐渍化。

(6) 水、旱作物插花种植及耕地管理粗放。研究区内水稻与旱作物插花种植，水旱田交界处无截渗设施，造成附近旱地积盐、返盐，耕地管理粗放，只用地不养地。土地不平整、灌水不匀、浅耕漏耕、施肥不足、缺苗断垄、地面裸露都能造成土壤积盐、返盐。伽师县在历史上森林覆盖率曾达到10.4%，由于开荒造田，覆盖率下降到5.79%，若按每年每公顷生物排水的能力为3750t计，3.13万km^2胡杨林地就等于每年本来由生物排出的1.18万m^3地下水变为地表蒸发。若按当地地下水矿化度3.96g/L计算，就相当于每年有47万t盐分聚积于土壤表层（李平 等，2002）。

6.1.2 生态修复步骤及修复方案

内流区退化流域应采用生物、化学、物理、工程方法相结合的方式进行修复，重在生物与物理方法。

6.1.2.1 修复步骤

(1) 进行流域总体及生态状况调查。

(2) 生态退化状况分析及评价。

(3) 制定生态修复方案并实施。

6.1.2.2 修复方案

1. 全流域统一的方案

(1) 建立统一的水资源管理机构,要从水量及水质两个方面做好监管工作。在水量上,做好分水供水工作,每年要及时供给下游天然绿洲赖以生存的最适水量,在这个方面,要加强生态需水量的计算研究,准确地估算内流区流域上中下游的生态需水量是准确分水及有效节水的保证。在水质上,掌握流域各个点源污染的收集、处理、达标排放的监督工作,合理设置污染物处理厂,旧的要保证正常运行,在适当必要的地方要补建新的污染物处理厂,都要保证正常运行。要从流域整体角度制定排放标准,把城镇近年来兴盛起来的畜禽养殖场出来的废脚料及污水要作为新型点源污染进行回收,处理达标后再排入天然河道。做好水质监测工作,在河道中水的滞留区要设监测点进行水质监测,及时发现问题及时解决。也要积极进行非点源污染监管工作,控制农业面源污染及大气干湿沉降带来的面源污染。

(2) 要坚持护林护草及种树种草相结合。在可自行恢复的原有林地和草地建防护网,建监测网防火防病虫害。在不可自行恢复的又有灌溉条件的地区进行人工造林和种草,在前三年,苗木死亡率往往比较高,要适时看护,进行灌溉、防火防病虫害,要适时补苗。在前三年,年灌溉量要多,但三年以后可以逐渐减少,但防火防病虫害监测网要一直布设。

(3) 积极建设自然保护区,从保护各种生态系统、珍贵物种和基因层次上建立充分的自然保护区,内流区是生态环境十分脆弱的地区,其生态系统、物种、基因能在十分脆弱的环境中生存,说明极其宝贵,急需进行保护。充分足够的自然保护区的建设将为人类保护这里的珍贵生态系统、物种及基因,为未来的生态修复将提供充分的保证。

(4) 积极建设生态示范区。在有典型生态问题出现的地区,建立生态修复的示范区,通过示范区的工作经验去指导其他类似地区的修复工作。

2. 流域不同部分的修复方案

上游:由于主要是水资源涵养区,而且是山区,主要以水土保持生态修复为主。应主要采用封禁的退化林地、草地生态系统的生态修复。具体措施是在封禁的基础上,补种乡土树种、草种。封禁时间的长短因生态系统类型、受损程度、气候等因素的不同而不同,一般来说,乔木林:8年以上;灌木林:5~8年;草地:3~5年。修复目标植被覆盖度达到75%及其以上。

中游:由于是人工绿洲及周边的沙漠区,人工绿洲区应采用如下方法。

(1) 进行科学施肥,有机肥料和化肥结合施用,化肥适用量要按作物地需求量施用。作物地要建防护林带,要保持耕地的永久使用性。

(2) 土壤污染地区(盐渍化地区)要采用生物修复方法进行修复,采用种植耐盐碱化的乡土作物,不建议用水冲洗。

(3) 坚决杜绝工业污水未经处理直接排入河道,新型的城镇外缘家禽养殖场及畜禽养殖场排出的废污水也要经过处理进入河道。

(4) 在河流的入口段和大的拐弯处或河心洲建人工湿地。建河道旁侧工程时要留出生物通道,河道尽量不要裁弯取直,如实际需要也要为洄游生物设计出通道。

下游：由于是天然绿洲区及周边的沙漠区。

(1) 保持河道常年有最低的生态需水量，尤其是植物生长季一定要保证河道有水。

(2) 在天然林生态系统退化程度一般的地域采用退化林地、草地生态系统的生态修复。

具体措施是在封禁的基础上，补种乡土树种、草种。封禁时间的长短因生态系统类型、受损程度、气候等因素的不同而不同。一般来说，乔木林：8年以上；灌木林：5～8年；草地：3～5年。在退化程度较强又有灌溉条件的地域可以进行人工造林、种草地，都要尽量种乡土种，不但要种更要加强护理，要建防护网，而且在前三年，要及时进行人工护理、灌溉、施肥、防止冻害、病虫害及火灾等。以后可以减少灌溉量，但要建监测网，实时监测防火、病虫害、冷害及火灾等，以便及时采取措施进行护理。

(3) 下游一般不建议种植业发展，可以适当发展一定面积的种植业，但要在外围建防护林带。另外在无作物生长期地表要保证有覆盖物存在，或是作物茎干、叶等覆盖物，或铺塑料薄膜，防止表土层松散肥土随风而逝，不能重蹈石羊河流域的覆辙。应大力发展畜牧业，主要是种植多年生牧草，这样一年四季土壤有根系固结，不容易发生水土流失及土地退化现象。要进行科学研究，如何在已退化的沙地上种植何种牧草，要培育适应当地条件的品种。下游种植的植被往往要选当地的乡土种，耐干旱耐盐碱的品种。

(4) 下游旅游业部分收入用于生态修复工作，发展旅游业同时注意污染防治。

周边的沙漠区：有条件的情况下进行草方格固沙种草种树。无条件就暂且搁置。

6.2 外流区的流域生态修复

我国的东南部为外流区，我国的河流大多分布在这里。这里的河流多而且长，夏季容易形成汛期。汛期径流量一般占全年径流量的60%～80%。秦岭和淮河一线以北的河流，冬季河流结冰，普遍形成枯水期，一些河流甚至断流。秦岭和淮河一线以南的河流，所在区域降水量大，雨季长，流域水量丰富。以秦岭和淮河一线为界分为北方河流流域和南方河流流域。外流区是中国人口主要分布区，也是中国社会经济发展快速的地区。在北方河流流域由于地处温带半干旱地区，降水量不是很多，生态用水与生产、生活用水间矛盾十分显著，往往生产、生活用水优先，结果生态用水无法满足，日积月累，生态问题显著。在南方河流流域由于地处亚热带和热带，降水十分丰富，光热资源也很丰富，一年四季可以耕种，所以农业发达，另外这里也是中国工业及商业经济十分发达、人口十分稠密、交通发达的地区，但由此产生的各种生态问题异常严重，也已影响到当地的可持续发展。总的来说，在北方河流流域地区，生态问题主要是由于水资源量本身短缺所引起的生态需水量无法满足所产生的一系列问题。而在南方河流流域，主要是由于人类活动所造成的污染问题。

6.2.1 外流河流域的生态问题及其成因

1. 北方河流流域的生态问题及其成因

北方河流流域地区，由于人类活动所产生的生态问题主要是河源的水土流失；上游的水土流失及部分区域的水质污染,中游的水土流失、河道断流、泥沙淤积、洪水威胁及水质污染,下游的河道断流、城市河湖面积萎缩、水质污染、泥沙淤积、洪水威胁及入海水量减少。主要原因是由于本身的水资源有限而当地的社会经济发展及人口发展超过了当地水资源的承载能力所造成的,水资源主要用于生产及生活用水,而忽略了生态需水,致使生态需水得不到满足从而产生了严重的生态问题。北方的环境污染除了工业、农业、生活污染排入环境造成之外,还有北方冬天的供暖时期,从 11 月 15 日到第二年的 3 月 15 日,烧煤所造成的烟气污染是其大气污染的一大来源,其干湿沉降也是土壤污染及水质污染的一大来源。

2. 南方河流流域的生态问题及其成因

南方河流流域地区,由于人类活动所产生的生态问题主要是上游的水土流失及部分地区的水质污染,中下游的洪水威胁及环境污染(大气、水、土壤污染)、河流湿地、海滨湿地萎缩、海滨侵蚀等。原因在于以下几个方面:

(1) 植被破坏。南方地区,无论是河源区还是流域各个阶段,原来都是植被繁茂,但由于人口的发展,有些是毁林开荒或毁草开荒,开荒后有些变为良田,有些由于坡度大于 25°以上,变为耕地后,每年为防治侵蚀的损失费用远比所得的经济收益要多得多,最后废弃后侵蚀程度越来越强,另外滥砍、滥伐及滥采的行为一直屡禁不止,造成植被破坏十分严重,植被覆盖率很低,结果植被的水土保持能力、涵养水源能力、净化污染的能力、防风挡浪、提供其他生物栖息地的能力等生态服务能力都大大减弱。

(2) 多种原因造成的排污量大。南方河流流域地区,水量充足,但由于人口集中分布,工业、农业、商业及交通发达,治污防污的设施或有但达不到发展的需求,或者一些中小城市及农村根本就没有,结果产生严重的环境污染,点源污染是其现代污染的根源,现在点源污染排放虽然得到控制,但非点源污染是现在的主要污染源,再加上当前私有汽车的与日俱增,导致光化学污染,产生大气污染,再通过干湿沉降进入土壤及水,形成土壤及水污染。还有生活污水、城镇边缘地区新兴起的家禽及畜禽养殖业的废污水的排出,城市生活污水处理不彻底,进入自然水体后从而造成的水质污染。

(3) 河流、湖泊湿地及海滨湿地的开发。南方河流流域中下游地区环境污染及洪水威胁十分严重,洪水威胁主要处于汛期,6—10 月,由于所在区域是雨量大,雨季长,而流域中下游的河流湿地及河流中浅水湖泊许多被当地在经济发展中进行开发,有的变为交通要地,有的变为良田,有的被高楼大厦所占。这些湿地、湖泊在蓄洪、排洪方面有重要的作用,被人类利用后,将造成这些地区在汛期防止洪水威胁的能力减弱,容易遭受洪水的侵袭。海滨湿地的开发力度更是巨大,很多海滨城市都是在海滨湿地上兴建起来的,当前海滨湿地被开发为良田、鱼塘、海滨浴场、海滨游乐场等,致使海滨植被大大被破坏,防风挡浪、作为海滨水生动植物栖息地、产卵场的功能减弱或丧失,结果防止台风、风暴潮等对陆地的侵袭作用减弱、净化外流河带到入海口的污染的能力减弱、防止海岸逆向侵蚀的能力减弱。

6.2.2 生态修复方法

6.2.2.1 北方外流河流域的生态修复方法

北方外流河流域的生态修复重在进行流域与水相关的承载力及生态需水量的研究,要以全流域的水资源的统一优化分配的基础上制定生态修复方案。保证生态需水量的供应是生态修复成功的基础。

河源区要建立自然保护区，重在保护。完全采用封禁的方法，主要依靠自然恢复的方法，人为主要建监测防护网就行，跟踪监测病虫害、火灾等并进行防治就成。

上游主要进行水土保持的生态修复，要采用工程方法与生物方法相结合的方法，工程方法主要是修梯田与淤地坝，生物方法就是植树种草。修梯田与淤地坝形成适合种植的土壤条件，然后种植合适的草类或树类。在坡度较小的地方采用宽梯田，在坡度较大的地方采用窄梯田。种植的植物要选乡土种，当地土壤肥力较差时，梯田最好修成隔坡梯田。梯田外围要建梯田地坎及植物篱，才能有效保持梯田的水土。

中游要进行水土保持的生态修复，污染的生态修复及河道的生态修复。中游的水土保持生态修复，既要在山区进行，也要在平原区进行。山区采用与上游相同的方法，平原区也是工程方法与生物方法相结合的办法，主要是在河岸带、交通线外缘带、湖泊圩堤带、农田外缘带要建防护堤，要人工固化堤与生物堤相结合，人工固化堤建设时要采用空心砖等既要留出水分入渗通道，也要留出生物迁移通道。还要建城市绿化带。中游的污染生态修复：

（1）切断污染源。禁止加重污染——建污水处理厂、建工厂再循环系统、建城市雨水与生活废水分流工程、建地下初降雨水蓄水池。

（2）已污染土壤的修复。如果是重金属污染，建议采用植物修复或微生物修复。种植专性植物进行去除，专性植物种植在重金属污染土壤上一定时间后，割去或除去专性植物送入专门部门进行回收重金属，专性植物可以从自然界找，也可以发展培育转基因专性植物，或者引入对重金属具有降解作用的微生物进行降解，这种情况下没办法对重金属进行回收。如是有机物污染，首先可采用植物修复或微生物修复等生物修复技术将污染物处理到较低的水平，然后采用费用较高的物理或化学方法处理残余的污染物。生物修复技术采用之前应进行可处进性试验，以决定适合的生物、在适合的环境条件下在适合的场所进行生物修复，保证生物修复技术的成功应用。

（3）已污染水体的修复。底泥首先采用曝气装置进行曝气进行有氧生物处理后再进行底泥疏浚，污水引入污水处理厂进行处理，水面设置悬浮物打捞船，死水改为活水，水的滞留区种植水生植物，河心洲或湖心洲变为人工湿地等进行修复。

（4）针对河道断流、泥沙淤积、洪水威胁的生态修复。保持河道有最小的生态需水量是解决河道断流、泥沙淤积及河流生物生存的基本保证。进行上游及中游水土保持生态修复及中游湖泊及河流湿地的修复将减弱甚至消除洪水的威胁。

下游除要进行与中游相似的修复以外还要进行海滨湿地的生态修复及入海口的生态修复。具体要：①保证最低的入海水量；②建海滨防护林带；③海滨开发与海滨湿地建设相结合；④建河口水闸。

全流域还要进行供暖系统的改造，进行集中式供暖，排气烟囱要高。

6.2.2.2 南方外流河流域的生态修复方法

建立统一的流域生态管理机构，协调、管理流域的生态修复工作。河源区和北方外流河域的一致，重在保护，已建立自然保护区，建立监测监控系统，实时管理和保护。

全流域山区进行水土保持生态修复，平原区进行洪水防治和污染的生态修复，具体要通过山区植树造林，建各种防护林带及绿化带，修复陆地河流及湖泊湿地、海滨湿地，合理地设置排污口，建污水处理厂并正常运转。已污染湖泊要采用先治理污染再采取措施修复整个湖泊生态系统的修复方法，具体做法是首先进行湖泊污染的修复，然后进行湖泊水生生物及其生存环境的整体修复。要大力发展公共交通，减少私家车的应用数量，以减少光化学污染带来的非点源污染。另外要增加有机肥的施用，有机肥要与化肥结合施用，进行生物农药的开发，以减少化学农药的施用，以减少农业非点源污染的机会。建议在农田径流进入天然水体的入口处构造人工湿地或半人工湿地。南北外流河流域城市分布密集，各城镇外缘的家禽养殖场及畜禽养殖场的废污水要作为点源污染进行处理，达标排放。

国际河流域地区，无论是北方河流还是南方河流，中国都位于中上游，生态修复问题一定要解决好，无论是水土保持生态修复还是污染的修复，都要做好，要保证下游有适量优质的水源供应。这样才不会产生国际纷争。具体修复方法根据前面叙述的方法及区域实际情况进行确定。

参 考 文 献

[1] 程国栋，仵彦卿，康尔泗.黑河流域生态环境问题及治理对策［D］.兰州：中国科学院寒区旱区环境与工程研究所，2001.

[2] 樊自立.塔里木河流域资源环境及可持续发展［M］.北京：科学出版社，1998.

[3] 樊自立，等.塔里木河流域生态环境演变及自然资源的合理利用［J］.新疆地理，1984，7（4）：30－43.

[4] 樊自立，马英杰，季方，等.塔里木河生态环境演变及整治途径［J］.干旱区资源与环境，2001，15（1）：11－17.

[5] 樊自立.新疆土地开发对生态与环境的影响及对策研究［M］.北京：气象出版社，1996.

[6] 高前兆，李福兴.黑河流域水资源合理开发利用［M］.兰州：甘肃科学技术出版社，1990.

[7] 黄菁莲.沙尘暴的概况及其治理对策［J］.现代农业科技，2007，7：129－130.

[8] 季方，马英杰，樊自立.塔里木河干流水质矿化度换算方法研究［J］.环境科学，1998，19（6）：37－40.

[9] 黎健.美国的灾害应急管理及其对我国相关工作的启示［J］.自然灾害学报，2006，15（4）：33－38.

[10] 李平，赵鸿斌，田原，等.塔里木河流域土地盐渍化改良与竖井排灌工程［J］.地质灾害与环境保护，2002，13（2）：48－50，62.

[11] 路京选，钟劭南，李琳，等.基于遥感的内陆荒漠绿洲生态修复效果分析.http：//www.cwrsc.com/rsc/yglt.html，2007.

[12] 卢琦，杨有林.全球沙尘暴警世录［M］.北京：中国环境科学出版社，2001.

[13] 史培军，严平，高尚玉，等.我国沙尘暴灾害及其研究进展与展望［J］.自然灾害学报，2000，9（4）：71－77.

[14] 王根绪.黑河流域生态环境现状、发展趋势与对策研究（博士学位论文）［D］.兰州：中国科学院寒区旱区环境与工程研究所，1999.

[15] 王让会.新疆英巴扎地区植被动态变化的监测与分析［J］.国土资源遥感，1999（1）：43－48.

[16] 王秀珍，王礼先，谢宝元.黑河流域生态环境建设问题［J］.水土保持学报，2003，17（1）：33－36，79.

[17] 季方，马英杰，樊自立. 塔里木河干流农田盐分排灌污染循环与调控研究 [J]. 农业环境保护，2000, 19 (3)：133-136.
[18] 彭珂珊. 沙尘暴对西部发展的危害研究 [J]. 地质技术经济管理，2004, 26 (3)：19-25.
[19] Jun Xia, Yonghua Zhu, Xinhao Wang. Groundwater Usage in Arid West China/Problems and Remedies：Water International，2005, 30 (4)：468-476.
[20] 武健伟. 我国沙尘暴灾害应急管理的现状和对策 [J]. 林业资源管理，2008, 5：27-31.
[21] Yonghua Zhu, Liliang Ren, Todd H. Skaggs, et al. Simulation of Populus euphratica root uptake of groundwater in an arid woodland of the Ejina Basin, China. Hydrological Processes，2009, 23：2460-2469.
[22] Yonghua Zhu, Liliang Ren, Qicheng Zhang, et al. The contribution of groundwater to soil moisture in Populus euphratica root zone layer. IAHS Publ. 2009, 328：181-188.
[23] Yonghua Zhu, Yanqing Wu. Sam Drake. Survey：Obstacles and Strategies for the development of groundwater resources in arid inland river basins of western China, J. Arid Environments. 2004, 59：351-367.
[24] 赵峥. 巴音郭楞统计年鉴 [M]. 2007.
[25] 张国平，赵琳娜，许凤霞，等. 基于流域结构分析的中国流域划分方案 [J]. 北京师范大学学报（自然科学版），2010, 46 (3)：417-423.
[26] 中国环境生态网. 沙尘暴敲响生态警钟. http：//www.eedu.org.cn/Article/eehotspot/Desertification/200604/7729.htm 来源：中国气象报. 2006-4-19.
[27] 朱震达. 中国荒漠化的概念、成因与防治 [J]. 第四纪研究，1998, 18 (2)：145-155.
[28] 朱震达. 中国的脆弱生态带与土地荒漠化 [J]. 中国沙漠，1991, 11 (4)：11-12.
[29] 董敬儒，颉耀文，段含明，等. 黑河流域绿洲变化的模式与稳定性分析 [J]. 干旱区研究，2020, 37 (4)：1048-1056.
[30] 赵明，孟好军，李秉新. 黑河流域中游地区土地荒漠化现状、成因与治理措施 [J]. 防护林科技，2010, 1：89-91.
[31] 年雁云，王晓利，陈璐. 1930—2010年额济纳三角洲土地利用景观格局变化 [J]. 应用生态学报，2015, 26 (3)：777-785.

第7章 水生生态系统的修复

水生生态系统的修复指的是各种退化的水生生态系统的生态修复。各种水生生态系统指各种水域生态系统，包括陆地湿地、湖泊、河流、水库及海滨湿地、海洋。由于人类活动当前存在生态问题的水域生态系统主要有陆地湿地、陆地湖泊、海滨湿地、平原区小河沟、城市河流、城市湖泊。其他河流中水体为流动的水，只要沿途做好截污、治污并达标排污、水土保持，同时保证有适量的需水量，不要破坏生物通道，生态问题不是很大（具体修复见流域的生态修复）。海洋水体流动性大，但要在水体容易滞留的近岸海域做好污染修复及防治工作就行。因此本章主要讲述陆地湿地、陆地湖泊、海滨湿地、平原区小河沟、城市河流、城市湖泊的生态修复。

7.1 陆地湿地的生态修复

7.1.1 湿地生态修复的研究进展

湿地指天然或人工、暂时或长久的泥炭地、沼泽地、静止或流动的淡水、咸水水域，包括低潮时水深不超过 6m 的海水区（孟宪民 等，2001）。湿地包括的类型很多，大体可分为：天然湿地包括河流、湖泊、沼泽、滩涂、珊瑚礁、红树林等；人工湿地包括池塘、水库及稻田等（谢正鹏，2010）。本书中湿地主要指自然湿地，包括按地域分布的两类，一是陆地湿地；二是滨海湿地。陆地湿地指非海滨地区的河流、湖泊湿地、泥炭地及沼泽地等。河流、湖泊湿地的范围指河流、湖泊多年平均洪水期水位线与平水期水位线间区域。滨海湿地指低潮时水深浅于 6m 的水域及其沿岸浸湿地带，包括水深不超过 6m 的永久性水域、潮间带（洪泛地带）和沿海低地等（江伟钰 等，2005）。据《中国海洋报》刊载，我国沿海湿地面积约为 594.17 万 hm^2（王骥 等，2007）。

湿地的研究兴起于对湿地水禽的保护。为了加强对湿地的保护和利用，1971 年 2 月 2 日，来自 18 个国家的代表在伊朗南部海滨小城拉姆萨尔签署了《关于特别是作为水禽栖息地的国际重要湿地公约》（简称《湿地公约》）。随着研究深入，人们认识到了湿地的特殊作用，目前的《湿地公约》已经超出了最初保护水禽的范畴，上升至保护整个湿地生态系统的高度。恢复生态学研究可以追溯至 20 世纪 50 年代，从 90 年代开始，随着湿地研究的兴起，湿地生态恢复成为湿地研究的主要内容之一。1977 年美国颁布了第一部专门的湿地保护法规。美国国家委员会、环保局、农业部和水域生态系统恢复委员会于 1990 年和 1991 年提出了在 2010 年前恢复受损河流、湿地等的庞大生态恢复计划并制定导则。1995 年，美国实施总投资为 6.85 亿美元的湿地恢复项目，来拯救佛罗里达湿地。1996 年 9 月，在澳大利亚的佩斯召开了第 5 届国际湿地会议，大会主题是"湿地的未来"，重点讨论如何保护和重建湿地。

我国从 50 年代起便对湿地进行了大量的研究。而其中大多侧重于湿地的资源、环境、生物多样性及其保护与利用等方面，而对受损湿地的生态恢复研究得较少。三江平原是我国平原区沼泽面积最大、最集中的地区，这一区域的湿地资源合理开发利用与保护一直是我国学者们的研究重点。研究者们成功地将湿地的生态恢复与生态农业建设有机地结合起来。洞庭湖湖群是我国面积最大的湖泊湿地，1992 年便被列入《世界重要湿地名录》。王克林提出洞庭湖的湿地景观结构和生态工程模式，取得较好成果。叶春在研究云南洱海湖滨带生态恢复时，提出滩地模式、河口模式、陡岸模式、鱼塘模式等 6 种湖滨带生态恢复工程模式，归纳了 9 项湖滨带生态修复技术。在我国湿地生态恢复方面最为成功的例子便是贵州威宁的草海。1970 年因为开发，扩大耕地，湿地几乎消失。1980 年，政府通过蓄水工程等措施恢复草海。目前，已恢复水面面积 20km^2，生物物种已基本得到恢复，组成了多种挺水植物群落、浮叶植物群落和沉水植物群落。浮游动物、鱼类、两栖类，特别是鸟类数量日渐增多，湿地恢复效果良好，该湿地作为我国特有物种黑颈鹤的主要越冬栖息地，已经建立成国家级自然保护区（边延辉，2006）。

7.1.2 陆地湿地生态系统存在的生态问题

陆地湿地生态系统目前存在着许多生态问题，主要是由于物理干扰、生物干扰、化学干扰等原因导致的湿地生态系统退化或丧失。具体表现为：围垦湿地用于农业、工业、交通、城镇用地；筑堤、分流等切断或改变了湿地的水分循环过程；建坝淹没湿地；过度砍伐、燃烧或啃食湿地植物；过度开发湿地内的水生生物资源；堆积废弃物；排放污染物。另外还有全球气候变化可能导致湿地退化或消失（Middleton，1999；Mitsch，2000；余作岳，1997）。湿地生态系统的退化包括水体退化、植物退化和土壤退化三大要素，往往这三者同时发生。

7.1.3 陆地湿地生态系统恢复的目标与原则

湿地的生态修复是指通过生态技术或生态工程对退化或消失的湿地进行修复或重建，再现干扰前的结构和功能以及相关的物理、化学和生物学特性，发挥应有的作用（彭少麟，2002）。湿地在受到干扰、破坏之前可能是湿林地、沼泽地或者水体，将其恢复至何种状态很大程度上取决于修复者的意愿。修复者的意愿不同，修复的目标侧重点自然也就不同。一般有 3 个方面：恢复湿地功能、保护野生动物、恢复传统景观和土地利用方式。以及景观的恢复。

1. 恢复湿地功能

这通常是湿地生态恢复最重要的目的。湿地又被称为"天然蓄水库""地球之肾"，具有十分独特且重要的功能。因此，对于一个退化或受破坏的湿地生态系统，人们的一个重要恢复目标便是恢复其功能。

2. 保护野生动物

这一目标又能分为三大类：①自然特征的恢复。目前天然性的湿地已经很少存在，或多或少已受到人类活动的干扰（如伐木、森林开垦），这些活动改变了湿地的某些特征，使其逐渐形成了新的特性。因此，湿地的自然性很难评估。恢复"自然性"湿地也是几乎不可能的，但是这些经过人类改造后的湿地可以恢复到一种类似于早期自然湿地的替代状态。湿地的自然状态，特别是那些固有的环境特征和水供给机制，有助于确定其恢复目标和状态。②目标种和目标群落的恢复。即保留和恢复自然地，为特有的目标种或目标群落设置特定生存空间。例如某些湿地被确定为特定鸟类的保护区。③生物多样性的恢复。生物多样性的恢复以恢复湿地生物多样性到最大的程度为目标。

3. 恢复传统景观和土地利用方式

湿地作为一种特殊的景观，恢复其传统景观和土地利用方式也是恢复的主要目标之一。

对湿地进行生态恢复必须遵循一定的原则。首先是地域性原则。对具体某一湿地进行生态修复，必须全面考虑湿地所在地的相关信息，包括湿地类型、地理条件、气候特征、经济基础等，突出湿地景观的地域性特征。不同的环境，所制定的恢复方案也应不同。要结合当地特点，尽可能地维持地带性植被，减少对当地物种群落的破坏。其次是稳定性原则。湿地生态系统是一个复杂的体系，系统内各要素相互影响，相互制约。修复时，应该集中于生物群落物种的组成、群落结构和功能的完善。一个完整的生态系统能够自我维持，自我稳定，有一定的生态承载力。所以，应尽力将湿地恢复成一个成熟稳定的生态系统。最后，往往也是比较重要的一个原则，那便是可行性原则。可行性包括环境的可行性和技术的可操作性。人们在恢复湿地时，往往会人为地创造一些条件，但只能在退化湿地的基础上加以引导，而不是强制实施。这就需要考虑环境的可行性，不能在违背现有环境条件下，强行进行修复。另一方面，一些湿地的恢复意愿是美好的，目的是明确的，恢复方案设计也是合理的，但具体落实到实际操作层面上却是非常困难的，包括技术的可行性以及经济的可行性。如果环境的可行性和技术的可操作性不存在，那么这种恢复也是不可行的。

7.1.4 陆地湿地恢复的技术方法

恢复湿地生态系统的目标、策略不同，采用的关键技术也不同。因此很难有统一的模式方法。根据目前国内外的研究进展，可以概括成以下几项技术：废水处理技术，包括物理处理技术、化学处理技术、氧化塘技术；点源、非点源控制技术；土地处理（包括湿地处理）技术；光化学处理技术；沉淀物抽取技术；先锋物种引入技术；土壤种子库引入技术；生物技术，包括生物操纵、生物控制和生物收获等技术；种群动态调控与行为控制技术；物种保护技术等。根据湿地生态恢复的具体对象不同，又可以将恢复方法技术划分为湿地生境恢复技术、湿地生物恢复技术、湿地生态系统结构和功能恢复技术。

1. 湿地生境恢复技术

这一类技术指通过采取各类技术措施提高生境的异质性和稳定性，包括湿地基底恢复、湿地水状态恢复和湿地土壤恢复：①基底恢复。通过运用工程措施，维持基底的稳定，保障湿地面积，同时对湿地地形、地貌进行改造。具体技术包括湿地及上游水土流失控制技术和湿地基底改造技术等。②湿地水状态恢复。此部分包括湿地水文条件的恢复和湿地水质的改善。水文条件的恢复可以通过修建引水渠、筑坝等水利工程来实现。前者为增加来水，后者为减少湿地排水。通过这两个方面来对湿地进行补水保水措施。湿地最重要的一个因素便是水，水也往往是湿地生态系统最敏感的一个因素。对于缺少水供给而干涸的湿地，可以通过直接输水来进行初期的湿地修复。之后可以通过工程措施来对湿地水文过程进行科学调度。对于湿地水质的改善，可以应用污水处理技术、水体富营养化控制技术等来进行。污水处理技术主要针对于湿地上游来水过程，目的是减少污染物质的排入。而水体富营养化控制技术，往往针对于湿地水体本身。这一技术又能分为物理、化学及生物等方法。③湿地土壤恢复。这部分包括土壤污染控制技术、土壤肥力恢复技术等。

2. 湿地生物恢复技术

这一部分技术方法，主要包括物种选育和培植技术、物种引入技术、物种保护技术、种群动态调控技术、种群行为控制技术、群落结构优化配置与组建技术、群落演替控制与恢复技术等。对于湿地生物恢复而言，最佳的选择便是利用湿地自身种源进行天然植被恢复。这样可以避免因为引用外来物种而发生的生物入侵现象。天然种源恢复包括湿地种子库和孢子库、种子传播和植物繁殖体三类。湿地种子库指排水不良的土壤是一个丰富的种子库，与现存植被有很大的相似性。但湿地植被形成的种子库的能力有很大不同。所以其重要性对于不同湿地类型也不尽相同。一般来说，丰水枯水周期变化明显的湿地系统中含有大量的一年生植物种子库。人们可以利用这些种子来进行恢复。但一些持续保持高水位的湿地中种子库就相对缺乏。对于不能形成种子库的湿地植物，其恢复关键取决于这类植物的外来种子在湿地内的传播。这便是种子传播。植物繁殖体指湿地植物的某一部分有时也可以传播，然后生长，如一些苔藓植物等，可以通过风力传播，重新生长。对于通过外来引种进行植物恢复，可以有播种、移植、看护植物等方式。

3. 湿地生态系统结构和功能恢复技术

主要包括生态系统总体设计技术、生态系统构建与集成技术等。这一部分是湿地生态恢复研究中的重点及难点。对不同类型的退化湿地生态系统，要采用不同的恢复技术。

7.1.5 陆地湿地生态修复步骤与过程

湿地的恢复过程常包括消除和控制干扰、净化水质、去掉顶层退化土壤、引种乡土植物和稳定湿地表面等步骤。具体而言可以按照以下几个步骤进行：

(1) 对需要恢复的湿地进行调查分析，取得背景资料。通过调查确定被恢复的对象及其系统边界，同时了解周边环境条件。针对恢复对象，进行湿地生态系统退化成因分析，查明系统退化的主导因子、退化过程、退化类型、退化阶段与强度等。

(2) 确定具体生态修复目标。根据调查分析的结果，符合生态修复的原则，提出具体的生态修复目标。

(3) 生态修复技术的分析与选择，确定具体修复措施。对修复主体进行生态规划与风险评价，拟定工作计划，提出具体实施方案。并且对方案进行自然－社会－经济－技术等的可行性分析。

(4) 具体实施恢复工程以及后续评价。恢复工程实施后对湿地的修复过程进行监测，通过综合评价，目的是及时发现问题，及时调整修复方案，以实现修复的最终目标。

7.1.6　陆地湿地生态修复实例

实例1　洪泽湖湿地的修复

洪泽湖属于暖温带冲积平原浅水型湖泊,是淮河中游干、支流与下游河道的连接点。蓄水面积 2152km², 容积 30.4 亿 m³, 北、西、南三面属于天然湖岸, 东部为人工大堤。洪泽湖作为中国第四大淡水湖和南水北调工程的必经线, 具有极为重要的生态价值。

多年来, 在人为和自然因素的影响下, 特别是大规模的围垦, 导致其生态系统退化。表现为植被的逆行演替、洪泽湖天然湿地的面积减小, 围堰养殖区迅速扩大。湿地生态系统退化表现为两种类型: 一种是敞水区→沉水植物区→浮水植物区→围堰养殖区; 另一种是挺水植物区→浮水植物区→围堰养殖区。近年来, 洪泽湖逆行演替加速, 而顺行演替减速。且顺行演替的热点位置从离岸 0.5~1km 的浅水区向湖内展至岸线内 2km 处。反映了人类活动的干扰强度与范围均显著增加。天然湿地总面积已减少约 5.6% (马向东等, 2008)。

随着南水北调工程的逐步实施, 作为南水北调东线工程最重要的调蓄水库, 一期工程实施后, 洪泽湖蓄水水位将由现水位 12.81m 上调至 13.31m。水位上升后, 其最显著的变化, 将是现有以芦苇为代表的挺水植被带被大面积淹没, 逐渐发育成沉水植被。而现有的沉水植被将有相当部分因水体过深而退化。同时, 由于洪泽湖大堤已基本建成, 水位上升后, 堤外湿地面积增加有限, 将导致洪泽湖湿地植被的总体构成发生显著变化。

为应对这种快速生境变化及其主导下的植被变化, 根据预防性原则, 有必要研究洪泽湖湿地生态系统生境条件的潜在变化趋势。要利用生态工程学原理和技术, 保护现有的湿地生态系统, 并研究生境改变后的湿地生态修复与恢复技术, 增加系统在生境变化后的维持能力。

生境改变后的湿地生态修复技术有: 生境改变条件下适用于不同湿地退化状况的生境诱导技术、人工辅助恢复技术、系统维持技术等湿地生态修复成套关键技术。

实现洪泽湖生态系统的修复主要通过以下途径及步骤来实现: 第一, 进行实地调查, 分析洪泽湖湿地生态系统属性及其在南水北调工程实施后的演变趋势。第二, 利用野外实验及室内分析, 对洪泽湖几种典型湿地生态系统的生态功能进行定量评价, 并率定功能参数。为应用各种湿地生态修复技术进行适合当地的生态恢复工程的量化设计提供必要的技术与理论支持。第三, 适合洪泽湖生境改变后的湿地生态修复技术研究。第四, 洪泽湖生态保护与修复规划的制定。第五, 具体修复方案的实施。

实例2　扎龙湿地的生态保护与修复

扎龙湿地是我国最大的以丹顶鹤等大型水禽为主体的珍稀鸟类和湿地生态类型的国家级自然保护区。世界上有 15 种鹤, 中国有 9 种, 而扎龙湿地便有 6 种, 还有 340 余只的丹顶鹤种群, 以及其他国家级保护鸟类 41 种。1992 年便被列入《国际重要湿地名录》, 是中国最美的六大湿地之一。但是, 近年来缺水、频发的火灾、水污染、旅游业的发展等, 正严重威胁着湿地的生存。水污染是工农业污水的排放及游客产生的垃圾所造成的。缺水的主要原因有: 缺乏对水资源和湿地的统一管理, 人类活动影响加剧, 湿地土地利用方向改变, 嫩江防洪大堤修建造成供给湿地的水资源量大幅减少等。种种因素导致扎龙湿地的生态系统开始退化，生物多样性降低。

扎龙湿地的生态环境问题主要有缺水、水污染、火灾、对湿地资源的过度利用及对湿地的围垦占用。

缺水的主要原因是：乌裕尔河上水利工程的建设截留了一部分水导致进入湿地的水量减少（马建章 等，1984；陈立新，2006）；另外，过量砍伐森林，破坏植被，使区内涵蓄水功能减弱，自养能力降低。乌裕尔河上游曾一度被乱砍滥伐，中上游植被也遭到严重破坏，导致径流量变小。据不完全统计，近50年来扎龙区域有30多万亩草原被垦为农田，其中近十年又有5万多亩湿地被开垦。芦苇是扎龙湿地生态系统中建群植物的优势种群，其覆盖率在20世纪70年代前曾占保护区面积的80%，约16万hm^2，而到了90年代芦苇沼泽面积下降了40%，不足11万hm^2（陈立新，2006）。

水污染的原因主要是：湿地水源乌裕尔河的河水污染；湿地周围人口的增长及居住建筑的增多引起的生活污染物的排放；旅游业的发展导致的旅游垃圾的堆积；湿地周围工业的发展产生的废物排放；再加上湿地周围灌溉农业的发展所产生的非点源污染（王永洁 等，1998）。

火灾的原因：首先与环境条件密不可分，本身的气候特点再加上全球气候变化异常、湿地水源匮乏、可燃物载量高；其次，薄弱的防火意识是火灾形成的主要因素（蔡建文 等 2002）。更重要的是通过烧荒扩大耕地面积往往会引起火灾（马建章 等，1984）。

对湿地资源的过度利用。对湿地鱼类资源的过度利用（掠夺式捕捞—不分大小，不分季节）；烧荒扩大耕地面积的同时会引起火灾，减少湿地生物栖息地；拣卵直接破坏鸟类的繁殖（马建章 等，1984）。

苇芦资源的利用。苇芦是保护区境内植被的建群种。它不仅因为是优质造纸原料而可以被人类利用，同时也是多种鸟类生存的必需生境。而人类则没考虑我们的朋友——鸟类，在初冬时节采取剃光头的方式将芦苇全部割光，鸟类在光秃秃的地面上没有隐蔽条件和筑巢的材料，就像人类没有了住房。

对湿地的围垦占用。湿地被围垦成村落、农田及鱼塘、修路及旅游设施所占用，结果天然湿地环境被改变导致生物多样性的锐减。

根据以上存在的生态问题，当地管理部门开始采取以下措施来修复扎龙湿地的生态系统：

1. 保证水源供应

扎龙湿地天然来水主要由乌裕尔河龙安桥、双阳河、当地径流、降水以及嫩江洪泛水量5个部分组成。由于嫩江防洪堤修建，来水大幅度减少，使得湿地水资源量不足。这便需要对剩下的几个水源进行水资源的合理规划和利用。建设节水型社会，提高水资源利用效率，改善生态环境，保障扎龙湿地获得足够的水资源。

2. 实施生态移民恢复湿地景观

扎龙湿地内核心区现有10个自然屯，人口约3800人。人类活动的影响对湿地造成较大的干扰。因此，2003年黑龙江省提出扎龙湿地核心区生态移民工程，为湿地生态环境恢复提供保证。

3. 防治水污染

(1) 实施污染物总量控制政策。由于目前乌裕尔河是扎龙湿地的主要供水水源,但其受到较严重的污染。为了修复扎龙湿地,必须对乌裕尔河进行必要的污染防治措施,减少其对湿地的污染物输入。实行污水和污染物排放总量控制,严格规范监督流域内的各企业做到达标排放。

(2) 加强污水处理系统的建设与管理。加快湿地上游城市的污水管网建设,构建城市污水处理系统,加强管理,使污水逐步实现达标排放。

(3) 控制面源污染。湿地上游及附近,有大片农田灌区,由于农药、化肥的使用,使得面源污染较大,增加湿地富营养化趋势。所以对面源污染采取控制政策,限制农药、化肥的施用量。鼓励湿地周边发展绿色农业,减少或者不用农药化肥。加强对农业面源污染的监测和监督。

(4) 水生态补偿措施。由于连年缺水,湿地萎缩明显,这便需要对湿地进行生态补水作业。2001年,修建了应急补水工程,通过引嫩供水,连续3年为湿地补水,极大缓解了湿地缺水问题,使得生态环境得以改善,有效控制水质污染,取得了较好的效果。同时结合尼尔基水利枢纽配套项目,黑龙江省引嫩扩建骨干一期工程的有关设计,合理规划扎龙湿地补水恢复措施,明确补水方式和时间。

(5) 其他控制措施。包括严格控制新污染源的产生,加强新建项目的环境评估;加强对流动污染源的管理;严格控制湿地周边地下水的开采,尤其是浅层地下水的开采;设立专项基金,加大投入等。

4. 加强及完善管理措施

建立统一的流域管理机构。在平时的管理工作中应加强监测系统的建设,包括湿地生态环境要素及总体状况监测,强调湿地生物多样性、水环境、火情监测;通过各种方式进行湿地保护宣传,增强湿地保护意识实现湿地保护全民参与(王浩民,2010)。

5. 进行流域的生态保护

通过在扎龙湿地所在的流域采取全面合理的措施进行生态保护。

7.2 陆地湖泊的生态修复

7.2.1 湖泊生态修复的研究进展

据初步统计:我国约有大小湖泊24880个,总面积8.34万km^2,约占国土总面积的0.8%(李大成 等,2006)。湖泊生态系统具有调蓄洪涝、引水灌溉、交通运输、饮用水源地、调节区域气候、维持区域生态系统平衡、繁衍生物多样性等多重功效。但由于近几十年来经济的高速发展,人类活动的加剧,使得大量的污染物和营养物质流入湖泊中,许多湖泊生态系统受到了破坏,蓝藻水华频繁爆发,水质变差日益严重。湖泊的水环境恶化、富营养化问题,正在越来越严重地影响着人们的生活,制约着社会发展。湖泊生态系统的修复成为了我国乃至全球研究的热点。目前国际上采用的技术主要有三类:一是物理方法,即通过物理性的工程措施进行处理,但治标不治本;二是化学方法,通过向湖水中投放化学药剂,去藻、去除重金属、净化水质等,但二次污染问题严重;三是生物学方法,即通过构建人工湿地、养殖水生植被、投放水生动物等措施来净化水质,建环湖生态林带防止污染物进入湖泊,恢复生态系统。其中应用生物学方法,因为其修复效果好、负面效应小,符合生态学原理,成为研究中的热点。在受破坏湖泊中恢复水生植被,日益受到人们关注。邱东茹等(1997)在武汉东湖进行水生植被恢复重建研究,在人工受控条件下,成功恢复若干种沉水植物。王国祥等(1998)采用群落镶嵌技术在重富营养化湖泊内成功恢复多种生态类型的水生高等植被。在生物浮床研究方面,宋祥甫等(1998)采用无土种植技术,在富营养化水体表面种植水稻,收到良好效果。我国于1998年对云南滇池进行生态疏浚,清除底泥,改善水质效果明显。在湖滨湿地恢复研究方面,我国的尹澄清(1995)在白洋淀的研究,美国的河流管理局对Apopka湖的试验应用(2002),都取得不错的结果。人工湿地技术也广泛应用于湖泊的恢复治理工程中。如吴振斌等(2000)研究发现人工湿地在去除藻毒素方面具有较好的效果。刘红等(2003)建立人工湿地改善了官厅水库的水质。

7.2.2 湖泊生态系统存在的生态问题

当前我国湖泊生态系统存在的生态问题,主要有以下几个方面。

1. *污染导致水质恶化,尤其是富营养化问题*

富营养化(eutrophication)是指氮磷等营养物质和有机物不断输入水体中,造成藻类大量繁殖,溶解氧耗竭,水质恶化的现象。湖泊富营养化分为天然富营养化和人为富营养化。天然富营养化过程是湖泊生态演替的重要部分,要经历几千年乃至几万年的时间才能形成。而目前造成许多湖泊富营养化的原因,主要是人为过程,可以导致湖泊在短短几年时间内就出现富营养化。富营养化的具体表现为,氮、磷等营养物质大量进入水体,藻类及其他浮游生物迅速繁殖而导致水体的溶解氧下降、透明度降低、水质恶化、鱼类及其他生物大量死亡,即水华现象。造成富营养化的原因比较复杂,但很大一部分是由于社会经济的发展,产生大量工业、生活方面的无处理污水排入湖泊。同时由于农业生产,施用大量化肥,产生的面源污染也使大量营养物质进入湖泊。富营养化已经成为影响我国乃至全球湖泊生态系统最严重的一个问题。据调查我国湖泊普遍受到氮、磷等营养物质和有机物的污染,我国富营养和超富营养化湖泊已达湖泊总量的66%和22%。五大淡水湖均已达到富营养化或向富营养化过渡阶段。其中,太湖富营养化问题最为严重,富营养化水域占太湖总面积83.5%以上(唐静杰 等,2009)。目前,导致湖泊水质恶化的往往被人类忽视的另一原因就是湖区旅游业的发展所带来的污染物的排放。包括湖泊景观区酒店及餐饮业的废污水排放,还包括游客任意丢弃的污染物,尤其是塑料类垃圾将对湖泊生态系统造成潜在的长期的危害。

2. *湖泊的水文及物理条件发生改变*

由于全球气候变暖以及人类活动的加剧,如经济发展的需要,土地资源紧张,产生大量围湖造田工程,导致湖泊萎缩和干涸现象明显,水域面积锐减。在我国西北部,新疆北部的艾比湖在20世纪40年代,湖面面积为1200km^2,储水量为30.0亿 m^3。到了50年代,湖泊面积还有1070km^2,而到了80年代面积急剧缩小至500km^2,储水量也减少到了

7.0亿m³。而在内蒙古的居延海，曾经面积极大，到了1961年，由于河流断流，西居延海干涸，河床龟裂。在水资源相对丰富的东部平原湖区的长江中下游地区，湖面已由20世纪50年代初的17198km²，减少至目前的6600km²，2/3以上湖泊面积消亡（李世杰 等，2006）。2011年5月，由于干旱等因素，5大淡水湖的鄱阳湖、洞庭湖相继出现干涸变"草原"现象，与丰水期相比，湖面只剩1/10。而据不完全统计，云南滇池围湖造田的面积达到2180hm²，滇池水面减少了21.8km²（李大成 等，2006）。

另外，湖泊建造闸坝等水利工程，导致江湖阻隔。湖泊大都与河流相通，尤其在长江中下游地区。长江中下游大中型浅水湖泊多数与大江大河相通，两者之间存在着十分活跃的物质和生物交流。湖泊已经成了一些洄游性和暂栖性河流生物的重要生存场所，这些生物也构成了湖泊生态系统的重要组成部分，对维持生态系统平衡有重要部分。周期性的水位波动对湖泊周围的湿地生态系统十分重要。然而，由于经济发展的需要，往往会建造闸坝等水利工程，造成湖江的阻隔。这样河流中洄游性的鱼类将无法进入湖泊，湖泊相对稳定的水位也会造成湿地生物多样性的锐减，还会引起泥沙的淤积，从而引起湿地生态系统的退化。湖北洪湖由于江湖阻隔，能在湖中完成生活史的鱼类仅有31种。鱼类种类数从50年代的90余种下降的目前的50余种。武汉东湖60年代初建闸后，鱼类种数从70年代的67种下降到目前的38种（邱东茹 等，1996）。

还有湖岸湖堤固化工程的修建，破坏原有自然湖岸的生物净化作用。另外也破坏了湖泊生态系统中两栖动物的生活环境，很有可能导致湖泊两栖动物的生物多样性锐减。

3. 湖泊泥沙沉积及淤塞现象

由于农业、采矿、水源林破坏而导致水土流失加剧，进而引起湖泊中泥沙的沉积和淤塞。我国东部平原和云贵高原等地区的淡水湖泊泥沙淤积问题普遍存在，其中尤以长江中游地区湖泊为甚。以洞庭湖为例，据多年平均入出湖沙量平衡资料计算，每年进入湖区的沙量达到1.29亿m³，而相对应的出湖沙量仅有0.34亿m³，年淤积量为0.95亿m³，淤积速率达到3.7cm/a。目前洞庭湖湖盆因为泥沙淤积已经高出江汉平原地面5.0~7.0m（李世杰 等，2006）。

综上所述，除气候变化以外，主要是由于人为活动——围垦、修河湖隔离工程、修湖岸湖堤固化工程会引起湖泊天然的水文及物理条件等自然条件发生改变，从而引起湖泊水生生物的生长、发育环境改变，很有可能导致湖泊生态系统的退化。

4. 过度养殖

在湖泊、水库进行水产养殖，合理开发利用水生生物资源，既能产生经济效益，又能实现湖泊生态系统的物质能量输出，延缓湖泊沼泽化进程。但往往人们为了过分追求经济利益，而忽视了生态系统的平衡性。过度的养殖，对湖泊生态系统反而造成了巨大破坏。如草食性鱼类的大量养殖，破坏了湖泊中的水草群落，加速了水生植被特别是沉水植被的退化，使水生植被种类大量减少。同时，人工养殖时投放的大量饲料会导致水体富营养化问题及其他污染问题，或造成湖泊生态环境的变化从而影响整个湖泊的生态平衡。

5. 生物多样性受损

由于污染、富营养化等问题出现后，湖泊水质恶化，生态系统退化，生物量降低，往往最终形成以藻类为主体的富营养型的生态体系。另外还有外来物种入侵问题。当有意或无意引入外来物种后，往往会引起水体乡土生物群落的退化，会导致物种入侵问题，必然会使生物多样性受损。比如凤眼莲（又称水葫芦）、南美鳄鱼龟等的引入。

6. 其他问题

除了以上这些问题，还有一些突发状况引发的水环境问题，比如有毒物质污染、重金属污染等。这一情况虽然发生概率较小，分布范围不大，但危害严重，影响巨大。当前只重视湖泊中的富营养化问题，其实通过面源污染很有可能造成湖泊中重金属的积累，现在也许量很小，危害不到人类，但现在如果不及时防范，未来也许会给人类灾难性的打击。因此，湖泊中的重金属污染问题是今后研究的热点。

7.2.3 湖泊生态修复的方法

湖泊生态修复的方法，总体而言可以分为外源性营养物质的控制措施和内源性营养物质的控制措施两大部分。

1. 外源性方法

（1）截断外来污染物的排入。由于湖泊污染、富营养化基本上来自外来物质的输入。因此要采取如下几个方面进行截污。首先，对湖泊进行生态修复的重要环节是实现流域内废、污水的集中处理，使之达标排放，从根本上截断湖泊污染物的输入。其次，对湖区来水区域进行生态保护，尤其是植被覆盖低的地区，要加强植树种草，扩大植被覆盖率。目的是可对湖泊产水区的污染物削减净化，从而减少来水污染负荷。因为，相对于点源污染较容易实现截断控制，面源污染量大，分布广，尤其主要分布在农村地区或山区，控制难度较大。最后应加强监管，严格控制湖滨带度假村、餐饮的数量与规模，并监管其废污水的排放。对游客产生的垃圾，要及时处理，尤其要采取措施防治隐蔽处的垃圾产生。规范渔业养殖及捕捞，退耕还湖，保护周边生态环境。

（2）恢复和重建湖滨带湿地生态系统。湖滨带湿地是水陆生态系统间的一个过渡和缓冲地带，具有保持生物多样性，调节相邻生态系统稳定，净化水体，减少污染等功能。建立湖滨带湿地，恢复和重建湖滨水生植物，利用其截留、沉淀、吸附和吸收作用，净化水质，控制污染物。同时能够营造人水和谐的亲水空间，也为两栖水生动物修复其生长存活空间及环境。

2. 内源性方法

内源性方法又可以分为物理、化学、生物三大类方法处理。

（1）物理方法包括以下几个：①引水稀释。通过引用清洁外源水，对湖水进行稀释和冲刷。这一措施可以有效降低湖内污染物的浓度，提高水体的自净能力。这种方法只适用于可用水资源丰富的地区。②底泥疏浚。多年的自然沉积，湖泊的底部积聚了大量的淤泥。这些淤泥中富含营养物质及其他污染物质，如重金属，能为水生生物生长提供物质来源，同时通过底泥污染物释放也会加速湖泊的富营养化进程，甚至引起水华的发生。因此，疏浚底泥是一种减少湖泊内营养物质来源的方法。但施工中必须注意防止底泥的泛起，对移出的底泥也要进行合理安置处理，避免二次污染的发生。③底泥覆盖。目的与底泥疏浚相同，在于减少底泥中的营养盐对湖泊的影响。但这一方法不是将底泥完全挖出，而是在底泥层的表面铺设一层渗透性小的物质，如生物膜或卵石，可以有效减少水流扰动引起底泥翻滚的现象,抑制底泥营养盐的释放,提高湖水清澈度,促进沉水植被的生长。但需要注意的是铺设透水性太差的材料,会严重影响湖泊固有的生态环境。④其他一些物理方法。除了以上三种较成熟、简便的措施外,还有其他一些新技术投入应用,如水力调度技术、气体抽提技术和空气吹脱技术。水力调度技术是根据生物体的生态水力特性,人为营造出特定的水流环境和水生生物所需的环境,来抑制藻类大量繁殖等。气体抽取技术是利用真空泵和井,将受污染区的有机物蒸气或将污染物转变为气相,从湖中抽取,收集处理。空气吹脱技术是将压缩空气注入受污染区域,将污染物从附着物上驱除。结合提取技术可以得到较好效果(李传明,2007)。

(2) 化学方法就是针对湖泊中的污染特征,投放相应的化学药剂,应用化学反应除去污染物质,净化水质的方法。常用的有,对于磷元素超标,可以通过投放硫酸铝 $[Al_2(SO_4)_3 \cdot 18H_2O]$,去除磷元素。针对湖水酸化,通过投放石灰来进行处理。对于重金属元素,常常投放石灰、灰烬和硫化钠等。投放氧化剂来将有机物转化为无毒或者毒性较小的化合物,常用的有二氧化氯、次氯酸钠或者次氯酸钙、过氧化氢、高锰酸钾和臭氧。但需要注意的是化学方法处理虽然操作简单,但费用较高,而且往往容易造成二次污染。

(3) 生物方法也称生物强化法,主要是依靠湖水中的生物,增强湖水的自净能力,从而达到恢复整个生态系统的方法。主要有以下几个部分:

1) 深水曝气技术。当湖泊出现富营养化现象时,往往是水体溶解氧大幅降低,底层甚至出现厌氧状态。深水曝气便是通过机械方法将深层水抽取上来,进行曝气,之后回灌,或者注入纯氧和空气,使得水中的溶解氧增加,改善厌氧环境为好氧条件,使得藻类数量减少,水华程度明显减轻。

2) 水生植物修复。水生植物是湖泊中主要的初级生产者之一,往往是决定湖泊生态系统稳定的关键因素。水生植物生长过程中能将水体中的富营养化物质如氮、磷元素吸收固定,既满足生长需要,又能净化水体。但修复湖泊水生植物是一项复杂的系统工程。需要考虑整个湖泊现有水质、水温等因素,确定适宜的植物种类,采用适当的技术方法,逐步进行恢复。具体的技术方法有:①人工湿地技术。通过人工设计建造湿地系统,适时适量收割植被,将营养物质移出湖泊系统,从而达到修复整个生态系统的目的。②生态浮床技术。采用无土栽培技术,以高分子材料为载体和基质如发泡聚苯乙烯,综合集成的水面无土种植植物技术。即可种植经济作物,又能利用废弃塑料,同时不受光照等条件限制,应用效果明显。这一技术与人工湿地的最大优势就在于不占用土地。③前置库技术。前置库是位于受保护的湖泊水体上游支流的天然或人工库(塘)。前置库中不仅可以拦截暴雨径流,同时也具有吸收、拦截部分污染物质、富营养物质的功能。在前置库中种植合适的水生植被能有效地达到这一目标。这一技术与人工湿地类似,但位置更靠前,处于湖泊水体主体之外。对水生植物修复方法而言,能较为有效地恢复水质,而且投入较低,实施方便,但由于水生植物有其一定的生命周期,应该及时予以收割处理,减少因自然凋零腐烂而引起的二次污染。同时选择植物种类时也要充分考虑湖泊自身生态系统中的品种,避免因引入物质不当而引起的入侵现象。

3) 水生动物修复。主要利用湖泊生态系统中食物链关系,通过调节水体中生物群落结构的方法来控制水质。主要便是调整鱼群结构,针对不同的湖泊水质问题类型,在湖泊中投放、发展某种鱼类，抑制或消除另外一些鱼类，使整个食物网适合于鱼类自身对藻类的捕食和消耗，从而改善湖泊环境。比如通过投放肉食性鱼类来控制浮游生物食性鱼类或底栖生物食性鱼类，从而控制浮游植物的大量发生；投放植食（滤食）性鱼类，影响浮游植物，控制藻类过度生长。对水生动物修复方法，成本低廉，无二次污染，同时可以收获水产品，在较小的湖泊生态系统中应用效果较好。但对大型湖泊，由于其食物链、食物网关系复杂，需要考虑的因素较多，应用难度相应增加。同时也需要考虑生物入侵问题。

4）生物膜技术。这一技术指根据天然河床上附着生物膜的过滤和净化作用，应用表面积较大的天然材料或人工介质为载体，利用其表面形成的黏液状生态膜，对污染水体进行净化。由于载体上富集了大量的微生物，能有效拦截、吸附、降解污染物质。本方法在发达国家工程实践中已经进行了应用，效果较好。而我国在此方面仍处于试验阶段。

7.2.4 湖泊生态修复步骤

湖泊生态修复步骤如下：

（1）对需要修复的湖泊生态系统进行调查分析。通过调查分析，了解湖泊生态系统的现状，明确系统遭到破坏或发生退化的主要原因。每一个湖泊，每一个生态系统都有其特殊性，唯一性。一个湖泊生态系统受到破坏，其表现往往不同，或水质变差，表现为水华现象、水体发臭、水生生物大量死亡等，或湖泊面积萎缩，或者湖泊水位下降，或生物多样性锐减，有时可能只出现一种现象，有时多种现象同时发生。相同的现象，其诱发因素也可能不同。例如，发生水生生物大量死亡的现象，有可能是湖泊富营养化导致水中溶解氧降低，鱼类大量死亡。也有可能是有毒污染物流入湖泊水体，使生物中毒死亡。所以，必须对需要修复的对象进行实地调查与室内分析，不仅需要现状资料还需要历史资料。既要调查湖泊本身的状况，也要调查它的用途，它与周围环境之间的关系，还要调查湖泊所在的更大生态系统中的整体状况，包括当地的社会经济发展状况，不仅要了解现状，还要了解其历史演变过程，也要了解当地的经济技术实力。本步骤的任务是了解要修复的生态系统的过去的功能及作用、现在的功能及作用、发生退化的主要原因、要修复的经济与技术上的可能性。目的是为后面的修复方案的确定提供依据。

（2）进行要修复的生态系统的生态评价。此部分包括两方面，一方面是进行自然生态质量评价，另一方面是进行要修复的生态系统的承载力评价。进行要修复的生态系统的自然生态质量评价，是定量确定要修复的生态系统的现状生态质量状况，搞清其空间异质性，划分出要修复的生态系统的退化等级，同时搞清引起退化的主要成因。进行要修复的生态系统的承载力评价，目的是确定要修复的生态系统的最大承载量，同时确定逐步修复此生态系统所需要的时间、条件等。

（3）制定系统的修复方案，针对性地选择相适宜的修复方法。在实地调查分析及生态评价的基础上，制定系统的修复方案。对湖泊生态系统的修复是一项系统性工程，必须充分考虑生态系统各组成部分和环节。不能单单就某一问题采取某一措施来进行修复。例如发现湖泊富营养化，发生水华现象，不能单单采取收割、打捞藻类了事。这是治标不治本的措施，无法真正修复湖泊生态系统。必须了解到富营养化发生的根本原因，采取外源控制、内源治理相结合的方法，从根本上去除富营养化发生的条件。应该系统地修复湖泊系统，根据具体的不同治理目标及当地本身具有的条件，针对性地选择相应的修复方案。选择修复方案时应该考虑其可行性。所选的修复方案不是暂时解决问题，而是要从根本上解决上述问题，即在生态修复中，应当考虑采取修复措施时可能带来的二次污染、生物入侵等现象，尽量予以避免。而且所选的方案的可行性要以三效益为目标，即生态、社会与经济效益都能同时达到，那么这种方案就是最好的可行方案。

（4）按照修复方案，具体实施各种修复措施。根据制定好的修复方案，有步骤、有条理地统筹实施。有时候各种修复方法需要相互配合，有些方法可以同时进行，有些则需要有先后次序的要求，应当予以注意。

（5）在修复过程中以及修复完成后，要及时进行监测，对修复状况进行评估。湖泊生态系统的修复成果如何，需要在各个时期进行监测、评估。在修复过程中，进行监测及评估目的是了解修复的效果，同时尽早及时发现修复中产生的问题，及时采取措施进行修正与完善。在修复方案实施完成后，要对整个系统进行调查及监控，与修复前进行比较，评估修复成果。在湖泊生态系统完全修复后，同样需要对湖泊进行不定时的监测，发现可能会出现的问题，趁早处理，做好生态保护工作，巩固修复成果。

7.2.5　陆地湖泊生态修复实例

实例 1　太湖的水环境修复

2007 年 5 月 29 日早晨，无锡市民发现自来水管中的水散发着强烈的腥臭味。大部分城区陷入不同程度的水荒之中。无锡水荒事件引起全国上下和全世界的高度关注。经调查发现，此处水危机发生的原因是太湖流域出现大面积蓝藻暴发，死亡的蓝藻水华漂至水厂取水口周围，造成了水污染事件的发生。2007 年 6 月 1 日下午的调查采样发现，在污染水域中，其总氮、总磷、COD_{Mn} 浓度分别高达 23.4mg/L、1.05mg/L、53.6mg/L，叶绿素 a 的浓度高达 0.98mg/L。这些参数是太湖正常情况下的 10~20 倍。这是事件即将结束时的水质数据，可见在暴发初期，该水域受到的污染有多么严重。直至 6 月初，自来水供应才逐步趋于正常。其实，太湖出现富营养化、蓝藻暴发事件已经很久了。早在 1960 年，当时的中科院南京地理所在太湖进行科考时最先在梅梁湾口发现了条带状分布的蓝藻。此后，从 20 世纪 60 年代至 80 年代初，太湖蓝藻时有发生，但规模较小，持续时间也较短。可是，从 90 年代开始，太湖富营养化越来越严重，蓝藻几乎年年暴发，且范围也越来越广。其中，1990 年、1994 年、2007 年都暴发了严重的蓝藻水华，导致水危机的发生。

太湖富营养化的发展和治理其实已经经历了很多年，尤其是"十五"期间，国家投入大量人力物力治理太湖，但收效甚微。太湖之所以发生如此频繁、严重的富营养化现象，蓝藻暴发，其治理难度较大，有其特殊的原因。首先太湖发育于长江中下游洪泛平原，营养本底较高。在人类活动尚未大规模影响太湖流域时，由于大量湿地与水生植物的存在，一方面有效削减排入湖中的外源营养物质，同时又大量遏制底泥中营养盐释放。水生植物吸收水体中和沉积物中的营养物质，死亡后沉积于湖底，使得水体中营养物质不足以发生富营养化，不足以导致蓝藻水华。但随着社会发展，围湖造田，大量湖滨滩涂湿地受到破坏，使得原先沉积于此富含营养物质的底泥泛起，成为输出污染物的污染源，加剧富营养化进程，导致蓝藻暴发。其次，太湖是一个浅水湖泊，湖面的风浪很容易引起水底沉积物

7.2 陆地湖泊的生态修复

的扰动，产生富营养物质释放。当然最主要的原因还在于，人类活动使得大量污染物排入太湖。太湖流域是长三角地区经济最为发达的区域之一，沿太湖周边分布着大量的工厂企业。经济的发展，使得每年排入太湖的各类污水逐年增加。这些污水又有很大一部分未经任何处理，直接排入，使得太湖富营养化现象加剧，破坏整个生态系统。

因此，对太湖进行生态修复，需要整个系统考虑，内外结合。一方面，对外来入湖营养污染物进行控制。外来营养盐进入湖泊是导致湖水富营养化的最根本原因之一。对工业污染和城市生活污染等点源污染进行强制性集中处理排放。1998年起，太湖启动三省一市零点达标排放行动，目的便在于此。而对于面源污染，无法做到集中处理排放，这需要通过生态工程措施来进行修复。例如前置库技术，在河水进入湖泊前，设置前置库，延长河水停留时间，吸收、吸附、拦截污染物。同时利用湿地处理方法，恢复构建湖滨湿地、人工湿地，通过生物学生态方法控制外源营养物进入湖泊。

另一方面，应用各种方法，对湖泊内源营养物进行控制。例如物理性工程措施有引水冲刷。发生水危机事件之后，无锡市加大了引江济太流量，同时在梅梁湾往外泵水，引导湖水流动和交换。同时进行底泥疏浚。底泥是重要的营养物质富集地和释放地。因此通过对底泥的疏浚，可以有效减少富营养化发生情况。另外在已经发生蓝藻暴发现象时，作为应急性措施，人工打捞去除蓝藻也是一个有效的方法。在水危机事件发生时，无锡市组织了大量人员对蓝藻暴发水域进行人工、机械蓝藻打捞。作为应急处理方案，这一措施能有效快捷地减少水华对水环境的影响。此外还有应用化学方法对蓝藻进行消除。潘刚等(2006)在太湖梅梁湾牵龙口水厂水源地适用当地的改性黏土去除藻华，效果较好。目前常用的有：硫酸铜、丙玛三肽、钙化合物、铝化合物、改性黏土等。但以上这些都是应急性质，治标不治本的方法。真正需要的还是通过生态方法进行。在湖泊中，进行水生植物的恢复重建，利用水生动物进行藻类控制等。"十五"期间国家科技专项"太湖水污染控制与水体修复技术及工程示范"中的"太湖梅梁湾水源地水质改善技术"课题，通过消浪、围隔导流、蓝藻水华控藻、水生植物恢复与生态系统构建包括湖滨带恢复等，水质得到了明显的改善。尤其是总氮和氨氮，提高了供水质量（秦伯强，2004；秦伯强 等，2005；秦伯强，2007；秦伯强 等，2007）。

实例2 滇池的水环境修复

滇池是我国著名的高原淡水湖泊，分为外海和草海两个部分，由一道天然的湖堤分开。湖泊水域面积为300km^2，平均水深4.4m。从20世纪70年代后期开始，滇池受到污染，进入90年代污染速度明显加剧。主要体现为富营养化现象。草海为异常富营养化，局部沼泽化；外海严重富营养化。全湖水属劣Ⅴ类水体。

滇池生态系统的污染有其特殊性：①滇池处于湖泊发育的老年末期阶段，距湖体消失，成为陆地的终点为期不远。如今湖面缩小，湖水更换变慢，本身的自净能力较差。加之人类的污染，使得目前滇池已经完全丧失了自净能力。②滇池位于高原中部，来水量少而集中，污水比重大。每年进入滇池的污水有1.85亿 m^3，约占总入湖水量的20%。③滇池位于昆明盆地中的低地，昆明市下游成为了污水唯一的汇。④人口激增，污染加剧。⑤水流方向与主风向相反，污染物难以输出排除，湖水"有似倒流"，也成为滇池名称的由来。⑥水体年交换量少，更新较慢，底泥污染严重。⑦湖滨带生态结构遭严重破坏，生态系统全面崩溃（王玉朝 等，2004）。

由于滇池的特殊性，对其进行生态修复，相比较其他湖泊生态系统，有其独特的方案。由于滇池来水中污水比例较大，需要对滇池上游的来水进行污水集中处理排放。1999年5月1日零点，昆明市规定144户排污水重点企业，排放的废水必须全部达到国家规定。同时建立了4座城市污水处理厂，总处理能力达每日36.5万t，占全市污水生产量的50%以上。再者，针对滇池来水不足，置换水体周期较长的问题。采用外流域引水工程。通过跨流域调水、引水，用相对较为清洁的水源注入滇池，加大其水环境容量，能够取得较好的治理效果。同时，采取其他一些常规的湖泊生态系统修复措施进行处理。例如，构建湖滨带湿地、植树造林恢复湖泊外围生态环境、疏挖底泥、针对蓝藻问题通过各种物理、化学、生物等方法进行处理。其中需要注意的是，由于滇池污染较为严重，昆明市曾在1999年通过化学方法，在草海水域中投放药物240t，进行除藻。虽然这一措施是在当时滇池藻类问题极其严重的背景下进行的，也取得了一定效果，但其造成的二次污染也不容忽视，潜在危害不能排除。因此不推荐使用大规模化学方法除藻（张霞，2000；杨健强，2001；赵俊权 等，2005）。

目前，虽然各种生态恢复措施的施行，效果有时候不甚明显，但也应该看到整个湖泊生态系统正在向着好转的方向前进。我们必须认识到，一个湖泊生态系统的恢复是一个系统的、长期的、复杂的工程，生态系统有其规律性，不能一蹴而就，需要坚持不懈的努力。

7.3 滨海湿地的生态修复

滨海湿地位于海洋和陆地的交错地带，在海洋和陆地的相互作用下形成其特有的生态环境。滨海地带景观结构复杂，生态系统多样，既是自然力作用强烈的地带，也是人类活动影响强烈的地带。

我国拥有18000km的海岸线，东起鸭绿江，西至北仑河口，跨越了热带、亚热带、暖温带等多个气候带，包含渤海、黄海、东海和南海。多样的自然条件形成了丰富的滨海湿地类型。根据《中国湿地保护行动计划》，我国的滨海湿地包括了2.7万 km^2 的浅水海域和2.2万 km^2 的潮间带滩涂，滨海湿地的总面积接近6.0万 km^2，是亚洲湿地面积最大的国家，位居世界第4位。中国滨海湿地主要分布在沿海的11个省市和港澳台地区，见表7-1。

表7-1　　　　　　　　　中国沿海湿地分布（张晓龙 等，2005）

地　区	主　要　湿　地
辽宁	辽河三角洲、大连湾、鸭绿江口、辽东湾
河北	北戴河、滦河口、南大港、昌黎黄金海岸
天津	天津沿海湿地
山东	黄河三角洲及莱州湾、胶州湾、庙岛群岛
江苏	盐城滩涂、海州湾
上海	崇明东滩、江南滩涂、奉贤滩涂

7.3 滨海湿地的生态修复

续表

地 区	主 要 湿 地
浙江	杭州湾、乐清湾、象山湾、三门港、南麂列岛
福建	福清湾、九龙江口、泉州湾、晋江口、三都湾、东山湾
广东	珠江口、湛江口、广海湾、深圳湾、韩江口
广西	铁山港和安铺港、钦州湾、北仑河口湿地
海南	东寨港、清澜港、洋浦港、三亚、大洲岛、西沙群岛、中沙群岛、南沙群岛
香港、澳门、台湾	香港米铺和后海湾、台湾淡水湾、兰阳溪、大肚溪河口、台南、台东湿地

中国滨海湿地主要类型包括盐沼湿地、潮间砂石海滩、潮间带有林湿地、基岩质海岸湿地、珊瑚礁、海草床、人工湿地和海岛等（何文珊，2008）。陆健健（1996）据位置及水体特性将中国滨海湿地分为潮上带淡水湿地、潮间带滩涂湿地、潮下带近海湿地、河口沙洲离岛湿地4个子系统。吕彩霞等（2003）根据生态、水文和地理、地貌学的特点，将我国的海岸带湿地划分为沿海低地、沿海潟湖、潮间带湿地、河口湾、红树林、珊瑚礁、浅海水域和岛屿等8大类。丁东等（2003）根据湿地在沿海的地理位置及海岸特征，将中国沿海湿地分为浅海滩涂湿地、河口湾湿地、海岸湿地、红树林湿地、珊瑚礁湿地及海岛湿地等6大主要类型。赵焕庭和王丽荣（2000）从沉积学、地貌学和生态学视角，按形态、成因、物质组成和演变阶段将我国海岸湿地划分为淤泥质海岸湿地、砂砾质海岸湿地、基岩海岸湿地、水下岸坡湿地、潟湖湿地、红树林湿地和珊瑚礁湿地等7大类。陆健健（1996）根据目前的我国湿地分类分级标准，将我国滨海湿地分为12种类型。分属潮下带近海湿地、潮间带滩涂湿地、河口沙洲离岛湿地及潮上带淡水湿地4个子系统。主要包括岩质滩湿地、基岩海岸湿地、淤泥质河口湿地、生物礁湿地、藻床湿地、滩涂湿地（包括草本植物潮滩湿地、红树林湿地和高盐碱湿地3种亚型）、泥沙质滩涂湿地、离岛湿地和河口沙洲湿地等，以及海岸大潮高潮线以上与外流江河相连的微咸水或淡水湖、沼泽地等。

我国滨海湿地的分布总体上以杭州湾为界，分为南北两个部分。杭州湾以北的滨海湿地，除山东半岛和辽东半岛的部分地区为基岩性海滩外，多为砂质和淤泥质海滩。由环渤海滨海湿地和江苏滨海湿地组成。环渤海滨海湿地主要由辽河三角洲和黄河三角洲组成，江苏滨海湿地主要由长江三角洲和废黄河三角洲组成。杭州湾以南的滨海湿地以基岩性海滩为主，其主要河口及海湾有钱塘江—杭州湾、晋江口—泉州湾、珠江口—河口湾和北部湾等。在河口及海湾的淤泥质海滩上分布有红树林，从海南省至福建省北部沿海滩涂及台湾省西海岸均有分布。在西沙群岛、中沙群岛、南沙群岛及台湾、海南沿海分布有热带珊瑚礁（国家林业局，2000）。

7.3.1 滨海湿地生态修复的研究进展

滨海湿地是三大类湿地之一，处于陆地—海洋—大气相互作用最活跃的地带，被喻为"海洋之肾"，具有涵养水源、净化环境、调节气候、维持生物多样性、拦截陆源物质、护岸减灾、防风等生态功能，并且能够通过生物地球化学过程促进空气及 C、H、S 等关键元素的循环提高环境质量（何文珊，2008）。滨海湿地在提供后备土地资源、容纳营养盐和分解污染物，以及作为水生和沼生生物的栖息地、繁殖区和候鸟的迁徙越冬地等方面有着不可替代的作用。

沿海地区人口稠密，经济发达，人类对海岸带的开发利用历史悠久。中国的滨海湿地资源丰富，早在2000年前，古人对滨海湿地的利用就有了清晰的认识，在春秋战国时期，沿海的齐国、吴国和越国便认为滩涂湿地的"盐鱼之利"乃是"富国之本"，而将其称为"国之宝"（季中淳，1995）。我国滨海湿地虽然只占全国湿地总面积的15%，但其所屏障的沿海地区承载了40%的人口和占全国60%以上的GDP（杨红生，邢军武，2002）。

由于近几十年来经济的高速发展，人类活动的不断加剧，滨海湿地遭受了不可忽视的破坏。盲目围垦和改造湿地，造成滨海湿地面积迅速减少。20世纪50年代以来，已经造成滨海湿地面积减少约219万hm^2，其中天然红树林面积减少约73%，珊瑚礁约80%被破坏。滨海湿地的围垦和改造利用，不仅使湿地生物失去了栖息地，直接影响到了沿岸渔业生产。同时导致沿岸生态环境恶化，海岸灾害增多。任意排放污染物，导致滨海湿地污染严重，沿海水体富营养化、近海水域赤潮频繁发生。另外，人类大量抽取地下水使得临界处的淡咸水平衡状态被破坏，海水入侵，引发一系列的环境问题，比如大连市的海水入侵已经造成了严重的影响。大连市海水入侵问题，是目前大连市比较突出的地质灾害问题，2003年入侵面积已达178.5km^2。海水入侵造成了大连市地下淡水资源的进一步匮乏，一定程度上制约了"大大连"的规划和发展（李宝兰 等，2005）。滨海湿地面积的不断减少，水体污染严重，海水入侵湿地的生态系统多样性下降使得其生态服务功能日益减小。这些问题正在不断地加剧，严重影响人们的生活，制约经济的发展，滨海湿地的生态修复越来越受到人类的关注，成为各国政府建设的重点和学者的研究热点。

湿地的生态恢复指在退化或丧失服务功能的湿地通过生态技术或者生态工程进行生态系统结构的修复或重建，使其发挥原有的或者设想的生态服务功能（陆健健，2006）。在滨海湿地研究方面，美国开展得较早。20世纪50—70年代，美国湿地的研究领域向海岸带扩展，重点是海滨盐化湿地和红树林沼泽。配合当时经济的快速发展，湿地排水疏干改造为农田和居民地的活动也加紧进行，而湿地生态的保护研究尚属薄弱。较有战略意义的项目是全国湿地编目和制图，这是基础性工作，也反映出这一时期美国湿地研究的重点在资源方面。进入80年代以后的15年是美国湿地研究的蓬勃发展时期，在继续推进湿地编目与制图的同时，湿地生态系统结构与功能的研究备受重视，湿地保护研究尤为突出并促进了湿地政策与立法的研究。布什总统颁布了美国湿地保护法律"无网损益"（No Net loss），从立法上强化了湿地的管理。美国还和加拿大联合推行"北美湿地管理计划"，通过国际合作促进湿地管理学的发展。在此期间，美国从事湿地研究的机构不断壮大。目前，在美国从不同角度进行湿地研究的机构约有100多个，主要分布在一些大学和研究所，名列前茅的有：佐治亚萨皮洛岛海洋研究所（Sapelo-Island Marine Institute in Georgia）、路易斯安那大学海岸—能源—环境资源研究中心（The Center for Coastal, Energy and Environmental Resources at Louisiana State University）、佛罗里达大学湿地中心（Center for Wetlands at the University of Florida）和圣地亚哥州立大学太平洋河口研究试验室（Pacific Estuarine Research Laboratory at San Diego State University）等。

7.3 滨海湿地的生态修复

此外像俄亥俄州立大学、加利福尼亚州立大学等也都是滨海湿地和泥炭地研究的重要单位。如仅在路易斯安那大学就成立了"海岸生态研究所""湿地自然资源研究所"和"湿地生态化学研究所"三个专门的湿地研究单位，该校的海洋系以浅海域为主，所拥有的海洋试验站重点研究海岸湿地。在湿地研究力量空前壮大的同时，湿地学术活动也十分活跃，每年都有湿地会议召开。1992年美国在俄亥俄州主办了国际湿地会议，52个国家的千余名代表参会，会后出版了大型论文集"全球湿地——新旧世界"（Globle Wetlands-Old and New）。根据美国大学文献检索目录和有关资料，美国自1990年以来每年发表有关湿地的学术论文100～250篇。近年在滨海湿地方面的专著有：《海岸湿地》（Coastal Marshes，Robert A，Chabreck，1988）和《路易斯安娜海岸湿地的减少、退化和管理科学评估》（Scientific Assessment of Coastal Wetland Loss, Restoration and Management in Louisiana，D. F. Boesch et al，1994）（孙广友，1997）。

美国早在1972年10月27日就颁布了《海岸带管理法》（CZMA），随之韩国、日本、新加坡、英国等国也先后制定了海岸带管理法律、法规。同时为了减少资源破坏和避免生态进一步恶化，利用人工措施对已受到破坏和退化的海岸带进行生态恢复，由于人类对海岸带生态系统复杂性认识的局限性，目前对海岸带生态恢复的研究还主要集中在单个的生态因子上，对海岸带生态系统的综合系统的恢复技术仍处于探索阶段。目前国外海岸带恢复技术的研究和应用主要集中在以下几个方面：人工河流水系的重新设计、人工鱼礁生物恢复和护滩技术和海岸带湿地的生物恢复技术。我国是世界上海岸带生态系统退化最严重国家之一，也是较早开始海岸带保护的国家之一。在20世纪50年代、90年代及21世纪初共开展了5次大规模海岸带、滩涂和海岛资源综合调查，为随后海岸带保护和修复工作及海滨资源开发、保护及修复奠定了基础。20世纪90年代以来，先后建立了昌黎黄金海岸，山口红树林，三亚珊瑚礁，南麂列岛，江苏盐城丹顶鹤等海岸带湿地自然保护区；20世纪90年代末在南海、东海、黄海、渤海等海域实施了伏季休渔制度，开展第二次全国海洋污染情况调查；制定和实施了海洋环境保护法，海域使用管理法等法律法规。虽然我国在海岸带保护工作方面取得了巨大进步，但在海岸带生态修复技术研究和应用方面工作很少，还基本处于起步阶段。海洋生物人工放流增殖技术在我国应用较早，自80年代以来，我国先后在渤海、黄海、东海放养了以中国对虾为代表的近海海洋资源，目前规模化放流和试验放流种类已扩大到日本对虾、三疣梭子蟹、海蜇、虾夷扇贝、魁蚶、海参、鲍以及梭鱼、真鲷、黑鲷、牙鲆等10多个品种，对近海海洋生物恢复起到了积极作用。人工鱼礁技术在我国南方海区近年来开始大规模实验。2000年，广东省在阳江近海海面沉放了两艘百余吨级的水泥拖网渔船，以改善近海渔场生态环境。2001年，我国首次在珠海东澳进行人工鱼礁试验。随后的2002年和2003年，在广东汕头南澳、福建三都澳官井洋斗帽岛、浙江舟山群岛、江苏连云港市赣榆县秦山岛及海南三亚等海域先后开展大规模的人工鱼礁试验。2000年在山东东营市开展的黄河三角洲湿地生态恢复工程是我国近年来较为成功的海岸带生态恢复项目，此工程通过引灌黄河水、沿海修筑围堤、增加湿地淡水存量，同时强化生态系统自身调节能力。目前淡水湿地面积明显增大，植被生长旺盛，许多候鸟纷纷在保护区内筑巢产卵。2003年由中国环境科学院、天津环境保护科学研究院、天津大学、中国海洋大学、国家海洋局第一海洋研究所等众多科研单位共同实施的

"渤海典型海岸带生境修复",旨在利用生物技术和工程技术,在渤海海河大沽河口地区建立人工群落和植被系统,修复遭到严重破坏的海岸带生态系统。该工程计划在2005年建成,届时将为整个渤海湾地区的海岸带生境修复提供范例(李红柳 等,2003)。为贯彻实施《全国海洋经济发展规划纲要》,促进我国海洋经济持续快速发展,实现"全面建设小康社会,加快推进社会主义现代化目标",国家海洋局组织实施了国务院2003年批准的"我国近海海洋综合调查与评价"专项,即908专项,本专项的进行将让我们了解中国海滨湿地的现状及现存的生态问题及其成因,有助于制定我国海滨湿地的保护与修复方案。

7.3.2 滨海湿地生态修复针对的生态问题

盲目围垦和改造湿地,造成滨海湿地迅速减少。沿海地区土地压力大,土地需求紧迫,在各种因素作用下,对滨海湿地的围垦持续不断。20世纪50年代以来,已损失滨海湿地约219万 hm^2,天然红树林面积减少约73%,珊瑚礁约80%被破坏。滨海湿地的围垦和改造利用,不仅使湿地生物失去了栖息地,直接影响到了沿岸渔业生产,同时导致湿地生态环境恶化,海岸灾害增多。

任意排放污染物,导致滨海湿地污染加剧。人口的增加,工农业和养殖业的发展,使排污量迅速增加。由于沿岸水体的污染,富营养化严重,近岸海域赤潮现象频繁发生,并呈现不断上升趋势,2000年共记录到28起,2002年发生79起。2002年,我国近海海域水质状况没有得到改善,污染范围确有扩大。滨海湿地的污染不仅使沿岸经济利益受到严重损害,也影响了环境,破坏了海岸景观。

人为破坏剧烈,海岸侵蚀严重。20世纪以来,随着气候的暖干化,海面呈上升趋势,导致海水向陆侵入,沿岸风暴潮等灾害频繁发生,海岸侵蚀加剧,湿地面积减少。但滨海湿地的破坏主要还是人为作用,正所谓"三分天灾,七分人祸"。沿海地区过量抽取地下水,使地面下沉,加剧了海面的相对上升;沿岸挖沙、海岸工程建设、水库拦沙等使得近岸局部区域泥沙严重亏损,导致海岸严重侵蚀。据估计,目前我国70%以上的沙质海岸和大部分的泥质海岸均受到不同程度的侵蚀,而且有范围扩大、程度加剧的趋势(张晓龙 等,2005)。

当前,对滨海湿地的影响主要是污染和盲目的围垦。前者是导致滨海湿地环境恶化,生物多样性锐减的主要原因。后者导致滨海湿地的面积不断缩小。两者共同使得滨海湿地生态系统退化,生态服务功能下降。对滨海湿地的生态修复主要集中在这两个方面:针对滨海湿地污染严重的问题,要采取各种方法提高滨海湿地水体和土壤的质量;针对盲目围垦,湿地面积不断减少的问题,则应控制人类的不合理的开发利用,保持滨海湿地的面积。

7.3.3 滨海湿地生态修复方法

针对滨海湿地污染严重,首先应该控制污染源头,然后就是采取各种工程措施来治理污染。具体修复方法有以下几种:

(1) 化学方法。通过氧化-还原作用及化学凝聚、吸附作用除去磷、重金属及难溶物质。但是该方法易造成二次污染。

(2) 物理方法。通过物理沉淀、过滤、吸附进一步除去可沉淀的固体、胶体、氮、磷、重金属、细菌、病毒及难以溶解的有机物质,但不足之处是治标不治本。

(3) 生物方法。利用微生物、植物及其他生物或生态系统的作用,将环境中的危险性污染物降解为二氧化碳和水或转化为其他无害物质的工程技术系统(马文漪 等,1998)。生物修复技术作为一门新兴的环境生物技术,与传统的物理、化学修复技术相比,具有处理费用低、净化效果好、不造成二次污染等优点,因而受到世界各国的关注。欧洲和北美的许多发达国家早在 20 世纪 80 年代中期就开展了生物修复技术的初步研究工作,并完成了一些实用的处理工程。将生物修复技术应用于受污染滨海湿地的治理,对于保护滨海湿地生态环境、发展沿海经济具有重要意义(喻龙 等,2002)。目前,生物修复技术在滨海湿地的研究和应用主要集中在对海岸溢油的微生物修复,对重金属、有毒有机物和氮、磷营养盐等污染物的生物修复还处于探索阶段。

7.3.3.1 微生物修复

微生物修复主要是利用天然存在的或特别培养的微生物在可调控环境条件下将有毒污染物转化为无毒物质的处理技术(沈德中,2002)。滨海湿地的微生物修复早在 20 世纪 80 年代就开始了,1989 年美国环保局在阿拉斯加 Exxon Valdez 溢油事故中,首次成功利用微生物修复技术来清除海滩溢油。目前,滨海湿地微生物修复的重点仍然是石油烃为主的有机污染,以及日益突出的 N、P 营养盐污染的去除。

1. 有机污染物的微生物修复

有机污染物质的降解转化实际上是由微生物细胞内一系列活性酶催化进行的氧化、还原、水解和异构化等过程(张锡辉,2001)。目前,滨海湿地主要受到石油烃为主的有机污染。其实海洋环境中本身就广泛分布着降解石油烃类等有机污染物的微生物,目前已知有 70 个属 200 多种微生物能够氧化一种或多种石油烃类。其中最主要的是细菌,如假单胞菌、黄杆菌属、棒杆菌属、弧菌属、无色杆菌属、微球菌属、放线菌属等。其次,真菌也发挥重要的作用,如枝孢酶被认为是主要的解烃真菌(孔繁翔,2000)。

虽然海洋环境中存在可以降解石油烃类的微生物,但是由于石油的理化性质和海水中氮磷营养盐缺乏的限制,单纯靠土著微生物来净化是不够的。微生物修复技术如人为添加亲油缓释肥料、表面活性剂以及接种高效石油降解微生物,促进微生物对有机污染物的降解。微生物对有机污染物降解效果主要受三个因素的影响:污染物特性与微生物种群、湿地性质和表面活性剂(吉云秀 等,2005)。

污染物结构越复杂就越难降解,一些难降解的污染物常常需要多种微生物的共同代谢作用。在微生物修复的实际处理中,最好引入经驯化或基因改造的高效混合菌或激发环境中的多种土著菌。湿地性质,如有机质含量、含氧量、物理结构、pH 值及 N、P 含量等能改变生物降解速率,因此改善湿地条件可以提高有机污染物的生物修复效果。湿地的 pH 值和 C、N、P 比例可以通过加入石灰和亲油缓释氮磷营养盐类来调节;控制湿地温度并通过整理、混匀以改善湿地质地;通过湿地耕作、空气注入和添加过氧化物可改善微生物的降解条件,从而提高降解率。Exxon Valdez 溢油事故中就是成功地应用亲油缓释肥料(Inipol EAP22),使油生物降解率提高 2~5 倍(Prince et al.,2003;吉云秀 等,2005)。由于污染物只有与微生物相接触才能被降解,而许多微生物酶并不是胞外酶。这时候,表面活性剂就发挥了作用,它能增强憎水有机污染物的亲水性和生物可利用性,从而提高降解的效率。

2. N、P 营养盐及重金属等无机污染物的微生物修复

对于滨海湿地 N、P 营养盐的净化,单纯应用微生物修复技术的很少,一般是结合植物构建人工湿地来修复的。采用微生物系统去除污水中的重金属离子,比传统方法更有潜力。微生物对滨海湿地中重金属的净化主要通过两个过程来实现:微生物对重金属的生物积累和生物转化。微生物与重金属具有很强的亲和性,能富集许多重金属。有毒金属被储存在细胞的不同部位或被结合到胞外基质上,通过代谢过程,这些离子可被沉淀,或被轻度螯合在可溶或不溶性生物多聚物上。细胞对重金属盐具有适应性,通过平衡或降低细胞活性达到平衡。微生物还能转化重金属。微生物能够改变金属存在的氧化还原形态,如某些细菌对 As^{5+}、Fe^{2+}、Hg^{2+}、Hg^+ 和 Se^{4+} 等元素有还原作用,而另一些细菌对 As^{3+}、Fe^{2+} 和 Fe 等元素有氧化作用。随着金属价态的改变,金属的稳定性也随之变化。有些微生物的分泌物可与金属离子发生络合作用,产生的 H_2S 细菌又可使许多金属离子转化为难溶的硫化物被固定。微生物可对重金属进行甲基化和脱甲基化,其结果往往会增加该金属的挥发性,改变其毒性(河池全 等,2003)。

7.3.3.2 植物修复

滨海湿地的植物修复技术是指以植物忍耐富集或转化无机或有机污染物为基础,利用自然生长的湿地植物或者通过遗传工程培育的湿地植物来清除滨海湿地污染物的一种环境污染治理技术。植物修复的研究对象,主要集中在重金属、有机污染的治理以及富营养化水体的净化上(吉云秀 等,2005)。

1. 重金属污染的植物修复

重金属污染湿地的植物修复可归为三种类型:植物吸收(phytoextration)、植物固定(phytostabilization)和植物挥发(phytovolalization)。

植物吸收是利用累积植物吸收环境中的金属离子,将它们输送并储存在植物体的地上部分,收获后离地处理,这是当前研究较多并已认为是最有发展前景的修复方法。红树林是热带、亚热带沿海潮间带的耐盐森林生态系,不仅有很好的保滩护堤作用,而且能抗污染和净化污水。林鹏研究表明,红树植物能将大量的汞吸收储藏在植物体内,汞质量占到达到 1g/kg 时仍未受害。米草属是潮间带的优势种,抗盐能力很强,并具有很强的富集重金属的能力。试验表明,大米草地上部分吸收富集的汞含量是环境中汞的 10~56 倍,而根部达到 250~2500 倍。陆健健等研究发现,滩涂植物芦苇和海三棱草对 Zn、Cd、Pb、Mn、Cu 等 5 种重金属有不同程度的富集(俞龙 等,2002;吉云秀 等,2005)。

植物固定是利用植物降低重金属的生物可利用性或毒性,减少其在土体中通过淋滤进入地下水或通过其他途径进一步扩散。根分泌的有机物质在土壤中金属离子的可溶性与有效性方面扮演着重要角色。根分泌物与金属形成稳定的金属螯合物可降低或提高金属离子的活性。根系分泌的粘胶状物质与 Pb^{2+}、Cu^{2+} 和 Cd^+ 等金属离子竞争性结合,使其在植物根外沉淀下来,同时也影响其在土壤中的迁移性。但是植物固定可能是植物对重金属毒害抗性的一种表现,并未使土壤中的重金属去除,环境条件的改变仍可使它的生物有效性发生变化(吉云秀 等,2005)。

植物挥发是指植物将吸收到体内的污染物转化为气态物质,释放到大气环境中。Bizily 等人研究表明,将细菌体内的有机汞裂解酶和汞还原酶基因转入植物 Arabidopsis thaliana 并使其表达,植物可将从环境中吸收的甲基汞等还原为单质汞挥发除去,其挥发性能高出野生植物 100~1000 倍。也有研究发现植物可将环境中的 Se 转化成气态的二甲基硒和二甲基二硒等气态形式。植物挥发只适用于具有挥发性的金属污染物,应用范围较小。此外,将污染物转移到大气环境中对人类和生物有一定的风险,因而它的应用受到一定程度的限制(Abdul,2001;吉云秀 等,2005)。

植物修复的关键是修复植物的选择,用于滨海湿地修复的植物应具有以下几个特性:①在污染物浓度较低时具有较高的积累速率;②体内具有积累高浓度的污染物的能力;③能同时积累几种金属;④具有生长快与生物量大的特点;⑤抗虫抗病能力强;⑥耐盐碱;⑦最好具有景观效应。在此方面,寻找能吸收不同重金属的植物种类及调控植物吸收性能的方法是重金属污染滨海湿地植物修复技术商业化的重要前提(吉云秀等,2005)。

2. 有机污染及 N、P 营养盐污染的植物修复

传统有机污染物的生物修复是用微生物来完成的,有人认为研究植物去除有机物比较困难。因为有机物在植物体内的形态较难分析,形成的中间代谢物也较复杂,很难观察其在植物体内的转化。但是与微生物修复相比,植物修复更适用于现场修复。近些年有关的研究也很多,有的已进入野外试验和应用。

植物主要通过三种机理去除环境中的有机污染物,即植物直接吸收有机污染物;植物释放分泌物和酶,刺激根区微生物的活性和生物转化作用以及植物增强根区的矿化作用。植物直接吸收土壤中的有机污染物,并将有机污染物转化成没有毒性的代谢中间体储存于植物组织中,是植物去除土壤内中等亲水性有机污染物的一个重要机制。研究表明,环境中大多数 BTEX 化合物(苯、甲苯、乙苯、二甲苯)、含氯溶剂和短链的脂肪族化合物可通过这一途径去除(俞龙 等,2002)。有机污染的植物修复目前的研究重点仍放在修复植物的筛选,污染物的代谢转化机理及增效措施(有机污染物的增溶等)等方面;研究中尤其要注意生态安全,以避免更高毒性中间产物的积累,食物链传递,淋溶扩散等二次污染的发生(吉云秀 等,2005)。

潮滩养殖及生活污水的排放等使得滨海湿地的 N、P 污染日益严重。用于 N、P 污染的植物修复技术应用很多,主要是富营养化水体的修复,如构建人工湿地,利用大型水生植物净化 N、P。美国对芦苇、香蒲、灯心草、水葱等植物净化进行了大量的研究,我国在淡水水体这方面也开展了不少工作,但对于滨海湿地的氮磷植物修复研究应用的不多,实际应用时可以借鉴许航等的研究(1998)。湿地植物修复一方面植物自身能吸收一部分营养物质,另一方面它的根区为微生物的生存和降解营养物质提供了必要的场所和好氧、厌氧条件。研究发现,湿地植物除本身可直接吸收氮、磷化合物外,其根系分泌物也可促进某些嗜氮、磷细菌的生长,促进氮磷释放、转化,从而间接提高修复效果。在除氮机制中,植物起主导作用,而在磷的净化中,细菌是限制因子。在有机物及氮磷污染的植物修复中,微生物发挥着不可或缺的作用。所以若是将二者结合起来,修复效果会是可观的(吉云秀等,2005)。

7.3.3.3 植物、微生物联合修复

从前述的植物修复机理中不难看出,根际微生物起了很大作用,故目前许多学者开始关注微生物与植物的联合修复作用。即在植物修复的同时,强化微生物修复手段(将合适的微生物接种于种皮或根际),以期得到最佳的修复效果。

植物-微生物联合生物修复中所强化的微生物不仅可以是菌根真菌(有的称为菌根生物修复),也可以是一般的根际微生物,或是菌根—根际微生物(有的称为菌根根际生物修复)(耿春女 等,2001)。

大家知道,植物修复技术的成功应用,不仅依赖于植物的选择,还依赖于根际环境微生物类群与植物根系的相互作用。植物在生长发育的过程中,根系分泌的有机物和酶类等为微生物生长提供了基质,使根际的微生物活性增强,加速了污染物的矿化。另一方面,根际环境中微生物作用可促进植物的生长从而加速对降解产物的吸收。植物-微生物联合生物修复,正是利用根际微生物与植物这一共存体系的相互协调作用,大大提高污染土壤的生物修复效率。

菌根是一些高等植物与真菌之间形成的共生联合体。自然界中,80%的陆生植物能与VA菌根真菌形成菌根共生体,菌根真菌是在土壤和植物根系之间起纽带作用的关键微生物,其发达的菌丝提高了植物根系吸收范围,直接帮助菌根真菌根际联合细菌在土壤中的传播;同时菌根真菌对重金属(Cu、Zn、Pb、Cd、Ni、Ur、Al 等)有很高的耐性和积累性,菌根真菌的活动能降低重金属对植物的毒性,有利于修复植物的生长。将合适的菌根真菌接种在修复植物的种皮或根部,即植物—微生物联合生物修复技术,将取得最佳的生物修复效果。研究表明,VA菌根真菌尤其能促进植物对磷的吸收,并能显著提高对重金属、农药等污染物的耐受性,菌根植物的痕量金属提取量大大高于非菌根植物(Orlando,2003)。目前,国内外研究人员已将菌根修复这种特殊的植物-微生物联合生物修复技术用于污水污泥、固体垃圾、有机污染土壤的治理,但滨海湿地方面的修复鲜有报道(Orlando,2003)。

植物-微生物联合生物修复技术在土壤重金属污染方面国外已有研究。在植物根际,重金属常有一些特殊的化学行为,由植物根、土壤微生物以及土壤所构成的根际环境,其pH值、Eh、根系分泌物及微生物、酶活性、养分状况等,均与周围土体不同。根际微生物对重金属的固定与活化,无疑会影响植物的吸收与毒性。White 等将 3 种根际细菌应用于锌的超累积植物中,通过根际细菌的分泌转化使得重金属得到明显的活化,促进了植物对锌的吸收。而这种微生物活化比添加化学螯合物的活化要好得多,基本上不会造成土壤中的金属过于活化渗滤淋失带来的水污染(White,2001)。由于高浓度的重金属污染对植物的毒害作用,导致较低水平的植物生产量,从而降低植物修复的效率。植物促生长根际细菌能够直接或间接地影响植物生长,Ma 等人(2001)成功地从镍污染土壤中分离到根际细菌 SUD165/26,能在具有较高水平重金属污染的土壤中促进植物的生长。因此,利用植物与根际微生物的联合修复作用,将有望提供更为有效的重金属污染滨海湿地的修复技术(张太平 等,2003)。

在有机物及氮磷污染方面,根际微生物发挥着重要的作用。研究发现,随着植物根区微生物的密度增加,多环芳烃的降解速率也明显加快。在油污染的滨海湿地中,C:N值

偏高，影响修复效果，可考虑在菌根植物根际引入固氮菌，发挥共存体系的联合修复作用（耿春女 等，2001）。根际分泌物能有效改善土壤的理化结构，有利于提高根际微生物的活性。Kothandaraman 等人采用根际中间代谢物（rhizosphere metabolomics）的方法，研究发现利用植物分泌的主要次生代谢物（苯丙酮类化合物）的根际微生物能够很好地定殖于根际并能有效除去多种污染物（28 天 PCBs 降解率达 90%）（Kothandaraman 等，2003）。Takayuki 等人从五氯硝基苯 PCNB 污染的根际土壤中分离发现有 10% 的菌株能降解 PCNB，并从中筛选出高效菌，进一步研究表明植物-微生物的联合修复作用效果更佳（Motoyama 等，2001）。庄铁城等人研究发现，红树林根际土壤中存在着降解农药甲胺磷及柴油烃类的有效菌，并筛选出 1 株甲胺磷高效降解菌，12 天后其降解率可达 70%以上（庄铁诚 等，2000）。

目前，植物-微生物联合生物修复的研究主要包括针对特定污染的最佳微生物的筛选、环境因素对微生物、植物生长的影响和植物-微生物相互作用机理以及共存体系的最佳组合等。在我国沿海各省分布有大片的芦苇湿地和红树林湿地，已有研究表明，海滨芦苇沼泽湿地和红树林湿地能有效去除有机污染物、重金属和氮、磷营养盐等污染物，如果充分利用这些湿地植物并辅以微生物的联合修复技术，将会给我国滨海湿地的修复带来生机（吉云秀 等，2005）。

7.3.4 滨海湿地生态修复步骤

(1) 确定被修复的对象及其系统边界。对于破坏的滨海湿地，首先要进行实地考察，了解基本信息，初步分析，确定要修复的范围。

(2) 分析导致滨海湿地退化的原因，确定退化主导因子、退化类型、退化阶段和强度。收集要进行修复湿地的资料，在现有文献资料和实地考察的基础上进行系统全面的分析，通过分析总结导致湿地退化的原因，确定退化类型和现阶段退化所处的阶段，以便进一步开展修复工作。

(3) 确定生态修复的目标。滨海湿地生态修复的基本目标和要求如下：

1) 实现滨海湿地生态系统地表基底的稳定性。地表基底是生态系统发育和存在的载体，基底的稳定是生态系统演替和发展的保证。

2) 修复滨海湿地水体状况，一方面要修复湿地的水文条件，另一方面是通过污染控制，改善湿地的水质。

3) 修复植被和土壤。现阶段，我国的滨海湿地面临的主要问题之一就是植被的破坏和土壤的污染。

4) 增加物种组成和生物多样性。实现生物群落的修复，提高滨海湿地生态系统的稳定性和自我修复能力。

5) 修复湿地景观。增加湿地的美学价值。

(4) 选择生态修复技术。根据滨海湿地类型的不同以及当地的地域条件，不同的社会、经济、文化背景要求，选取适当的修复技术。

(5) 建立优化模型，进行经济－技术可行性分析，提出具体的实施方案。在对多方案进行优化比较时，通常采用生态经济系统能值分析法（钦佩 等，1999）。能值分析方法通过建立生态模型,模拟分析系统中的能流、物质流、信息流、货币流等,对生态工程在能量、环境、经济上进行综合评判和决策。该法已被 Ton 等成功地用于美国佛罗里达州钢城湾湿地恢复工程方案的优选(张永泽 等,2001)。

(6)在修复过程中及修复完成后,及时进行监测,评估修复效果。对滨海湿地修复工程进行监测及评估是必要的,无论是修复过程中还是修复完成后。在修复过程中,目的是了解修复是否起作用,作用如何,有没有负效应?通过监测及评估,如果发现修复效果不明显,或已呈现明显的问题,可以及时修改及完善修复方案,调整修复方法,解决问题,让修复良性发展。在修复完成之后,要对整个系统进行调查研究,与修复前进行比较,评估修复成果。修复完成以后,同样需要对滨海湿地进行监测,如果发现问题,要及时处理,巩固修复成果。

7.3.5 滨海湿地生态修复实例

根据我国的实际情况,选取三种具有代表性的滨海湿地:淤泥质海岸湿地、红树林湿地和珊瑚礁湿地,探讨这三种海滨湿地的生态修复。

7.3.5.1 淤泥质海岸湿地

淤泥质海岸的土壤多来源于河流上游表土,质地较细,养分丰富。盐城滨海湿地是淤泥质海岸湿地的典型代表。盐城市位于江苏沿海中部,东濒黄海,市境东部沿海海岸线长582km。沿海滩涂(含辐射沙洲)面积45.3万 hm^2,其中潮上带16.7万 hm^2,潮间带15.3万 hm^2,辐射沙洲12.7万 hm^2,分别隶属于东台、大丰、射阳、滨海、响水5县(市),近期可供开发利用的面积达1300km^2(陈丽,2007)。

盐城滨海湿地植物资源丰富,植被由陆向海有明显的过渡性,可分为苇草带、盐蒿带、无植被带(光滩带)和米草带(刘青松 等,2003)。植物主要有芦苇、海滩苔草和盐角草、碱蓬大米草、川蔓藻、狐尾藻等群落(吕士成 等,2007)。盐城滨海湿地的动物资源主要有鸟类、浮游动物、鱼类、底栖动物等。各类动物约1665种,其中特有物种43种,以鱼类为主;濒危物种有62种,其中鸟类达46种。被列为国家一级重点保护的野生动物有丹顶鹤、白头鹤、白鹤、白鹳、黑鹳、中华秋沙鸭、遗鸥、大鸨、白肩雕、白尾海雕、白鲟等12种;二级重点保护的野生动物有大天鹅、黑脸琵鹭、白枕鹤、灰鹤等65种(刘青松 等,2003)。

江苏省人口众多,开发利用湿地的历史悠久。尤其是近几十年来经济的快速发展,对盐城滨海湿地的围垦开发强度越来越大;另外,人类活动带来的污染也对滨海湿地造成了严重的影响,污染主要来自于工业污水、生活污水、化肥农药等。湿地动植物是污染的主要受害者,同时通过食物链影响着其他生物甚至人类的生存。目前盐城市滩涂资源开发利用类型主要有:种植业和水产养殖业;海水及海洋能开发;港口与村镇建设;工业开发;自然保护区与旅游业;房地产及相关产业;海塘工程等(陈丽,2007)。

盐城市滨海湿地的开发利用,虽然使得相关产业得到了很大的发展,人民生活水平有了很大提高,但同时不可避免造成了环境的破坏,具体表现在以下方面:

(1)湿地面积锐减,生态功能下降。由于江苏人多地少,政府制定了一系列开发湿地的计划用以扩大耕地面积,造成湿地面积的锐减,降低了湿地的生态功能。由于湿地被大

7.3 滨海湿地的生态修复

量围垦,造成了丹顶鹤越冬栖息地的原生生境不断被破坏,栖息地的范围不断缩减,1990年,栖息地面积为430km²,而到1998年,则减少至180km²左右,在不到10年的时间内,栖息地面积丧失了将近60%（李扬帆 等,2004）。在此越冬的丹顶鹤数量由2000年春的1128只下降到2008年春的640只（吕士成,2008）。

(2) 体制不健全,管理不善。目前本区采用的管理体制是多方管理,没有一个统一的管理机构,比如:盐城珍禽自然保护区归省环保厅管理,而保护区范围内的麋鹿保护区归省农林厅管理,滩涂经济归地方政府管理,滩涂湿地归滩涂局管理,滩涂养殖归农牧渔业局管理;滩涂旅游归旅游局管理。这样难免造成各自为政的现象,甚至有些部门和单位从自身利益出发,违背自然规律,盲目开发、掠夺式利用（王加连,刘忠权,2006）。

(3) 湿地资源的不合理、过度利用。由于人口的不断增加,湿地生物资源被过度的利用。随着捕渔业的发展,技术不断进步,捕捞强度越来越大,导致了鱼类资源种类和数量不断减少。

(4) 外来物种入侵,动植物群落减少。20世纪80年代,我国为了保滩护岸,也为了有更多的饲料来源,引进了大米草。研究表明,大米草虽然保滩护岸效果明显,且具有耐盐碱、耐污能力,对污水具有净化效果,但引进后恶性繁殖已经威胁到当地的生物多样性,大米草入侵后取代当地植物,形成了单一的米草带,导致其他动植物群落减少（邱虎 等,2010）。

(5) 污染加重,水环境恶化。农业生产中使用的大量农药、化肥随雨水流到湿地,工业废水和生活污水未达标就排放到湿地,造成水体的富营养化、有毒物质不断积累,导致海洋近海岸区域污染严重,生物的生存环境不断遭受破坏,生物物种及种群数量不断减少。

针对围垦造成的湿地面积减少、湿地环境污染和外来物种入侵,主要采取以下措施:

(1) 针对围垦导致的湿地面积不断减少,最直接和最有效的方法就是建立自然保护区。自然保护区能保护当地的珍稀动物,进行植被恢复,同时也可以建立生态监测体系,对滨海湿地的状况进行监测管理。一个自然保护区通常被划分为3个功能区,即核心区、缓冲区和试验区。核心区是自然保护区保护的重中之重,只能观察;缓冲区在核心区的外围,其主要目的是保护核心区,可以进行科学研究和少量的人类活动;试验区主要是探索开发与保护的有效结合。目前盐城市拥有两个国家级的自然保护区:江苏盐城国家级珍禽自然保护区和大丰麋鹿国家级自然保护区。根据目前的数据,盐城市自然保护区核心区的现有面积偏小,仅有大约1.8万hm²,已不能满足对保护对象进行有效保护的需要,应该扩大核心区的面积（邱虎 等,2010）。

江苏盐城国家级珍禽自然保护区,俗称栖鹤滩,又称江苏盐城生物圈保护区,1983年11月由江苏省人民政府批准成立,1992年经国务院批准晋升为国家级自然保护区,同年10月成为联合国教科文组织盐城生物圈保护区,并纳入"世界生物圈保护网络",1996年又被纳入"东北亚鹤类保护区网络",2002年纳入国家重要湿地名录。主要保护对象为滩涂湿地生态保护系统和以丹顶鹤为代表的多种珍禽。盐城国家级珍禽自然保护区地处江苏中部沿海,包括盐城市属响水、滨海、射阳、大丰及东台5个县(市)的东部沿岸。其位于全球最大的海岸带滩涂湿地上,总面积45.33万hm²,其中核心区1.74万hm²。大丰麋鹿自然保护区于1986年建立，位于江苏中部黄海之滨的湿地滩涂，总面积7.8万 hm²。1995年被列入"中国人与生物圈保护网络"，1996年成立"苏北珍稀动物救护中心"，1997年晋升为"国家级保护区"，1998年被中科院认定为"保护生物学博士研究生实验基地"，1999年被中国科协命名为"全国科普教育基地"，2002年纳入国际重要湿地名录，主要保护对象为麋鹿及其生态环境。

目前盐城市滩涂资源开发利用类型主要有：种植业和水产养殖业；海水及海洋能开发；港口与村镇建设；工业开发；自然保护区与旅游业；房地产及相关产业；海塘工程等。其中种植业和水产养殖业是最传统的滩涂利用模式。20世纪60年代以前围垦以盐田为主，60年代之后种植业和养殖业用地的比重逐渐增大。近几年来，沿海港口、工业、旅游开发用地的比重迅速增加。针对围垦导致湿地面积不断减少的问题，关键点是增强湿地开发利用的效益。盐城与其他沿海城市比如青岛、大连相比，经济效益相差很多。导致盐城滩涂开发效益不高的一个重要原因就是开发部位较窄，水平方向以潮上带为主，潮间带开发滞后；垂直方向，低滩围垦和水下围垦很少；另外，盐城市沿海地区主要以渔村和渔港小镇为主。产业结构以种植业和养殖捕捞业为主，现代工业和港口业发展缓慢，尚处于起步阶段，对沿海经济的支撑和带动作用较小（陈丽，2007）。所以，盐城市对于滩涂资源的开发应该向纵向发展，重点围绕港口利用、浅海养殖、生态旅游和资源深加工等产业。协调两个国家级自然保护区和开发之间的矛盾。对于自然保护区严格按照国家的相关规定进行保护和利用：核心区以保护为主，禁止永久性建筑和工业项目；实验区以保护性开发为主，发展养殖、旅游、房地产、生态工业等；辐射区开发强度可逐步增大，可在环境允许的条件下，发展港口、造修船、发电、重化工等现代临港产业。具体思路是围绕沿海的自然风光、林业带、港口、两个自然保护区等进行重点开发，并加强相关服务项目的建设，旅游地定位为"科技型"的长途游和"休闲型"的短途游，建设成集旅游、休闲、娱乐、科研于一体的新兴产业基地（陈丽，2007）。

(2) 外来物种入侵。20世纪80年代，我国为了保滩护岸，也为了有更多的饲料来源，引进了大米草。大米草属于乔本科米草属，是一种比较年轻的异源多倍体物种，原产英国南部汉普郡，是英国本地的一种欧洲米草与北美互花米草杂交后产生的一种多倍体不育米草的变异种（Thompson，1991）。大米草具有非常发达的地下茎、繁殖能力强、种群密度高、适应性强、抗逆性强、蔓延速度快，这些特点使得我国自1963年引入大米草之后，在我国海岸带自然环境中迅速生长繁殖。对于大米草在促淤造陆、保滩护岸、防止污染净化水质、提供生物栖息地增加生物多样性和改善土壤结构提高土壤肥力等方面的作用（王珠娜 等，2006），我们是要肯定的。

但是任何事物都有两面性，大米草在带来这些功效的同时，也造成了一系列的危害。由于其极强的抗逆性，蔓延的速度超过人们的控制能力，以至于原有的滩涂生态遭到严重破坏，致使航道被淤，滩涂被占，严重影响了沿海航运、滩涂养殖及海滩旅游。大米草在许多地区对护滩固岸曾起过积极的作用，但近年来，在原引种地以外地段，滋生蔓延，形成优势种群，排挤其他植物，构成对当地生物多样性的威胁。大米草强烈的促淤功能也使得大米草所在地的水文学特征发生变化：潮汐流减弱，水体交换能力差，尤其在河口区，排水不畅，易发生涝灾，并诱发赤潮的产生。大米草的种植有利于向海争地，开垦新的农田,但这样会使原有生态系统被改变,原有的自然演替被阻,取而代之的是结构单一、典型的、脆弱的农田生态系统(张征云 等,2003)。

目前,国内外常用的大米草防治技术主要有:物理或机械防除,采用人工方法或特殊机械装置,对米草进行拔除、挖掘、遮盖、水淹、火烧、割除、碾埋等,从而遏制米草的生长,限制其呼吸或光合作用,最终杀死植株;除草剂防除,除草剂防除适用于中到大面积米草群丛(大于$1hm^2$);生物防治,生物防治的基本原理是依据有害生物—天敌的生态平衡理论,大米草在原产地的天敌有昆虫、螨虫、线虫等多种生物;生物替代,生物替代技术是根据植物群落演替的自身规律,利用有经济或生态价值的本地植物取代外来入侵植物的一种生态学防治技术;综合治理,是将上述各项技术进行有机结合,在治理初期可采用机械、化学方法,但在长期维持上,则仍然需要有效的生态学治理技术,利用天敌进行生物防治,选用竞争力强的本地物种与米草竞争,加速米草的自然演替,寻求新的生态平衡(王蔚 等,2003)。

我国米草的现状是分布面积广,蔓延速度快,危害严重,针对我国的特点,采用适当技术控制米草,防止米草进一步蔓延,保护我国生态环境和水产养殖业,势在必行。首先应加强米草蔓延所造成的危害知识的宣传,停止米草在国内其余地区的引种栽培。进一步完善米草综合利用技术,提高米草产品的科技含量,降低生产成本,扩展销售市场,扩大对米草的需求量,变害为宝,通过商业收割实现物理控制的作用。对已被米草侵占的养殖滩涂,恢复起来有相当的难度。目前可以借鉴的方法是采取物理和化学途径对米草进行根除,逐步恢复滩涂环境,发展水产养殖。应该适当调整有关政策,对有草滩涂的使用给予适当优惠或鼓励措施,加强群众对有草滩涂的利用,将有助于养殖滩涂的恢复。在其他米草盐沼群落中,可尝试采用生物替代技术,选用竞争力强的本地物种与米草竞争,加速米草的自然演替,促使早日达到新的生态平衡。我国沿海地区本来就分布着很多具有经济价值的盐沼物种,如碱蓬、芦苇等,这些植物亦具有保滩护岸的作用,筛选竞争力强的品种进行米草的生物替代,可以兼顾生态效益和经济效益,值得深入研究和尝试(王蔚 等,2003)。

(3)污染加重,水环境恶化。主要措施是调整产业政策,减轻污染与破坏。盐城市当前的产业结构主要以粮棉种植和淡水养殖为主,第二产业主要以附加值低初级加工为主,全市整体产业结构单一,经济效益低下。应该高效合理的利用湿地资源,协调发展第一、第二、第三产业。严禁高污染、高耗能的工业项目上马。另外要重视旅游业的发展。对农业用水、工业废水和生活污水要进行处理,使之达标排放。协调好经济发展与湿地环境保护的关系。

7.3.5.2 红树林湿地

红树林是指热带海岸潮间带的木本植物群落。由于温暖洋流的影响,有的可以分布到亚热带,有的因潮汐的影响,在最高潮边缘而具有水陆两栖现象。红树林中生长的木本植物叫红树植物。其他草本植物或藤本植物,列入红树林伴生植物(林鹏,2001)。"红树林"这一名称的由来在于红树科植物通常富含单宁,其在空气中氧化后呈红褐色,因而这类植物的树皮和木材被割破或砍伐后经常呈现红褐色,由此得名"红树",由红树组成的森林,自然地就称为"红树林"(张忠华 等,2006)。林鹏(2001)根据几十年来对红树林研究的经验和十多次参加国际红树林学术会议交流以及参加国际"红树林宪章"制定工作过程的体会,提出了"真红树"和"半红树"的概念和判定的标准(表7-2),并界定了现有中国的红树植物的种类(表7-3和表7-4)。根据各国最新资料和我国调查新种在内,目前全世界真红树只有20科27属70种(林鹏,1997)。中国现已查明的真红树为12科16属27种和1个变种(表7-3)。

表7-2　　　　　　　　　红树林区植物类型与鉴别标准

类　型	鉴　别　标　准
红树植物	专一性地生长于潮间带的木本植物
半红树植物	能生长于潮间带,有时成为优势种,但也能在陆地非盐渍土生长的两栖木本植物
红树林伴生植物	偶尔出现于红树林中或林缘,但不成优势种的木本植物,以及出现于红树林下的附生植物、藤本植物和草本植物等
其他海洋沼泽植物	虽有时也出现于红树林沼泽中,但通常被认为是属于海草或盐沼群落中的植物

表7-3　　　　　　　　　中国红树植物的种类及其分布

科　名	种　名	海南	香港	澳门	广东	广西	台湾	福建	浙江
1. Acrostichaceae	1. 卤蕨	+	+	+	+	+	+	+	
	2. 尖叶卤蕨	+			+	+			
2. Rhizophoraceae	3. 柱果木榄	+							
	4. 木榄	+	+		+	+	+	+	
	5. 海莲	+						+	
	6. 尖瓣海莲	+							
	7. 角果木	+	+		+	+	+		
	8. 秋茄	+	+	+	+	+	+	+	+
	9. 红树	+							
	10. 红海榄	+	+		+	+	+△	+	
3. Acanthaceae	11. 小老鼠簕	+			+				
	12. 老鼠簕	+	+		+	+	+	+	
	13. 厦门老鼠簕							+	
4. Combretaceae	14. 红榄李	+							
	15. 榄李	+	+		+	+	+	+	
5. Euphorbiaceae	16. 海漆	+	+		+	+	+	+	
6. Meliaceae	17. 木果楝	+							
7. Myrsinaceae	18. 桐花树	+	+	+	+	+	+	+	
8. Palmaceae	19. 水椰	+							
9. Rubiaceae	20. 瓶花木	+							

7.3 滨海湿地的生态修复

续表

科　名	种　名	省（自治区）							
		海南	香港	澳门	广东	广西	台湾	福建	浙江
10. Sonneratiaceae	21. 杯萼海桑	+							
	22. 海桑	+							
	23. 海南海桑	+							
	24. 大叶海桑	+							
	25. 拟海桑	+							
	26. 无瓣海桑	+△△			+			+	
11. Sterculiaceae	27. 银叶树	+			+			+	
12. Verbenaceae	28. 白骨壤	+	+	+	+	+	+	+	+
合　计		27	10	5	14	11	10	11	1

表 7-4　　　　　　　　　中国半红树植物的种类及其分布

科　名	种　名	省（自治区）						
		海南	香港	澳门	广东	广西	台湾	福建
1. Barringtoniaceae	1. 玉蕊	+						
2. Apocynaceae	2. 海芒果	+					+	
3. Bignoniaceae	3. 海滨猫尾木	+			+			
4. Compositae	4. 阔苞菊	+			+		+	
5. Hemandiaceae	5. 莲叶桐	+						
6. Leguminosae	6. 水黄皮	+			+		+	
7. Lythaceae	7. 水芫花	+					+	
8. Malvaceae	8. 黄槿	+	+		+	+	+	+
	9. 杨叶肖槿				+	+	+	
9. Verbenaceae	10. 野茉莉	+	+	+			+	
	11. 钝叶臭黄荆	+			+	+		
总　计		11	2	1	7	4	7	1

我国红树林是属于东方类群（即印度—西太平洋类群）的亚洲沿岸和东太平洋群岛区（即印度—马来西亚区）的东北亚沿岸，东太平洋群岛区（即印度—马来西亚区）的东北亚沿岸计有海南、广西、广东、福建、台湾、香港和澳门 7 省（自治区）沿海有自然分布，20 世纪 50 年代后期在浙江瑞安开始秋茄引种试验，80 年代引种成功。我国各省（自治区）红树林的面积及主要分布情况见表 7-5（张忠华 等，2006）。中国红树林的群系大致分为 8 个类型，即红树群系、木榄群系、海莲群系、红海榄群系、角果木群系、秋茄群系、海桑群系和水椰群系（林鹏，2001）。

表 7-5　　　　　　　　我国各省（自治区）红树林面积及主要分布

省（自治区）	面积/hm²	种数	主要分布（地名）
海南	4836	35	海口、琼山、文昌、琼海、万宁、陵水和崖县等地
广西	5654	14	合浦、北海、钦州、防城港等地
广东	3813	18	福田、湛江、珠海、江门、汕头和阳江等地
福建	260	9	厦门、云霄、晋江和莆田等地
台湾	120	17	台北、新竹和高雄等地
香港	263	11	米埔等地
澳门	1	5	氹仔岛与路环岛之间的大桥西侧海滩等地
浙江	8	1	瑞安等地

红树林湿地的功能非常强大，在消浪护岸、净化污染、维持生物多样性和促淤造岸等方面发挥着作用。其主要功能如下：

(1) 维持生物多样性。红树林湿地在维持海岸带水生生物物种多样性方面有着举足轻重的作用。目前，全世界的红树林湿地中拥有真红树植物 20 科 27 属 70 种，其中中国现已查明的真红树植物为 12 科 16 属 27 种和 1 个变种、半红树植物 11 种（林鹏，2001）。林鹏（1997）对我国红树林生物多样性的研究指出，在红树林湿地态系统中至少包括 55 种大型藻类、96 种浮游植物、26 种浮游动物、300 种底栖动物、142 种昆虫、10 种哺乳动物、7 种爬行动物。红树林湿地是海洋鸟类最理想的天然栖息地，我国红树林分布区内有鸟类 17 目 39 科 201 种（林鹏，2003），其中包括许多珍稀濒危鸟类。

(2) 消浪护岸。红树植物具有发达的根系，纵横交错的支柱根、呼吸根、板状根、气生根、表面根等，他们形成一个稳定的网络支持系统，使植物体牢牢地扎根于滩涂上，并且盘根错节地形成一道道严密的栅栏，增加了滩面的摩擦力，能阻挡水流，减弱流速，从而起到防风消浪的作用（林鹏，2003）。据陈雪清（2001）的报道，当红树林覆盖度大于 0.4 和林带宽度在 100m 以上时，其消波系数可达 85%，能把 10 级大风刮起的巨浪化为平波。

(3) 促淤造岸。红树林通过根系网罗碎屑的方式促进土壤沉积物的形成。红树林滩地淤积速度是附近裸滩的 2~3 倍，可促使沉积物中粒径小于 0.01mm 的黏粒含量增加，并使其枯枝落叶直接参与沉积。因此，红树林可加速滩地淤高并向海中伸展，使海滩不断扩大和抬升，从而起到巩固堤岸的作用（林鹏，1997）。有的红树植物能产生胎生幼苗，它们从母树上脱落下来，在红树林带的前缘定植生长、成熟，胎生苗再定植，逐渐扩大林区面积，红树植物的根系不断向海延伸，淤积不断增加，土壤逐渐形成，使沼泽不断升高，于是林区的土壤逐渐变干，土质变淡，最终成为陆地（林鹏，1997；段舜山 等，2004）。

(4) 净化大气和海水。红树林属于常绿阔叶林。据估算，每公顷阔叶林在生长季节可消耗二氧化碳 1000kg/天，释放氧气 730kg/d。此外，红树林下泥土中 H_2S 的含量很高，泥滩中大量的厌氧菌在光照条件下能利用 H_2S 为还原剂，使 CO_2 还原为有机物，这是陆地森林所不具备的（陈映霞，1995）。红树林植物能通过多种方式把大量重金属稳定于沉积物中，从而净化生态系统中的重金属污染。某些红树植物幼苗的根部有大量吸收某种放射性物质的功能。

(5) 海岸景观维护功能。世界上现有的红树林湿地主要分布在热带、亚热带海岸地区。这里高温多雨、台风频繁、潮高浪急，除了红树林植被以外，任何其他的植被类型均难以在这高度盐渍化的潮间带持久地生存，长此以往，这里将会沦为海岸荒漠。只有红树林群落能够适应这种特殊的环境条件，在宽阔的潮间带上生长着茂密的红树林群落，必然是蓝天碧海绿树融为一体，构成景色怡人的海岸景观。红树林群落中多种多样的植物种类映衬在水面上呈现形态各异的乔灌草群落冠层结构，奇形怪状的红树植物根系分布，丰富多彩的鸟类飞翔觅食，出入莫测的底栖动物栖息繁衍使得红树林湿地成为沿海独特壮观的风景胜地。因此，现存保育完善的红树林湿地几乎都已成为令人向往的旅游观光景点和天然生态公园（段舜山 等，2004）。

(6) 直接的经济价值。大多数红树植物具有特殊的经济利用价值。木榄的木材质地优良，可作为高品位家具的用材。海桑、桐花树是造纸的好原料。海莲、角果木、秋茄、红海榄、木果楝、榄李、桐花树、木榄、红树的树皮均富含单宁，可以提取化工原料。黄槿、卤蕨的嫩叶，白骨壤、海桑、水椰的果实和秋茄、木榄、海莲、红海榄的胚轴等可以食用。桐花树、角果木、海莲、木榄等是很好的蜜源植物。红树、木榄、海莲、角果木、秋茄、老鼠簕、小花老鼠簕、榄李、木果楝、杯萼海桑、海桑、白骨壤、银叶树具有药用功能。白骨壤、红海榄、木榄、秋茄等红树植物的树叶可作为动物饲料。海芒果的果，桐花树的种子、海漆、银叶树的树干分泌汁液具有毒性（段舜山 等，2004）。

深圳福田红树林鸟类自然保护区是我国典型的红树林湿地，位于广东深圳湾的东北岸，南与香港米埔沼泽保护区隔海相望，总面积 367.6 hm^2。它始建于 1984 年，1988 年升为国家级自然保护区，1993 年加入"人与生物圈"保护网络组织，其功能是保护鸟类及其红树林湿地生态系统。福田红树林保护区是我国唯一地处城市腹地的国家级自然保护区，这里是重要的国际候鸟停歇站，每年有 100 多种 10 万只以上从西伯利亚至澳大利亚南北迁徙的候鸟在此停歇或过冬（陈桂珠 等，1997；徐友根 等，2002）。此外，位于南亚热带海岸水陆交错地带的这一红树林湿地生态系统具有极高的生物多样性，该保护区有高等植物 41 科 98 种，其中红树林植物 12 科 22 种；鸟类 18 目 44 科 189 种，列入我国重点保护的鸟类有 23 种；两栖爬行动物 31 种；哺乳动物 15 种；大型底栖动物 86 种；昆虫 96 种；藻类 117 种（王勇军 等，1999；徐友根 等，2002）。因此，福田红树林保护区在全球生态系统中占有重要位置，被世界自然保护联盟列为国际重点保护区。

深圳经济特区经过 30 多年的建设发展，已经成为一座高度人工化的现代城市。随着城市的发展和人口的增加，对福田红树林湿地的生态环境产生了很大的影响，福田红树林湿地目前面临的问题主要有以下几个方面：

(1) 红树林面积不断减少。红树林资源受围垦养殖、修建工厂、道路、机场、港口码头甚至房地产开发的影响，面积越来越少。从 20 世纪 80 年代起，不同部门根据各自的需要在深圳湾北岸开展了填海造地活动，1991 年以来，福田保税区、广深高速公路、新洲河排洪工程、凤塘河排洪工程、市水产公司、中波广播电视发射塔等城市建设工程等，侵占了福田红树林保护区基围鱼塘和红树林湿地 147.2hm^2，占保护区总面积的 48%，直接毁坏红树林 36.13hm², 占原有红树林的 32.5% (何奋琳, 2004; 李海生 等, 2007)。

(2) 湿地污染严重,生态环境恶化。红树林湿地受到城市工业废水、生活污水和海上石油污染的威胁,湿地生态环境质量下降。虽然红树林在净化污染这方面的能力很强,但是若污染超过一定限度,污染对红树林的破坏也是很大的。一定浓度的有机污染物、重金属和油类均会影响红树林的正常生长,其中以油类的危害最大。油污会堵塞红树林的地上呼吸根和叶表的气孔,使红树植物缺氧和不能进行光合作用而生长不良甚至死亡(王雪峰 等,2005)。有实验证实,石油污染会对红树林幼苗产生危害,当幼苗叶被油覆盖时会致死;受石油污染的红树林,表现出落叶、叶变黑和卷曲、缺绿等病症。福田红树林湿地的水质污染非常严重,石油类是主要污染源之一,红树林的生长无可避免地要受到污水的不利影响(徐友根 等,2002)。

(3) 外来生物入侵和虫害。由于受自然条件限制和长期受到人类活动的影响,深圳市天然红树林群落结构简单,群落组成单一,群落的稳定性极差,生态功能下降。近来深圳湾红树林遭到原产中美洲的恶性杂草薇甘菊(*Mikania micrantha*)的生态入侵,红树林生态系统的健康和稳定受到极大威胁。由于红树林生态系统的破坏和人类的干扰,破坏了鸟类的生态环境,使鸟类无论在种类和个体数量上都大为减少。据统计,深圳福田红树林自然保护区从 1992—1993 年到 1997—1998 年的 5 年间,红树林的陆鸟密度下降了 39%,减少了红树林植物害虫的天敌(李海生 等,2007)。另外,害虫的捕食性和寄生性天敌昆虫种类密度降低,导致近年来虫害频繁,红树林主要树种秋茄、桐花树、白骨壤等都受到不同程度的危害,特别是白骨壤虫害造成深圳白骨壤 10 年没有种子产生,已严重威胁到整个红树林生态系统的维持与发展(李海生 等,2007)。

针对福田红树林湿地的主要问题,其生态修复措施应除了进行:①自然保护区的建设与管理;②治理及防止进一步的污染;③防止生物入侵及虫害;④停止围垦及强度开发湿地活动之外,最重要的就是要恢复红树林生态系统中生物主体——红树林。

目前,红树林恢复技术主要有以下几种:

(1) 红树林育苗造林技术。19 世纪以来,世界各国对红树林的研究不断深入发展,在分类学、形态学、形态解剖学、群落学、生态学、生理学等方面进行了大量研究,但是涉足对红树林育苗与造林的研究相对较晚,20 世纪 80 年代后才开始出现一些报道,较多的报道在 90 年代后,但在已有文献中的报道多限于造林效果的调查总结或经验总结(廖宝文 等,2005)。Terrados 等(1997)研究了改变底质淤泥对正红树(*Rhizophora apiculata* Blume)幼苗成活率与生长的影响,表明苗木的死亡率与底泥的淤积成正相关,苗木的生长与底泥的淤积成负相关。Komiyama 等(1998)研究了在废弃矿区中微地形、土壤硬度与正红树造林保存率的关系,结果发现:地势越高、土壤越硬,保存率和生长率均越低,即微地形的变化对正红树的造林保存率有较大影响。干旱的热带沿海滩涂,由于立地条件恶劣,难于造林,因此,Toledo 等(2001)在营造萌芽白骨壤(*Avicennia germinana* L.)时,采用营养袋苗、以双株丛栽方法种植,2 年保存率仍可达 74%。

我国人工营造红树林的历史悠久,早在 1882 年就有华侨从南洋带回红树植物种苗在漳州一带栽种。1949 年新中国成立后,海南、广东、广西等南部省份的群众和林业部门也进行了不少造林工作,但是主要成就在经验上面,没有升华成技术资料。我国从 20 世纪80年代开始才真正着手红树林造林技术方面的研究。陈建华（1986）总结了广西钦州市1982—1984年的造林经验，认为红树林滩涂宜林临界线的确定是造林成败的关键，建议广西沿海群众描述潮汐变化的小半眼、半眼子、一眼子的方法划分宜林滩涂。刘治平（1991）在深圳福田保护区，对秋茄、桐化树进行离岸不同梯度育苗试验，表明离岸越近的滩涂其造林成活率越高。卢昌义和林鹏（1990）对九龙江口的秋茄造林技术进行了总结，认为秋茄一般在盐度0.01～0.02的海水里生长最好，盐度过高则抑制其生长。莫竹承等（1995）根据广西的气候条件和滩位等因子将广西的红树林宜林滩涂划分为高温区和低温区，指出滩位的变化引起土壤机械组成及盐度、养分含量的变化，造林时要注意不同树种的适应性；对红海榄（*Rhizophora stylosa Griff.*）海上育苗进行了初步探讨，结果为育苗袋幼苗的存活率比直播的幼苗存活率高30%。郑德璋等在国家"八五"和"九五"建设期间系统研究了海桑、秋茄、桐花树、白骨壤、木榄等8种我国的主要红树林树种。从而较系统地提出以上几个造林树种的物候期、采种、种实贮藏、育苗、造林等配套技术；提出以滩涂高程划分宜林滩地技术；发现并证实海桑种子为需光种子，种子萌发需有活性光敏素的参与，用体积分数为10^{-3}的外源赤霉素溶液浸24h或用500～600Lux光照24～36h分别提高种子发芽率68.3%和83.4%，缩短发芽时间20～30d。海桑和无瓣海桑种子发芽需海水盐度低于10‰，提出浇淋淡水的技术，解决了生产难题；提出了红树类短命种子和胚轴贮藏的有效技术，海桑类种子和秋茄胚轴贮藏一年发芽率保持80%和55.5%以上，桐花树隐胎生胚轴催芽点播提高成苗率技术，催芽点播比不催芽提高成苗率80%；提出海桑秋茄乔灌两层混交林提高生产力防护功能的营造技术，混交林净生产量比纯林提高51%～203%。这些研究结果为红树林的恢复与发展积累了大量技术资料（廖宝文等，2005）。

（2）退化次生红树林改造技术。过量采伐和不合理的经营管理造成红树林面积迅速减少和滩涂衰退，出现大面积的退化次生红树林是目前普遍存在的现象，80%的现存红树林都是低质量、低功能的次生林。在我国，20世纪80年代就开展了红树林的改造恢复的生产实践，海南东寨港保护区于1983—1985年对桐花灌丛进行改造，直接在林内插入木榄、海莲、红海榄和正红树胚轴，改造面积达到20hm^2，现在这些引进的幼苗已生长高出桐花树灌丛，效果良好；海南省清澜港自然保护区于1985—1987年也对榄李、瓶花木灌丛进行了改造；湛江市林业局（1985）在海康县企水镇用红海榄改造了大片白骨壤灌丛，效果显著。中国林科院热带林业研究所红树林课题组于"八五""九五"期间在海南岛东寨港和广东省廉江市高桥红树林区对低矮次生红树林灌丛（桐花树和白骨壤灌丛）进行了较为系统的改造和人为调控研究。内容包括：直接引进乔木种群对原灌木群落进行改造；用不同方式（块或带）、不同强度（20%、40%、60%）疏伐后，在其空隙中引进不同红树林乔木树种胚轴对原灌木群落进行改造。研究直接引进乔木种群和间伐后引进乔木种群对原灌木群落的扰动效应、定居和竞争的关系等。目前已提出了小块状间伐，引进乔木胚轴，组建乔灌两层较优群落的次生林改造技术。该技术对改造我国大面积的次生红树林灌丛具有重要的现实意义（廖宝文等，2005）。

（3）红树植物引种技术。由于树木引种驯化是实现林木良种化最简便、最经济的方法，引种驯化一个树木良种要比培育一个树种良种容易得多。因此，我国较早开展红树林引种工作,红树林引种历史可追溯上百年。1882年有华侨从东南亚带红树植物种苗栽植于福建省漳州市龙海县;1932年华侨郭美丞从新加坡带回红树林种苗栽培于漳州市浮宫镇,一直作为护岸林保留至今;浙江省没有天然红树林,为了抗击风潮灾害,瑞安县于1958年引种秋茄红树林成功,至1966年,累计引种533hm^2,成活300hm^2,后来由于种种原因,几乎全部遭受破坏,存下不足8.4hm^2。以上这些引种工作主要是民间自发组织的,引种的仅是抗低温的广布种秋茄和白骨壤,由于这些树种生长速度慢,而且是小乔木,防风消浪效益差。因此,20世纪80年代后我国科技工作者开始重视红树植物引种工作,并着手北移驯化一些速生高大的嗜热广布种,以便快速组建乔灌两层结构的红树林防护林带。1985年从孟加拉国引种无瓣海桑于海南省东寨港,现已得到大量繁衍发展。1986—1990年华南植物研究所与东寨港保护区合作,把清澜港红树林区海桑属的海桑、卵叶海桑等6个树种引种到东寨港。1987—1988年卢昌义和林鹏(1993)将海南省的6种红树科植物北移引种到福建九龙江口,经过6年多的试验,所引种的6种红树种类已有4种,即海莲、尖瓣海莲、木榄和红海榄,能在该地区(24°24′N)成活。1993—1999年中国科学院华南植物研究所在广东省林业局的支持下,把海桑、无瓣海桑从海南北移引种至湛江市。中国林科院热带林业研究所于"八五""九五"期间在国家科技部的支持下,有计划地把无瓣海桑、海桑、海莲、红海榄、水椰、木果楝等嗜热树种引种至廉江、深圳、珠海、汕头、福建的龙海县等地,部分已开花结果,并初步发表了一些论文,其中引种较成功的树种之一是无瓣海桑,此乔木树种具有速生、高大通直、抗逆性强等优良性状,为理想的先锋造林树种,已在生产中获得应用(廖文宝 等,2005)。

(4)造林树种优良种源选择。为了提高次生林成活率和林木生长量,分别在海南省东寨港、湛江市的高桥和深圳市的福田这3个地点分别对低滩的造林树种秋茄和高滩造林树种木榄进行优良种源选择。选择出适宜于下列地区的优良种源:海南省和广东省湛江地区的中低滩地选用海南琼山秋茄种源造林较佳,广东省深圳湾选用当地的秋茄种源造林较佳;海南省和广东省湛江地区的高滩选用海南三亚的木榄种源造林获得较优效果(廖宝文 等,2005)。

7.3.5.3 珊瑚礁湿地

珊瑚礁湿地属于潮下带近岸湿地中的生物礁滨海湿地(陆健健,1996)。造礁石珊瑚群体死后其遗骸构成的岩体即为珊瑚礁(赵焕庭,1996)。腔肠动物门珊瑚纲硬珊瑚目的许多科属种,是中生代至现代热带海洋中的造礁动物。丛生的珊瑚群体死后仍留在海洋原地。其遗骸构成的岩体,堆积在死前的原生长地称为原生礁;珊瑚被波浪破坏后其残肢和各种附礁生物骨壳、各种粒级碎屑混杂堆积在一处,被皮壳状的珊瑚藻覆盖,这些沉积物不断堆积又不断地被珊瑚藻覆盖与黏结构成的岩体也是珊瑚礁,称为次生礁(赵焕庭,1996)。

珊瑚礁有很多类型,背叠在大陆或大陆岛基岩海岸者,称岸礁或裾礁;离岸坐在大陆架(或岛架)、大陆坡或深海海山上者,称为岛礁。礁坪围圈的潟湖中有岩岛者称堡礁,南海尚未见。礁顶为礁坪围圈潟湖者,称环礁,缺潟湖或潟湖已湮灭,只见礁坪和中间残存浅水塘者,称台礁;仍在潮下带匍匐在海底,背隆者称礁丘,平坦者称礁滩。已拔离水面者,称上升礁或隆起礁。现代礁是指全新世处于沿岸和大海中的礁体,隐现于水面,或

7.3 滨海湿地的生态修复

处于浅水区，尚处于发育中（赵焕庭，1996）。

我国的珊瑚礁主要分布在南海，环礁为主，在海南岛、广东省和台湾岛沿岸分布有岸礁。海南岛地跨北纬 18°16′N 至 20°18′N，属于热带-亚热带气候，常年平均气温为 24℃ 左右，年温差小于 10℃。一般来说，距赤道较远地带的珊瑚礁发育得远不如赤道附近那样好。这种发育不好、分布零星的珊瑚礁我们称之为"亚珊瑚礁"（蔡爱智，李星元，1964）。海南岛周围岸礁断续分布，还包括潟湖岸礁（如东南岸陵水县新村潟湖）和离岸岛礁（如儋州市洋浦港外的磷枪石岛以及后水湾中的邻昌岛，三亚港中的白排）。离岛岸礁见于万宁县大洲岛、三亚市陵水湾蚊蚊洲、牙笼湾野猪岛、三亚港东岛和西岛等地（赵焕庭，1996）。

三亚鹿回头珊瑚礁是典型的珊瑚岸礁，1990 年被列入三亚国家级珊瑚礁自然保护区。鹿回头珊瑚礁位于海南岛南端，三亚湾东岸，鹿回头半岛西岸。岸礁发育非常典型，长约 3km，平均宽度约为 250m，最大宽度可超过 450m。该岸段礁坪宽阔平坦，可划分为没有活珊瑚生长的内礁坪和有小而分散的活珊瑚生长的外礁坪（张乔民 等，2003）。礁坡狭窄而坡陡，活珊瑚生长茂密。该岸段邻近三亚市和三亚港，是维持生物多样性和资源生产力的海岸生态关键区也是当地居民赖以生存的重要经济来源地。

导致珊瑚礁破坏的原因是多方面的，虽然珊瑚有一定的自我恢复能力，但是当破坏的速度超过其自我恢复的速度时，珊瑚礁就会逐渐衰退。影响珊瑚礁正常生长的主要因素有：海水升温、二氧化碳的浓度、臭氧的消耗和自然灾害等，以及破坏性的捕鱼方式、海水污染、珊瑚礁开采、旅游业等人为活动导致的生态环境破坏（李元超 等，2008）。三亚鹿回头珊瑚礁的衰退变化的首要因素是长期和大规模采挖礁区大礁块作为建筑材料和烧制石灰，采挖观赏珊瑚和贝类制作旅游商品和工艺品，以及过度捕捞和破坏性捕捞活动的炸鱼、毒鱼、电鱼、践踏、抛锚和船只搁浅等，直接导致 20 世纪 70 年代和 80 年代广泛的机械破坏（张乔民 等，2006）。

(1) 珊瑚移植。珊瑚礁的生态修复一直没有特别行之有效的方法，但是在过去的十几年里，珊瑚移植还是在珊瑚礁的恢复中发挥了很大的作用，成为修复珊瑚礁的主要手段。珊瑚移植的主要研究工作就是把珊瑚整体或是部分移植到退化区域，改善退化区的生物多样性（李元超 等，2008）。目前珊瑚移植的主要研究工作有：①将整个珊瑚移植到退化区域；②将枝状珊瑚的片断移植到退化区域；③将块状珊瑚的碎片移植到退化区域；④将珊瑚幼虫特定安放在退化区域。适合进行珊瑚移植恢复的主要有以下几种情况：①受干扰的珊瑚区正处在优势种由石珊瑚向软珊瑚和微藻转变的过渡时期；②珊瑚区由于珊瑚幼虫的减少或是底质的不稳固导致其本身的后备补充不足；③存在大量的可移植珊瑚；④珊瑚区的水质适合珊瑚的生长等（李元超 等，2008）。所以移植前的评估是必要的，不合理的移植不但收不到预期的效果，还会对珊瑚的供体造成伤害。此外，移植以前还要把移植区域内的碎石移走，或是用水泥固定，以防它们在海浪的作用下对移植的珊瑚造成威胁（Edwards, Clark, 1998；李元超 等，2008）。

(2) 珊瑚的养殖（Gardening coral reefs）。此概念及方法是 Rinkevich (1995) 提出的。理论上就是在一个养殖场所进行珊瑚的养殖，把小的珊瑚断片或幼虫养到合适的大小再移植到退化区域。主要是针对珊瑚移植存在的问题所提出的，可以说是对珊瑚移植方法的一大补充。由于珊瑚移植需要大量的可移植珊瑚,并且珊瑚片断如果只是简单的固定,存活率很不确定。为了提高存活率需要移植较大的珊瑚片断,这对珊瑚礁是一种破坏,而且这种区域间的移植也可能会传播疾病,此外生境的突然改变也会对珊瑚的移植效率产生影响。为了减少或避免这类问题,珊瑚的养殖应运而生。

(3)人工渔礁。人工渔礁简单地说就是人工建造的具有三维结构的建筑物,安放到海底后为珊瑚等无脊椎动物和鱼类提供庇护所。当珊瑚礁的破坏程度非常严重,整个礁区的三维结构已经不存在时,传统的珊瑚移植已经不适合该礁区的恢复了。为了恢复受损的礁区,过去十几年里人们引进了人工渔礁,从最初的简单的投放到后来的和珊瑚移植结合。但是现在人工渔礁不再被看作是珊瑚礁修复的主要工具了。因为 Schuhmacher(2002)在跟踪调查了 20 年红海沿岸的人工渔礁后认为人工渔礁并没有改变受损区域的珊瑚礁结构和周围受损礁区的珊瑚恢复情况相比,人工渔礁反而限制了该区域的珊瑚礁的修复(李元超 等,2008)。

(4)改善珊瑚的生长环境。改善珊瑚的生长环境是保证珊瑚成活及顺利成长的条件。可以通过调节悬浮物的浓度、固定底质、通过增加化学物质改变地质的化学电位来进行。

珊瑚能否成活的很大一个因素是悬浮物的浓度,如果悬浮物浓度过高,不但影响到海水的透明度,阻挡光线,还可以沉积到珊瑚虫表面,使其窒息死亡。

一个相对稳定的底质对珊瑚礁的恢复是非常重要的,如果底质不稳定,附着的珊瑚幼虫可能会在碎石的滚动中脱落。国外在这方面主要的工作是用水泥把碎石区覆盖或者把碎石搬走。在许多珊瑚礁保护区,工作人员将活动的碎石用水泥等胶合在一起,固定底质,结果效果非常明显,被广泛应用于珊瑚礁的恢复工作中。它不仅增加了珊瑚自然恢复补充的速率,也使得珊瑚移植的成活率大大提高。

在底质中增加一些化学物质,如 $CaCO_3/Mg(OH)_2$,以增加化学电位($<24V$),这样可以吸引珊瑚幼虫的附着和促进珊瑚生长。Sabater 和 Yap(2002)认为在底质中增加 $CaCO_3/Mg(OH)_2$ 电位,可以增加珊瑚对钙的富集,增加附近海水中钙盐的含量,同时影响珊瑚体内 ATP 电子连的传递,使其产生多余的能量,用来生长;另外,在底质中增加电位可以使珊瑚体内的共生藻密度提高,同时提高珊瑚骨骼的生长率。此外,还有不少学者提出在底质中增加化学电位,可以诱导幼虫附着,提高存活率(李元超 等,2008)。

(5)珊瑚幼体附着研究。珊瑚礁的修复虽然目前主要是靠珊瑚的移植,但是珊瑚礁的修复如果只简单地依靠珊瑚的移植,收效并不十分明显,它只是针对破坏十分严重的无法依靠自身恢复的区域,对大部分珊瑚礁的恢复应当还是要依靠珊瑚自身的后备补充。虽然珊瑚移植可以在短时间内提高群落的生物多样性,但是由于需要大量的珊瑚来源,这对供体珊瑚礁是一个伤害,同时还可能传播疾病,此外并不是每个珊瑚退化区都适合进行珊瑚移植,这就需要考虑珊瑚自身的补充—幼体附着(李元超 等,2008)。

珊瑚幼体附着的主要研究工作有:不同时间不同珊瑚卵巢、精巢的发育情况;珊瑚排卵的限制因子;珊瑚虫杂交;珊瑚幼虫的发育;珊瑚幼虫的附着;珊瑚幼虫的诱导发育;珊瑚幼虫死亡率;珊瑚幼虫来源;珊瑚幼虫的人工养殖等(李元超 等,2008)。

日本的 Heyward 等设计了人工诱导珊瑚虫附着的模型,收集珊瑚精卵细胞进行受精发育,再使其附着在附着板上,成活后移植到受损区域,这种方法可以比较好的保护供体珊瑚,得到较多的珊瑚来源,在不破坏珊瑚礁的情况下对受损区域进行恢复,同时他们也作了很多关于不同附着基质的实验,最后发现陶瓦、陶瓷等材料比较适合用作珊瑚幼虫的附着基质。

对一些珊瑚退化区域来说,缺少的并不是珊瑚幼虫的来源,而是附着的基质。底质被大型藻类覆盖,或是被沉积物覆盖,幼虫找不到合适的附着基质而死亡。为幼虫提供合适的基质,为它们附着补充创造条件,可以在短时间内大面积的恢复受损区域。日本的 Okamoto 和 Nojima 在冲绳岛实验了各种材料对珊瑚幼虫的吸引,最后发现陶瓷和陶瓦是比较好的材料,其次是 PVC 板和水泥板,由于天然的礁石加工起来比较麻烦,不适合大规模的投放(Omori,Fujiwara,2004;李元超 等,2008)。

7.4 平原区小河沟的生态修复

本书中的平原小河沟主要指分布在平原地区或河川地区并位于比较贫穷落后的城郊地区及农村地区的小河沟。平原区小河沟当前是生态问题比较严重的陆地水域生态系统。小河沟在城郊地区及农村地区起着承纳自然降水、废污水、垃圾堆积地、雨季承纳洪水的作用。在湿润地区多雨季节,平原区小河沟的生态问题不是很严重。主要是在湿润地区干旱期及干旱地区的平原小河沟生态问题已十分严重。其生态修复刻不容缓。

7.4.1 针对的生态问题

平原区小河沟生态问题主要表现为污染严重、河道断流甚至干涸、河岸及河床的侵蚀、河道淤积及生物多样性锐减。原因在于:平原区小河沟多在城市郊区及农村地区,贫穷落后,人们的环保意识低甚至毫无环保意识。具体原因在于:①所在地区经济发展缓慢,各种管网、道路、绿化等基础设施薄弱,垃圾和水污染处理设施有待加强。②农业农村面源污染严重。所在地区农药、化肥的使用量逐年增加,农业废弃物尤其是地膜回收率低,农业面源污染较为突出。③地势低洼,土地盐渍化面积大,地表径流排泄不畅,旱涝、沥、碱等自然灾害频发,资源与环境承载能力低。④植被覆盖率低,水土流失严重加重河岸侵蚀及河道淤积。⑤随着近年来建筑业及北方沙地的飞速发展,乱挖河沙的现象屡禁不止,导致河床侵蚀。

污染主要来自人畜粪便、废柴烂草、各家各户的生活垃圾及私有企业的乱排乱放,漫过农田的地表径流的流入、大气污染的干湿沉降进入,还有农村的水土流失。北方农村地区及南方偏远的农村地区,普遍缺乏生活能源,乱砍滥伐屡禁不止,造成农村地区植树造林、种草成活率低,植被覆盖率低,尤其北方农村地区,每年生长期短,在非生长期,土地裸露期长,又多大风,很容易发生水土流失。这一切综合结果导致平原小河沟的上述生态问题。

7.4.2 生态修复方法

要从根本上解决农村平原小河沟的生态问题。要从以下两方面入手:一是在沟渠生态系统外围地区防止环境污染及生态破坏的产生，主要从解决村能源问题，减轻对植被的破坏性；建人工湿地；作物非生长期覆盖土地；改善排污处污系统；种树种草，加快绿化带的建设。二是在沟渠生态系统内采用建沟岸、渠岸绿化带。

1. 沟渠外防污、防生态破坏

（1）解决农村能源问题，减轻对植被的破坏性（郭元锋，1999）。主要可从五个途径进行。一是进行薪林薪草种植，既可解决能源问题，又可保持水土。薪林薪草是可再生的生物质能资源，是世界公认的洁净能源。其易种植、生长快、周期短，且短期内能缓解用能紧缺矛盾，有利于保护环境，保持水土，优化生态，是绿化山川、解决农村地区能源问题的一条重要途径、而且在一定程度上能促进农村地区的经济社会发展。营造薪炭林及种植薪草在提供燃料、绿化山川、保持水土、优化生态方面发挥了巨大的作用。今后要动员一切力量大力营造薪炭林，种植薪柴薪草，切实解决农村地区的能源问题，带动落后地区经济快速发展。二是推广节柴灶炕，节约薪林薪草。目前，使用节柴灶炕，使旧式灶炕的热效率由不足10%提高到了20%以上，仅此一项年可节能100万t标准煤，大大缓解了用能紧缺状况。但推广工作任重道远，需进一步加强。三是开发沼气资源、发展"四位一体"农业生态模式。沼气池把人畜粪便、废柴烂草转化成洁净的燃料，优质的肥料，良好的饲料，既可燃烧、养畜、施肥、储粮、喷肥，又可节约能源，净化环境，保护生态，延长产业链，而且与农业、农村经济、生态美化越来越紧密地结合在一起，成为发展农村经济的一条重要途径。尤其是"四位一体"能源生态模式的推广，加快了农业产业化进程。可见，开发沼气资源具有良好的经济、生态和社会效益，是落后地区脱贫致富，发展经济的一条重要途径，具有良好的发展前景。四是使用太阳能，开发新能源，包括：①开发利用太阳能资源。太阳能资源取之不尽，用之不竭，随处可得，没有污染，日益受到世界各国高度重视和积极开发利用。大量推广使用太阳灶、太阳能热水器、太阳能光电系统、太阳房、日光温室、温棚养畜等节能用能设施，可解决照明、用电、采暖等一系列问题，既节约能源，美化环境，降低生产成本，又提高了群众生活水平，是发展农村经济必不可少的重要成分。②开发利用风能资源。在河西、牧区、风力资源丰富的贫困边远地区，积极推广使用小型户用风力发电机，可缓解用能矛盾。③开发利用微水、地热等资源。我省南部山区有比较丰富的水力资源，要充分利用微水发电，解决边远山区用电问题。同时积极开发利用地热等新能源，全方位解决用能问题。从长远讲，彻底解决用能问题，最终要靠可再生资源和新能源的开发利用。五是提倡使用煤炭，缓解用能矛盾。有条件的地方要提倡使用型煤，尽量少使用薪林薪草，让秸秆过腹还田，减少植被破坏，改善土壤结构，坚决杜绝烧草皮煨畜粪等不良现象，使薪林薪草有一个较长的繁衍生长过程，以保护植被，改善生态环境。

（2）建人工湿地和保护原有湿地。在农村小河沟的入口段，建人工湿地，起到净化污染的作用。保护原有湿地是修复水生态系统的一项重要手段，也可以称为土壤生物工程。在基本不影响行洪和蓄水功能的前提下，应尽可能保留和建设一些湿地。另外，湿地也是水景观中不可多得的重要一笔，它充满了野趣、野味和自然气息，是人们回归自然的一种象征。

（3）作物非生长期覆盖土地。在作物非生长期，采用作物秸秆或塑料薄膜覆盖土地，防止水土流失。

(4) 改善排污处污系统。在建设新农村的同时，也进行改造农村的排污系统，尽量能统一收集，统一排放，最后排放到人工湿地。有条件的地方也建生活污水处理厂进行农村生活污水的处理。

(5) 种树种草，加快绿化带的建设。这里的种树种草，不仅是种植薪草薪树，还要种植其他树木。在坡度25°以上的地区，禁止作为耕地使用，都要种树种草。种植树、草要选用乡土种，越杂越好。但可选用一些经济类，可以绿化与经济发展相结合。在农村地区，村落、田地周围、河沟沿岸、道路沿线都要种树种草，既可护岸护坡，又可净化环境。

2. 沟、渠生态系统中生态修复方法

沟、渠生态系统中生态修复方法（蔡继祥，2008）有如下几种：

(1) 建沟岸、渠岸绿化带。在沟、渠两岸种植树冠较大的树木，逐步形成林带，地面则栽上草本植物，形成草坪，贴岸的树冠还可以伸向河道上空。其作用：一是可以增强生态功能，大树扎在土壤里深而密的根须与草坪形成一个土壤生物体系；二是可以改善空气质量；三是可以发挥景观作用，岸边的林带草坪与河道组合，可以有效地改善这一地区的温度、湿度与舒适度，并形成一道独特的风景线。

(2) 建生物护坡。在沟、渠坡种草或小灌木或灌木，形成生物护坡。传统的做法往往忽视生态，把小河沟或小沟渠的边坡搞成直立式，或用块石和水泥板覆盖河坡并勾缝，其实，在不知不觉中已经破坏了生物的生长环境。从修复水生态系统出发，有条件的边坡都应植上草坪或灌木。护坡上的草坪和灌木所起的作用更大。其作用为：①草坪和灌木与土壤形成的土壤生物体系，同样可以像两岸的树林与草坪一样，起到减少有机物对河道、湖泊的冲击和营养化程度的作用，有些灌木的根须还能够直接伸到水体中吸收水中的营养成分；②河坡是水域向陆域的自然过渡带，草坪和灌木与土壤的结合，改善了温度、湿度，提供了食物；③在稳定边坡、防止水土流失的同时，改变了护坡硬、直、光的形象，给人们以绿色、柔和、多彩的享受。

(3) 建河床湿地。具体做法是在河床上的水边河漫滩上栽植多样性亲水植物。在种植方法上，一般可以直接栽在河边的滩地上、斜坡上，也可栽在盆、缸及竹木框之类的容器做成的定床上；直立式防汛墙的下面，在不影响河道断面的基础上，利用河底淤泥在墙边构筑一定宽度、并有斜坡的湿地带。

(4) 保持河道形态多样化。在基本满足行洪需求的基础上，要有水流多样化的新河道治理理念，宜宽则宽、宜弯则弯、宜深则深、宜浅则浅，形成河道的多形态、水流的多样性。水流的多样性，能够满足不同生物在不同阶段对水流的需要；河道的多形态、水流的多样性本身是水系景观的一个重要组成部分。生物的多样性将增加生物净化水域环境的能力及增加水生生态系统的稳定性。

(5) 种植水生植物。一种是根在水里的浮水植物，如水葫芦、水葫狸等；另一种是根在河、湖底泥里的浮叶植物，如荷花、水鳖等。水下种水草实践证明，水草茂盛的水体，往往水质很好，清澈见底。人工种植水草，也是修复河道、湖泊水生态系统的重要一环。

(6) 在水里养鱼虾。在放养鱼虾时，要注意食草性、食杂性、食肉性之间的搭配，按当地水生生态系统的食物链特点、能量循环规则放养。鱼虾在水里自由洄游，在水面泛起阵阵涟漪，使河道、湖泊显得生机蓬勃。

(7) 有计划地采砂、挖砂，并做好填埋工作，不要影响水流的力学结构，以防止边坡坍塌。

(8) 保护水底动物。保护水底螺蚌等贝壳类动物和大量的底栖动物，它们是名副其实的水底清道夫，其作用不可小看。

(9) 坚决打击药鱼、电鱼等破坏水生态环境的犯罪行为，保护水生态平衡。药鱼、电鱼对水生物杀伤力非常大，由于此种原因，致使淮河流域许多地方都听不到虫鸣蛙叫。

(10) 曝氧放细菌。细菌、真菌、放线菌、土壤原生动物等生物种群的生存和繁衍，将水中的有机物质分解成无机物质和水。它们需要充足的氧气，所以应尽量用各种方法和手段进行曝氧，通过增加水体中氧气的方法来促使好氧细菌的生长繁殖，以达到增强和加快分解水中有机污染物的目的。

7.4.3 生态修复步骤及过程

针对平原区小河沟的具体分布及生态问题的产生原因进行生态修复的步骤如下：

(1) 以行政区为单位进行当地平原区小河沟的自然属性、生态问题，所在地域的社会经济发展状况、科技发展状况进行调查，进行平原区小河沟生态系统退化程度及当前开展生态修复的必要性及可行性分析，并按照分析结果进行行政区平原区小河沟分级分类工作。

(2) 进行典型平原区小河沟生态修复示范区的建立。通过不同地域特征的示范区的建立，开展示范区生态修复过程的监测分析，研究平原区小河沟生态系统属性，及其在不同或综合性生态修复技术实施后的演变趋势，利用示范区开展的实验，研究适用于不同地域特征的不同生态问题的小河沟的人工辅助恢复技术、系统维持技术等湿地生态修复成套关键技术；在实验监测的基础上，对小河沟标志性生态系统的生态功能进行定量评价，并律定功能参数。为适合研究地域平原小河沟生态恢复工程的当量化设计提供必要的技术与理论支持。

(3) 进行平原区小河沟的生态修复推广工作。应用示范区所得的经验及技术进行示范区所代表的特定地域特定环境的平原区小河沟的生态系统的生态修复。推广过程中，示范区的技术不能直接照搬，还要根据实际平原区小河沟的实际特征进行调整和改进，才会取得最佳效果。

当前平原小河沟的生态修复无论在实践上还是科学研究上都是空白，是未来应大力发展的方向。

7.5 城市河流的生态修复

河流生态修复的概念最早是在德国提出的，它强调水利工程在具有防洪、供水、水土

7.5 城市河流的生态修复

保持等基本功能的同时，还应该达到接近自然的目的，特别强调河溪治理工程中的自然美学成分（张明 等，2002）。城市河流指流经城市区域的河流或河流段，也包括历史上人工开挖，经多年演化已具有自然河流特点的运河、渠系。与自然河流相比，城市河流的水文特性、物理结构和生态环境受到人类活动更为强烈的影响（廖先容 等，2009）。城市河流在远古时代为城市提供充足的水源，随着城市的发展，城市河流不仅发挥提供城市水源的作用，还承担水上交通运输的作用，尤其是近代，城市工业化的发展使得城市河流对于城市的作用更加重要，成为水源地、动力源、交通运输、污染净化场所（岳隽，2005）。随着经济的发展，城市化进程的加快，城市污水排放总量不断增加的情况下，城市河道接纳的污染负荷越来越大，逐步超过了河流的纳污自净能力，导致河道生态系统遭受破坏、水体发黑发臭，对城市人民生活带来极大的影响。

Cairns（1991，1995）、Magnuson 等（1990）、Lewis（1989）认为河流的生态恢复是指将受人类干扰而退化的河流恢复至原来没有受干扰的状态，或者恢复到某种合适的状态，即通过一定的方法与措施将河流恢复到干扰前的功能及恢复河流相应的物理、化学和生物特征（李娇娇，2006）。对于城市河流生态恢复来说，其根本目的是按照自然生态系统多样性的要求，为城市河流内部及沿岸的生物重建各种栖息场所，把城市河流生态系统恢复到更自然的状态来达到恢复城市河流多种功能的目的。城市河流生态恢复中最本质的是恢复系统的必要功能以使城市河流生态系统能够自我维持，做到既恢复城市河流的生态功能，又能满足人类的相关需要。

7.5.1 针对的生态问题

造成城市河道生态系统退化，不能进行正常的信息传递、能量流动和物质循环，从而不能提供应有的生态服务功能的原因主要有两个方面。一方面是城市化进程加剧本身会对城市河流产生影响，加大了对河流生态系统的干扰和胁迫，破坏了河流生态系统结构，改变了其物质生产与循环、能量流动与信息传递的规模、效率与方式，损害了河流生态系统的健康，主要体现在城市河流污染严重、城市河流生态环境用水短缺和城市河流生态系统破坏严重。另一方面，人们对城市河流规划利用的理念理解不当，在经济发展的大潮中，人们渐渐忘记了城市水系对于城市的重要作用，仅仅从经济利益出发，对城市水系进行了任意的破坏，改变了城市水系的整体功能，使城市水系生态系统服务功能降低或丧失。主要表现在：盲目填占河流——人类生产、生活废物的排入河道；盲目硬质化衬砌——人为对河道状况的改变，如水泥护岸，河床的硬化以及河道的裁弯取直和断面形式单一化等，忽略河流生物群落的生存需要；盲目对流域内生物组成部分的过度利用——过度捕捞、进行流域内植被的破坏等；盲目对水资源的过度利用，使河流的径流量不能满足基本生态功能的需要（王浩 等，2008）。

7.5.2 生态修复方法

进行河流生态修复主要包括三方面内容：一是水质条件、水文条件的改善；二是河流地貌特征的改善；三是生物物种的恢复。总目的是改善河流生态系统的结构与功能，主要标志是生物群落多样性的提高（董哲仁 等，2009）。

水质水文条件恢复主要通过水资源的合理配置维持河流最小生态需水量，通过河道内外污染源处理改善河流水系的水质，提倡多目标水库生态调度，以恢复下游的生态环境。河流地貌学特征通过恢复河流的纵向连续性和横向联通性，保持河流纵向蜿蜒性和横向形态的多样性，采用生态型护坡进行修复，为生物多样性创造栖息环境。生物物种的恢复主要包括保护濒危、珍稀、特有生物物种，恢复河湖水库水陆交错带植被以及水生生物资源，以恢复水生生态系统的功能。

改善水环境质量的总体思路一般是：首先针对污染成因进行源头控制，减少进入水体的污染物的总量；然后对已污染的水体采取相应的物理、化学、生物处理技术及生态工程措施进行净化，改善水环境质量。水环境的治理不外乎采取工程措施和非工程措施这两种手段。前者指利用工程的方法改变污染物在水体中及各种介质之间的运移与转换，从而达到改善水质的目的；后者指利用非工程的方法限制和控制污染物进入水体的数量及分配方式等，达到降低水体中污染负荷的目的。目前国内外常见的城市河流水体水质改善技术主要有以下措施：

1. 物理措施

（1）底泥疏浚。污染水体的内源污染处理主要采用异位处理和原位处理两种技术。底泥疏浚是沿用最早，应用最广泛的一种异位处理技术，其目的是通过底泥疏浚去除沉积物中所含的污染物，减少底泥污染物向水体的释放。

（2）水体稀释。稀释是改善受污染河流的有效技术之一，同时，它也是一种改善水环境的快速途径。通过稀释，能够快速降低污染物质在河流中的相对浓度，从而降低污染物在河流中的危害程度。这种方法用水量大，当前还不提倡。

（3）隔离和覆盖。隔离和覆盖（也称掩蔽法）是河流生态在特殊情况下利用的修复技术，是在污染的底泥上放置一层或多层覆盖物，使污染底泥与水体隔离，一般采用细砂或无污染的河泥进行河床覆盖，隔离的物质多为永久或半永久限制的物质。但因河流是动态的，条件的不断变化会影响隔离的效果，并且有二次污染的可能。

（4）悬浮物打捞。在城市河流上设置打捞船只，及时打捞悬浮物。

2. 化学措施

（1）投加除藻剂。常用的除藻剂有硫酸铜和西玛三嗪等，当除藻剂与絮凝剂联合使用时，可加速藻类聚集沉淀。这是一种简便、应急的控制水华的办法。

（2）投加沉磷剂。投加这些药剂，与水中的磷结合，絮凝沉淀进入底泥。常采用的沉磷化学药剂有三氯化铁、硝酸钙、明矾等。

3. 生物修复措施

生物修复方法，是利用培育的植物或培养、接种的微生物的生命活动，对水中污染物进行转移、转化及降解，从而使水体得到净化的技术。主要是通过恢复河岸植被，恢复河岸天然湿地，种植芦苇、浮萍、睡莲、水草等湿地水生植物，提高水域净化能力；此外，为有效地控制水中藻类、水生植物的过度繁殖致使水体缺氧，可以放养适量的鱼类，以太阳能为初始能源，通过生态系统中多条食物链的物质迁移、转化和能量的逐级传递，将有机物和营养物进行降解和转化，以达到去除污染的效果。另外要建城市绿化带，既可以净化大气污染及初降雨水,也可以净化污水处理厂排入的污水。

4. 生物修复与工程修复相结合

设置曝气装置或引入好养微生物,进行污染底泥的 N、P 等营养物质的污染处理。

5. 工程修复

(1) 建闸。在入海的河流的近陆一侧设河口水闸,涨潮时关闸,落潮时开闸,保证河水总是向海的方向流动,这样才不会造成海水倒灌,造成海水入侵或脏的河水的滞留,加重河水的污染。

(2) 建具有人工湿地及雨水调蓄池的城市活水公园。人工湿地进行污水处理厂中水分或上游来水进入当地天然水体之前的再净化修复过程。雨水调蓄池用于蓄存富含面源污染的初降雨水,然后将初降雨水引入污水处理厂进行处理,再排入天然水体,避免面源污染对城市河流的污染。

(3) 拓岸。拓宽河床,扩大河道蓄水容积,提高行洪能力,增加河岸管理带宽度。

(4) 营造生物栖息环境。考虑水生生物的生存需求,加强鱼道建设,保护与恢复河道内栖息地,保存河漫滩结构完整性,促进浅滩与边滩的发育,保护沙洲景观,为生物营造栖息环境,使河流成为生物多样性的表达场所(赵彦伟,杨志峰,2006)。

7.5.3 生态修复步骤及过程

进行河流生态状况调查,掌握河流生态现状及未来发展趋势。制定修复方案。进行方案实施,在方案实施的过程中要做好监测工作,随时发现问题,随时解决,保证修复的顺利进行。当前城市河流都存在环境污染及生态破坏,在这种情况下,应先进行应先进行污染的生态修复,同时进行防污、截污、治污,然后进行城市河流生物系统及城市河流生物通道的修复。

特定环境下的生态良好状态下的河流的标志性生物群系、城市退化情况下的生物群系的演替过程都需要进行研究。

7.5.4 实例——苏州河上海市区段的生态修复

7.5.4.1 苏州河的变迁

苏州河是上海市的母亲河。是吴淞江进入上海市区段的俗称,在正规文件中,它的大名还是叫做吴淞江。吴淞江属于太湖水系,发源于太湖瓜泾口,流经吴江、苏州、吴县、昆山等县市,在上海境内流经青浦、嘉定、闵行、长宁、普陀、静安、闸北、虹口和黄浦等九个区、县,横贯整个上海市区中心,在外白渡桥附近注入黄浦江,全长125km,在上海境内的有54km。苏州河的由来是这样的:在上海埠之前,人们一直称它为吴淞江,开埠之后,外国人发现可以乘船逆江而上从这条河到苏州,所以开始称它为苏州河。

苏州河水由西向东流入黄浦江。沿河两岸曾经错落地散布着农田、湿地、芦苇。鸦片战争之后,随着中国半殖民化的加剧,在租界修建了英国领事馆、礼查饭店、百老汇大厦、文汇博物院、新天安堂、光陆大戏院、公济医院大档、邮政总大楼、自来水厂、天后宫、河滨大楼、自来火房、圣约翰书院(后改为圣约翰大学)等建筑。流经其间的苏州河就此成了一条城市的内河。

20世纪初,旧上海租界曾对苏州河、黄浦江、定山湖的水质进行采样分析,苏州河水质排第一。一战以后,上海特别是苏州河两岸的人口和工业迅速增长,到20世纪二三十年代,基本奠定了远东第一大都市的地位,苏州河就此成为倾倒污水和垃圾的天然之处。但是由于上世纪中前期的工业水平较为低下,20世纪70年代初,河两岸的居民还能忍受它的黑臭。但是仅过了10年,到80年代初,苏州河就黑臭得"连鸭子都赶不下河"了。当苏州河水开始出现黑臭之际,建于1914年,位于苏州路恒丰路附近的闸北自来水厂不得不于1928年迁至军工路。到70年代末,上海市区段的苏州路全部黑臭,水质恶化至劣5类水。

1988年8月,苏州河地区合流污水一期工程奠基,标志着苏州河"治水大战"的序幕正式启动。苏州河的整个治理工程分成三期,取得了瞩目共睹的成效。

7.5.4.2 苏州河污染的成因

上海市的工业诞生于苏州河沿岸,一直以来先发展后治理的观念没有得到改变,片面追求经济效益,技术相对落后,污染得不到有效和及时的治理;另外,苏州河上海市区段水系区域带的人口占市区总人口的比重大,是上海最繁华的地段,也是上海主要的商业区和居住区,相应产生的生活污水量也很大;再者,苏州河作为上海市区的市内河流,本身存在着来水先天不足,河道后天乏力的问题(陈宗明,1998)。细数导致苏州河污染,变黑变臭的原因,主要有以下几个方面:

(1)有机污染严重,生活污水为主,工业污染严峻。纵观苏州河的历史变迁,其作为上海市工业的起源地和市区人口聚集地以及商业繁华区,随着社会经济的发展,带来了一系列的环境问题。在科技尚未发达、环境问题尚未提升到政府和公众重视的地步的时候,当时的工业废水和生活污水都是直接排放到苏州河中,这样污染日复一日、年复一年的积累,导致了严重的有机污染,同时也使得苏州河的底泥淤积厚度非常惊人,据水利部门的测算,苏州河现有污泥淤积厚度约 $1.0\sim1.5m$,底泥淤积量较大的河段主要在黄渡以下,约 $31.5km$,合计污泥量约120万 m^3(陈宗明,1998)。污染基数的庞大,导致今天的修复工作十分艰巨。

(2)来水先天不足,河道后天乏力。苏州河发源于太湖瓜泾口,属于太湖水系。众所周知,随着人类活动的影响,太湖的水量和水质日益下降,导致进入苏州河的上游来水先天不足。另外,苏州河自古以来就有"五汇二十四湾"之称,进入上海市境内后曲折多湾,据统计,从北新泾至外白渡桥有急弯9处,曲率半径仅河底宽度 $10\sim20m$。使得水流不畅,流速减缓,加剧泥沙淤积,造成河床变浅,排水能力降低(陈宗明,1998)。

来水先天不足,河道后天乏力,导致苏州河自身的环境自净能力丧失殆尽,市区段水体常年黑臭,并以北新泾至凯旋路一带为中心,形成一个长约 $30km$ 的污水团,随潮水的作用常年在中、下游回荡。

(3)沿岸陆域布局不合理(陈一申 等,1997)。苏州河沿岸陆域建设布局不当,功能混杂。由于城市布局的欠缺,大量工厂和仓库在苏州河边建设,散布其中的有居民点及各种临时搭建的危棚简屋。陆域布局的不合理导致了众多问题。

一方面,大量工厂和仓库沿河建设,需要利用小船转运原辅材料和产品,同时,苏州河市区段属于人口稠密区,生活垃圾需要运移。这样,就强化了苏州河的航运功能,致使码头船只林立,泄漏严重。据航运管理部门统计,苏州河在上海市境内现有码头设施共274处,其中市区段有环卫、粮食、煤炭、建材等各类码头247处,占市区内码头设施总数的90%。这些码头大多形象简陋,设施简单,加上粗略装卸,极易向河中丢撒滴漏各种物品和垃圾,给水体造成了严重的污染。此外,在苏州河2000艘次的船舶流量中,超过半数的船只已破旧不堪,动力系统排放的油污十分严重。虽然有关部门要求进苏州河的船只应配备专用卫生设施,但事实上却只有很少一部分船符合要求。另一方面,苏州河沿岸的居民点以及其他各种设施经常非法地向苏州河倾倒垃圾,此外,还有近万人的沿河船上人员的生活垃圾和污水也直接排放在苏州河及其支流中。这些生活垃圾和污水是不可忽视的一大污染源。

(4) 受潮汐影响,污染负荷累积,污水回流。潮汐使污水不能流入黄浦江,进而不能入海,导致污染累积。

7.5.4.3 苏州河的生态修复

1. 修复针对的问题

苏州河作为一条典型的城市河流,对其进行生态修复主要针对以下几个问题:①改善有机污染严重的水质;②疏浚积累的底泥,阻断潜在污染源;③入海河流受到潮汐的影响,入海河流会随涨潮产生污水回流等造成河水污染持续或加重。

2. 修复方法与修复步骤

苏州河的整治工程分为三期:

(1) 一期工程跨度为5年(1998—2002年),目标是:基本消除干流黑臭,改善苏州河的水质。主要的工程项目有:苏州河六支流污水截流工程、石洞口城市污水处理厂建设工程、综合调水工程、支流建闸控制工程、苏州河底泥疏浚处置工程、河道曝气复氧工程、环卫码头搬迁和水面保洁工程、防汛墙改造工程、虹口港、杨浦港地区旱流污水截流工程、虹口港水系整治工程。重点是截污,在苏州河综合整治一期工程近70亿投资额中,超过1/4投向了支流截污工程。而一期工程其他8个子项目中与"截污、治污"直接相关的也达4项,资金额为27亿多人民币,5个项目相加超过全部投资额的60%,涉及干支流截流的企事业单位有3175家。

截污是治理苏州河最关键最基本的措施,上海市苏州河环境综合整治领导小组办公室副主任张效国曾说过"治河之本在于治水,治水之道在于截污",这是世界各国100多年来的实践所证明的唯一捷径,也是贯穿苏州河整治工程的宗旨。若没有从根本上断绝污染源,其他相关措施的实行起不到显著的效果。苏州河自综合治理以来,共切断了4000多个污染源,外白渡桥防水墙上封住的排污口就是一个例证,如图7-1所示。

(2) 二期工程跨度为3年(2003—2005年),目标是:使干流水质稳定在景观用水标准;主要支流基本消除黑臭;苏州河环线以内建成自然景观和城市景观相协调的滨河景观廊道。二期工程主要内容是巩固一期的成果,恢复苏州河自净能力,与黄浦江水质同步改善,形成苏州河水质的长久保障机制。主要工程项目有:苏州河沿岸市政泵站雨天排江量削减工程、苏州河中下游水系截污工程、苏州河上游地区污水处理系统工程、苏州河河口水闸建设工程、梦清园建设工程和沿岸绿化建设工程等。二期的投资总额控制在40亿人民币之内。其中梦清园的建设是二期工程中的重要组成部分。

第 7 章 水生生态系统的修复

图 7-1 外白渡桥防水墙上封住的排污口

梦清园位于上海中心城区普陀区,位于苏州河的南侧,总用地为 46420m², 其中绿化面积(含水面)占 74%,如图 7-2 所示。梦清园是上海首个集环保教育、规划展示、休闲为一体的大型亲水公园。梦清园生态净化工程从苏州河上游方向取水,采取人工湿地和水生植物塘相结合的工艺进行净化。出水部分用于园区水景、绿化灌溉、地下设施的冲洗等,其余再回流入苏州河。

图 7-2 梦清园

人工湿地是梦清园公园水系的重要组成部分，梦清园人工湿地是由上海市环境科学研究院与上海市园林设计院共同设计，因地制宜地将人工湿地整合到城市景观中，充分发挥了人工湿地的社会和生态环境效益。梦清园景观水体净化流程如图7-3所示。

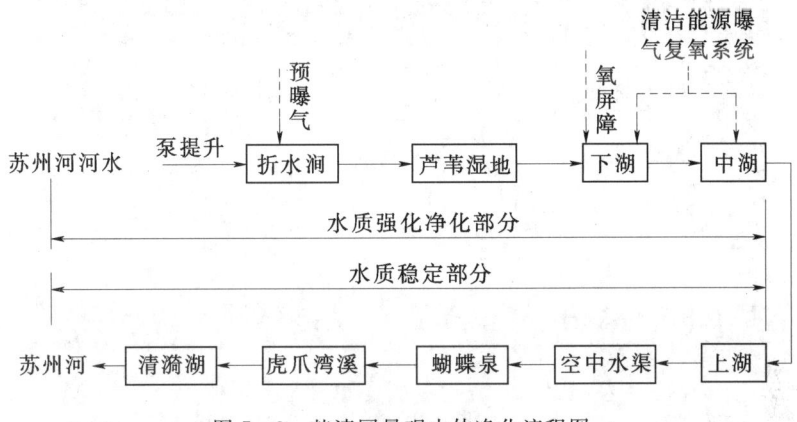

图 7-3　梦清园景观水体净化流程图

水质强化净化部分由折水涧、芦苇湿地、下湖、中湖和清洁能源曝气复氧系统五部分组成。折水涧的功能主要为沉沙和充氧，兼具景观效应。同时，考虑到苏州河河水相对浑浊、透明度较低、自然复氧不足，在最后两格设置预曝气装置进行强化复氧，以确保后续的芦苇湿地处于好氧状态。芦苇湿地为水质净化的核心单元，占地800m²，平均水深0.5m。下湖和中湖分别为沉水植物生态系统和浮叶植物生态系统。种植的沉水植物主要为伊乐藻、苦草和菹草等，浮叶植物则以睡莲为主，挺水植物主要是芦苇。在芦苇湿地、下湖、中湖中，还放养了蚌类、螺蛳等底栖生物和鲢、鳙鱼等鱼类，以延长该处理系统的食物链网，强化其水质净化效果和恢复其生态系统多样性结构。水质稳定部分由上湖、空中水渠、蝴蝶泉、虎爪湾溪、清漪湖和月亮湾等部分组成。它们的主要功能是景观美化功能和培养水环境微生态系统、稳定水质。

二期工程当中的苏州河河口水闸建设工程在这里也简单介绍一下。由于上海市内陆河的水位低于黄浦江，受潮汐的影响，污染负荷不断累积。二期工程当中，在外白渡桥处修建了水闸，涨潮时，水闸关闭，黄浦江矿化度较高的水不能进入苏州河；落潮时，水闸打开，污水随潮汐落入黄浦江，进而入海。这样是双向流变为单向流，解决了苏州河污染负荷累积的问题。

上海市由于经济的高速发展，空气中的氨氮含量很大，它们通过干湿沉降造成污染。为防止突发性黑臭，上海市修建了五个雨水调蓄池，其中一个位于梦清园，其模型如图7-4所示。初期降雨先储存在蓄水池当中，待蓄满之后再进入生活污水处理厂，处理完达到标准之后再排放到苏州河。

(3) 三期工程跨度为3年（2006—2008年），目标是实现苏州河干流下游水质与黄浦江水质同步改善；苏州河支流水质与苏州河干流水质同步改善；苏州河生态系统进一步恢复。三期工程包括五个子项目，即苏州河市区段底泥疏浚和防汛墙改建工程、苏州河水系截污治污工程、苏州河青浦地区收集配套管网工程、苏州河长宁区环卫码头搬迁工程和苏

图 7-4 梦清园的雨水调蓄模型

州河综合监控管理工程,总投资为 31.4 亿元。

底泥疏浚。苏州河由于污染的时间长,累积了不少淤泥。历年排放的污染物聚集在底泥当中,底泥中的污染成分比较复杂,主要污染物为重金属和有机污染物等。底泥中的硫和氮含量较高,这也是内河黑臭的主要原因之一。底泥和河水之间存在着一种吸收和释放的动态平衡,污染物释放影响尚不明显,一旦河水污染物含量减少,则底泥中污染物的释放量有可能增加,造成二次污染(白晓慧,2002)。苏州河的底泥淤积厚度非常惊人,据水利部门的测算,苏州河现有污泥淤积厚度约 1.0~1.5m。污染基数的庞大,导致疏浚工作十分艰巨。

7.5.4.4 修复成效

苏州河经过一、二、三期工程的实施,取得了较为显著的成果:

(1)消除黑臭,水质稳定。苏州河干流在 2000 年基本消除黑臭,2002 年以来市区河段的主要水质指标逐渐好转,稳步改善,达到了地表水 V 类(景观水)的标准。

(2)鱼类回归,支流水质改善。2000 年在苏州河污染最严重的断面底泥中发现昆虫幼虫,2001 年市区河段出现成群的小型鱼类,目前鱼类品种和数量进一步增加。同时,主要支流消除黑臭,水质明显改善。

(3)河道整洁,市容改观。滨河绿地、公园大幅增加,亲水岸线改善了市民的生活环境,苏州河两岸正成为适合居住、休闲、观光的城市生活区。

通过工程的实施,苏州河水环境面貌得到了较大程度的改观,水环境质量得到提升,整体面貌焕然一新,居民生活质量改善,两岸土地较大幅度增值、房产开发带来巨大经济效益,苏州河必将凭借其水清岸绿的水景观和独特秀美的两岸人文、建筑景观吸引来自世界各地的游客。

7.6 城市湖泊的生态修复

城市湖泊与城市河流一样都属于城市水生态系统，又称城市的母亲湖。城市湖泊起着调节城市大气湿度、调节城市气温、作为城市景观的组成部分起着接纳游客文化娱乐的作用、也起着水产养殖、城市绿化灌溉、承纳污水、起着蓄洪排洪等作用。但由于城市人口密集、工商业发达、交通拥挤、生活生产用水量大，再加上城市化的飞速发展等结果造成城市湖泊面积相对过小，污染严重，生态系统退化，要让城市可持续发展，急需进行城市湖泊的生态修复。

7.6.1 针对的生态问题

城市湖泊早期污染主要是点源污染所造成的，现在多是非点源污染所造成的。南方城市湖泊及北方城市湖泊出现生态问题的原因各不相同。南方湖泊生态恶化的原因在于两个，一个是生活污水、大气污染的干湿沉降所形成的局部性污染，另一个是有些湖泊仍是死水湖，水流不畅容易导致水质变差。北方城市湖泊存在的问题除与南方湖泊的相似外，还有一个就是水源缺乏导致的湖区萎缩及水质污染。

7.6.2 生态修复方法

北方湖泊要进行生态修复，首先要进行城市湖泊生态面积的计算及最适生态需水量的计算，然后进行最适面积的城市湖泊建设，每年保证最适生态需水量的供给，同时进行与南方城市湖泊同样的生态修复方法。南、北城市湖泊生态修复相同的方法如下。

1. 清淤疏浚与曝气有氧生物修复相结合

造成现代城市湖泊富营养化的主要原因是 N、P 等元素过量的排放，其中 N 元素在水体中可以被重吸收进行再循环，而 P 元素却只能沉积于湖泊的底泥中。因此，单纯的截污和净化水质是不够的，要进行清淤疏浚。对湖泊底泥污染的处理，首先应是曝气或引入耗氧微生物相结合的方法进行处理，然后再进行清淤疏浚。

2. 种植水生生物

在疏浚区的岸边种植挺水植物和浮叶植物，在游船活动的区域培养和种植不同种类的沉水植物。根据水位的变化及水深情况，选择乡土植物形成湿生-水生植物群落带。所选野生植物包括：黄菖蒲、水葱、萱草、荷花、睡莲、野菱等。植物生长能促进悬浮物的沉降，增加水体的透明度，吸收水和底泥中的营养物质，改善水质，增加生物多样性，并有良好的景观效果。

3. 放养滤食性的鱼类和底栖生物

放养鲢鱼、鳙鱼等滤食性鱼类和水蚯蚓、羽苔虫、田螺、圆蚌、湖蚌等底栖动物，依靠这些动物的过滤作用，减轻悬浮物的污染，增加水体的透明度。

4. 彻底切断外源污染

外源污染指来自湖泊以外区域的污染，包括城市各种工业污染、生活污染、家禽养殖场及畜禽养殖场的污染。要做到彻底切断外源污染，一要关闭以前所有通往湖泊的排污口；二要运转原有污水污染物处理厂；三要增建新的处理厂，进行合理布局，保证所有处理厂的处理量等于甚至略大于城市的污染产生量，保证每个处理厂正常运转，并达标排放。污水污染物处理厂，包括工业污染处理厂，生活污染处理厂及生活污水处理厂。工业污染物要在工业污染处理厂进行处理。生活固态污染物要在生活污染处理厂进行处理，生活污水、家禽养殖场及畜禽养殖场的污废水引入生活污水处理厂进行处理。

5. 进行水道改造工程

有些城市湖泊为死水湖，容易滞水而形成污染，要进行湖泊的水道连通工程，让死水湖变为活水湖，保持水分的流动性，消除污水的滞留以达到稀释、扩散从而得以净化。

6. 实施城市雨污分流工程及雨水调蓄工程

城市雨污分流工程主要是将城市降水与生活污水分开。雨水调蓄工程是在城市建地下初降雨水调蓄池，储藏初降雨水。初降雨水，既带来了大气中的污染物也带来了地表面的污染物，完全是在非点源污染的携带者，不经处理，长期积累，将造成湖泊的泥沙沉积及污染，建初降雨水调蓄池，在降雨初期暂存高污染的初降雨水，然后在降雨后引入污水处理厂进行处理，这样可以防止初降雨水带去的非点源污染对湖泊的影响。实施城市雨污分流工程，把城市雨水与生活污水分离开，将后期基本无污染的降水直接排入天然水体，从而减轻污水处理厂的负担。

7. 加强城市绿化带的建设

城市绿化带美化城市景观的作用不仅仅表现在吸收二氧化碳，制造氧气，防风防沙，保持水土，减缓城市"热岛"效应，调节气候。它还有其他很重要的生态修复作用：具有滞尘、截尘、吸尘作用，而且通过物理、化学、生物作用具有吸污降污作用，具有革质叶，叶脉多、表面粗糙不平的，能分泌黏液的植物滞尘、截尘作用强。加强城市绿化带的建设，包括河滨绿化带、道路绿化带、湖泊外缘绿化带等的建设。城市绿化带的建设，植被种类建议种植乡土种，种类越多样越好，这样不容易出现生物入侵现象，互补性强，自组织性强、自我调节自我恢复力高，稳定性高，容易达到生态平衡。

8. 打捞悬浮物

设置打捞船只，及时进行树叶、乱扔纸张等杂物的清理，保持水面的干净。

7.6.3 生态修复步骤及过程

要进行城市湖泊的生态修复，与城市河流的生态修复一样，要进行生态状况的调查，包括生态问题、成因及其未来发展。然后制定修复方案，最后实施方案。湖泊生态修复也是要工程修复与生物修复相结合，要做到截污与治污相结合，才能真正实现修复的目标。

7.6.4 实例——南京市玄武湖的生态修复

玄武湖为南京市的母亲湖。玄武湖位于南京市东北城墙外，由玄武门和解放门与市区相连。1909年辟为公园。当时称元武湖公园，还曾称五洲公园、后湖等。玄武湖湖岸呈菱形，周长约10km，占地面积437hm^2，水面约368hm^2。湖内有5个岛，把湖面分成四大片，各岛之间有桥或堤相通，便于游览。湖水深度不超过2m，湖内养鱼，并种植荷花,夏秋两季,水面一片碧绿,粉红色荷花掩映其中,满湖清香,景色迷人。

玄武湖形似火腿,湖泊分成三大块,北湖(东北湖、西北湖)、东南湖及西南湖,北湖水较浅,西南湖水最深,东南湖其次,湖内由湖堤、桥梁和道路连通使玄武湖水系完全处于人工控制之中,玄武湖属于浅水湖泊;南北长2.4km,东西宽2.0km;湖底质较厚,平均达70cm,以细粒黏土为主;主要入湖沟渠有7条,分别是南十里长沟、老季亭、香料厂、唐家山沟、紫金山沟、岗子村和西家大塘,北部与护城河、金川河相通,南部与珍珠河相接。

内湖在某些方面2010年前还为死水湖,2011年进行水道改造工程,现在内湖也变为活水湖。

玄武湖属于浅水湖泊,面积为3.7km^2。常年水位为9.8~10.2m,在10m水位时,平均水深1.2~1.3m,库容约500万m^3。玄武湖区域属暖湿的亚热带气候,多年平均气温为15~16℃,一般7—8月气温最高,平均28℃左右。年均降水量约1000mm。

7.6.4.1 玄武湖的生态问题

玄武湖是南京市内最大的景观湖,并具有蓄水、抗洪的功能。可是由于环境污染,水体富营养化,水质恶化,蓝藻暴发,给玄武湖的生态水景观带来很大影响。

玄武湖内有四个洲,把水体分为内外两部分。外湖是活水湖,由火车站、和平门、太阳宫等入水口进水,出水口有两个,分别位于武庙闸和花木公司。内湖为死水湖,内外两湖互不流通(图7-5)。

对玄武湖造成污染的主要是生活污水、大气污染物的干湿沉降而入湖的污染物以及底泥污染。玄武湖历史上曾经出现过蓝藻暴发的现象,但暴发并不频繁,水质维持在Ⅳ类景观水的要求。

玄武湖的生态问题主要是非点源污染以及内湖为死水湖所造成的。玄武湖面积为3.7km^2,水源来自自来水厂,平时检测为Ⅳ类水。其非点源污染来自城市生活污水的排入、大气污染的干湿沉降、天然降水的自然排入。外湖水由于是活水,常年保持流动,污染不是很严重,但内湖为死水湖,不流动,污染很严重。另外在外湖的一些水分滞留区,也有污染存在。污染主要表现为湖泊富营养化。

7.6.4.2 生态修复方法

1. 实施清淤疏浚工程

针对玄武湖的底泥污染,2007年开始对玄武湖实施清淤疏浚工程。清淤的方案是将清除湖底极度富营养化、极度重金属污染的浮淤(包括浮泥和流泥)和游客丢弃的垃圾;在不破坏玄武湖底泥泥炭层(生态保护层)的前提下,适当增加玄武湖水深,扩大库容,提高湖区航道的通航条件,改善和恢复玄武湖的水生态和水环境质量;对玄武湖隧道和九华山隧道区域,在不影响隧道正常使用功能前提下,适当清除部分隧道覆土和建筑垃圾,以扩大玄武湖库容(孔小平,2007)。2007—2008年为第一次清淤(施用富,2005)。采用接力泵,把玄武湖清除的淤泥稀释成泥浆,用管道输送到弃土场的革新方案。实际施工中,东南湖、北湖采用干塘冲吸法清淤,西南湖采用船吸法清除水下浮淤,泥浆用管道输送到郊外的弃土场。考虑到输送距离较远,为了增加水头,保证管道末端有足够的流速,管道中间增加了一台泵站(接力泵)。该方案的优点是无须加固从湖区至弃土场沿线的道

第 7 章 水生生态系统的修复

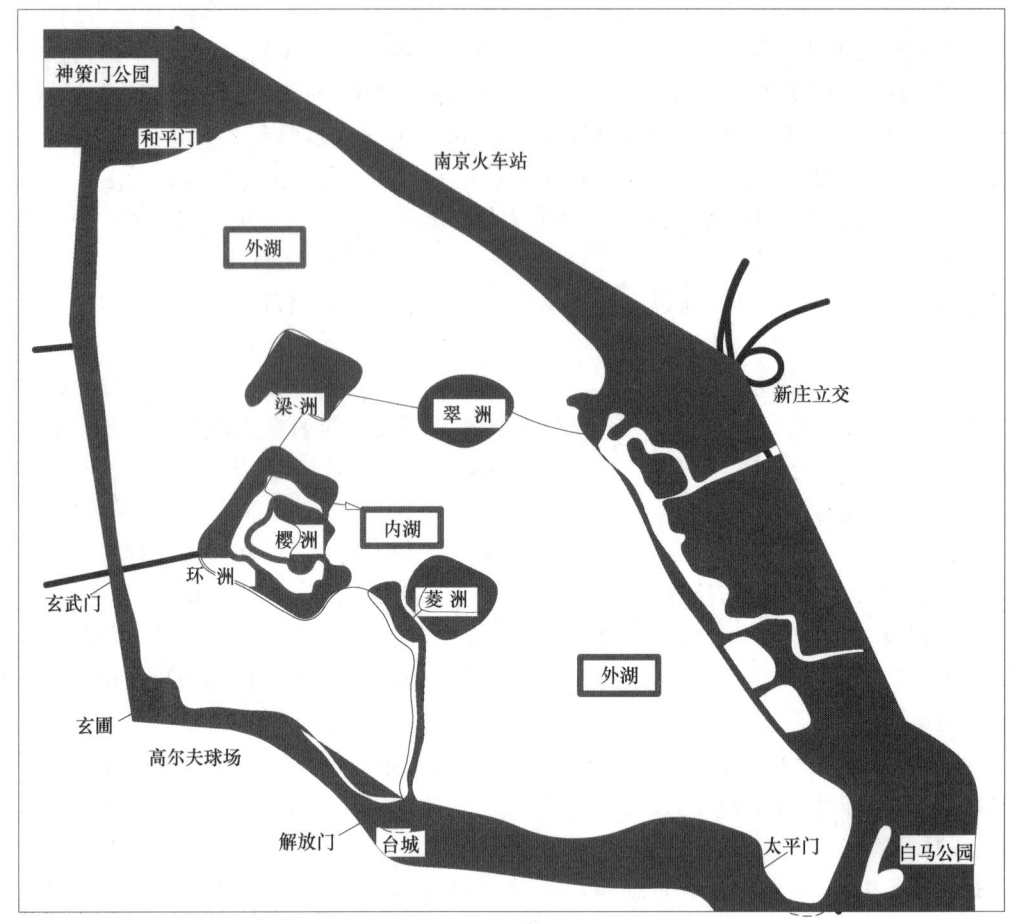

图 7-5 玄武湖内外湖示意图

路桥涵，市区交通基本不受施工影响，减少了城市道路污染，基本保持了施工期间玄武湖公园的旅游功能，缩短了工期，节约了经费。因为采用了水力疏浚施工方案，最大限度地减少了施工对城市正常运行、城市环境的影响，产生了非常大的社会效益。因为无须使用挖掘机，仅清除湖底被污染的 0.15m 淤泥层即能满足要求，考虑到施工的可能性，清除淤泥层以 0.25m 计，清淤工程量为 95 万 m^3，减少了一百多万方工程量，工程投资约 0.6 亿元。玄武湖第一次清淤工程于 1997 年 12 月 20 日开工，1998 年 4 月 28 日竣工，东南湖、北湖采用干塘冲吸法清淤，西南湖采用船吸法清除水下浮淤，泥浆用管道输送到郊外的弃土场。实际清淤土方 87 万 m^3，决算工程投资 5000 万元。

第二次清淤疏浚工程（孙兰兰，2008；韦勇 等，2009），始于 2008 年 12 月 26 日，为期 3~5 年。施工流程为：采用抓斗式挖泥船布锚定位—驳船定位—铲斗挖泥—驳船驶至码头—对淤泥进行处理—运送淤泥出城。

图 7-6 展示了 2009 年 4 月正在进行实施清淤工作的情景。已对北湖进行清淤，效果明显。清淤过程中要做好生态保护工作，主要从以下几方面做起：

（1）控制清淤深度防止底泥再悬浮。清淤后要监测表层底泥中污染物的含量，分析评

7.6 城市湖泊的生态修复

图 7-6 清淤打捞船

价清淤对污染程度重的底泥的清除效果，监测清淤扰动造成的污染物扩散范围、底泥的再悬浮程度，对清淤过程进行跟踪，实现环保清淤的目的。监测项目有 pH 值、SS、TN、TP、TOCl Hg、Cr、Cdl Pb、As。

（2）清淤施工防污，保护现存的水生植物繁殖体。为减轻因机械搅动造成局部水域底泥中污染物的扩散而产生的短时影响，采取了以下措施：

首先，选择合适的抓斗式挖泥船。适当的机械可以有效控制疏挖时对底泥及水体搅动的影响程度。通过试挖作业监测，挖掘时污染物在水中扩散距离在 20m 以内，挖掘引起的混浊在挖泥船停机后 6～8h 即可澄清。其次，在挖泥船上配置 DGPS 定位仪，辅以声呐探测仪，可有效提高清淤施工的精度；最后，采用挖泥船清淤，不可避免地会扰动底泥，造成底泥污染物的释放。因此，在清淤施工期间，考虑增加进水量，缩短换水周期，利用洁净水源冲污。

（3）临时堆放场防污，防止水体二次污染。临时堆放场防污主要是防止底泥中有害物质的释放、尾水二次污染以及机械作业时产生的噪声污染。做好临时堆放场基底处理和防渗，防止高浓度污染物的尾水返流入湖体中，造成二次污染。尾水排放一定要经过处理，如经小型净化处理设施或氧化塘处理，达标后才能排放。

此外还有关闭入湖的污染口、湖泊换水等工程措施。有水厂定时放水冲洗湖水。

2. 种植水生生物

玄武湖在湖区的岸边种植挺水植物和浮叶植物，在游船活动的区域培养和种植不同种类的沉水植物。根据水位的变化及水深情况，选择乡土植物形成湿生—水生植物群落带。所选野生植物包括：黄菖蒲、水葱、萱草、荷花、睡莲、野菱等。植物生长能促进悬浮物的沉降，增加水体的透明度，吸收水和底泥中的营养物质，改善水质，增加生物多样性，并有良好的景观效果。

3. 放养滤食性的鱼类和底栖生物

放养鲢鱼、鳙鱼等滤食性鱼类和水蚯蚓、羽苔虫、田螺、圆蚌、湖蚌等底栖动物，依靠这些动物的过滤作用，减轻悬浮物的污染，增加水体的透明度。

4. 彻底切断外源污染

环湖"五大沟"雨污分流工程、玄武湖污水泵站增容改造和排污管道工程已经启动。该工程有望解决五大沟渠给玄武湖带来的环境污染问题，"五大沟"即板仓沟、紫金山沟、唐家山沟、香料厂沟和老季亭沟。此外，火车站站前游船码头旁的污染口、太平门污染口等污水排放依然存在，据检测污染口总氮总磷等指标超标 2 倍以上（韦勇 等，2009）。应进行关闭，彻底杜绝污染进入。

5. 进行水道改造工程

进行内湖与外湖的水道连通工程，让内湖变为活水湖，保持水分的流动性，消除污水的滞留以达到稀释、扩散从而得以净化。

6. 城市雨污分流工程

南京市已启动雨污分流工程，把城市雨水与生活污水分离开，而且把初降雨水也引入污水处理厂进行处理，这样可以防止初降雨水带去的非点源污染对湖泊的影响。

7. 城市生活污水处理厂的正常运转

城市生活污水处理厂的正常运转，将保证生活污水的正常达标处理，这样保证了生活污水不会对湖泊产生影响。

8. 河岸改造工程

原先的玄武湖堤岸多数为水泥质硬化堤岸，此种建造虽然具有一定的景观效益，但对生态系统稳定性维持存在一定隐患。其具体缺点有：①水泥堤岸阻隔了湖泊水体与土壤的交换作用，隔离了水生态系统与土壤环境之间的联系，弱化了滨水空间与水体环流过程；②水泥堤岸会使湖畔两栖类生物丧失陆上栖息地而消失；③水泥堤岸将丧失对进入河流的地表漫流的净化能力，增加河流污染的可能性；④水泥堤岸使得湖泊的蓄洪能力会大大降低。

若把水泥质堤硬化堤岸改建成有植物生长的湿地驳岸，将有以下明显的优点：

（1）缓解内涝、补枯、调节水位。湿地驳岸是一种可渗透的界面。丰水期水体中的水向驳岸外的地下水层渗透、储存，缓解内涝；枯水期地下水通过驳岸反渗入水体，起着补枯和调节水位的作用。另外，驳岸上大量植物也有涵养水分的作用。

（2）增强水体的自净作用。驳岸边上生长的水生植物可大量吸收去除水体中的 N、P 元素。植被繁茂的根系还为微生物的生长提供了良好的环境，而由此形成的生物膜可去除水中的有机污染物，对水体进行初级净化。另外，凹凸不平的驳岸自然形成的鱼道、鱼巢可形成不同的流速带和水的紊流，使空气中的氧溶于水中，促进水体净化。

（3）增加生物多样性，成为更多的生物的栖息地。驳岸把滨水区植被连成一体，构成一个完整的湖泊生态系统。其坡脚具有高孔隙率、多鱼类巢穴、多生物生长带、多流速变化，为鱼类等水生动物和其他两栖类提供了栖息、繁衍和避难的场所。驳岸上繁茂的绿树草丛不仅是陆上昆虫、鸟类的觅食、繁衍的乐土，而且进入水中的植物根系还为鱼类产卵、幼鱼避难、觅食提供了场所，形成了一个水陆复合型生物共生的生态系统。

(4) 增加文化娱乐功能。湿地驳岸比起硬质堤岸将大大增加亲水空间,让游人享受"原生态"旅游的乐趣。

玄武湖当前约有 1/3 的硬质堤岸已被改造成湿地驳岸,堤岸改建工程在顺利进行中。

9. 堆砌生态浅滩

将玄武湖清淤疏浚工作中产生的淤泥用来堆砌生态浅滩,进行资源再利用。当前已在以下两个地方利用清淤产生的淤泥进行生态浅滩的建设:①和平门生态岛:扩大原有规模,建设综合湿地浅滩景观 25800m²。②菱州生态乐园:设立部分湿地浅滩景观 6900m²。通过生态浅滩的建设,合理利用多种亲水植物、水生植物,丰富景观、生态的多样性,打造出自然化、生态化、拥有文化内涵的生态浅滩,将环境效益、经济效益、社会效益结合起来,实现可持续发展。

10. 加强城市绿化带的建设

玄武湖建了环湖绿化带,也建了秦淮河绿化带、道路绿化带及各种公园绿化区,而且湖泊东南面的钟山风景区有强大的生态修复作用,起到了重要的吸污、截污及净污的作用。

7.6.4.3 生态修复步骤及过程

首先进行调查生态状况,掌握污染源、污染发生时间,然后制定修复方案,进行实施。具体方案是工程措施与生物措施相结合,第一实施清淤工程;第二进行截污工程,引水冲污工程;第三进行雨污分流及初降雨水处理工程;第四进行生物工程。湖泊中种植莲藕等水生植物、养殖鲢鱼等水生动物。建防护绿化带。

具体实施如下:玄武湖于 1997 年 12 月至 1998 年 4 月实施了全湖清淤。1998 年完成了环湖截污,雨季每天最大截流污水 6.2 万 t,旱季每天最少截流污水 2.3 万 t,平均每天截流污水约 3 万 t。除暴雨时入湖口闸满溢外,基本无点源污染,仅存少量的非点源污染。从 2000 年起,玄武湖实施了生态补水,引大桥水厂生态补水量为 5 万 t/d,2003 年生态补水量为 18 万 t/d,2004 年达 28 万 t/d(张哲海 等,2006)。

早在 20 世纪 80 年代后期,玄武湖湖水已经处于严重的富营养化状态。自 90 年代初起,采取了截污、清淤、引水冲污等措施,以控制玄武湖富营养化、改善水质,然而 2005 年夏季,玄武湖首次发生大面积以微囊藻为主要优势种群的蓝藻水华,局部区域散发恶臭气味,严重影响了湖水的景观、养殖和水上运动功能。

2010 年进行了内湖与外湖之间的连通工程,现在内湖已变为活水湖。湖泊中水分滞留区都种植了水生植物莲藕及芦苇,放入了鲢鱼、鲫鱼等鱼苗,既美化了环境,又带动了旅游业和水产业。现在仍保持湖面每天定时打捞悬浮物、定期清淤。玄武湖现在已达到水清景美的目标。

参 考 文 献

[1] 安树青. 湿地生态工程——湿地资源利用与保护的优化模式 [M]. 北京:化学工业出版社,2003.
[2] 白晓慧,杨万东,陈华林,等. 城市内河沉积物对水体污染修复的影响研究 [J]. 环境科学学报,2002,22 (5):562-565.
[3] 边延辉. 洪河湿地生态修复研究 [D]. 长春:吉林大学,2006.

[4] 陈俭霖,王华,闵毅梅,等.江苏盐城湿地的资源保护及可持续发展研究[J].环境科技,2011,24(1):98-100.

[5] 蔡爱智,李星元.海南岛南岸珊瑚礁的若干特点[J].海洋与湖泊,1964,6(2):205-218.

[6] 蔡继祥.淮河流域的污水处理现状与生态修复措施[J].现代农业科技,2008,19:347-348.

[7] 蔡建文,王志成,吴占杰,等.扎龙自然保护区湿地苇塘火的火行为及思考[J].林业科技,2002,27(6):30-31.

[8] 陈桂珠,王勇军,黄乔兰.深圳福田红树林鸟类自然保护区生物多样性及其保护研究[J].生物多样性,1997,5(2):104-111.

[9] 陈荷生.太湖生态修复治理工程[J].长江流域资源与环境,2001,10(2):173-178.

[10] 陈荷生,石建华.太湖底泥的生态疏浚工程——太湖水污染综合治理措施之一[J].水资源保护,1998,3:11-15.

[11] 陈建华.红树林人工造林经验初报[J].钦州林业科技,1986(2):22-27.

[12] 陈丽.盐城市沿海滩涂利用模式分析[J].安徽农业科学,2007,35(36):11926-11928.

[13] 陈立新.对扎龙自然保护区湿地缺水的研究[C].转变经济增长方式与土地节约利用——2006中国科协年会12专题分会场第4单元会场论文集,2006:73-78.

[14] 陈声明,吴伟祥,王永维,等.生态保护与生物修复[M].北京:科学出版社,2008.

[15] 陈雪清.对红树林的生态功能和生物多样性的全面认识及维护[J].林业资源管理,2001,21(6):65-69.

[16] 陈一申,吴国豪,黄解田.苏州河水环境污染现状分析[J].上海环境科学,1997,16(1):11-14.

[17] 陈映霞.红树林的环境效益[J].海洋环境科学,1995,14(4):51-56.

[18] 陈宗明.上海苏州河的环境综合整治[J].城市发展研究,1998(3):47-50.

[19] 崔保山,杨志峰.湿地生态系统健康研究进展[J].生态学杂志,2001,20(3):31-36.

[20] 崔丽娟,赵欣胜,张岩,等.退化湿地生态系统恢复的相关理论问题[J].世界林业研究,2011,24(2):1-4.

[21] 丁东,李日辉.中国沿海湿地研究[J].海洋地质与第四地质,2003,23(1):109-112.

[22] 董哲仁,孙东亚,彭静.河流生态修复理论技术及其应用[J].水利水电技术,2009(1):5-9.

[23] 段舜山,徐景亮.红树林湿地在海岸生态系统维护中的功能[J].生态科学,2004,23(4):351-355.

[24] 耿春女,李培军,韩桂云,等.生物修复的新方法——菌根根际生物修复[J].环境污染治理技术与设备,2001,2(5):20-26.

[25] 国家林业局,等.中国湿地保护行动计划[M].北京:中国林业出版社,2000.

[26] 郭元锋.开发农村能源,保护生态环境[J].甘肃农业,1999,4:19.

[27] 河池全,李蕾,顾超.重金属污染土壤的湿地生物修复技术[J].生态学杂志,2003,22(5):78-81.

[28] 何奋琳.深圳福田红树林生态系统生态恢复对策研究[J].环境科学与技术,2004,27(4):81-83.

[29] 荷生.太湖富营养化现状、趋势及其综合整治对策[J].上海环境科学,1997,16(8):4-7.

[30] 何文珊.中国滨海湿地[M].北京:中国林业出版社,2008.

[31] 吉云秀,丁永生,丁德文.滨海湿地的生物修复[J].大连海事大学学报,2005,31(3):47-52.

[32] 季中淳.中国古代湿地研究及其历史贡献与意义[M].中国湿地研究.长春:吉林科学技术出版社,1995.

[33] 江伟钰,陈方林.资源环境法词典[M].北京:中国法制出版社,2005.

[34] 孔繁翔.环境生物学[M].北京:高等教育出版社,2000.

[35] 李宝兰,龚建伟,宋庆春,等.大连市海水入侵特征.中国地质调查局海岸带地质环境与城市发展[M].北京:地质大学出版社,2005.

[36] 李大成,吕锡武,纪荣平.受污染湖泊的生态修复[J].电力环境保护,2006,22(1):47-49.
[37] 李海生,陈桂珠,昝启杰.深圳市红树林的保护及其恢复[J].城市环境与城市生态,2007,20(4):10-12.
[38] 李红柳,李小宁,侯晓珉,等.海岸带生态恢复技术研究现状及存在问题[J].城市环境与城市生态,2003,16(6):36-37.
[39] 李洪远,鞠美庭.生态恢复的原理与实践[M].北京:化学工业出版社,2005.
[40] 李娇娇.城市河流生态恢复研究[D].杭州:浙江大学,2006.
[41] 李明传.水环境生态修复国内外研究进展[J].中国水利,2007,11:25-27.
[42] 李如忠.巢湖水环境生态修复探讨[J].合肥工业大学学报(社会科学版),2002,16(5):130-133.
[43] 李润楠.东太湖生态修复研究[J].湿地科学与管理,2010,6(3):24-27.
[44] 李世杰,窦鸿身,舒金华,等.我国湖泊水专精问题与水生态系统修复的探讨[J].中国水利,2006,13:14-17.
[45] 李扬帆,冯年华,周勤,等.江苏沿海滩涂围垦现状及其对环境的影响[J].海洋科学,2006,30(10):39-43.
[46] 李扬帆,朱晓东,邹欣庆,等.盐城海岸湿地资源环境压力与生态调控响应[J].自然资源学报,2004,19(6):754-760.
[47] 李益敏,彭永岸,王玉朝,等.滇池污染特征及治理对策[J].云南地理环境研究,2003,15(4):32-38.
[48] 李元超,黄晖,董志军,等.珊瑚礁生态修复研究进展[J].生态学报,2008,28(10):5047-5054.
[49] 李祖伟,管华,蔡安宁.盐城国家级自然保护区湿地资源调查与保护研究[J].国土与自然资源研究,2006,2:40-41.
[50] 廖宝文,陈玉军,郑松发,等.深圳湾红树林木榄种源早期筛选试验[J].林业科学研究,2002,15(6):164-172.
[51] 廖宝文,郑松发,陈玉军,等.红树林湿地恢复技术的研究进展[J].生态科学,2005,24(1):61-65.
[52] 廖先容,王翠文,蒋文琼.城市河道生态修复研究综述[J].环保前线,2009(6):31-32.
[53] 廖玉静,宋长春.湿地生态系统退化研究综述[J].土壤通报,2009,40(5):1999-1203.
[54] 林鹏.中国红树林生态系统[M].北京:科学出版社,1997.
[55] 林鹏.中国红树林研究进展[J].厦门大学学报,2001,40(2):592-603.
[56] 林鹏.中国红树林湿地与生态工程的几个问题[J].中国工程科学,2003,5(6):33-38.
[57] 刘强,叶思源.湿地创建和恢复设计的理论与实践[J].海洋地质动态,2009,25(5):10-14.
[58] 刘青松,李扬帆.湿地与湿地保护[M].北京:中国环境科学出版社,2003.
[59] 刘治平.秋茄和木榄的海上育苗研究[J].生态科学,1991(1):72-75.
[60] 卢昌义,林鹏.从海南岛向福建九龙江口引种红树植物技术研究[M]//李振基,环境与生态论坛.厦门:厦门出版社,1993.
[61] 卢昌义,林鹏.秋茄红树林的造林技术及其生态学原理[J].厦门大学学报,1990,29(6):694-698.
[62] 陆健健.中国滨海湿地的分类[J].环境导报,1996(1):1-2.
[63] 陆健健,何文珊,童春富,等.湿地生态学[M].北京:高等教育出版社,2006.
[64] 陆健健,王伟.湿地生态恢复[J].湿地科学与管理,2007,3(1):34-35.
[65] 路云霞,吴长年,黄戟,等.由"无锡太湖水华事件"论太湖富营养化的防治[J].生态经济,2008,2:154-157.
[66] 吕彩霞.中国海岸带湿地保护行动计划[M].北京:海洋出版社,2003.

[67] 吕士成. 盐城沿海滩涂丹顶鹤的分布现状及其趋势分析 [J]. 生态科学, 2008, 27 (3): 154-158.
[68] 吕士成, 施问全, 孙明, 等. 江苏盐城沿海滩生物资源及其环境保护 [J]. 现代农业科技, 2007, (24): 197-201.
[69] 孔小平. 玄武湖将"刮毒"清淤, 不围挡施工三年内完成. http://www.js.xinhuanet.com/xin_wen_zhong_xin/2007/06/06/content_10220399.html 新华网江苏频道, 2007.
[70] 马建章, 苏立英. 扎龙自然保护区急待解决的问题 [J]. 野生动物, 1984, 6: 32-35.
[71] 马井泉, 周怀东, 董哲仁. 我国应用生态技术修复富营养化湖泊的研究进展 [J]. 中国水利水电科学研究院学报, 2005, 3 (3): 209-215.
[72] 马文漪, 杨柳燕. 环境微生物工程 [M]. 南京: 南京大学出版社, 1998.
[73] 马向东, 郑慧莲, 李爱民, 等. 洪泽湖湿地生态系统保护与修复关键技术研究 [J]. 污染防治技术. 2008, 21 (6): 34-37.
[74] 孟宪民, 崔保山, 邓伟. 松松嫩流域特大洪灾的醒世: 湿地功能的再认识 [J]. 自然资源学报, 2001, 14 (1): 14-21.
[75] 莫竹承, 梁士楚, 范航清. 中国红树林研究与管理 [M]. 北京: 科学出版社, 1995.
[76] 努尔巴衣·阿布都沙力克, 塔西甫拉提·特依拜, 巴哈尔古丽. 湿地综述与新疆湿地研究 [J]. 新疆环境保护, 2004, 26: 63-66.
[77] 彭少麟. 恢复生态学 [M]. 北京: 气象出版社, 2007.
[78] 彭少麟, 任海, 张倩媚. 退化湿地生态系统恢复的一些理论问题 [J]. 应用生态学报, 2003, 14 (11): 2026-2030.
[79] 强继红. 滇池水环境污染的工程治理综述 [J]. 云南地理环境研究, 2002, 14 (1): 61-66.
[80] 秦伯强. 太湖富营养化发生的原因与治理对策 [C]. 第三届环境与发展中国论坛论文集, 2004: 58-67.
[81] 秦伯强. 湖泊生态恢复的基本原理与实现 [J]. 生态学报, 2007, 27 (11): 4848-4858.
[82] 秦伯强, 高光, 胡维平, 等. 浅水湖泊生态系统恢复的理论与实践思考 [J]. 湖泊科学, 2005, 17 (1): 9-16.
[83] 秦伯强, 王小冬, 汤祥明, 等. 太湖富营养化与蓝藻水华引起的饮用水危机——原因与对策 [J]. 地球科学进展, 2007, 22 (9): 896-906.
[84] 钦佩, 安树青, 颜京松. 生态工程学 [M]. 南京: 南京大学出版社, 1999.
[85] 邱东茹, 吴振斌. 富营养浅水湖泊的退化与生态恢复 [J]. 长江流域资源与环境, 1996, 5 (4): 355-361.
[86] 邱虎, 吕惠进. 江苏盐城滨海湿地现状与保护对策研究 [J]. 湖南农业科学, 2010 (21): 58-61.
[87] 沈德中. 污染环境的生物修复 [M]. 北京: 化学工业出版社, 2002.
[88] 施用富. 南京玄武湖清淤工程设计方案的革新 [J]. 生态环境与经济, 2005, 4: 67-68.
[89] 孙兰兰. 玄武湖大清淤变得好"温柔". http://news.sina.com.cn/s/2008-12-26/083014940659s.shtml, 2008, 现代快报.
[90] 孙广友. 美国湿地研究进展 [J]. 地理科学, 1997, 17 (1): 87-89.
[91] 孙毅, 郭建斌, 党普兴, 等. 湿地生态系统修复理论及技术 [J]. 内蒙古林业科技, 2007, 33 (3): 33-35.
[92] 唐静杰, 周青. 湖泊富营养化的生态修复研究进展 [J]. 生态经济 (学术版), 2008: 2-5.
[93] 王浩, 章明奎, 韩冰. 河流生态系统修复技术研究综述 [J]. 江西农业学报, 2008, 20 (6): 105-108.
[94] 王浩民. 扎龙湿地的生态保护与修复措施 [J]. 黑龙江水利科技, 2010, 38 (4): 1-3.
[95] 王加连, 刘忠权. 江苏盐城国家级珍禽自然保护区生物多样性保护现状与对策 [J]. 安徽师范大学学报 (自然科学版), 2006, 29 (5): 475-479.

[96] 王薇，李传奇.河流廊道与生态修复 [J].水利水电技术，2003，34 (9)：56-58.

[97] 王蔚，张凯，汝少国.米草生物入侵现状及防治技术研究进展 [J].海洋科学，2003，27 (7)：38-41.

[98] 王雪峰，陈桂珠，许夏玲.白骨壤对石油污染的生理生态响应 [J].资源开发与生态保护，2002，(3)：32-35.

[99] 王勇军，诸葛仁，Terry Delacy.深圳福田红树林鸟类自然保护区管理策略初探 [J].生物多样性，1999，7 (4)：351-354.

[100] 王玉朝，彭永岸，李益敏.滇池水体污染和治理的特点 [J].地域研究与开发，2004，23 (1)：88-92.

[101] 王珠娜，陈秋波，余雪标.盐生植物大米草在我国滩涂种植的利弊分析 [J].热带农业科学，2006，26 (2)：43-45.

[102] 王永洁，王宏伟.扎龙自然保护区水环境质量现状评价 [J].北方环境，1998，1：48-51.

[103] 韦勇，董慧.玄武湖北湖清淤及生态修复方案 [J].生态旅游，2009 (5)：85-87.

[104] 翁白莎，严登华，赵志轩，等.人工湿地系统在湖泊生态修复中的作用 [J].生态学杂志，2010，29 (12)：2514-2520.

[105] 谢正鹏.武汉市典型城市湖泊湿地植物群落生物量研究 [D].武汉：华中农业大学，2010.

[106] 许航，陈焕壮，熊启权，等.水生植物塘脱氮除磷的效能及机理研究 [J].哈尔滨建筑大学学报，1998，32 (4)：69-73.

[107] 徐亚同，何国富，黄民生，等.梦清园景观水体生态净化系统示范工程研究 [J].华东师范大学学报（自然科学版），2006，(6)：84-90.

[108] 徐友根，李崧.城市建设对深圳福田红树林生态资源的破坏及保护对策 [J].生态学报，2005，25 (5)：1095-1100.

[109] 杨红生，邢军武.试论我国滩涂资源的持续利用 [J].世界科技研究与发展，2002，24 (1)：47-51.

[110] 杨健强.滇池污染的治理和生态保护 [J].水利学报，2001，5：17-21.

[111] 岳隽.城市河流的景观生态学研究：概念框架 [J].生态学报，2005，25 (6)：1422-1429.

[112] 俞龙，龙江平，李建军，等.生物修复技术研究进展及在滨海湿地中的应用 [J].海洋科学进展，2002，20 (4)：99-108.

[113] 张明，曹梅英.浅谈城市河流整治与生态环境保护 [J].中国水土保持，2002，(9)：33-34.

[114] 张乔民，施祺，陈刚，等.海南三亚鹿回头珊瑚岸礁监测与健康评估 [J].科学通报，2006，51 (增刊Ⅱ)：71-77.

[115] 张乔民，余克服，施祺.华南珊瑚礁的海岸生物地貌过程 [J].海洋地质动态，2003，19 (11)：1-4.

[116] 张太平，潘伟斌.根际环境与土壤污染的植物修复研究进展 [J].生态环境，2003，12 (1)：76-80.

[117] 张永泽，王煊.自然湿地生态恢复研究综述 [J].生态学报，2001，21 (2)：309-313.

[118] 张锡辉.高等环境化学与微生物学原理及应用 [M].北京：化学工业出版社，2001.

[119] 张霞.滇池综合治理项目分析 [J].生态经济，2000，3：22-24.

[120] 张晓龙，李培英，李萍，等.中国滨海湿地研究现状及展望 [J].海洋科学进展，2005，23 (1)：87-95.

[121] 张哲海，梅卓华，等.玄武湖蓝藻水华成因探讨 [J].环境监测管理与技术，2006 (4)：15-18.

[122] 张征云，李小宁，孙贻超，等.盐生植物大米草在我国滩涂引入后的利弊分析 [J].城市环境与城市生态，2003，16 (6)：38-39.

[123] 张忠华，胡刚，梁士楚.我国红树林的分布现状、保护及生态价值 [J].生物学通报，2006，41 (4)：9-11.

[124] 赵俊权，杜国祯，陈家宽.滇池生态机制分析及综合防治对策 [J].生态经济，2005，3：72-74.

[125] 赵焕庭. 南沙群岛自然地理 [M]. 北京：科学出版社. 1996.
[126] 赵焕庭, 王丽荣. 中国海岸湿地的类型 [J]. 海洋通报, 2000, 19 (6): 72-82.
[127] 赵彦伟, 杨志峰. 城市河流生态系统修复刍议 [J]. 水土保持通报, 2006, 26 (1): 89-93.
[128] 周启星, 魏树和, 张倩茹, 等. 生态修复 [M]. 北京：中国环境科学出版社, 2006.
[129] 庄铁诚, 张瑜斌, 林鹏. 红树林土壤微生物对甲胺磷的降解 [J]. 应用与环境生物学报, 2000, 6 (3): 276-280.
[130] Abdul R. Heavy metal accumulation and detoxification mechanisms in plants [J]. Turk J Bot, 2001, 25: 111-121.
[131] Cairns J J. Restoration eology [J]. Encyclopedia of Enviromental Biology, 1995 (3): 223-235.
[132] Cairns J J. The status of the theoretical and applied science of restoration ecology [J]. Environmental Professional. 1991, 13 (3): 186-194.
[133] Edwards A J, Clark, S. Coral transplantation: a useful management tool or misguided meddling? [J]. Mar. Pollut. Bull., 1998, 37: 8-12.
[134] Heyward A J, Smith L D, Rees M, et al. Enhancement of coral recruitment by in situ mass culture of juvenile corals [J]. Mar. Ecol Prog. Ser., 2002, 230: 113-118.
[135] Komiyama A, Tanapermpool P, Havanond S, et al. Mortality and growth of cut pieces of viviparous mangrove (Rhizophora apiculata and R. mucronata) seedlings in the field condition [J]. Forest Ecology and Management, 1998, 112 (3): 227-231.
[136] Kothandaraman N., Chanbasha B, Vladimir B B, et al. Enhancement of plant-microbe interactions using a rhizosphere metabolomics-driven approach and its application in the removal of polychlorinated biphenyls [J]. Plant Physiol, 2003, 132 (3): 146-153.
[137] Lewis R R. III. Wetland restoration/creation/enhancement terminology: Suggestions for standardization [J]. Wetland Creation and Restoration: The Status of the Science, 1989, Vol. II.
[138] Ma W, Zalec K, Glick B R, et al. Biological activity and colonization pattern of the bioluminescence-labeled plant growth-promoting bacterium Kluyvera ascorbata SUD165/26 [J]. FEMS Microbiology Ecology, 2001, 35: 137-144.
[139] Magnuson J J, Regier H A, Christie W J. To Rehabilitate and Restore Great Lakes Eeosystems. The recovery proeess in Damaged Ecosystems [J]. Ann Arbor, Mich: Ann Arbor Science Publishers, 1990.
[140] Middleton B. Wetland Restoration-Flood Pulsing and Disturbance Dynamics [M]. New York: John Wiley & Sons, Inc, 1999.
[141] Mitsch W J, Gosselink J G. Wetlands [M]. New York: Van Nostrand Reinhold Company, 2000: 2-88.
[142] Motoyama T, Kadokura K, Tatsusawa S, et al. Application of plant-microbe systems to bioremediation [J]. Riken Review, 2001, 42 (11): 35-38.
[143] Omori M, Fujiwara S. Manual for restoration and remediation of coral reefs [J]. Nature Conservation Bureau, Ministry of Environment, 2004. 1-84.
[144] Orlando. The Vesicular-arbuscular Mycorrhizal Symbiosis [J]. Afr J Biotechnol, 2003, 2 (12): 539-546.
[145] Prince R C, ChanBasha B, Vladimir B B. Bioremediation of Marine Oil spills [J]. Oil & Gas Sci and Tech, 2003, 58 (4): 463-468.
[146] Rinkevich B. Restoration strategies for coral reefs dam ages by recreational activities: the use of sexual and asexual recruits [J]. Restor. Ecol., 1995, 3: 241-251.
[147] Sabater M G, Yap H T. Growth and survival of coral transplants with and without electro-chemical

deposition of CaCO$_3$ [J]. J. Exp. Mar. Biol Ecol, 2002, 272: 131-146.

[148] Schuhmacher H. Use of artificial reefs with special reference to the rehabilitation of coral reefs [J]. Bonner Zool Monogr, 2002, 50: 81-108.

[149] Terrados J, Thampanya U, Srichai N. The Effect of Increased Sediment Accretion on the Survival and Growth of Rhizophora apiculata Seedlings [J]. Estuarine, Coastal and Shelf Science, 1997, 45 (5): 697-701.

[150] Thompson J D, McNeilly T, Gray A J. Population variation in Spartina anglica C. E. Hubbard. Ⅱ. Reciprocal transplants among three successional populations [J]. New Phytologist, 1991, 117 (1): 129-139.

[151] Toledo G, Rojas A, Bashan Y. Monitoring of black mangrove restoration with nursery-reared seedlings on an arid coastal lagoon [J]. Hydrobiologia, 2001: 101-109.

[152] Ton S. Odum H T, Delfino T T. Ecological economic evaluation of alternative wetland management [J]. International Conference on Ecological Engineering. October 7-11, 1996, Beijing, China.

[153] White J P. Phytoremediation assisted by Microorganisms [J]. Trends in plant Sci, 2001, 6 (11): 502.